U0201302

高等院校艺术与设计规划教材·数字媒体艺术

中文版 InDesign CS6 基础与案例教程

张建哲　编著

清 华 大 学 出 版 社
北京交通大学出版社
·北 京·

内 容 简 介

本书以理论知识、实例操作、拓展训练、课后练习及教学视频5大部分为横向结构，以从易到难讲解InDesign排版技术为依据，将本书划分成12章，并作为本书的纵向结构。依托编者十余年的丰富教学经验，将横与纵完美地交织并融合在一起，帮助读者全方位地学好InDesign的各项关键技术。

针对本书中的理论知识录制了约160分钟的多媒体视频教学课件，如果在学习中遇到问题可以通过观看这些多媒体视频解疑释惑，提高学习效率。

本书图文并茂、结构清晰、表达流畅、内容丰富实用，不仅适合希望进入相关排版领域的自学者使用，也可供开设相关排版课程的院校用作教学资料。

图书在版编目(CIP)数据

中文版 InDesign CS6 基础与案例教程/张建哲编著. —北京：北京交通大学出版社：清华大学出版社，2013.10
（高等院校艺术与设计规划教材 . 数字媒体艺术）
ISBN 978-7-5121-1634-4

I. ①中…　II. ①张…　III. ①电子排版－应用软件－高等学校－教材　IV. TS803.23

中国版本图书馆 CIP 数据核字（2013）第 212117 号

责任编辑：韩素华　特邀编辑：黎　涛
出版发行：清 华 大 学 出 版 社　邮编：100084　电话：010－62776969
北京交通大学出版社　邮编：100044　电话：010－51686414
印 刷 者：北京艺堂印刷有限公司
经　销：全国新华书店
开　本：203×260　印张：18.25　字数：431 千字　配光盘 1 张
版　次：2013 年 10 月第 1 版　2013 年 10 月第 1 次印刷
书　号：ISBN 978－7－5121－1634－4/TS• 24
印　数：1～4 000 册　定价：42.00 元（含光盘）

本书如有质量问题，请向北京交通大学出版社质监组反映。对您的意见和批评，我们表示欢迎和感谢。
投诉电话：010-51686043，51686008；传真：010-62225406；E-mail：press@bjtu.edu.cn。

前 言

本书以理论知识、实例操作、拓展训练、课后练习及教学视频5大部分为横向结构；以从易到难讲解InDesign排版技术为依据，将本书划分成12章，并作为本书的纵向结构。以编者十余年的丰富教学经验，将横与纵完美地交织并融合在一起，帮助读者全方位地学好InDesign的各项关键技术。

关于本书横向与纵向结构的详细说明，请读者阅读下面的文字。

本书的5大横向结构

本书有5大横向结构，具体如下。

- 理论知识：本书并非大而全、追求全面讲解InDesign排版技术的图书，而是根据编者自身的经验，将其中最常用、最实用的技术知识筛选出来，通过恰到好处的实例，帮助读者尽快掌握这些技术，并力求能够解决实际工作中85%以上的问题，达到学有所用的最终目的。
- 实例操作：为了让读者能够更透彻地理解和学习InDesign排版技术，编者使用了大量操作实例配合技术知识的讲解，读者只需要按照其方法进行操作，就可以基本掌握该技术的使用方法。
- 拓展训练：这是本书的特色内容，除第1章基础知识介绍和第12章综合案例外，编者在每一章都列举了拓展训练项目，主旨在于帮助读者在学习某个知识后，能够在此基础上结合光盘中给出的素材文件进行练习，以巩固刚刚的学习成果。
- 课后练习：本书提供了160个课后练习题，是针对当前章节中核心功能的综合练习题，通常大多数都是与其他功能结合应用，从而帮助读者更好地掌握技术，并对技术之间的搭配使用有一个明确的认知和感受。
- 教学视频：以上4个结构均是以图书本身为依托的静态媒体上学习，为帮助读者更好地学习和理解InDesign技术，编者录制了近160分钟的视频教程，对InDesign排版技术做了完整、形象的讲解。

本书的12大纵向结构

本书从教学实际需要出发，合理安排知识结构，从零开始、由浅入深，循序渐进，深入、透彻地讲解InDesign CS6的基本知识和使用方法。具体如下。

- 第1章：本章是以引导读者对InDesign有一个完整、全面的认识为目的，因此，编者从InDesign的应用领域、软件界面、保存工作环境等入手，让读者对软件有一个细致的了解，以便于后面学习其他知识。
- 第2章：本章讲解了关于文档、页面视图等基本操作，还讲解了在工作中如何纠正失误及参考线的使用方法。
- 第3章：本章讲解了关于页面、主页及图层的操作方法和技巧。
- 第4章：本章讲解了各种形状工具、钢笔工具绘制图形，以及为图形设置颜色的方法。此外，还讲解了运用“路径查找器”运算图形的方法。
- 第5章：本章讲解了置入、编辑及管理图像的方法。
- 第6章：本章讲解了对文档中对象进行选择、对齐、分布、粘贴、编组、混合及添加效果等操作方法。
- 第7章：本章讲解了文本创建、编辑及格式化的操作方法。此外，还讲解了设定复合字体、查找与更改文本、制作特形文字的方法和技巧。

- 第8章：本章讲解了表格创建、编辑的操作方法。
- 第9章：本章讲解了字符样式、段落样式、嵌套样式、对象样式及表格样式的创建与应用。
- 第10章：本章讲解了书籍与目录创建、编辑的操作方法。
- 第11章：本章讲解了文档的印前检查、将文件打包的操作，以及文档导出PDF和打印的方法。
- 第12章：这是本书的实例章节，共包括了6个宣传单设计、广告设计及封面设计等领域的综合案例，通过学习它们的制作方法，可以帮助读者更好地将前面学习到的知识融会贯通。

本书配套的光盘资源

本书附一张DVD-ROM，内容包含完整的案例及素材文件，读者除了使用它们配合图书中的讲解进行学习外，也可以直接将之应用于商业作品中，以提高作品的质量。

此外，针对本书中的综合案例，还录制了多媒体视频教学课件，如果在学习中遇到问题可以通过观看这些多媒体视频解疑释惑，提高学习效率。

播放提示：由于本视频光盘采用了可以使文件更小的特殊压缩码TSCC，因此为了获得更好的播放效果，建议读者安装最新版本的暴风影音播放软件。

学习本书的软件环境

本书在编写过程中所使用的软件是InDesign CS6中文版，操作系统为Windows 7，因此希望各位读者能够与本书统一，以避免可能在学习中遇到的障碍。由于InDesign软件具有向下兼容的特性，因此如果各位读者使用的是InDesign CS 5或更早的版本，也能够使用本书学习，只是在局部操作方面可能略有差异，这一点希望引起各位读者的关注。

与编者沟通的渠道

限于水平与时间，本书在操作步骤、效果及表述方面定然存在不少不尽如人意之处，希望各位读者来信指正，编者的邮箱是LB26@263.net及Lbuser@126.com，如果希望知悉关于本书的更多信息请浏览网站http://www.dzwh.com.cn/。

本书作者

本书是集体劳动的结晶，参与本书编著的包括以下人员：

张建哲、雷剑、吴腾飞、雷波、左福、范玉婵、刘志伟、李美、邓冰峰、詹曼雪、黄正、孙美娜、刑海杰、刘小松、陈红艳、徐克沛、吴晴、李洪泽、漠然、李亚洲、佟晓旭、江海艳、董文杰、张来勤、刘星龙、边艳蕊、马俊南、姜玉双、李敏、邰琳琳、李亚洲、卢金凤、李静、肖辉、寿鹏程、管亮、马牧阳、杨冲、张奇、陈志新、刘星龙、马俊南、孙雅丽、孟祥印、李倪、潘陈锡、姚天亮等。

版权声明

编 者

2013年8月

Contents 目录

第1章 走进InDesign CS6

第2章 创建与编辑文档

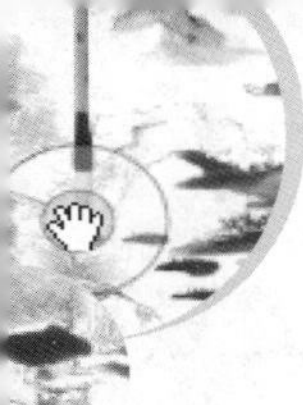

目 录 Contents

A NICE GIRL

绿色行动计划 让你我从点滴做起

Science
to observe and understand the natural world

目 录 Contents

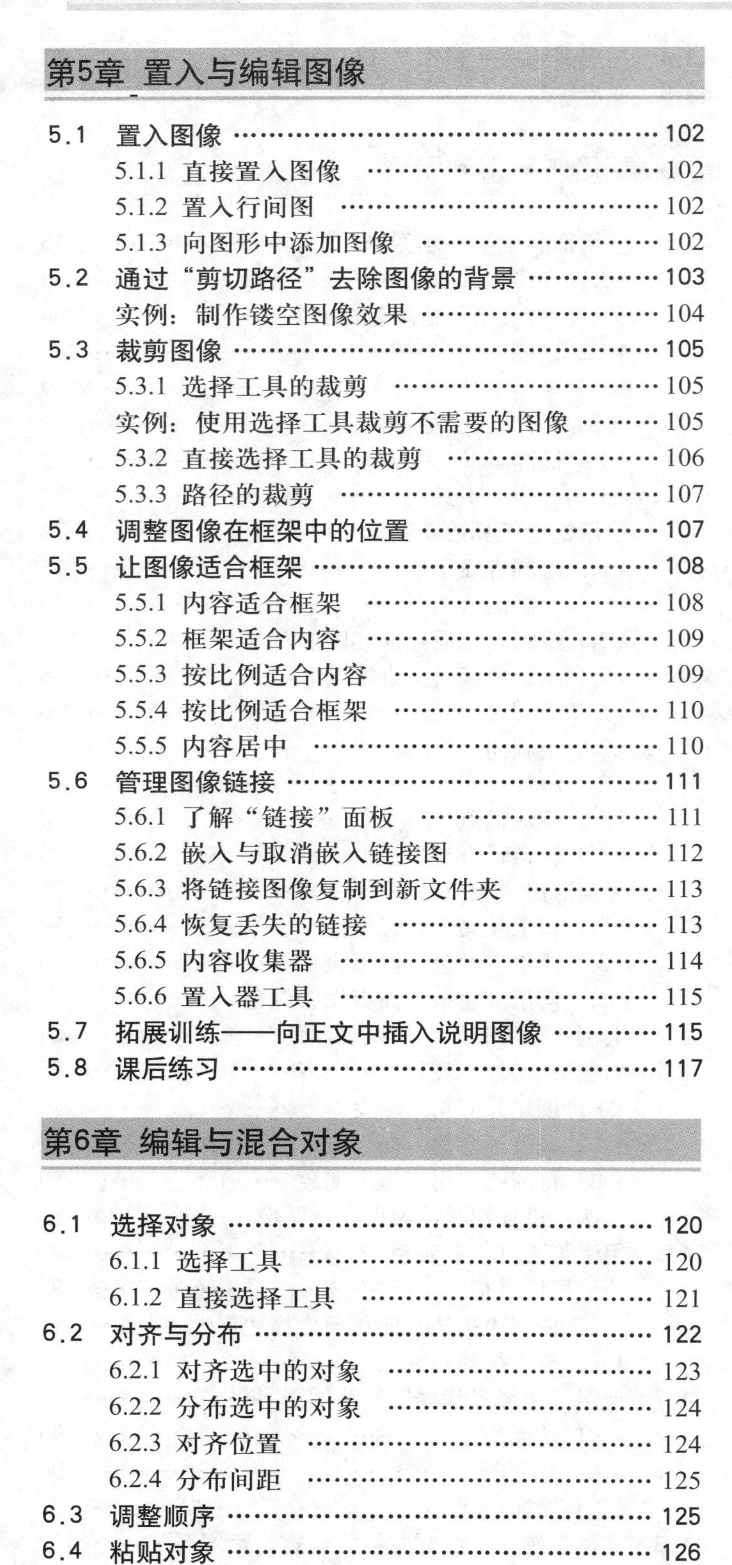

第5章 置入与编辑图像

第6章 编辑与混合对象

Contents 目录

第7章 输入与格式化文本

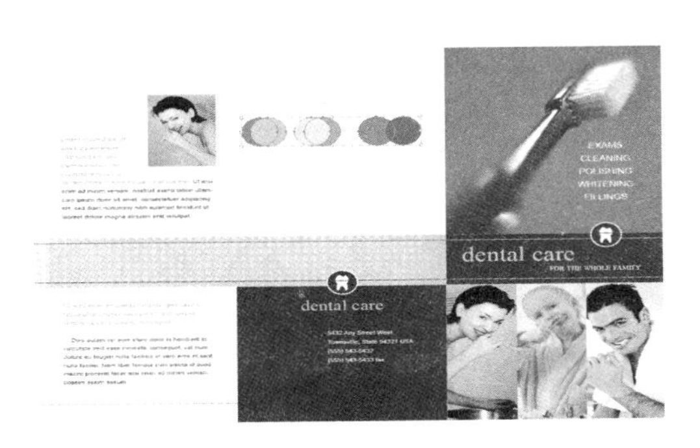

目 录 Contents

第8章 创建与格式化表格

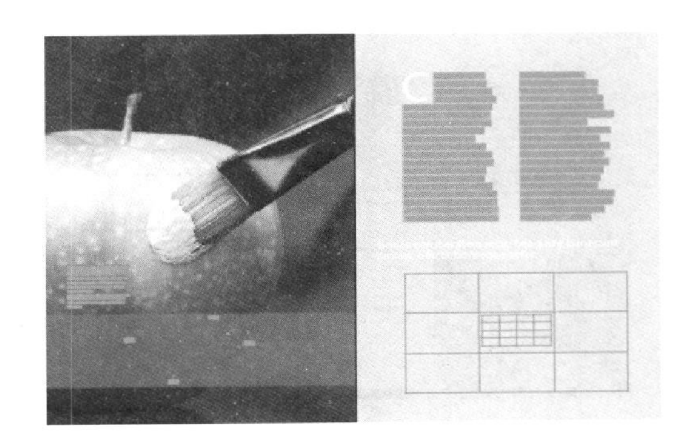

目 录 Contents

第11章 印前和导出

第12章 综合案例

第1章

走进InDesign CS6

本章导读

InDesign软件是一个定位于专业排版领域的设计软件，是面向公司专业出版方案的新平台。另外，将文档直接导出为Adobe的PDF格式也是其独特的功能，而且有多语言支持。

在本章中将重点介绍InDesign的应用领域、软件界面、如何自定义快捷键及保存工作环境等功能。

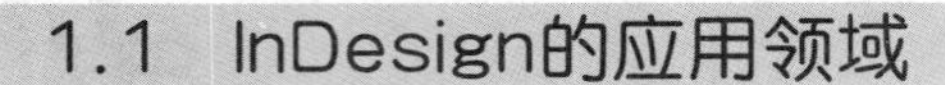

1.1 InDesign的应用领域

InDesign CS6 是一个定位于专业排版领域的全新软件，集多种桌面排版软件技术的精华，与Photoshop、Illustrator等软件配合使用，已经渗透到版式设计的多个领域，如一些平面广告设计、宣传册设计、折页、书籍、菜谱等，大大减少了由于版面变化而改变版式的工作量，提高了工作效率。

1.1.1 广告设计

广告设计是视觉传达艺术设计的一种，如今已成为人们生活中最常见的应用领域之一，虽然InDesign无法对图像进行复杂的处理，但对于设计以版面编排为主的广告来说，仍然是游刃有余的，图1-1 所示是一些优秀的广告设计作品。

图1-1 广告设计作品

1.1.2 宣传册设计

宣传册在现代企业中已经成为重要的商业贸易媒体，它作为视觉形象化广告设计之一，真实地反映了商品、劳务和形象信息等内容，是企业最常用的产品宣传手法，以起到为企业产品与消费者在市场营销活动和公关活动中的重要媒介作用。

InDesign CS6具有多页面的管理功能，在制作多页的宣传册时能够游刃有余。图1-2所示就是使用InDesign CS6设计的优秀宣传品。

图1-2 优秀的宣传册

1.1.3 宣传单/折页设计

制作宣传单/折页的目的，就是要在一定期间内，扩大营业额，并提高毛利额；增强企业形象，提高公司知名度等。但又不同于其他传统广告媒体，它可以有针对性地选择目标对象，因地制宜，减少浪费。图1-3所示为优秀的宣传单/折页设计作品。

图1-3 优秀的宣传单/折页设计作品

1.1.4 书籍装帧设计

对于一本书是否畅销，封面设计的优劣是一个非常重要的环节，因为读者在接触一本书的时候首先看到的就是它的封面，更多时候是封面帮读者决定要不要翻看这本书去进行深入了解其内容。

利用InDesign CS6巨大的图像与文本的编辑功能，可以对封面、封底和书脊等进行完美的设计。图1-4所示是为精美的书籍装帧设计作品。

图1-4 书籍装帧设计作品

1.1.5 菜谱设计

菜谱在餐厅经营中起着重要的作用，一份精心设计的菜谱，不仅装帧精美、雅致动人、色调得体、洁净大方，而且更能增进顾客的舒畅心情，凭这份菜谱，就能使顾客欣然解囊，乐于点上几道佳肴，体会那种由菜谱艺术产生的独特情调。图1-5所示是为精美的菜谱设计作品。

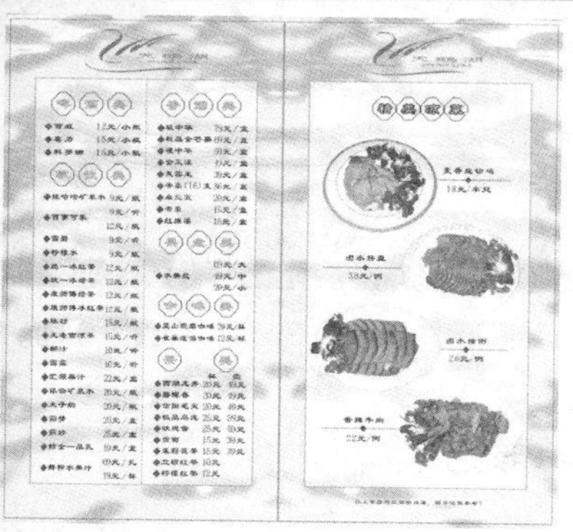

图1-5 精美的菜谱设计作品

1.1.6 包装设计

人们不仅常常以貌取人，而对购买的商品往往也会用同样的眼光来衡量。包装就好像商品的外貌和服装一样，它的好坏甚至会影响商品的市场竞争力。通常所说的包装设计，是指包装装潢设计，通过它，消费者不仅可以获取商品的信息，还会对商品产生最直观的第一印象。图1-6所示是优秀的包装作品。

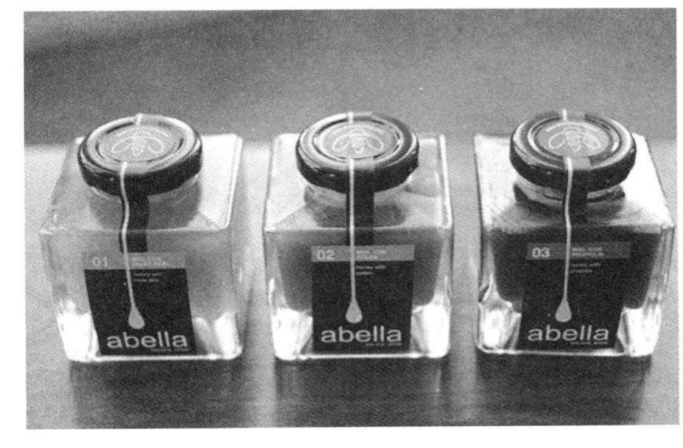

图1-6 包装作品

1.1.7 书籍/杂志编排

在日常生活中，可以看到各种各样的书籍、杂志广告，往往最吸引人的无非是那些画面新颖、美观、有个性的版面，这些都要归功于版式设计的成功应用。而InDesign CS6就是因此而生的强大的排版软件，对于书籍、杂志的编排有着绝对的优势。利用主页对各页面的统一、添减方便而快捷处理，对于长文档可以一次性将其全部置入文档内，有着各种编排工具，使长文档在页面内可以快速操作。图1-7所示为优秀的杂志编排作品。

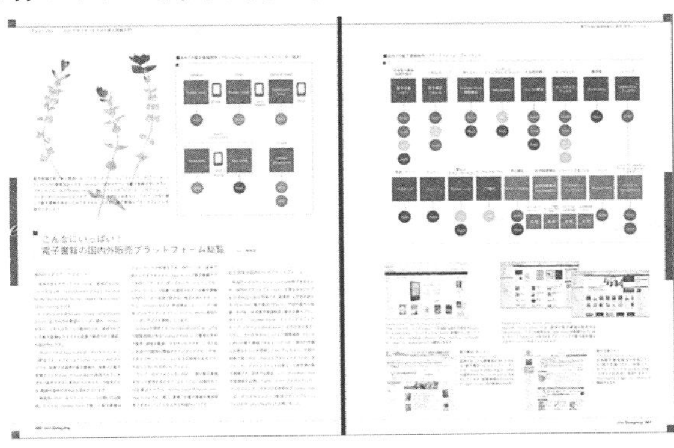

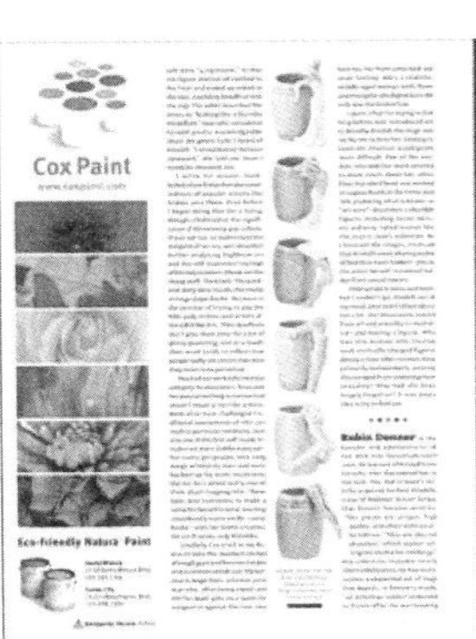

图1-7 优秀的杂志编排作品

1.1.8 报纸编排

版面是报纸各种内容编排布局的整体表现形式，报纸是否可读、能否在报摊上吸引视线，很大程度上取决于版面的设计。通过版面，读者可以感受到报纸对新闻事件的态度和感情，更能感受到报纸的特色和个性。图1-8所示为报纸的优秀作品。

图1-8 报纸的优秀作品

1.1.9 易拉宝设计

易拉宝只是一个展示器材，最终的目的就是要把商家需要展示的画面方便地安装在易拉宝的架子上，便于商家多次地更换内容，携带方便，便于收藏、不占用空间的展览展示架。

图1-9所示是利用InDesign而制作的优秀作品。

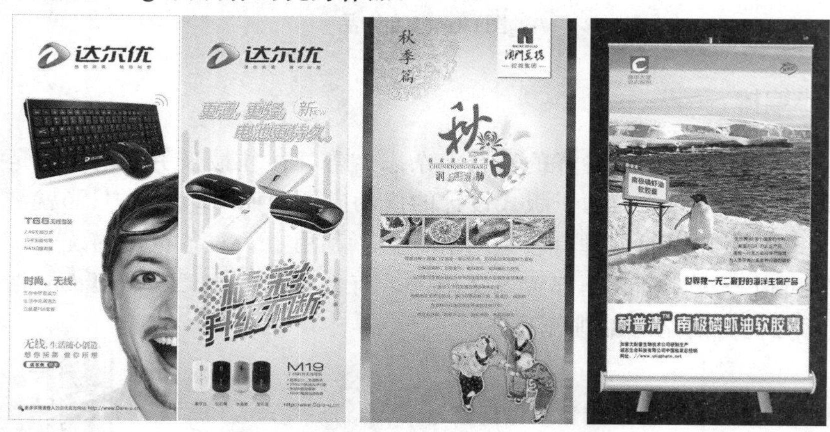

图1-9 易拉宝设计作品

1.2 熟悉软件界面

当启动InDesign后，首先映入眼帘的就是它的操作界面。InDesign CS6版本的操作界面更加人性化，通过进行不同的设置，可以使软件操作习惯不同的读者在使用软件时都能够感到得心应手，其工作界面如图1-10所示。

图1-10 InDesign CS6 工作界面

通过图1-10可以看出，完整的操作界面由应用程序栏、菜单栏、“控制”面板、工具箱、草稿区、文档页面、状态栏、文档选项卡及面板等组成。由于在实际工作中，工具箱中的工具与面板是主要工作方式，因此下面重点讲解各工具与面板的使用方法。

1.2.1 菜单栏

InDesign CS6有9个菜单，包括文件、编辑、版面、文字、对象、表、视图、窗口和帮助，如图1-11所示。在每个菜单中又包含有数十个子菜单和命令，因此当这些菜单出现在一个初学者面前时，很容易使初学者产生畏难情绪，但实际上每一类菜单都有独特的作用，只要熟记菜单类型后再对照性地应用各命令，就能够很快得心应手了。

文件(F)	编辑(E)	版面(L)	文字(T)	对象(O)	表(A)	视图(V)	窗口(W)	帮助(H)

图1-11 菜单栏

1. 子菜单命令

在InDesign中的一些命令从属于一个大的菜单命令项之下，但其本身又具有多种变化或操作方式，为了使菜单组织更加有效，InDesign使用了子菜单模式以细化菜单。在菜单命令下拉菜单中右侧有三角标识的，表示该命令下面包含有子菜单，如图1-12所示。

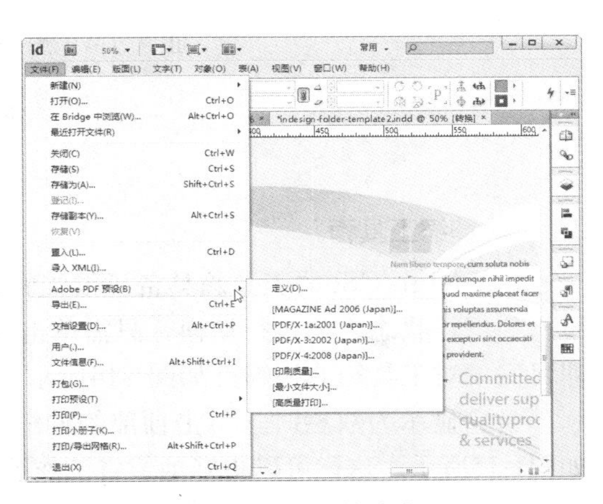

图1-12 子菜单命令

2. 灰度显示的菜单命令

许多菜单命令有一定的运行条件，如果当前操作文件没有达到某个菜单命令的运行条件，此菜单命令就呈灰度显示。

3. 包含对话框的菜单命令

在菜单命令的后面显示有3个小点的，表示选择此命令后，会弹出参数设置的对话框。

1.2.2 工具箱

形象一点的比喻，工具箱类似于一个文具盒，里面放的铅笔、钢笔、彩笔、橡皮擦等是用于写字、绘画的必需品。

InDesign CS6工具箱中的工具比以前版本更为人性化，当光标放于某个工具图标上时，该工具将呈高亮显示，图1-13所示为InDesign CS6界面中的工具箱。

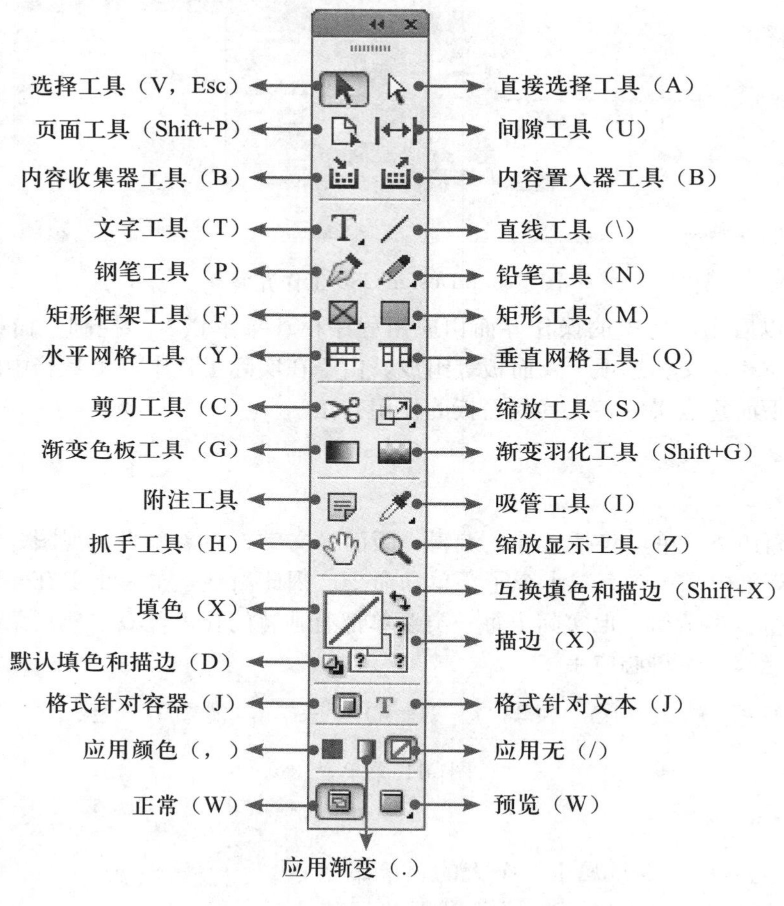

图1-13 工具箱

1. 伸缩工具箱

InDesign CS6的工具箱具备了很强的伸缩性，即可以根据需要，在单栏与双栏状态之间进行切换。只需单击伸缩栏上的两个小三角按钮 即可完成对工具箱的伸缩，如图1-14所示。

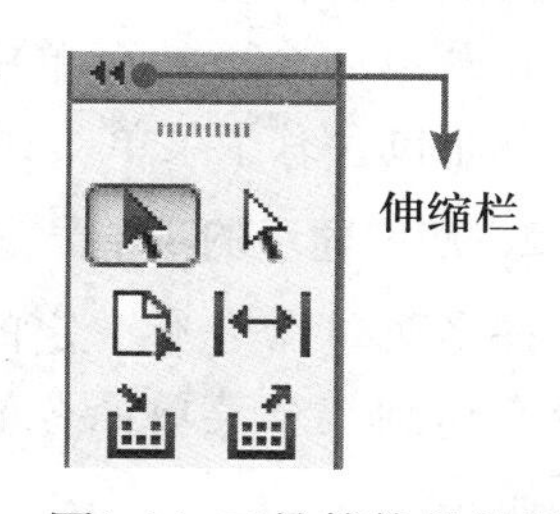

图1-14 工具箱的伸缩栏

当它显示为双栏时，单击顶部的伸缩栏即可将其改变为单栏状态，如图1-15所示，这样可以更好地节省工作区中的空间，以利于进行图像处理；反之，也可以将其恢复至早期的双栏状态，如图1-16所示，这些设置完全可以根据个人的喜好进行。

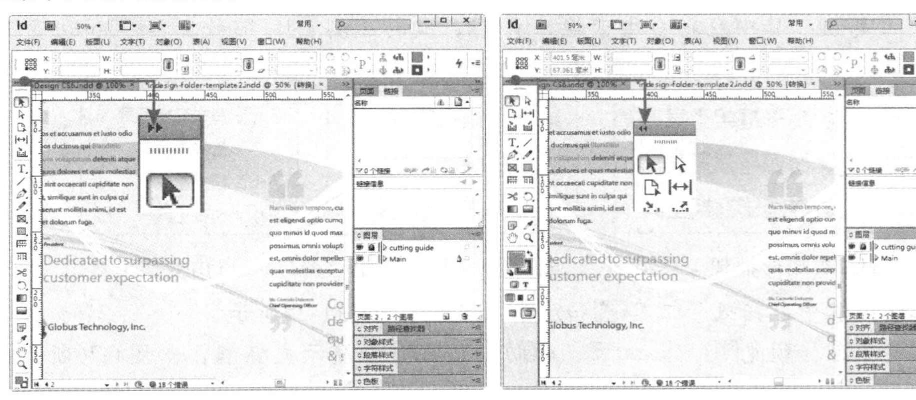

图1-15 单栏工具箱状态　　图1-16 双栏工具箱状态

当把工具箱拖至工作区域中后（将光标放在工具箱顶部深灰色区域，按住鼠标拖动），再次按顶部的两个小三角按钮，可以在单栏、双栏及横向状态进行切换，如图1-17所示。

图1-17 横向状态的工具箱

2．显示并选择隐藏工具

隐藏工具是InDesign CS6工具箱的一大特色，由于工具箱的面积有限，而工具数量又很多，因此InDesign CS6采用了隐藏工具的方式来构成工具箱。

仔细观察工具箱可以看到，许多工具图标的右下角有一个黑色小三角，这表示该工具属于一个工具组且有隐藏工具未显示。

在带有黑色小三角的工具图标上右击（或在工具图标上按住鼠标左键不放约2秒钟），即可弹出被隐藏的工具，移动鼠标在某工具上单击，该工具即被激活为当前选择工具，图1-18所示为处于显示状态的隐藏工具。

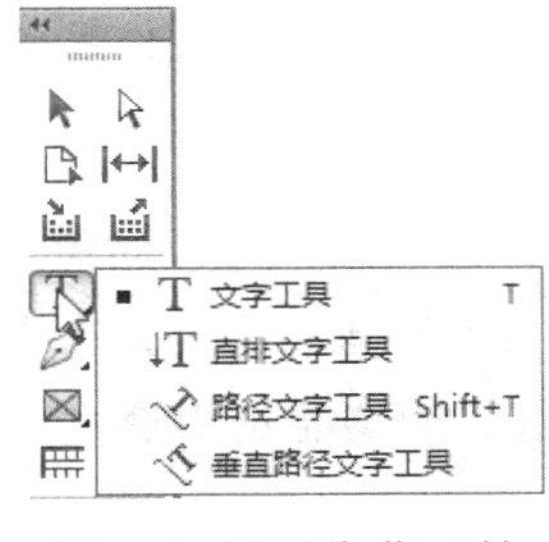

图1-18 显示隐藏工具

下面介绍工具箱中的其他隐藏工具。

- 文字工具组：其中包括文字工具、直排文字工具、路径文字工具和垂直路径文字工具，如图1-19所示。
- 钢笔工具组：其中包括钢笔工具、添加锚点工具、删除锚点工具和转换方向点工具，如图1-20所示。
- 铅笔工具组：其中包括铅笔工具、平滑工具和抹除工具，如图1-21所示。

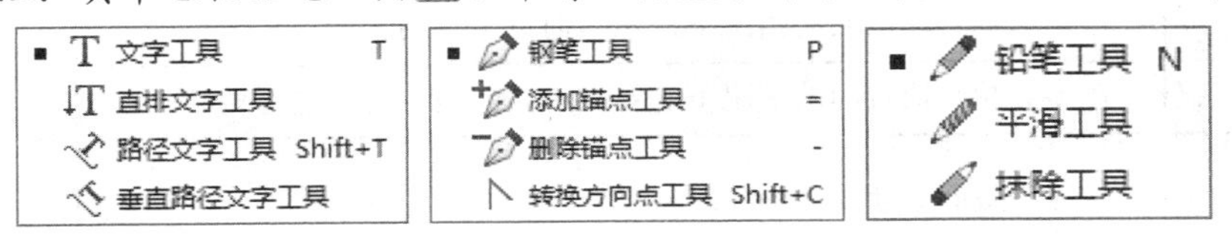

图1-19 文字工具组　　图1-20 钢笔工具组　　图1-21 铅笔工具组

- 矩形框架工具组：其中包括矩形框架工具、椭圆框架工具和多边形框架工具，如图1-22所示。

- 矩形工具组：其中包括矩形工具、椭圆工具和多边形工具，如图1-23所示。
- 自由变换工具组：其中包括自由变换工具、旋转工具、缩放工具和切变工具，如图1-24所示。

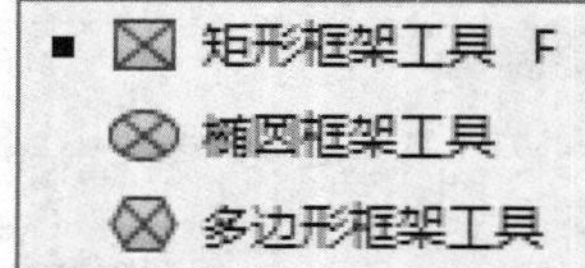

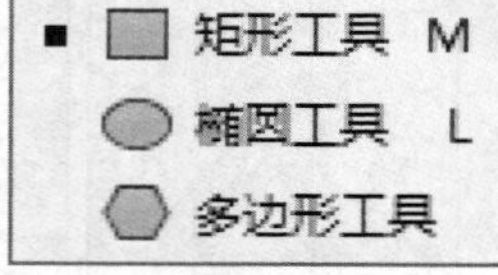

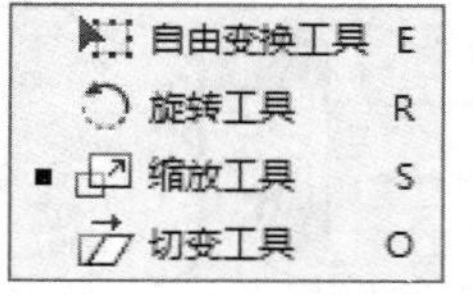

图1-22 矩形框架工具组　图1-23 矩形工具组　图1-24 自由变换工具组

- 吸管工具组：其中包括吸管工具和度量工具，如图1-25所示。
- 预览组：其中包括预览、出血、辅助信息区和演示文稿，如图1-26所示。

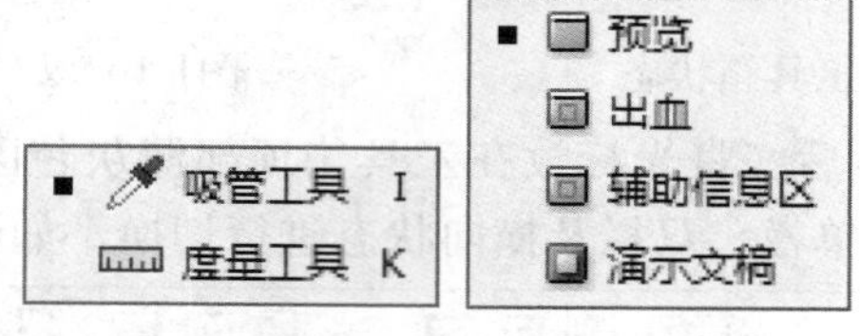

图1-25 吸管工具组　图1-26 预览组

提示：

若要按照软件默认的顺序来切换某工具组中的工具，可以按住Alt键，然后单击该工具组中的图标。

3 .工具箱的分类

工具箱可分为选择工具组、文字工具组、绘制图形工作组、修改工具组、变换工具组和导航工具组。各组的功能及快捷键，如表 1-1 所示。

表1-1　各组的功能及快捷键

选择工具组

工 具	功 能	快捷键
①"选择工具"	全选文档里的对象，移动、缩放文本框框架；对图像、图形可以进行裁切、缩放	V，Esc
②"直接选择工具"	选择所显示的路径与框架中的点，根据选中对象的编辑状态所处整体与节点的不同，编辑图像、图形和文本框架	A
③"页面工具"	在不影响其他页面的情况下，对当前页主页的文档设置进行调整	Shift+P
④"间隙工具"	在不影响其他页面的情况下，对当前页的边距边栏进行调整	U
⑤"内容收集器工具"	从现有版面中获取文本和对象	B
⑥"内容置入器工具"	在新版面中，按所需要的顺序添加项目	B

文字工具组

工　具	功　能	快捷键
①"文字工具"	点选此工具可创建横排文本框，在该文本框输入或编辑文本	T
②"直排文字工具"	点选此工具可创建直排文本框，输入或编辑该文本框的直排文本	
③"路径文字工具"	点选此工具可根据路径创建文本，在路径文本中输入或编辑路径文本	Shift+T
④"垂直路径文字工具"	点选此工具可创建垂直路径文本框，在该文本框输入或编辑垂直路径文本	

绘制图形工作组

工　具	功　能	快捷键
①"直线工具"	点选此工具可拖拉出任何角度的线条	\
②"钢笔工具"	点选此工具根据填充或描边可绘制出各种路径图形或曲线路径	P
③"添加锚点工具"	点选此工具可对对象的路径锚点进行添加	=
④"删除锚点工具"	点选此工具可对对象的路径锚点进行删除	-
⑤"转换方向点工具"	点选此工具可对选中的锚点进行拖拉而转换方向点或平滑点	Shift+C
⑥"铅笔工具"	点选此工具可绘制出随意的路径线条	N
⑦"平滑工具"	点选此工具可在路径锚点上删除多余的转角	
⑧"抹除工具"	点选此工具可删除路径锚点，将线条或图形等根据锚点打断	
⑨"矩形框架工具"	点选此工具创建矩形的框架，可在框架内编辑文本或置入图像	F
⑩"椭圆框架工具"	点选此工具创建椭圆形框架，可在框架内编辑文本或置入图像	
⑪"多边形框架工具"	点选此工具创建多边形框架，可在框架内编辑文本或置入图像	
⑫"矩形工具"	点选此工具可创建正方形或长方形图形	M
⑬"椭圆工具"	点选此工具可创建椭圆形或圆形	L
⑭"多边形工具"	点选此工具可创建各种各样的多边形图形	
⑮"水平网格工具"	点选此工具可创建水平网格	Y
⑯"垂直网格工具"	点选此工具可创建垂直网格	Q

修改工具组

工　具	功　能	快捷键
①"剪刀工具"	点选此工具可根据路径锚点将对象剪开	C
②"渐变色板工具"	点选此工具可创建渐变色板，或调整渐变色板的起点、终点、角度使之应用于对象	G
③"渐变羽化工具"	点选此工具可将对象以渐变的起点、终点、角度的渐变形式渐隐于背景中	Shift+G
④"附注工具"	点选此工具可在文本中添加附注，利于添加内容或标注错误	
⑤"吸管工具"	点选此工具读取颜色，可以快速修改对象颜色	I
⑥"度量工具"	点选此工具可计算文档窗口内任意两点之间的距离	K

变换工具组

工　具	功　能	快捷键
①"自由变换工具"	点选此工具可对对象的大小进行自由缩放、旋转	E
②"旋转工具"	点选此工具可根据一个参考点对对象进行旋转	R
③"缩放工具"	点选此工具可根据一个参考点对对象进行缩放	S
④"切变工具"	点选此工具可根据一个参考点对对象进行自由的左右倾斜	O

导航工具组

工　具	功　能	快捷键
①"抓手工具"	点选此工具可在画布中进行拖动，用以观察图像的各个位置	H
②"缩放显示工具"	点选此工具可缩放文档窗口来查看页面	Z

1.2.3　选项条

工具选项条提供了相关工具的选项，当选择不同的工具时，工具选项条中将会显示与工具相应的参数。利用工具选项条，可以完成对各工具的参数设置。

图1-27所示为激活"选择工具"后的"控制"面板显示状态，在工作中设置工具选项栏中的参数与选项，可以充分发挥各个工具的功用。

图 1-27　选择工具选项栏

1.2.4 面板

1. 伸缩面板

除了工具箱外，面板同样可以进行伸缩。对于已展开的一栏面板，单击其顶部的伸缩栏，可以将其收缩成为图标状态，如图1-28所示。反之，如果单击未展开的伸缩栏，则可以将该栏中的全部面板都展开，如图1-29所示。

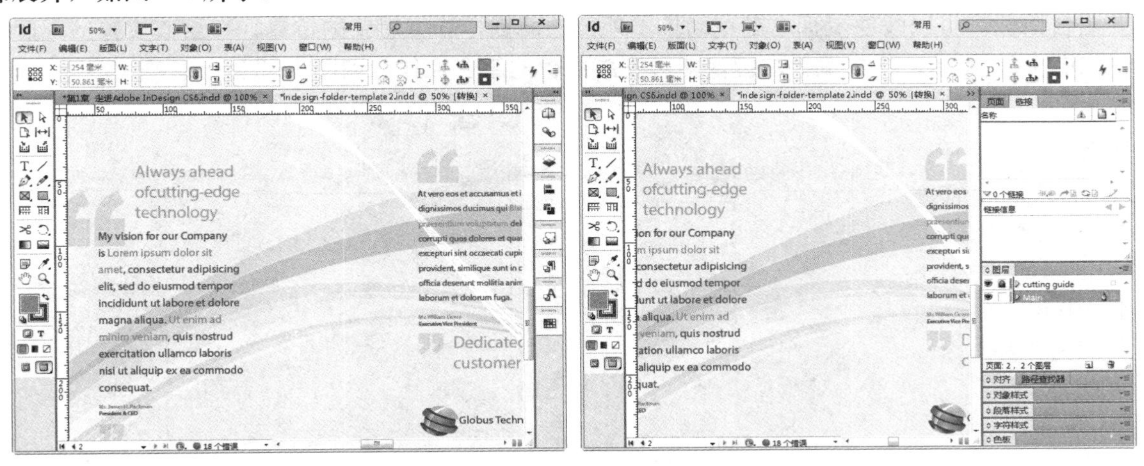

图1-28 收缩所有面板栏时的状态　　图1-29 展开所有面板栏时的状态

对于面板还可以将其拆分、组合及创建新的面板栏来满足不同的要求，在组合及创建新的面板栏时，从图中可以看出，在将面板移动到另一个面板的位置时会产生一个蓝色反光的标记，此标记用来定义面板生成的位置，在调整时可认真体会。

2. 拆分面板

当要单独拆分出一个面板时，可以直接按住鼠标左键选中对应的图标或标签，然后将其拖至工作区中的空白位置，如图1-30所示，图1-31所示就是被单独拆分出来的面板。

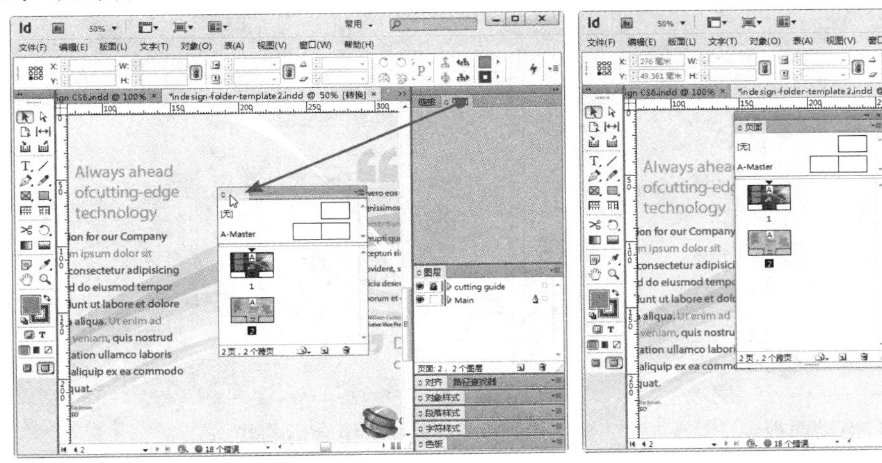

图1-30 向空白区域拖动面板　　图1-31 拖出后的面板状态

提示：

在对面板进行拆分时，不能在面板出现蓝边时释放鼠标，否则此操作进行的是调换面板。

3. 组合面板

要组合面板，可以按住鼠标左键拖动位于外部的面板标签至想要的位置，直至该位置出现蓝色反光时，如图 1-32 所示，释放鼠标左键，即可完成面板的组合操作，如图 1-33 所示。

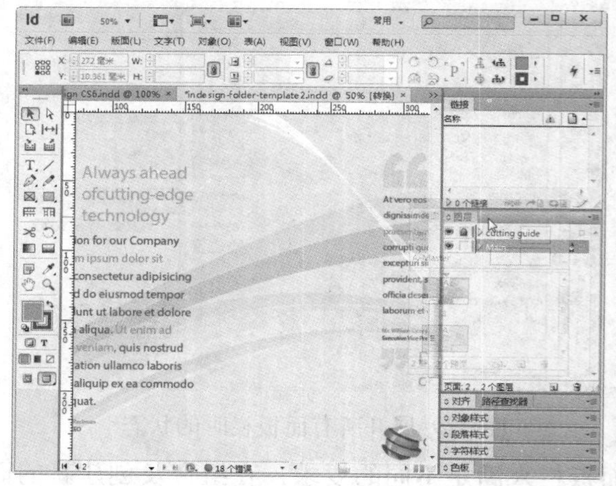

图1-32 拖动位置

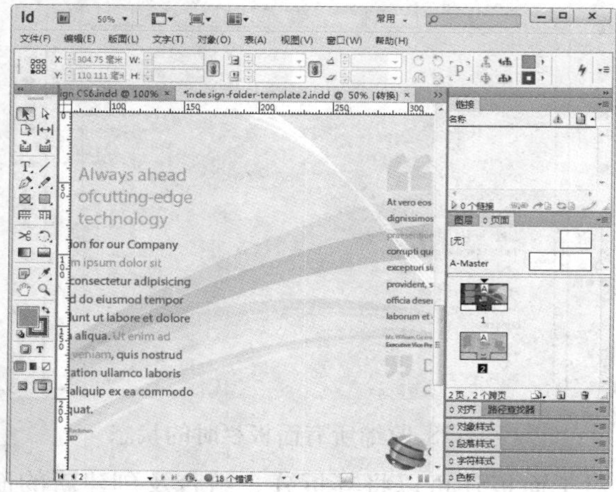

图1-33 合并面板后的状态

上面所说的是向已经展开的面板中进行合并，而对于侧面被合并起来的面板图标，也可以按照类似的方法进行操作以将其组合至侧栏中。如图 1-34 所示，当该位置出现蓝色的反光时释放鼠标即可，图 1-35 所示就是组合了面板并将其显示出来后的状态。

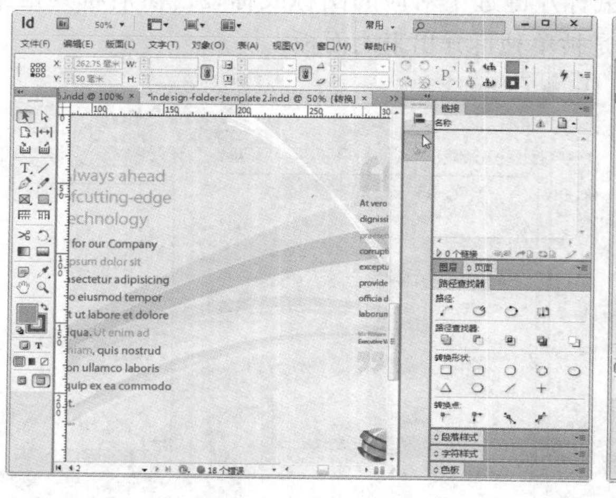

图1-34 拖动面板

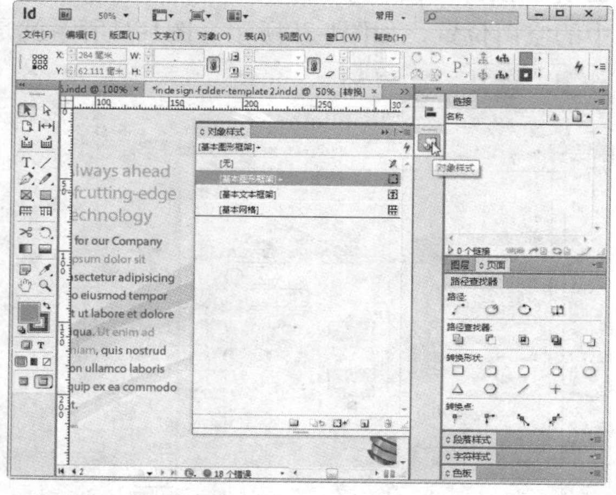

图1-35 组合后的状态

4. 创建新的面板栏

增加面板栏的操作方法也非常简单，可以拖动一个面板至面板栏的左侧边缘位置，其边缘会出现灰蓝相间的高光显示条，如图1-36所示，这时释放鼠标即可创建一个新的面板栏，如图1-37所示。

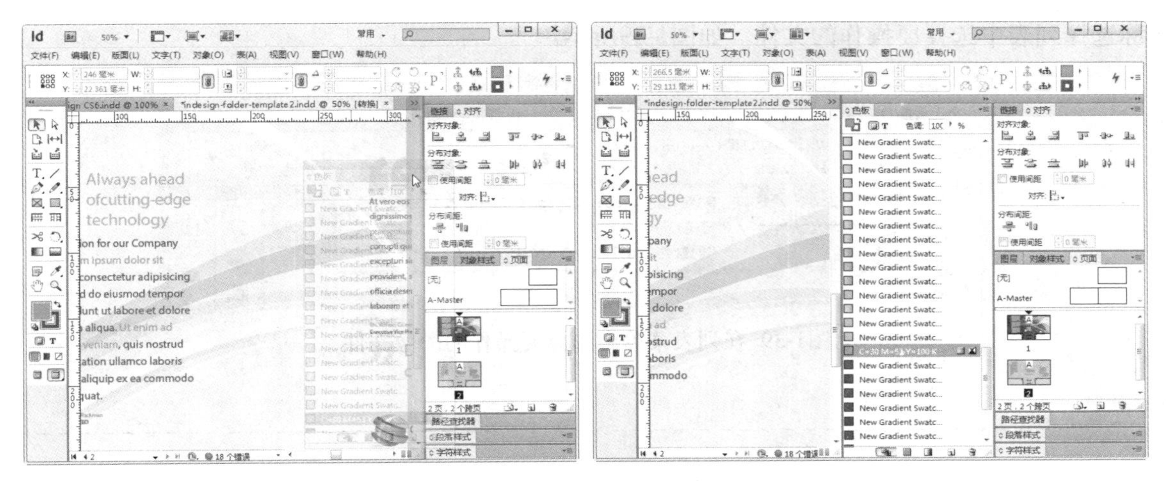

图1-36 拖动面板　　　　图1-37 增加面板栏后的状态

5.隐藏/显示面板

在InDesign中，要想隐藏工具箱及所有已显示的面板，可以按Tab键，再次按Tab键可以全部显示。如果仅隐藏所有面板，则可按Shift+Tab键；同样，再次按Shift+Tab键可以全部显示。

1.2.5 状态栏

状态栏位于打开图像的左下方，显示当前文件的当前所在页码、印前检查提示、打开按钮和页面滚动条等提示信息。单击状态栏底部中间的打开按钮，即可弹出如图1-38所示的菜单。

图1-38 状态栏弹出菜单

- 在资源管理器中显示：选择此命令，可在文件系统中显示当前文件。
- 在 Bridge 中显示：选择此命令，可在Adobe Bridge中显示当前文件。
- 在 Mini Bridge 中显示：选择此命令，可将当前文件在Adobe Mini Bridge 中显示。

在Windows中，无法隐藏应用程序栏。

1.2.6 文档选项卡

以选项卡式文档窗口排列当前打开的图像文件，这种排列方法可以在打开多个图像后一目了然，并快速通过单击所打开的图像文件的选项卡名称将其选中。使用这种选项卡式文档窗口管理图像文件，可以更加快捷、方便地对图像文件进行管理。

如果打开了多个图像文件，可以通过单击选项卡式文档窗口右上方的展开按钮>>，在弹出的文件名称选择列表中选择要操作的文件，如图1-39所示。

图1-39 在列表菜单中选择要操作的图像文件

提示：

按Ctrl+Tab键，可以在当前打开的所有图像文件中，从左向右依次进行切换，如果按Ctrl+Shift+Tab键，可以逆向切换这些图像文件。

1.2.7 拆分窗口

拆分窗口，即取消图像文件的叠放状态，点按某图像文件的选项卡不放，将其从选项卡中拖出来，如图1-40所示，可以取消该图像文件的叠放状态，使其成为一个独立的窗口，如图1-41所示。再次点按图像文件的名称标题，将其拖回选项卡组，可以使其重回叠放状态。

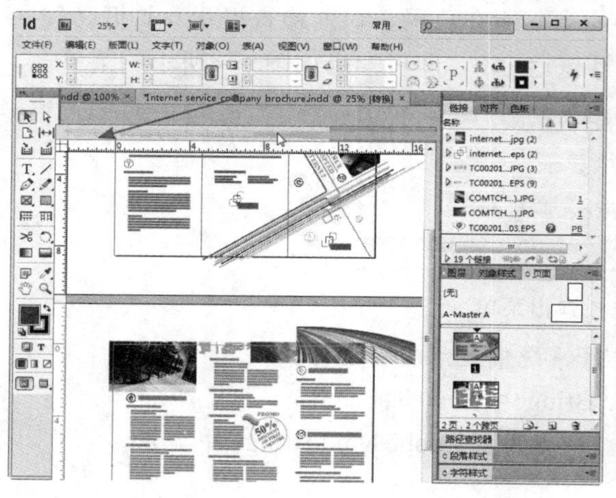

图1-40 从选项卡中拖出来

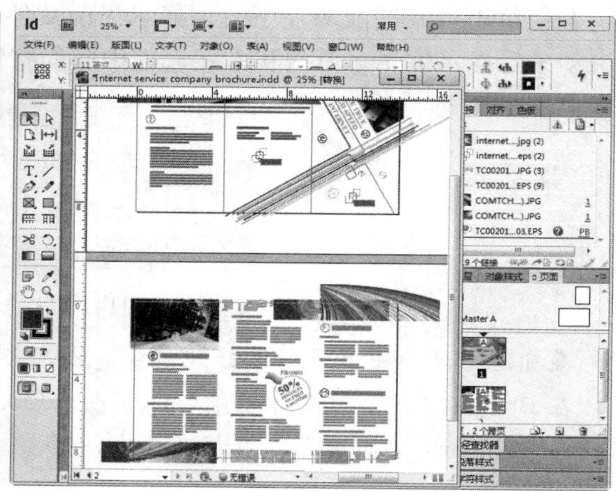

图1-41 成为独立的窗口

提示：

如果想改变图像的顺序，可以点按某图像文件的选项卡不放，将其拖至一个新的位置再释放，即可改变该图像文件在选项卡中的顺序。

1.3 自定义快捷键

在InDesign中可以根据需要和使用习惯来重新定义每个命令的快捷键。选择“编辑”|“键盘快捷

键”命令，则弹出如图1-42所示的对话框。

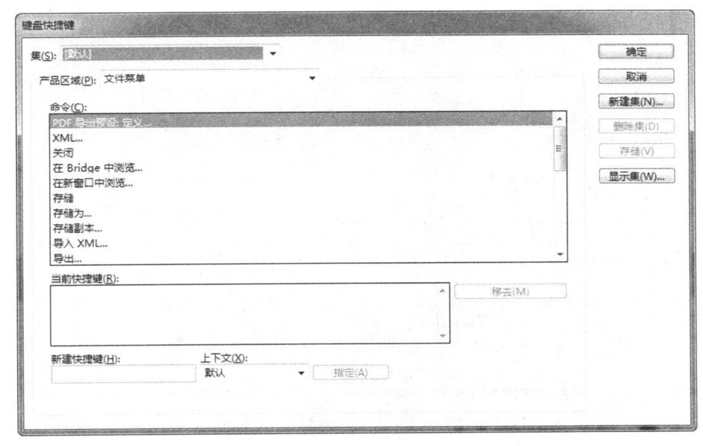

图1-42 “键盘快捷键”对话框

“键盘快捷键”对话框中各选项的含义解释如下。

- 集：用户将设置的快捷键可单独保存成为一个集，此下拉列表用于显示自定义的快捷键集。
- 新建集：单击此按钮，可以通过新建集来自定义快捷键。

提示：

默认的“集”是更改不了快捷键的。

- 删除集：在此下拉列表中选择不需要的集，单击此按钮可将该集删除。
- 存储：单击此按钮，可以将新建集中所更改的快捷键命令进行保存。
- 显示集：单击该按钮，将弹出文档文件，里面显示了一个集的全部文档式快捷键。
- 产品区域：选择此下拉列表中的选项，可以对各区域菜单进行分类。
- 命令：在下面区域中列出了与菜单区域所相应的命令。
- 当前快捷键：显示与命令所相应的快捷键。
- 移去：单击此按钮，可以将当前的命令所使用的快捷键删除。
- 新建快捷键：在此文本框中可以重新定义自己需要和习惯的快捷键。
- 确定：单击此按钮，对更改进行保存后退出对话框。
- 取消：单击此按钮，对更改不进行保存退出对话框。

要自定义新的快捷键，可以按以下步骤操作。

（1）选择“编辑”|“键盘快捷键”命令。

（2）在“键盘快捷键”对话框中，单击“新建集”按钮，在弹出的对话框中设置“名称”及“基于集”选项，单击“确定”按钮退出对话框。

（3）在“产品区域”下拉列表中选择“文件菜单”选项；在“命令”列表中选择“恢复”命令。

（4）在“新建快捷键”文本框中，直接在键盘上按下定义新快捷键的键，如图1-43所示。如果定义的键被另一命令所使用，InDesign 会在“当前快捷键”下显示该命令，此时，可以选择更改原快捷键，或者尝试使用其他快捷键。

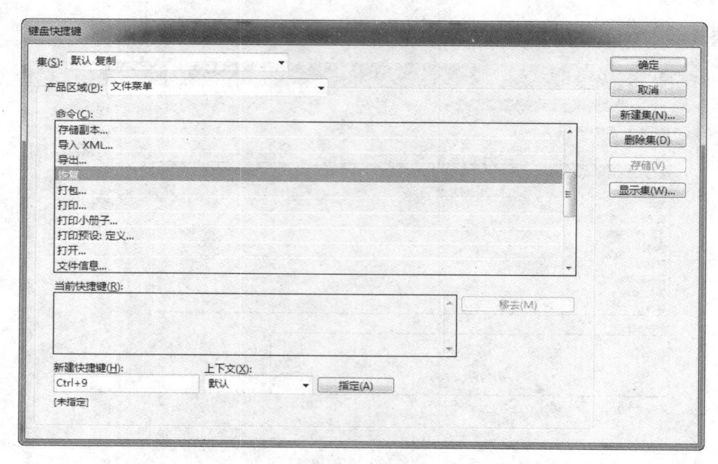

图1-43 “键盘快捷键”对话框

在定义快捷键时，不要为菜单命令指定单键快捷键，因为单键快捷键会妨碍文本的输入。

（5）在“上下文”下拉列表中，选择要键盘快捷键发挥作用的环境，以确保快捷键按照预期方式发挥作用。

（6）单击“指定”按钮创建新快捷键。如果存在快捷键，单击“ 指定”按钮可以为命令添加另一个快捷键。

（7）单击“确定”按钮退出对话框，或单击“存储”按钮将对话框保持为打开状态以便输入更多快捷键。

1.4 保存工作环境

在 InDesign CS6 中，用户可以按照自己的工作需要布置工作界面，并将其保存为自定义的工作界面。可以按以下步骤操作。

（1）首先将面板、菜单和工具箱等界面布置完成。

（2）执行菜单“窗口”|“工作区”|“新建工作区”命令，弹出对话框如图1-44所示，在弹出的对话框中输入自定义的名称。

图1-44 “新建工作区”对话框

（3）单击“确定”按钮退出对话框，即完成新建的工作环境的操作并可将该工作区存储到InDsign中。

第2章 创建与编辑文档

本章导读

本章从认识5大文档基础操作入手，讲解 InDesign CS6 中关于文档的基础操作，如新建文档、文档模板的创建及纠正操作失误等，同时讲解了使版面更工整、方便、快捷的标尺、参考线及网格。

2.1 文档基本操作

文档操作是工作过程中经常性的操作，主要包括了新建、恢复、保存、关闭和打开5大文档基础操作。因此，掌握正确的文档操作方法，可以保证出版文件的正确性及提高工作效率，下面讲解它们的操作方法及技巧。

2.1.1 新建文档

执行“文件”|“新建”|“文档”命令，弹出“新建文档”对话框，如图2-1所示。在此对话框中，可以设置新建文档的页数、起始页码、页面大小及页面方向等属性。

如果要设置“出血和辅助信息区”选项区域，可以在对话框顶部单击“更多选项”按钮，此时“新建文档”对话框如图2-2所示。

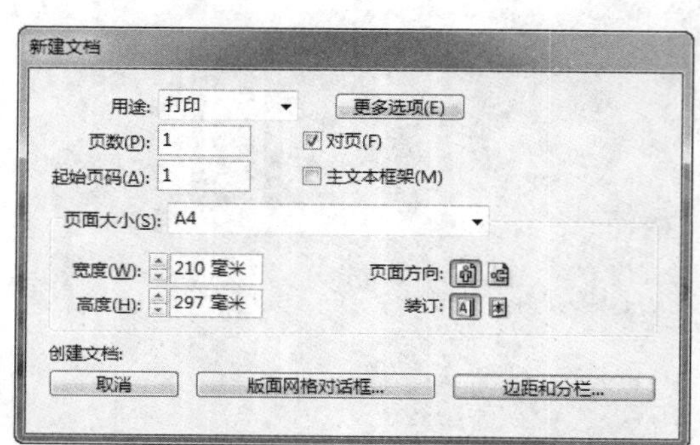

图2-1 “新建文档”对话框1

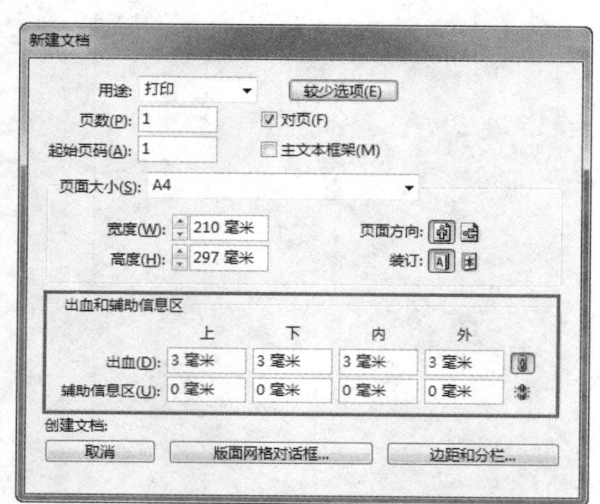

图2-2 “新建文档”对话框2

按Ctrl+N键，可以快速打开“新建文档”对话框。

“新建文档”对话框中重要参数的含义解释如下。

- 用途：单击其右侧的下拉三角按钮，弹出如图2-3所示的下拉列表选项。默认情况下执行“打印”选项，用于输出的出版物；如果要将创建的文档输出为适用于 Web 的 PDF 或 SWF，则执行“Web”选项，此时对话框中的多个选项会发生变化。例如，关闭“对页”、页面方向从“纵向”变为“横向”，并且页面大小会根据显示器的分辨率进行调整；如果执行“数码发布”选项（此为InDesign CS6中新增选项），可以指定适合几台常用设备的大小（包括自定义大小）和方向。另外，页面大小设置为所选的设备大小（以像素为单位），“主文本框架”选项也会被启用，如图2-4所示。

打印
Web
数码发布

图2-3 列表框选项

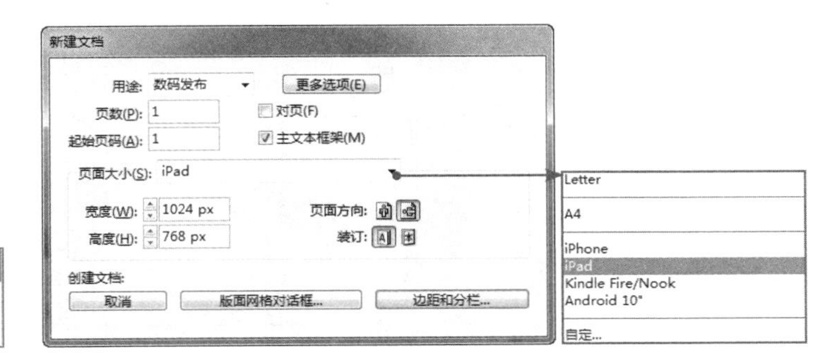

图2-4 “新建文档”对话框

提示：

执行“Web”选项创建文档之后，可以编辑所有设置，但无法更改为“打印”设置。

- 页数：在此文本框中输入一个数值，可以确定新文件的总页数。需要注意的是，该数值必须介于 1~9999，因为 InDesign CS6 无法管理 9999 以上的页面。
- 对页：勾选此复选框，可以在多页文档中以对开页形式显示版面，如书籍和杂志，页面效果如图 2-5 所示；取消此复选框可以使版面都以单面单页形式显示，例如，当计划打印传单、招贴或希望对象在装订中出血时，页面效果如图 2-6 所示。

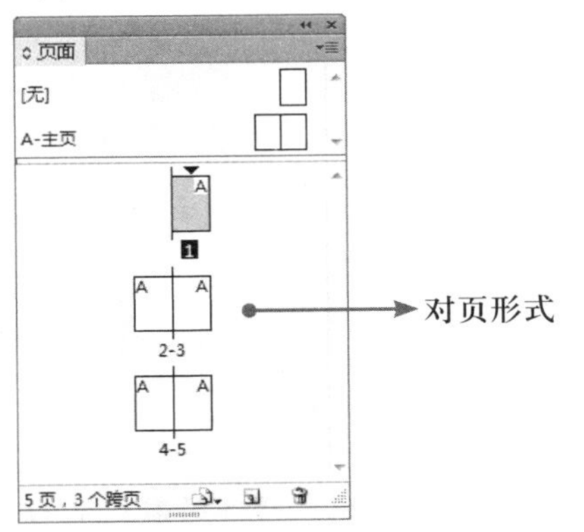

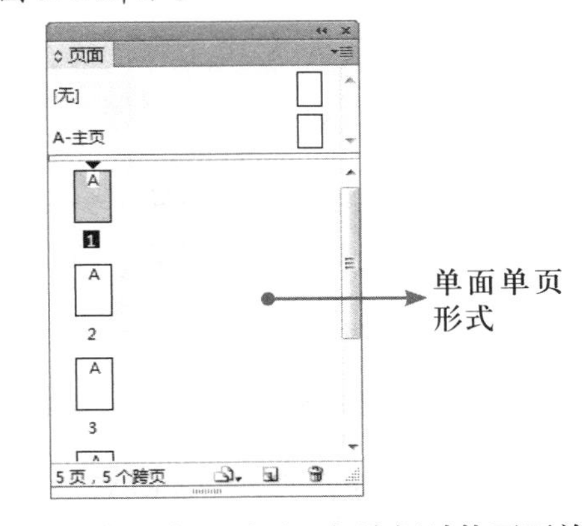

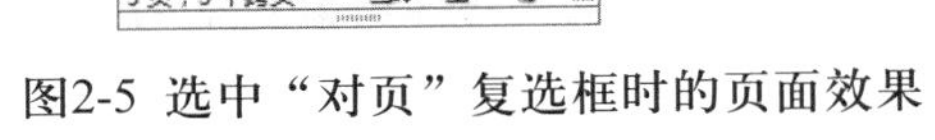

图2-5 选中“对页”复选框时的页面效果　　图2-6 未选中“对页”复选框时的页面效果

- 主文本框架：勾选此复选框，InDesign 将自动以当前页边距的大小创建一个文本框。
- 起始页码：在此文本框中输入一个数值，可以确定新文件的起始页码。如果选中“对页”并指定了一个偶数（如 2），则文档中的第一个跨页将以一个包含两个页面的跨页开始，如图 2-7 所示。
- 页面大小：单击其右侧的下拉三角按钮，弹出如图 2-8 所示的下拉列表选项。读者可以从下拉列表选项中选择标准的页面设置，也可以在“宽度”和“高度”文本框中输入所需要的页面尺寸，即可定义整个出版物的页面大小。

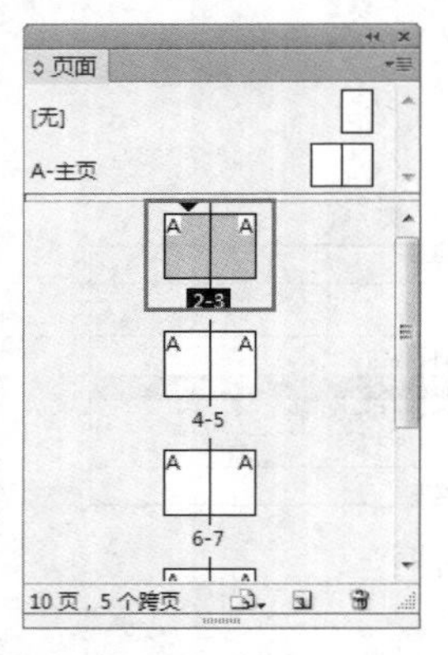

图2-7 选中“对页”并指定起始页码为偶数时的页面效果

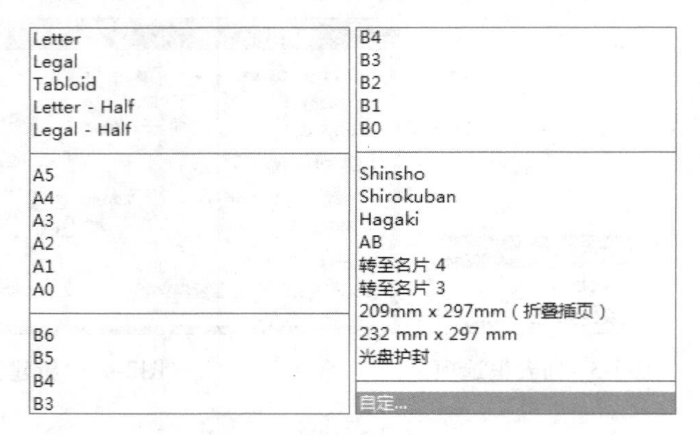

图2-8 下拉列表选项

- 页面方向：单击按钮，将创建直式页面；单击按钮，则可创建横式页面。图 2-9 所示为创建的直式页面及横式页面。

图2-9 创建的直式页面及横式页面

提示：

在默认情况下，当用户新建文件时，页面方向为直式。

- 装订：单击按钮，将按照左边装订的方式装订；单击按钮，将按照右边装订的方式装订。

提示：

横排文本的版面选择左边装订；直排文本的版面选择右边装订 。

- 出血：在其后面的 4 个文本框中输入数值，可以设置出版物的出血数值。

提示：

设置出血的目的是为了标出安全的范围，使裁纸刀不会裁切到不应该裁切的内容，通常是在成品页面外扩展3 mm。

- 辅助信息区：在其后面的4个文本框中输入数值，可以圈定一个区域，用来标志出该出版物的信息，例如，设计师及作品的相关资料等，该区域至页边距线区域中的内容不会出现在正式印刷得到的出版物中。

单击“版面网格对话框”按钮，弹出如图2-10所示的“新建版面网格”对话框。在此可以设置网格的方向、字间距及栏数等属性。单击“确定”按钮退出对话框，即可创建一个新的空白文件。

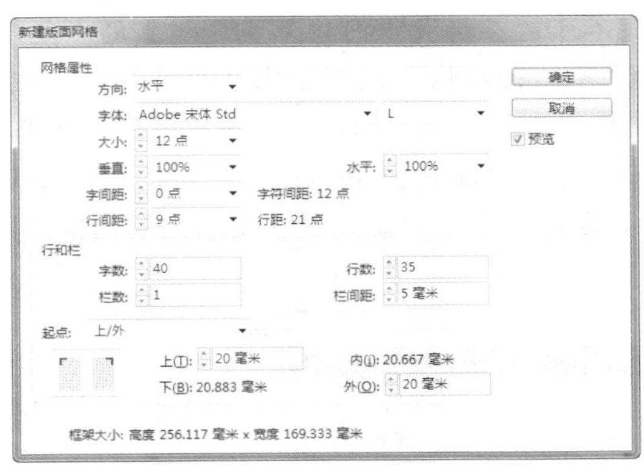

图2-10 “新建版面网格”对话框

在“新建版面网格”对话框中重要参数的含义解释如下。

- 方向：在此下拉列表中执行“水平”选项，可以使文本从左至右水平排列；执行“垂直”选项，可以使文本从上至下竖直排列。
- 字体：此下拉列表中的选项用于设置字体和字体样式。所选定的字体将成为“框架网格”的默认设置。

提示：

如果将“首选项”对话框中的“字符网格”选项组中的网格单元设置了“表意字”，则网格的大小将根据所选字体的表意字而发生变化。

- 大小：在此文本框中输入或从下拉列表中选择一个数值，用于控制版面网格中正文文本的基准的字体大小，还可以确定版面网格中各个网格单元的大小。
- 垂直、水平：在此文本框中输入或从下拉列表中选择一个数值，用于控制网格中基准字体的缩放百分比，网格的大小将根据这些设置发生变化。
- 字间距：在此文本框中输入或从下拉列表中选择一个数值，用于控制网格中基准字体的字符之间的距离。如果是负值，网格将显示为互相重叠；如果是正值，网格之间将显示间距。
- 行间距：在此文本框中输入或从下拉列表中选择一个数值，用于控制网格中基准字体的行间距离，网格线之间的距离将根据输入的值而更改。

提示：

在“网格属性”区域中，除“方向”外，其他选项的设置都将成为“框架网格”的默认设置。

- 字数：在此文本框中输入数值，用于控制“行字数”计数。

- 行数：在此文本框中输入数值，用于控制1栏中的行数。
- 栏数：在此文本框中输入数值，用于控制1个页面中的栏数。
- 栏间距：在此文本框中输入数值，用于控制栏与栏之间的距离。
- 起点：选择此下拉列表中的选项，然后在相应的文本框中输入数值。网格将根据“网格属性”和“行和栏”区域中设置的值从选定的起点处开始排列。在“起点” 另一侧保留的所有空间都将成为边距。因此，不可能在构成“网格基线”起点的点之外的文本框中输入值，但是可以通过更改“网格属性”和“行和栏” 选项值来修改与起点对应的边距。当执行“完全居中”并添加行或字符时，将从中央根据设置的字符数或行数创建版面网格。

单击“边距和分栏”按钮，弹出“新建边距和边栏”对话框，在此可以设置边距、栏数、栏间距和排版方向等属性，如图2-11所示。单击“确定”按钮退出对话框，即可创建一个新的空白文件，如图2-12所示。

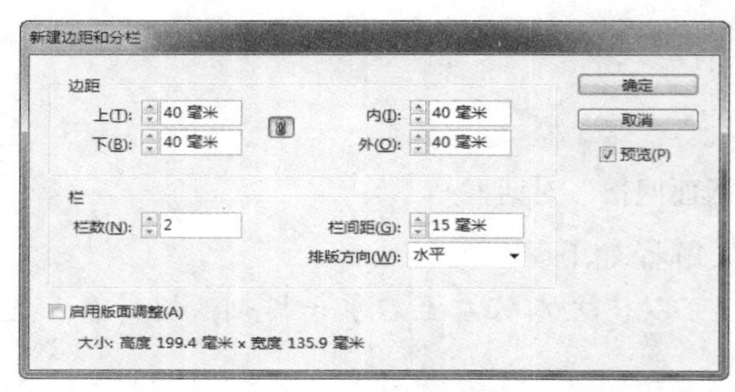

图2-11 “新建边距和分栏”对话框

单位：毫米
上40
第1栏 第2栏 第1栏 第2栏
外40 内40 内40 外40
栏间距15 栏间距15
下40

图2-12 新建空白文件

在“新建边距和分栏”对话框中重要参数的含义解释如下。

- 边距：任何出版物的文字都不是也不可能充满整个页面的，为了美观通常需要在页的上、下、内、外留下适当的空白，而文字则被放置于页面的中间即版心处。页面四周上、下、内、外留下的空白大小，即由该文本框中数值控制。在页面上InDesign用水平方向上的粉红色线和垂直方向上的蓝色线来确定页边距，这些线条将仅用于显示并不会被实际打印出来。

提示：

默认状态下的边距大小是相连的，单击“将所有设置设为相同”按钮即可对页面四周上、下、内、外留下的空白大小进行不同的设置。

- 栏数：在此文本框中输入数值，以控制当前跨页页面中的栏数。
- 栏间距：对于分栏在两栏以上的页面，可在该输入框对页面的栏间距进行调整更改。

实例：为A4尺寸三折宣传页创建新文档

（1）按Ctrl+N键调出“新建文档”对话框，设置弹出的对话框，如图2-13所示。

在本例中以比较常见的成品尺寸210 mm × 285 mm为例（A4的三折页不同于A4纸），讲解如何为A4尺寸三折宣传页创建新文档。

提示2：

一般成品不要超过210 mm × 285 mm，这个尺寸是大度16开尺寸，超过后比较费纸，导致印刷成本提高。

（2）单击“边距和分栏”按钮退出对话框，将弹出“新建边距和分栏”对话框，设置如图2-14所示。

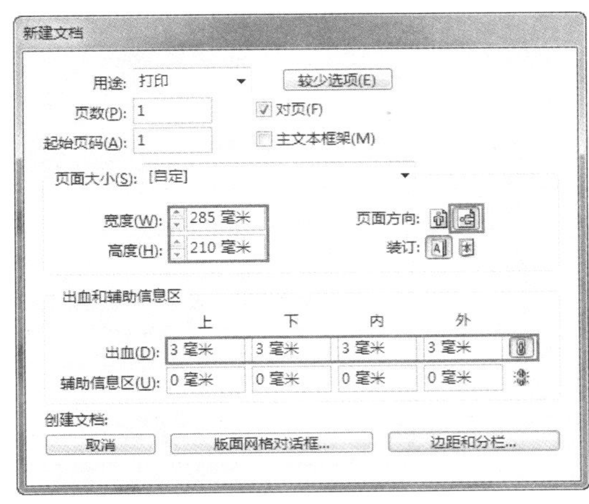

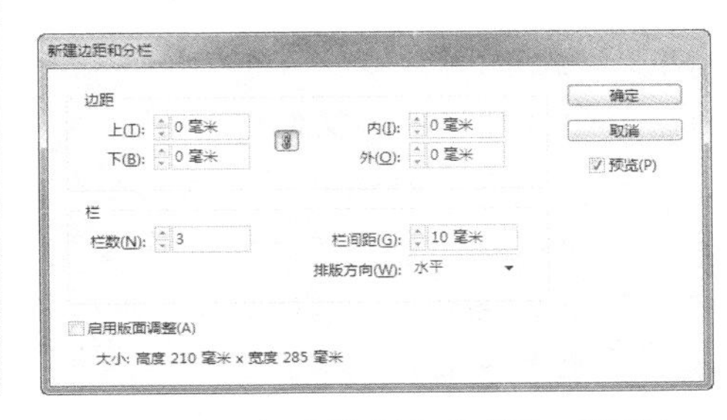

图2-13 “新建文档”对话框

图2-14 “新建边距和分栏”对话框

提示：

由于要将设计的版面分成三块，每块要留5 mm左右的安全距离，故设置“栏间距”为10 mm。

（3）单击“确定”按钮退出对话框，得到一个空白文档，如图2-15所示。

图2-15 创建空白文档

提示：

三折页最后一折要比前两折少1～2 mm，不然折成成品不好看。另外，需要注意的是，重要内容不要放在出血及距页边3 mm范围内。本例最终效果为随书所附光盘中的文件“第2章\实例：为A4尺寸三折宣传页创建新文档.indd”。

2.1.2 恢复文档

在InDesign CS6中，使用自动恢复文档功能可以保护数据因为意外而不会受损，如电源或系统故障。自动恢复的数据将位于临时文件中，而该临时文件则独立于磁盘上的原始文档文件。

提示：

只有出现在电源或系统故障而又没有成功保存的情况下，自动恢复数据才非常重要。尽管有这些功能，但仍应该时常存储文件并创建备份文件，以防止意外电源或系统故障。

当意外发生后，可以按照以下步骤进行恢复文档处理。

（1）重新启动计算机或InDesign CS6，将弹出如图2-16所示的提示框。

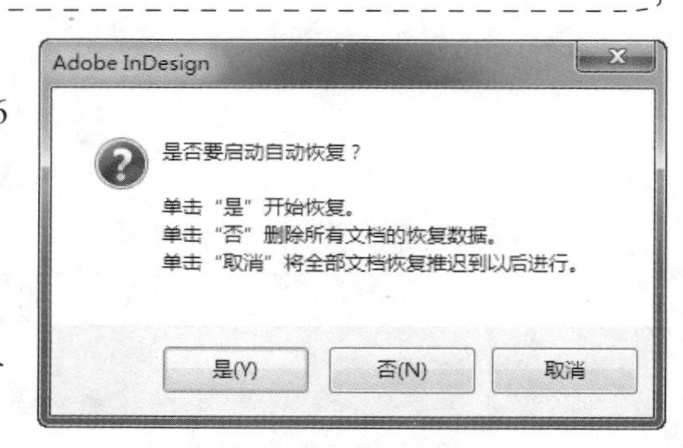

图2-16 提示框

在该提示框中各按钮的含义解释如下。

- 是：单击此按钮，将恢复丢失的文档数据。
- 否：单击此按钮，将不进行自动恢复丢失的文档。
- 取消：单击此按钮，暂时取消全部文档的恢复，可以在以后进行恢复。

（2）单击"是"按钮，开始恢复丢失的数据。

（3）将恢复文档进行保存。

2.1.3 保存文档

在实际工作中对于新建的文档或更改后的文档，需要保存以便在以后的工作中输出或编辑。因此，用户应该养成一个良好的保存习惯，经常性的执行"保存"操作，以避免各种意外的情况，如断电、软件意外退出等，造成损失。

如果使用"存储"命令保存文件时此文件仍是一个新文件并且还没有保存过，InDesign将提示用户输入一个文件名，否则就以默认的名字保存。如果当前操作的出版物自最近一次保存以来还没有被改变过，则该命令呈现灰色不可用状态。

执行"文件"|"存储"命令，即弹出如图2-17所示的"存储为"对话框。

图2-17 "存储为"对话框

此对话框中重要选项的含义解释如下。

- 保存在：可以选择图像的保存位置。
- 文件名：在文本框中输入要保存的文件名称。
- 保存类型：在下拉列表中选择图像的保存格式。
- 总是存储文档的预览图像：勾选此选项，可以为存储的文件创建缩览图。

另外，执行"文件"|"存储为"命令可以使用新名称、保存位置及保存格式保存出版物文件。

值得一提的是，使用“存储为”命令在保存出版物时，InDesign将压缩出版物，使它占据最小的磁盘空间，因此如果希望使出版物文件的容量更小一些，可以使用此命令对出版物执行另存操作。

提示：

如果打开了若干个出版物，并且需要一次性对这些出版物做保存操作，可以同时按下Ctrl+Alt+Shift+S键。

2.1.4 关闭文档

完成对文档的操作以后，可以关闭该文档。其方法如下。

- 执行“文件”|“关闭”命令，如果对文档做了修改，就会弹出提示对话框，如图2-18所示。单击“是”则会保存修改过的文档而关闭，单击“否”则会不保存修改过的文档而关闭，单击“取消”则会放弃关闭文档。
- 单击文档文件右上方的按钮☒。
- 按Ctrl+W键，快速关闭。

图2-18 提示框

2.1.5 打开文档

执行“文件”|“打开”命令，或按Ctrl+O键，弹出如图2-19所示的对话框，在其中选择要打开的文件，然后单击“打开”按钮即可。

此对话框中各选项的含义解释如下。

- 查找范围：在此查找要打开的文档所在位置。
- 正常：选择此选项，将正常打开文档或模板。
- 原稿：选择此选项，将打开文档或模板的原稿。
- 副本：选择此选项，将打开文档或模板的副本。

另外，直接将文档拖至InDesign工作界面中也可以打开（在界面中没有任何打开的文档），当界面中有打开的文档，在拖进来时需要置于界面的顶部当光标成状态时，释放鼠标即可打开文档。

图2-19 “打开文件”对话框

2.2 创建与编辑模板

模板可以将任意需要的元素存储在其中，如样式、颜色、文档尺寸、标注、文字、图形及图像等，使用该模板创建的文档，就会自动包含这些元素，以避免一些重复的工作。

2.2.1 新建模板

新建模板的方法与新建普通的文档一样，唯一不同的是存储文档时有所不同。执行“文

件”|“存储为”命令，在弹出的“存储为”对话框中设置“保存类型”为“InDesign CS6 模板”，并指定存储的位置和文件名，然后单击“保存”按钮即可，如图2-20所示。

图2-20 选择保存类型

需要注意的是，如果新建的模板提供给他人使用，最好添加一个说明该模板的图层，在打印文档前，隐藏或删除该图层即可。

2.2.2 编辑模板

要对现有的模板进行编辑，需要在“打开文件”对话框中选择要打开的模板文件，并执行“原稿”方式，然后单击“打开”按钮即可。

2.3 基本的页面视图操作

2.3.1 页面缩放

在查看和编辑页面中的内容时，常常会应用到多种显示比例，下面就来介绍通过不同的途径进行不同显示比例设置的方法。

1.使用缩放显示工具

在工具箱中执行“缩放显示工具”，当光标为状态时，在当前文档页面中单击，即可将文档的显示比例放大；保持“缩放显示工具”为选择状态，按住Alt键，当光标显示为状态，在文档页面中单击，即可将文档的显示比例缩小。

用“缩放显示工具”在文档页面中拖曳矩形框，可进行页面缩放，拖曳的矩形框越小，显示比例越大，拖曳的矩形框越大，显示比例越小。

2.使用缩放级别

在应用程序栏 Br 150% 中单击“缩放级别” 150% 右侧的三角按钮，弹出如图2-21所示的下拉列表，选择一个显示比例值或在文本框中手动输入具体的显示比例数值，即可对文档页面显示进行快速缩放。

3.使用鼠标右键

在页面未编辑的状态下，在页面的空白处右击键，弹出快捷菜单，如图2-22所示。通过选择相应的命令，即可快速缩放所需要浏览的页面。

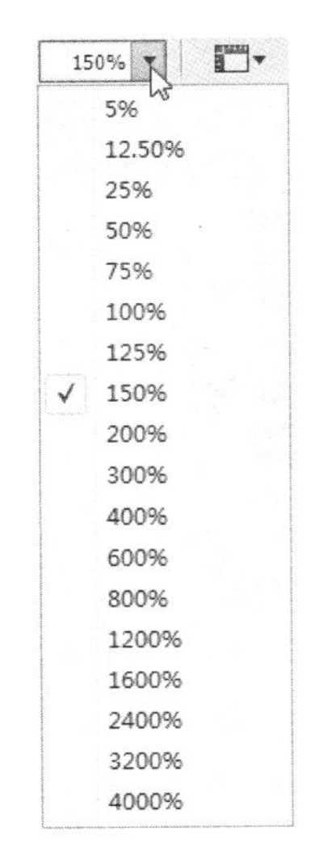

图2-21 “缩放级别”下拉列表

粘贴(P)	Ctrl+V
原位粘贴(I)	
放大(I)	Ctrl+=
缩小(O)	Ctrl+-
实际尺寸(A)	Ctrl+1
完整粘贴板(P)	Alt+Shift+Ctrl+0
排版方向	▸
隐藏标尺(R)	Ctrl+R
网格和参考线(G)	▸
显示性能	▸

图2-22 快捷菜单

4.使用菜单命令或快捷键

执行“视图”|“放大”命令或按Ctrl+“+”键，即可将当前页面的显示比例放大；执行“视图”|“缩小”命令或按Ctrl+“－”键，即可将当前页面的显示比例缩小。

执行“视图”|“使页面适合窗口”命令或按Ctrl+0键，即可将当前页面按屏幕大小进行缩放显示。

执行“视图”|“使跨页适合窗口”命令或按Ctrl+Alt+0键，即可将当前的跨页按屏幕大小进行缩放显示。

执行“视图”|“实际尺寸”命令或按Ctrl+1键，将当前的页面以100%的比例显示。

按Ctrl+2键可以将当前页面以200%的比例显示；按Ctrl+4键可以将当前页面以400%的比例显示；按Ctrl+5键可以将当前页面以50%的比例显示。

2.3.2 屏幕模式

执行“视图”|“屏幕模式”命令中的子菜单，选择相应的命令，或单击工具箱底部的“正常”、“预览”、“出血”、“辅助信息区”与“演示文稿”，以改变文档页面的预览状态。

- “正常”模式：该模式对参考线、出血线、文档页面两边的空白粘贴板等所有可打印和不可打印元素都可在屏幕上显示出来，如图2-23所示。
- “预览”模式：按照最终输出显示文档页面。该模式以参考边界线为主，在该参考线以内的所有可打印对象都会显示出来。
- “出血”模式：按照最终输出显示文档页面。该模式下的可打印元素在出血线以内的都会显示出来。
- “辅助信息区”模式：该模式与“预览模式”一样，完全按照最终输出显示文档页面，所有非打印线、网格等都被禁止，如图2-24所示。最大的不同在于文档辅助信息区内的所有可打印元素都会显示出来不再以裁切线为界。

01 chapter P1—P18
02 chapter P19—P38
03 chapter P39—P64
04 chapter P65—P100
05 chapter P101—P118
06 chapter P119—P152
07 chapter P153—P182
08 chapter P183—P200
09 chapter P201—P220
10 chapter P221—P234
11 chapter P235—P254
12 chapter P255—P277

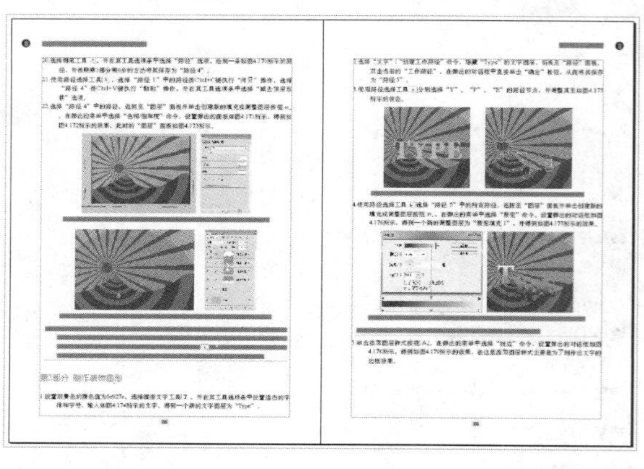

图2-23 “正常”模式

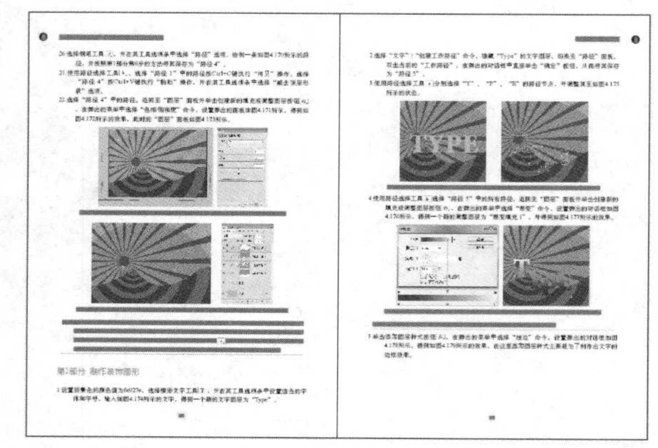

图2-24 “辅助信息区”模式

- “演示文稿”模式：该模式将页面的应用程序菜单和所有面板都隐藏起来，在该文档页面上可以通过单击或按键进行页面的上下操作。如表2-1所示。

表2-1 操作方式及功能列表

鼠标操作	键盘操作	功能
单击	向右箭头键或 Page Down 键	下一跨页
按下 Shift 键的同时单击按下向右箭头键的同时单击	向左箭头键 或 Page Up 键	上一跨页
	Esc	退出演示文稿模式
	Home	第一个跨页
	End	最后一个跨页
	B	将背景颜色更改为黑色
	W	将背景颜色更改为白色
	G	将背景颜色更改为灰色

提示：

在“演示文稿”模式中不能对文档进行编辑，只能通过鼠标与键盘进行页面的上下操作。

2.3.3 切换文件窗口

当打开多个文件时，可以以层叠和平铺两种主要窗口显示，方法如下。

执行“窗口”|“排列”|“层叠”命令，可以将打开的多个文件层叠在一起，只显示位于窗口最上面的文件，如图2-25所示。如果想选择需要的文件，直接单击该窗口选项卡或标题栏即可。

执行“窗口”|“排列”|“平铺”命令，可以将打开的多个文件分别水平平铺在窗口中显示，如图2-26所示。

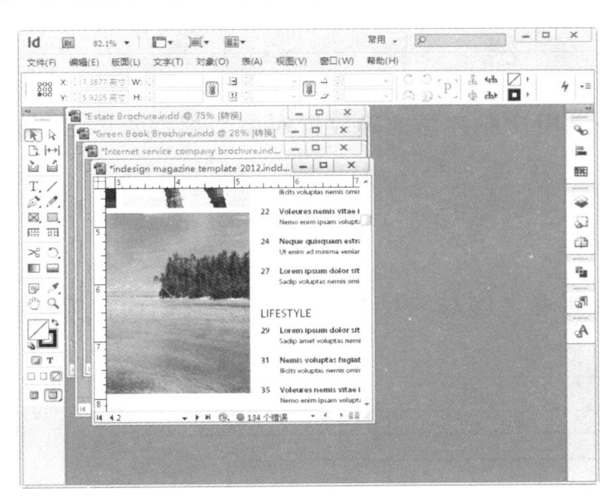

图2-25 层叠窗口

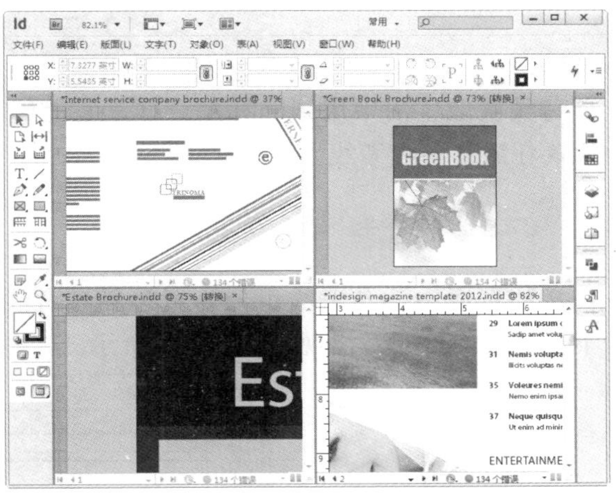

图2-26 平铺窗口

如果要为同一文档创建新窗口，可以执行“窗口”|“排列”|“新建（文档名称）窗口”命令。

提示：

按Shift+Ctrl+W键，可以关闭现有文档的所有窗口；按Shift+Ctrl+Alt+W键，可以关闭所有打开文档的所有窗口。

2.4 纠正操作失误

使用 InDesign 编辑对象的一大优点就是很容易纠正操作中的失误，它提供了许多用于纠错的命令，其中包括“恢复”命令，“还原”命令及“重做”命令等，下面将分别讲解这些命令的作用。

2.4.1 “恢复”命令

当操作过程中出现问题或对之前的操作不满意时，可以执行“文件”|“恢复”命令，返回到最近一次保存文件时图像的状态，但如果刚刚对文件进行保存则无法执行“恢复”操作。

如果当前文件没有保存到磁盘，则“恢复”命令也是不可用的。

2.4.2 “还原”与“重做”命令

如果仅仅是前面一步的操作出现了失误，可以执行“编辑”|“还原”命令回退一步，执行“编辑”|“重做”命令可以重做执行“还原”命令取消的操作。

提示：

由于两个命令被集成在一个命令显示区域中，故掌握两个命令的快捷键Ctrl+Z对于快速操作非常有好处。

2.5 参考线

参考线就像生活中用到的标尺一样，它能够帮助用户对齐并准确放置对象，根据需要可以在屏幕上放置任意多条参考线。

2.5.1 参考线的分类

在文档页面中，参考线可分为页边界参考线、栏参考线与标尺参考线3种，它们均在页面中显示，不会在最终打印时出现，如图2-27所示。

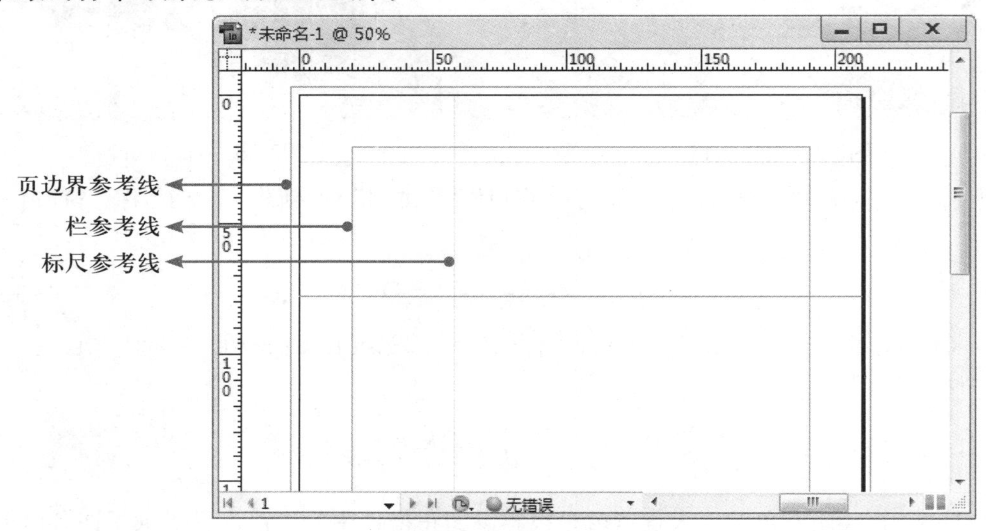

图2-27 参考线的分类

图2-27中各种参考线的解释如下。

- 页边界参考线：在文档页面中，可以看到一个红色矩形的线框。执行“文件”|“文档设置”对该线框的大小进行设置，如图2-28所示。在页边界参考线外的元素属于不可打印范围，所以该线框可以限制正文排版的范围，规范文档页面的布局。
- 栏参考线：此线也称为版心线，在该参考线内的区域为正文摆放区，以此来确定页与页之间的对齐。执行“版面”|“边距与分栏”命令对栏参考线进行设置，InDesign会自动创建大小相等的分栏，如图2-29所示。默认下的文档页面是一个分栏，而栏参考线相当于放置在其中的文本分界线，用来控制文本的排列。

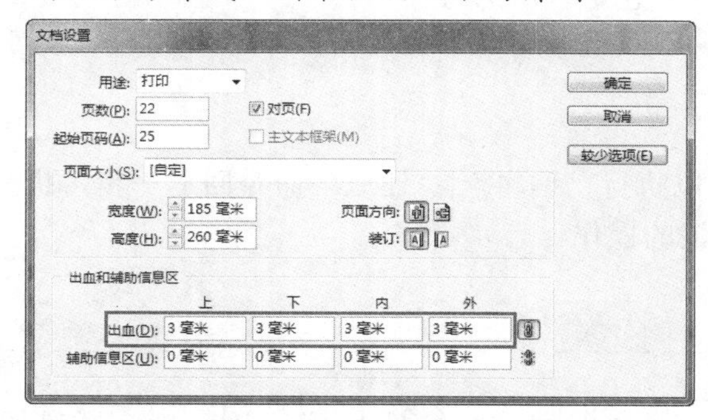

图2-28 “文档设置”对话框

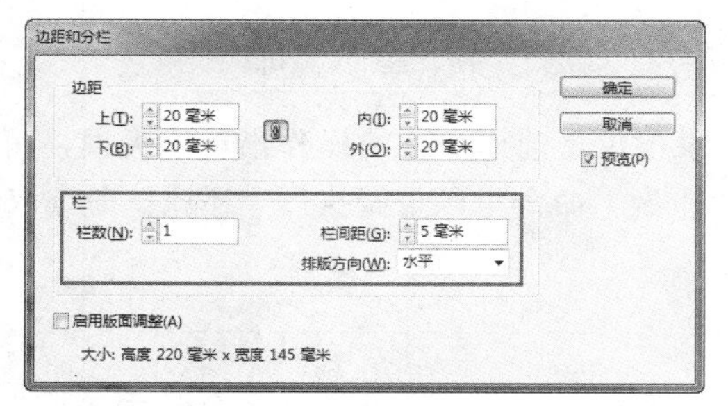

图2-29 “边距与分栏”对话框

- 标尺参考线：此线与栏参考线不同之处是，标尺参考线不是用来控制文本的排列而只是用来对齐对象。标尺参考线可以从文档窗口的顶部与左侧拖拉出，用来对齐水平或垂直方向的对象。执行“版面”|“标尺参考线”命令，在弹出的对话框中对标尺参考线的颜色进行更改，如图2-30所示。

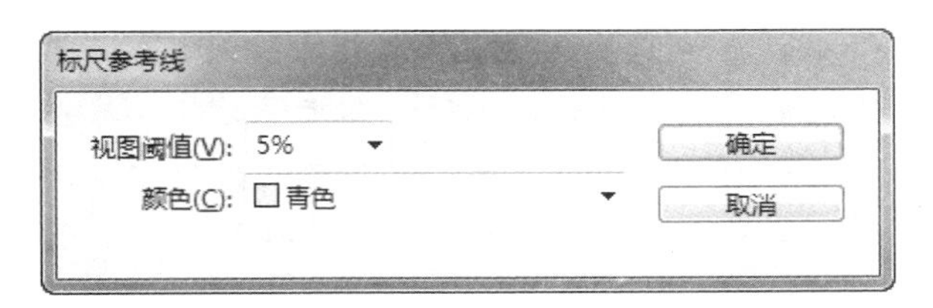

图2-30 标尺参考线

2.5.2 手工创建参考线

如果需要在页面上加入参考线，首先需要显示页面标尺，然后将光标放在水平或垂直标尺上，按住左键不放，向页面内部拖动，即可分别从水平或垂直标尺上拖曳出水平或垂直参考线，如图2-31所示。

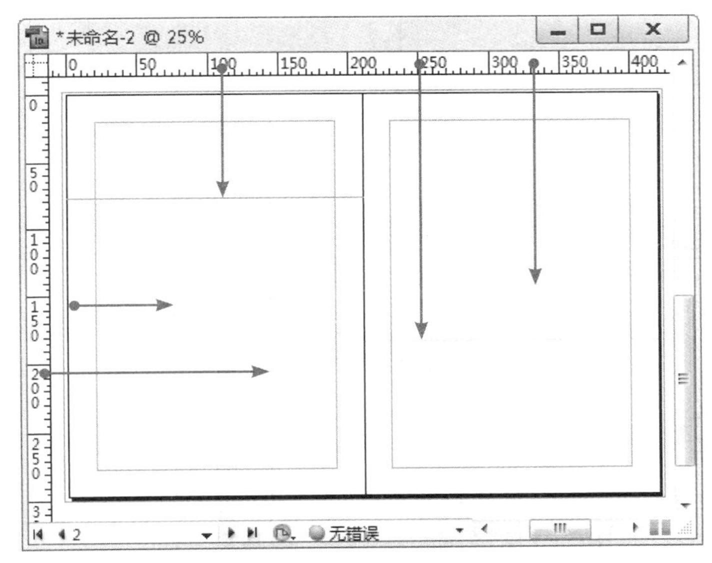

图2-31 创建参考线

2.5.3 用命令创建精确位置的参考线

执行“版面”|“创建参考线”命令，弹出如图2-32所示的“创建参考线”对话框，在此对话框中可以设置参考线的行数或栏数，单击“确定”按钮退出对话框，即可对参考线进行创建。

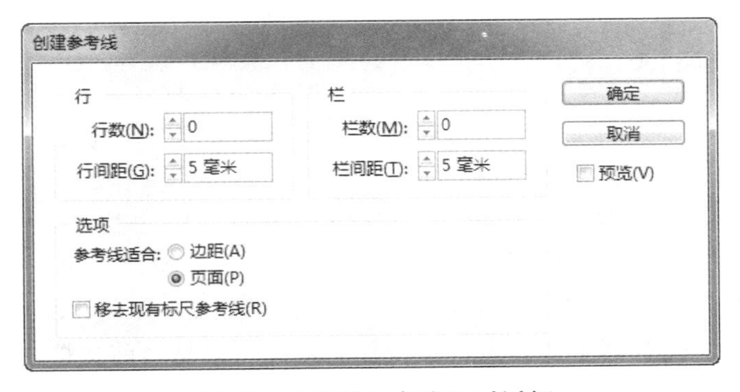

图2-32 “创建参考线”对话框

“创建参考线”对话框中各选项的含义解释如下。

- 行/栏数：在此文本框中输入数值，可以精确创建平均分布的参考线。

- 行/栏间距：在此文本框中输入数值，可以将参考线的行与行、栏与栏之间的间距精确分开。
- 边距：选择此选项，参考线的分行与分栏将会以栏参考线为分布区域。
- 页面：选择此选项，参考线的分行与分栏将会以页面边界参考线为分布区域。
- 移去现有标尺参考线：选择此选项，可以移去当前文档页面主页除外的现有标尺参考线。

2.5.4 创建平均分布的参考线

执行“版面”|“创建参考线”命令，在弹出的“创建参考线”对话框中输入行数或栏数可以创建平均分布的参考线。然后在“创建参考线”对话框中的选项区域可以通过执行“边距”或“页面”选项，使参考线平均地在栏参考线或页面边界参考线中分布，如图2-33所示。

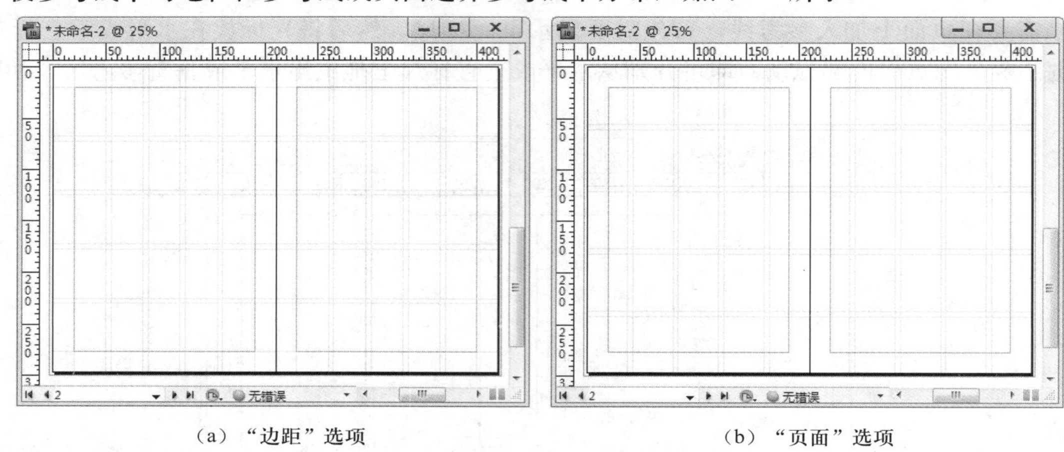

（a）“边距”选项　　（b）“页面”选项

图2-33 选择不同选项时的分布状态

2.5.5 显示/隐藏参考线

要显示参考线可执行“视图”|“网格和参考线”|“显示参考线”命令。

要隐藏参考线可执行“视图”|“网格和参考线”|“隐藏参考线”命令。

提示：

按Ctrl+；键，也可以控制参考线的显示与隐藏。

2.5.6 锁定/解锁参考线

为防止在操作无意的情况下移动参考线的位置，可以将参考线锁定起来。要锁定参考线，可以执行下列操作之一。

- 执行“视图”|“网格和参考线”|“锁定参考线”命令。
- 按Ctrl+Alt+；键。
- 使用“选择工具”在参考线上右击键，在弹出的菜单中执行“锁定参考线”命令。

执行上述任意一个操作后，都可以将当前文档的所有参考线锁定。再次执行上述前2个操作，即可解除锁定参考线状态。

2.5.7 选择参考线

在参考线解锁的情况下，要选择参考线，可以执行下列操作之一。

- 使用工具箱中的“选择工具”单击参考线，参考线显示为蓝色状态表明已将参考线选中。
- 对于多条参考线的选择，可以按住Shift键，分别单击各条参考线。
- 按住鼠标左键不放拖拉出一个框，将与框有接触的参考线都选中。

提示：

拖拉方框时注意不能与文本框或文档中的编辑对象有接触，不然，选中的只有文本框或编辑对象。

- 按“Ctrl+Alt+G”快捷键一次性将当前页面的所有参考线都选中。
- 若当前页面中完全空白，只有参考线，也可以按Ctrl+A键选中所有的参考线。

2.5.8 移动参考线

使用“选择工具”选中参考线后，拖动鼠标可将参考线移动，按住Shift键拖动参考线可确保参考线移动时对齐标尺刻度，如图2-34所示。

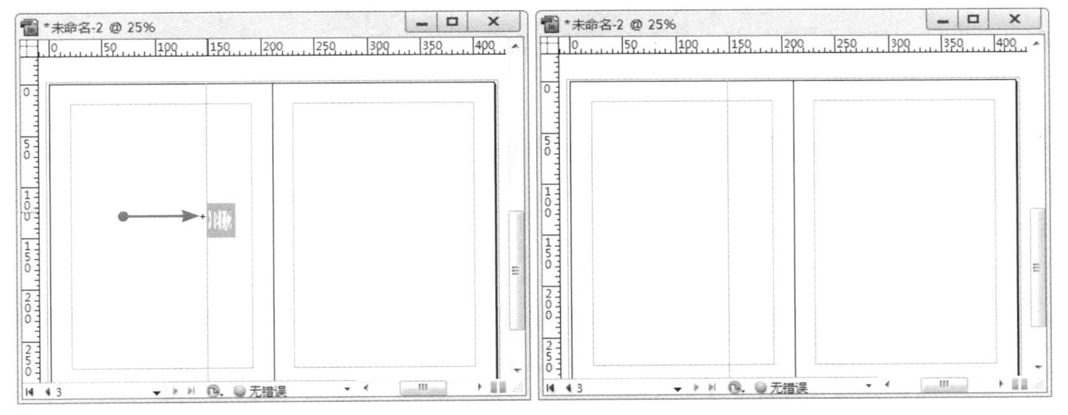

图2-34 参考线移动前后的效果

要想将参考线移动到所设置的位置，可以选择参考线，右击，在弹出的快捷菜单中执行“移动参考线”命令，在弹出的“移动”对话框中的文本框中输入数值，如图2-35所示，单击“确定”按钮退出即可。

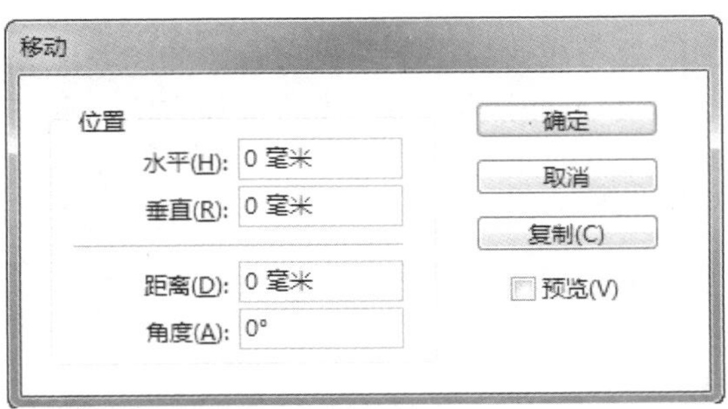

图2-35 “移动”对话框

提示：

单击对话框中的“复制”按钮，可在保持原参考线的基础上复制出一条移动后的参考线。

2.5.9 删除参考线

要删除参考线，首先需要取消参考线的锁定状态，再执行以下操作之一。

- 使用“选择工具”选择需要删除的参考线，直接按Delete键可以快速删除参考线。
- 执行“视图”|“网格和参考线”|“删除跨页上的所有参考线”命令，即可将跨页上的所有参考线删除。
- 使用“选择工具”选择参考线，右击，在弹出的快捷菜单中执行“删除跨页上的所有参考线”命令，即可删除跨页上的所有参考线。

2.6 拓展训练——为三折宣传页添加精确参考线

在本例中，将以前面“实例：为A4尺寸三折宣传页创建新文档”创建的文件为例，为此三折宣传页添加精确参考线。

（1）打开随书所附光盘中的文件“第2章\实例：为A4尺寸三折宣传页创建新文档.indd”，按Ctrl+R键显示标尺，在标尺位置右击，在弹出的快捷菜单中执行“毫米”作为单位。

提示：

下面将根据“实例：为A4尺寸三折宣传页创建新文档”最后的提示“重要内容不要放在出血及距页边3 mm范围内”添加参考线。

（2）执行“版面”|“创建参考线”命令，设置弹出的对话框如图2-36所示，单击“确定”按钮退出对话框，此时文件中出现水平、垂直参考线，如图2-37所示。

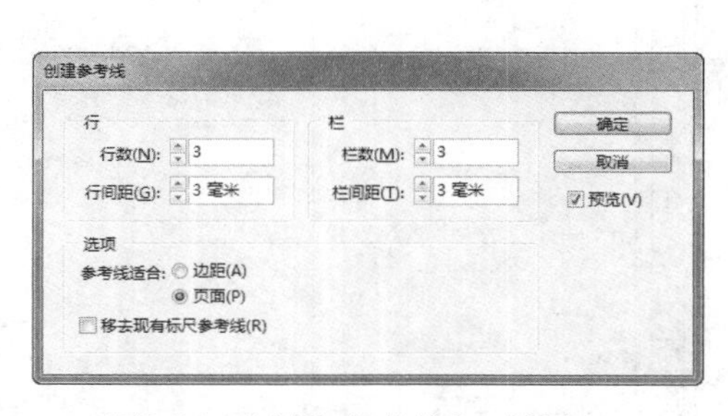

图2-36 “创建参考线”对话框

图2-37 添加参考线

（3）使用“选择工具”将第（2）步创建的左边的2条参考线选中，并移至文档左侧，其中左侧的参考线要与栏参考线吻合，如图2-38所示。

（4）按照第（3）步的操作方法，移动其他参考线，整体效果如图2-39所示。

图2-38 移动参考线

图2-39 添加参考线后的整体效果

提示：

本例最终效果为随书所附光盘中的文件“第2章\2.6 拓展训练——为三折宣传页添加精确参考线.indd”。

2.7 课后练习

1. 单选题

（1）可以快速打开“新建文档”对话框的快捷键是（　）。

A. Ctrl+N　　B. Ctrl+O　　C. Alt+N　　D. Alt+O

（2）设置出血的目的是为了标出安全的范围，使裁纸刀不会裁切到不应该裁切的内容，通常是在成品页面外扩展多少毫米？（　）

A. 1　　B. 2　　C. 3　　D. 4

（3）在InDesign 中，当电源或系统发生故障重新启动计算机后，在弹出的提示框中单击哪个按钮可以恢复丢失的文档数据？（　）

A. 是　　B. 否　　C. 取消　　D.以上说法都不对

（4）如果希望使出版物文件的大小更小一些，在存储时应该执行哪个命令？（　）

A. 执行“文件”|“存储”命令　　B. 执行“文件”|“存储为”命令

C. 执行“文件”|“存储副本”命令　　D. 以上说法都不对

（5）在InDesing CS6中，改变文档页面的预览状态有几种？（　）

A. 4　　B. 5　　C. 6　　D.7

2. 多选题

（1）下列关于关闭文档说法正确的是（　）。

A. 执行“文件”|“关闭”命令，在弹出的菜单中单击“取消”按钮即可

B. 单击文档文件右上方的按钮

C. 按Ctrl+W键，快速关闭

D. 以上说法都对

（2）模板可以将任意需要的元素存储在其中，其中包括（　）。

A. 样式、颜色　　B. 文档尺寸、标注

C. 文字、图形及图像　　D. 以上说法都对

（3）在查看和编辑页面中的内容时，下列哪些方法可以进行比例显示？（　）

A. 使用缩放显示工具　　B. 执行“视图”|“放大”命令

C. 按Ctrl+2键　　D. 按Ctrl+3键

（4）下列哪些方法很容易纠正操作中的失误？（　）

A. 执行“文件”|“恢复”命令　　B. 执行“编辑”|“还原”命令

C. 执行“编辑”|“重做”命令　　D. 按Ctrl+Z键

（5）下列关于参考线说法正确的是（　）。

A. 参考线可分为页边界参考线、栏参考线与标尺参考线3种

B. 参考线在最终打印时会出现

C. 按Ctrl+；键，可以控制参考线的显示与隐藏

D. 按“Ctrl+Alt+G”快捷键一次性将当前页面的所有参考线都选中

3．判断题

（1）如果打开了若干个出版物，并且需要一次性对这些出版物做保存操作，可以同时按下Ctrl+Alt+Shift+S键。（　）

（2）在界面中没有任何打开的文档，将文档拖至InDesign工作界面中可以打开文档。（　）

（3）要对现有的模板进行编辑，需要在“打开文件”对话框中，选择任一文件，单击“打开”按钮即可。（　）

（4）按Ctrl+5键可以将当前的页面以500%的比例显示。（　）

（5）使用“选择工具”选择需要删除的参考线，按Delete键可以删除参考线。（　）

4．操作题

结合本章讲解的“新建文档”的方法，创建一个含出血的对页A4尺寸广告文件，如图2-40所示。制作完成后的效果可以参考随书所附光盘中的文件“第2章\2.7-操作题.indd”。

图2-40 创建的广告文件

第 3 章

编辑页面与图层

本章导读

InDesign CS6具有强大的页面与图层编辑功能。本章中主要讲解页面、主页和图层的概念，以及编辑页面、图层的操作方法。通过本章的学习，可以快捷地编排页面及掌握图层的操作技巧，使排版工作变得更加高效。

3.1 创建与编辑页面

3.1.1 了解“页面”面板

使用“页面”面板对页面进行操作是InDesign处理页面的常用手段，虽然也可以使用“版面”|“页面”命令下面的子菜单对页面进行操作，但其简便程度与使用“页面”面板相比相去甚远。

执行“窗口”|“页面”命令或按F12键，弹出“页面”面板，如图3-1所示。单击右上角的三角图标，即可将面板最小化，如图3-2所示。

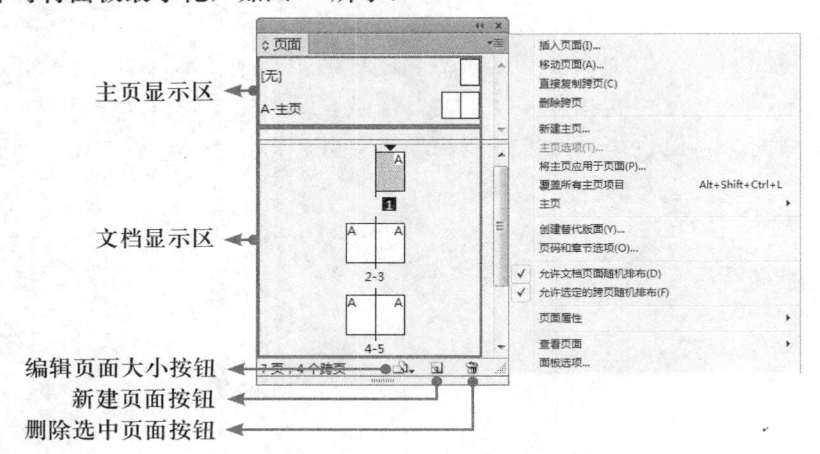

图3-1 “页面”面板　　　　图3-2 最小化“页面”面板

“页面”面板中参数的含义解释如下。

- 主页显示区：在该区域中显示了当前所有主页及其名称，默认状态下有2个主页。
- 文档显示区：在该区域中显示了所有当前文档的页面。
- 编辑页面大小按钮：单击该按钮，在弹出的菜单中可以快速为选中的页面设置尺寸，如图3-3所示。若选择其中的“自定”命令，在弹出的对话框中也可以自定义新的尺寸预设，如图3-4所示。

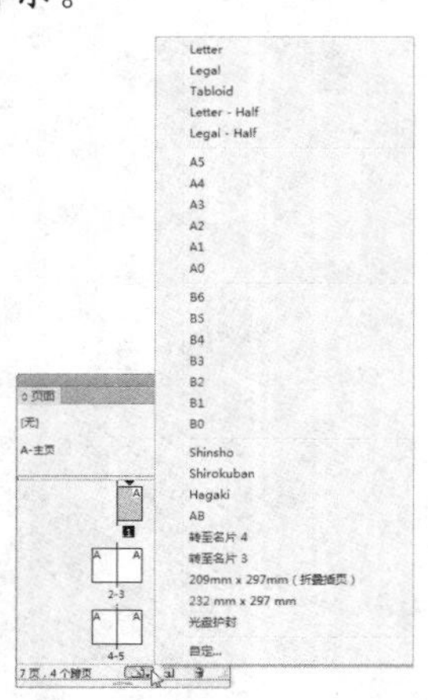

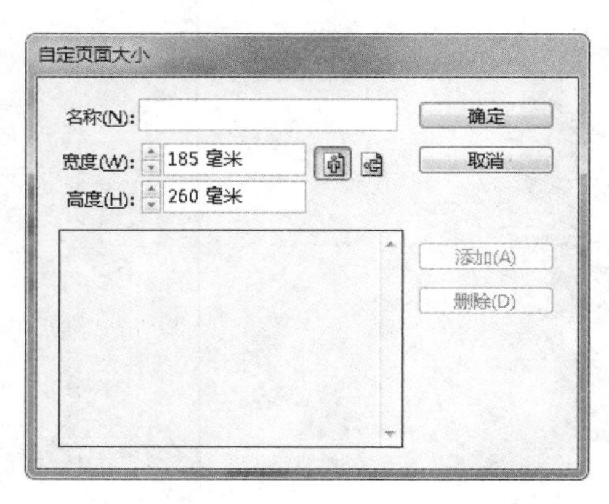

图3-3 编辑页面大小按钮弹出的菜单　　　　图3-4 “自定页面大小”对话框

- 新建页面按钮：单击该按钮，可以在当前所选页后新建一页文档，如果按住Ctrl键，单击该按钮可以创建一个新的主页。

- 删除选中页面按钮：单击该按钮可以删除当前所选的主页或文档页面。

3.1.2 插入页面

在编排文本的过程中，当创建的页面不能满足需要时，此时可以通过“页面”面板、相关的命令及快捷键插入新的页面。关于插入页面的操作可以执行以下操作之一。

- 选择目标页面，如图3-5所示，单击“页面”面板底部的新建页面按钮，即可在选择的页面之后添加一个新页面，如图3-6所示。

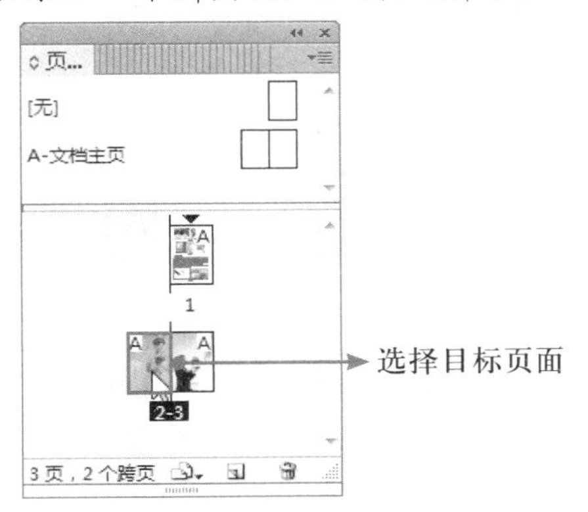

图3-5 选择目标页面

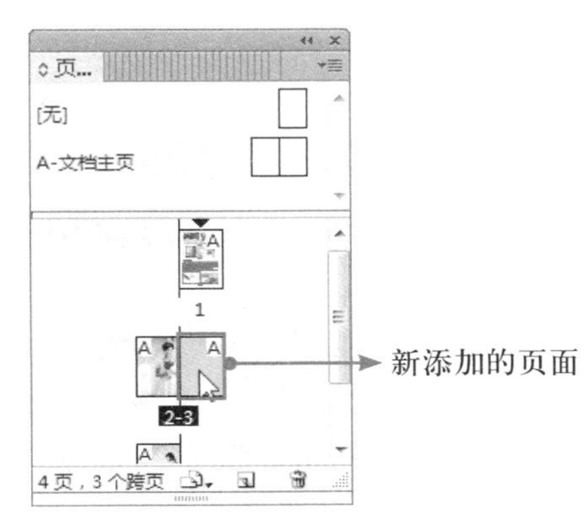

图3-6 添加的新页面

- 如果要添加页面并指定文档主页，可以执行“版面”|“页面”|“插入页面”命令，或者单击“页面”面板右上角的面板按钮，在弹出的菜单中选择“插入页面”命令，弹出“插入页面”对话框，如图3-7所示。在对话框中输入要添加的页面的位置及要应用的主页。

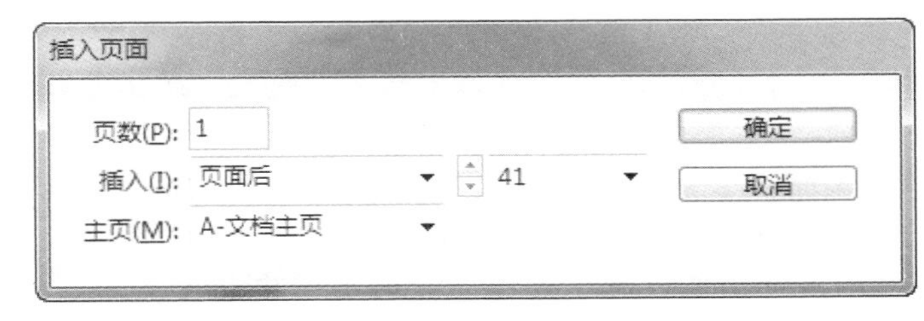

图3-7 “插入页面”对话框

在“插入页面”对话框中，在“页数”文本框中输入数值，可以指定要添加页面的页数，取值范围介于1~9999；单击“插入”右侧的三角按钮，在弹出的下拉列表中可以指定插入页面的位置及目标页面；单击“主页”右侧的三角按钮，在弹出的下拉列表中可以为新添加的页面指定主页。

- 如果要在文档末尾添加页面，可以执行“文件”|“文档设置”命令，在弹出的“文档设置”对话框的“页数”文本框中重新指定文档的总页数，如图3-8所示。单击“确定”按钮退出对话框。InDesign 会在最后一个页面或跨页后添加页面。

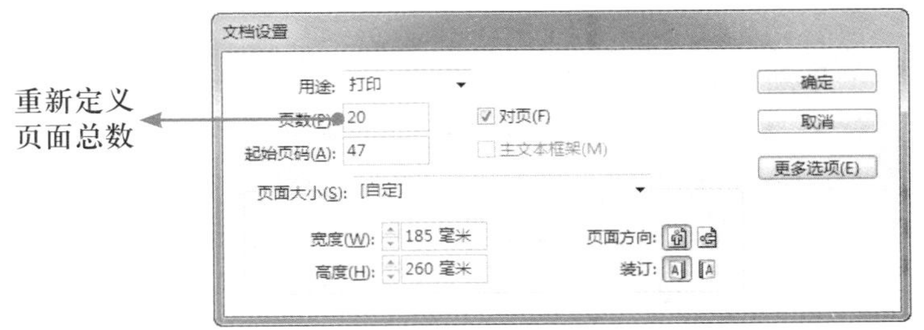

图3-8 “文档设置”对话框

提示：

当重新定义的页面总数小于当前文档中已有的页面数值，则会弹出如图3-9所示的提示框，单击“确定”按钮后，将从后向前删除页面。

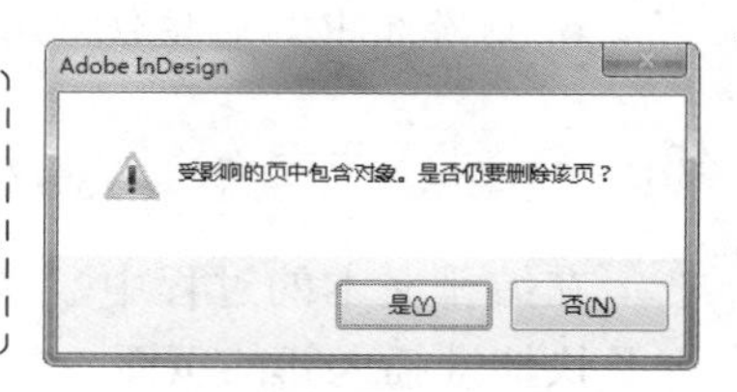

图3-9 提示框

- 选择目标页面后，执行“版面”|“页面”|“添加页面”命令，或者按Ctrl+Shift+P键也可以在目标页面后快速添加页面。添加的新页面将与现有的活动页面使用相同的主页。

3.1.3 删除页面

如果文档中的页面未用完或在文档中间有多余的空白页，可以执行以下方法之一删除不需要的页面。

- 在“页面”面板中，选择需要删除的一个或多个页面图标，或者是页面范围号码，拖至“删除选中页面”按钮上，在弹出的提示框中单击“确定”按钮退出，即可删除不需要的页面。
- 在“页面”面板中，选择需要删除的一个或多个页面图标，或者是页面范围号码，直接单击“删除选中页面”按钮，在弹出的提示框中单击“确定”按钮退出，即可删除不需要的页面。
- 在“页面”面板中，选择需要删除的一个或多个页面图标，或者是页面范围号码，然后单击“页面”面板右上角的面板按钮，在弹出的菜单中选择“删除页面”或“删除跨页”命令，在弹出的提示框中单击“确定”按钮退出，即可删除不需要的页面或跨页。

在删除页面时，若被删除的页面中包含文本框、图形、图像等内容，则会弹出如图3-10所示的提示框，单击“确定”按钮即可删除。

图3-10 提示框

3.1.4 复制页面

在编辑文本的过程中，在“页面”面板中关于复制页面的操作可以执行以下之一。

- 将要复制的页面或页面范围号码拖至新建页面按钮上，如图3-11所示，释放鼠标，新的页面将显示在文档的末尾，如图3-12所示。
- 选择要复制的页面或页面范围号码，在选中的页面上右击或单击“页面”面板右上角的“面板”按钮，在弹出的菜单中选择“直接复制页面”或“直接复

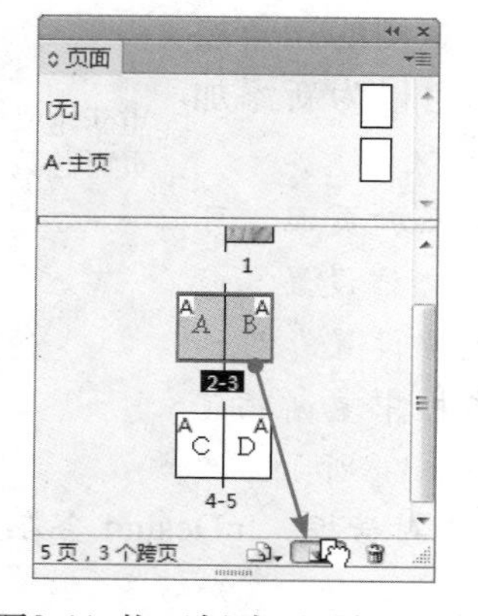

图3-11 拖至新建页面按钮上

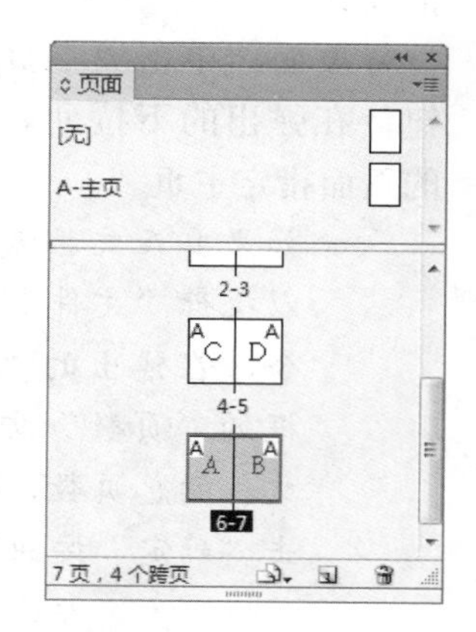

图3-12 生成新的页面

制跨页”。新的页面或跨页将显示在文档的末尾。

● 选择要复制的页面或页面范围号码，按住Alt键的同时拖至目标面板中的空白区域，当鼠标指针变为状态，如图3-13所示，释放鼠标后即可在文档末尾生成新的页面，其操作流程如图3-14所示。

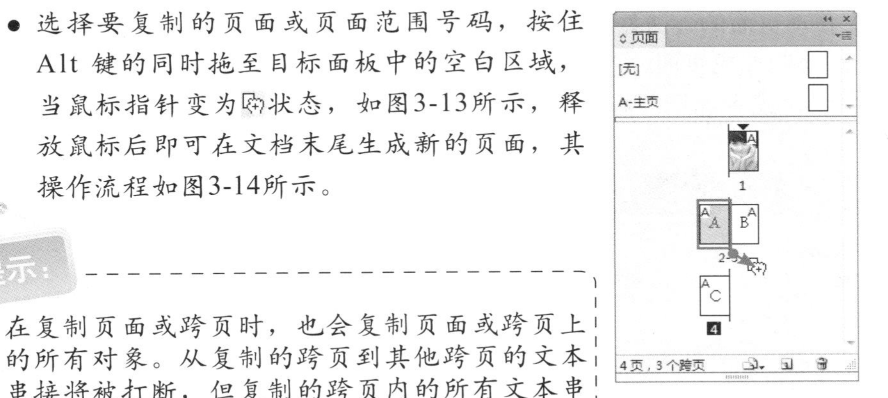

图3-13 鼠标状态

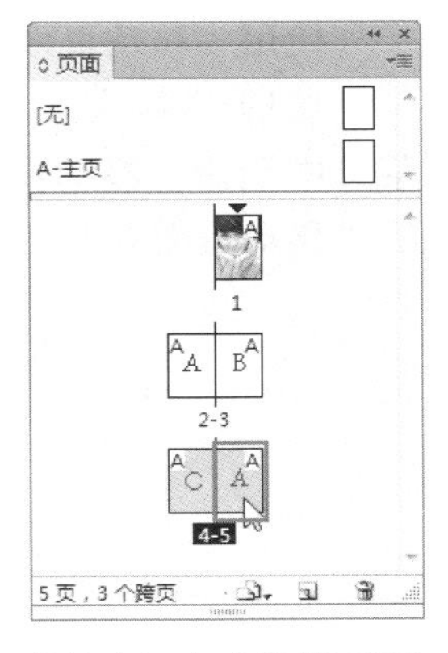

图3-14 生成的新页面

> 提示：
>
> 在复制页面或跨页时，也会复制页面或跨页上的所有对象。从复制的跨页到其他跨页的文本串接将被打断，但复制的跨页内的所有文本串接将完好无损，就像原始跨页中的所有文本串接一样。

3.1.5 调整页面顺序

在编排文本的过程中，由于操作失误，难免会遇到颠倒页面顺序等问题。此时，可以通过“页面”面板、“移动页面”命令对页面进行调整，以重新编排页码的顺序。具体实现方法如下。

1. 使用拖动法移动页面

在“页面”面板中，使用拖动法移动页面的步骤如下。

（1）在“页面”面板中单击需要移动的页面图标（如第3页），如图3-15所示。

（2）按住鼠标左键将选取的页面拖至目标位置（如第5页后），此时，目标位置将出现一条黑色线条，如图3-16所示，释放鼠标即可将选取的页面移动到适当的位置，如图3-17所示。

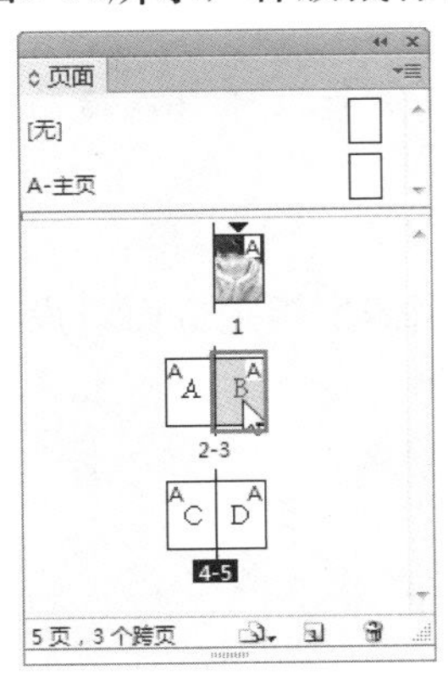

图3-15 选择要移动的页面

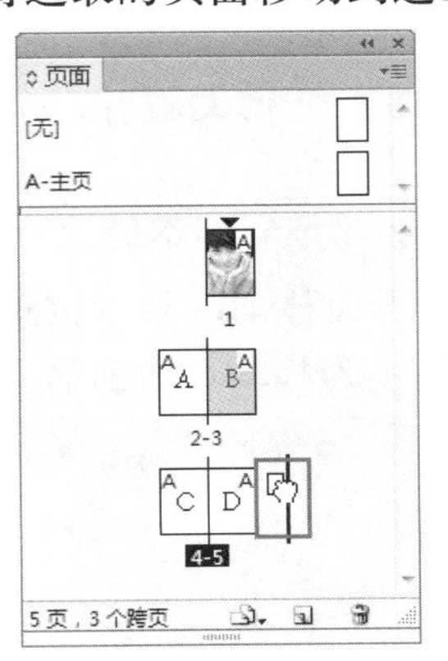

图3-16 出现一条黑色线条

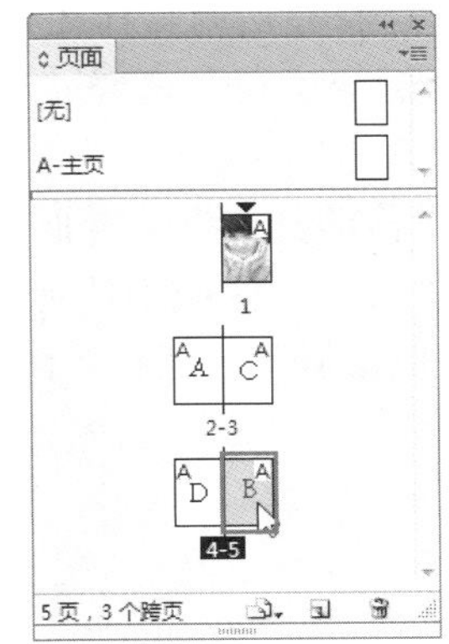

图3-17 移动页面后的状态

> 提示：
>
> 在拖动页面时，黑色线条的位置为当前释放该图标时的页面。但需要注意的是，在移动页面时，需要将“页面”面板菜单中的“允许文档页面随机排布”和“允许选定的跨页随机排布”命令选中，不然会出现拆分跨页或合并跨页的现象。

2．使用命令移动页面

使用“移动页面”命令移动页面的方法如下。

（1）选择需要移动的页面图标或页面，单击“页面”面板右上角的“面板”按钮，在弹出的菜单中选择“移动页面”命令，或者选择“版面”|“页面”|“移动页面”命令，弹出如图3-18所示的“移动页面”对话框。

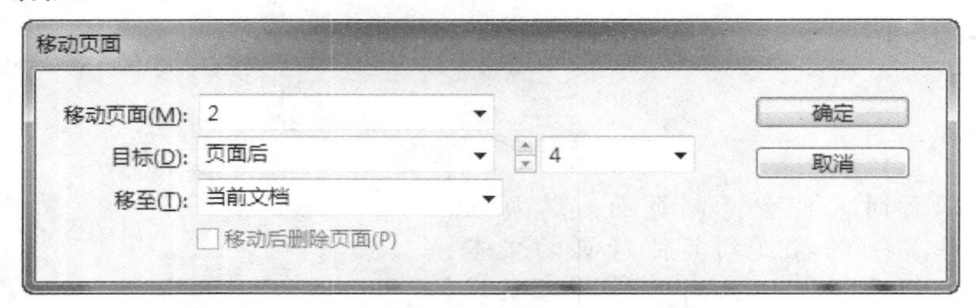

图3-18 “移动页面”对话框

“移动页面”对话框中各选项的含义解释如下。

- 移动页面：在此文本框中指定要移动的一个或多个页面。

提示：

如果要移动的是单页，可以直接在文本框中输入该页面的页码；如果要移动的是连续的多页，需要在输入的页码间加上“-”，如1-5页；如果要移动的是不连续的多页，则需要在页码间加逗号“，”，如1，3，5。

- 目标：指定将移动到的目标位置，并根据需要指定页面。
- 移至：选择移动的目标文档。
- 移动后删除页面：选择移动到其他打开的文档时，勾选此复选框，可以在移动页面后将移动的页面删除。

（2）在“移动页面”文本框中输入要移动的一个或多个页面。

（3）在“目标”区域中，选择要将页面移动的目标位置并根据需要指定页面，设置好各选项后单击“确定”按钮退出对话框，图3-19所示为移动页面前后对比效果。

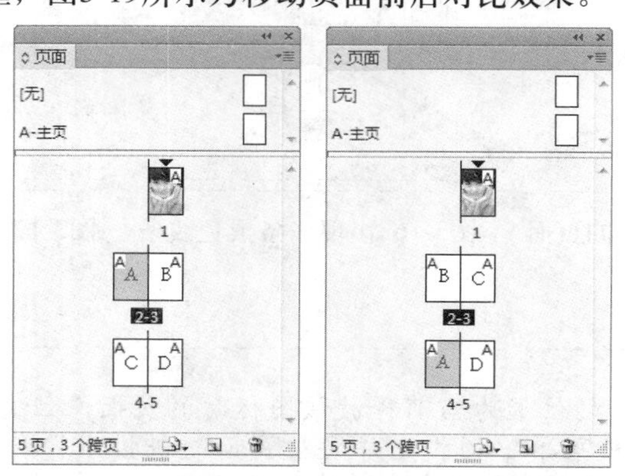

图3-19 移动页面前后对比效果

3.1.6 设置页面属性

执行菜单“文件”|“文档设置”命令，弹出“文档设置”对话框，如图3-20所示。更改该对话框中的参数可对页面的属性进行重新设置。

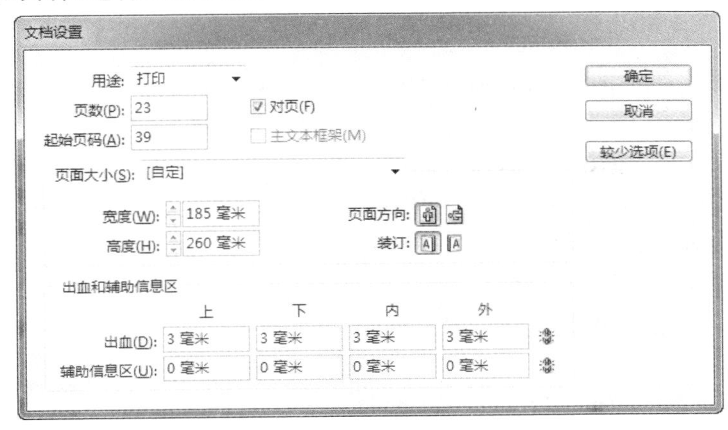

图3-20 “文档设置”对话框

由于“文档设置”对话框和“新建文档”对话框中的参数基本相同，故不再赘述。

提示：

对“文档设置”对话框中选项进行更改，将会影响文档中的每个页面，如果要在对象已添加到页面后，更改页面大小或方向，可以使用“版面调整”功能，尽量缩短重新排列现有对象所需的时间。

3.1.7 设置边距与分栏

执行菜单“版面”|“边距和分栏”命令，弹出“边距和分栏”对话框，如图3-21所示。更改该对话框中的参数可对边距大小和栏目数进行重新设置。

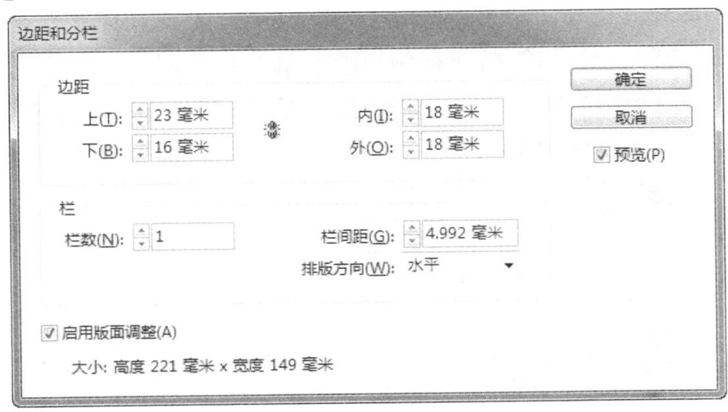

图3-21 “边距和分栏”对话框

由于“边距和分栏”对话框和“新建边距和分栏”对话框中的参数基本相同，故不再赘述。

3.1.8 替代版面

在InDesign CS6中，新增了“替代版面”功能，使用此功能可以对同一文档中的页面使用不同的尺寸、方向进行布局，也可以作为备选方案来用。下面就来讲解与替代版面相关的操作。

1. 创建替代版面

在使用“替代版面”功能时，首先需要创建替代版面，方法如下。

方法一：选择“版面”|“创建替代版面”命令，或者单击“页面”面板右上角的“面板”按钮，在弹出的菜单中选择“创建替代版面”命令，弹出“创建替代版面”对话框，如图3-22所示。

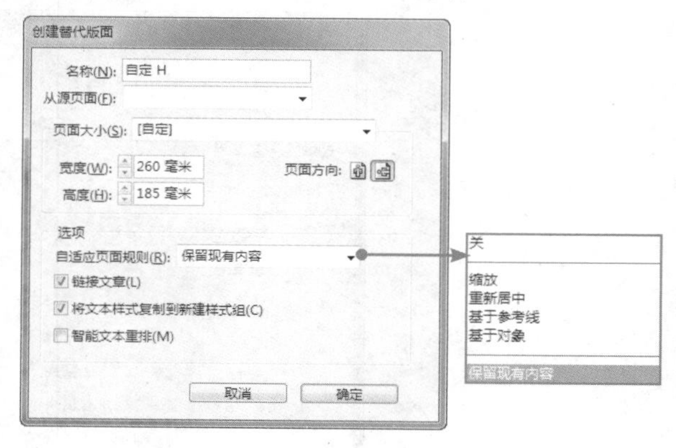

图3-22 “创建替代版面”对话框

“创建替代版面”对话框中各选项的含义解释如下。

- 名称：在该文本框中可以输入替代版面的名称。
- 从源页面：选择内容所在的源版面。
- 页面大小：为替代版面选择页面大小或输入自定义大小。
- 宽度/高度：当选择适当的“页面大小”后，此文本框中将显示相应的数值；如果“页面大小”选择的是“自定”选项，此时可以输入自定义的数值。
- 页面方向：选择替代版面的方向。如果在纵向和横向之间切换，宽度和高度的数值将自动对换。
- 自适应页面规则：选择要应用于替代版面的自适应页面规则。选择“保留现有内容”可继承应用于源页面的自适应页面规则。
- 链接文章：选择此选项，可以置入对象，并将其链接到源版面中的原始对象。当更新原始对象时，可以更轻松地管理链接对象的更新。
- 将文本样式复制到新建样式组：选择此选项，可以复制所有文本样式，并将其置入新组。当需要在不同版面之间改变文本样式时，该选项非常有用。
- 智能文本重排：选择此选项，可以删除文本中的任何强制换行符及其他样式优先选项。

方法二：在“页面”面板中的当前版面标题栏上，单击其右侧的三角按钮，在弹出的菜单中选择“创建替代版面”命令，如图3-23所示。接着弹出“创建替代版面”对话框，默认将以所选的版面为基础创建新的替代版面，如图3-24所示。

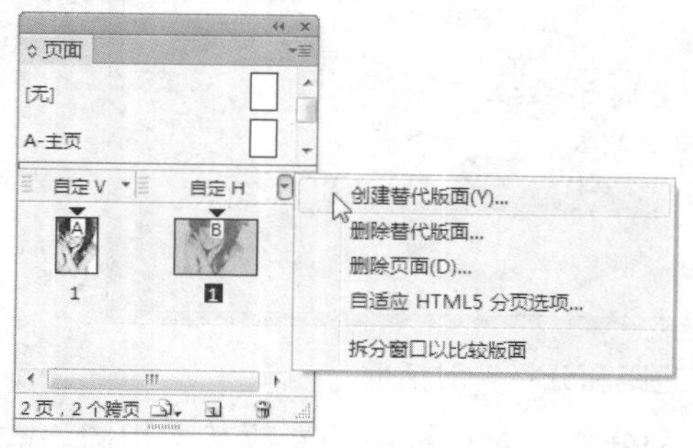

图3-23 弹出的菜单

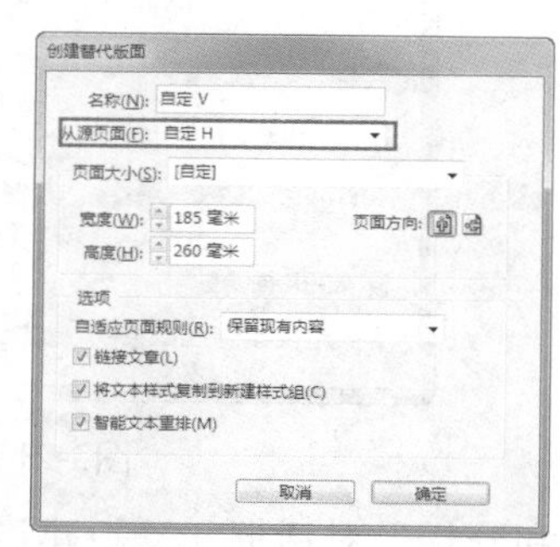

图3-24 “创建替代版面”对话框

2．删除替代版面

在版面的标题栏上，单击其右侧的三角按钮，在弹出的菜单中选择“删除替代版面”命令，此时将弹出图3-25所示的“警告”提示框，单击“确定”按钮即可删除当前的替代版面。

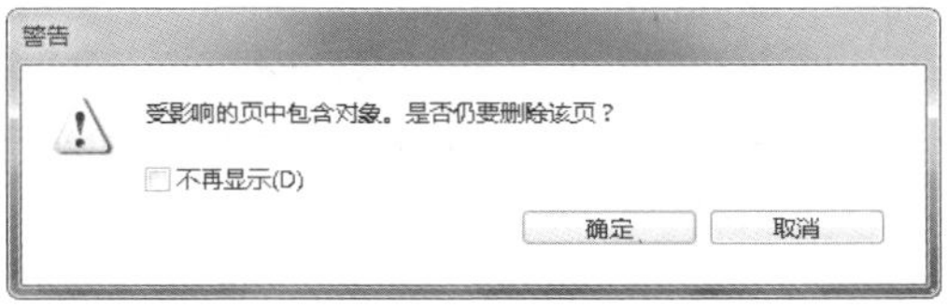

警告

受影响的页中包含对象。是否仍要删除该页？

不再显示(D)

确定 取消

图 3-25 “警告”提示框

3．拆分窗口以查看替代版面

在版面的标题栏上，单击其右侧的三角按钮，在弹出的菜单中选择“拆分窗口以比较版面”命令，此时会将当前窗口拆分为左右2个窗口，以便于对比查看，如图3-26所示。

图3-26 拆分窗口以对比版面

3.1.9 自适应版面

在InDesign CS6中，新增了“自适应版面”功能，使用此功能可以在改变页面尺寸时，根据所设置的自适应版面规则，由软件自动对页面中的内容进行调整。掌握此功能可以非常轻松地设计多个页面大小、方向或设备的内容。

执行“版面”|“自适应版面”命令，或执行“窗口”|“交互”|“自适应版面”命令，弹出“自适应版面”面板，如图3-27所示。

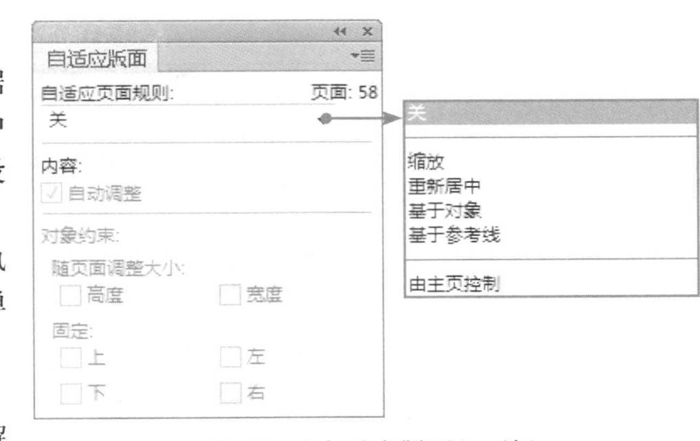

图3-27 “自适应版面”面板

“自适应版面”面板中的重要参数的含义解释如下。

- 缩放：选择此选项，在调整页面大小时，将页面中的所有元素都按比例缩放。结果类似于高清电视屏幕上的信箱模式或邮筒模式。
- 重新居中：选择此选项，无论宽度为何，页面中的所有内容都自动重新居中。与缩放不同的是，内容保持其原始大小。结果类似于视频制作安全区的结果。
- 基于对象：选择此选项，可以指定每个对象（固定或相对）的大小和位置相对于页面边缘的自适应行为。
- 基于参考线：选择此选项，将以跨过页面的直线作为调整内容的参照。

提示：

应用自适应页面规则，可以确定创建替代版面和更改大小、方向或长宽比时页面中的对象如何调整。

3.2　创建与编辑主页

3.2.1　创建新主页

在默认情况下，创建一个文档后，InDesign会自动为其创建一个主页，如图3-28所示。下面就来讲解如何创建新的主页。

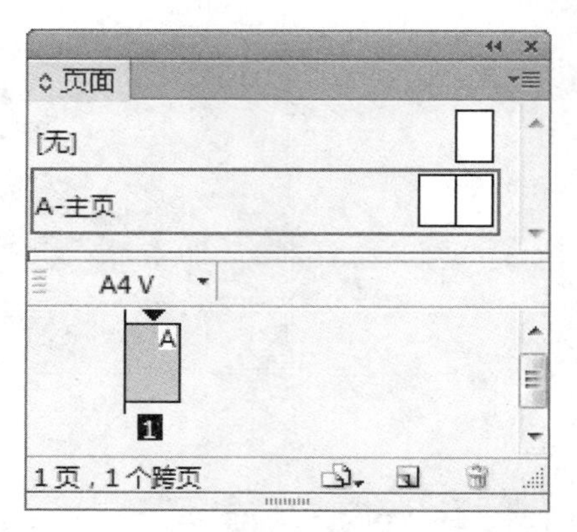

图3-28 默认的主页

1. 从头创建新的主页

如果要从头创建新的主页，可以使用“页面”面板快速实现，具体步骤如下。

（1）在“页面”面板中，单击其右上角的“面板”按钮，在弹出的菜单中选择“新建主页”命令，或在主页区域中右击，在弹出的菜单中选择“新建主页”命令，弹出“新建主页”对话框，如图3-29所示。

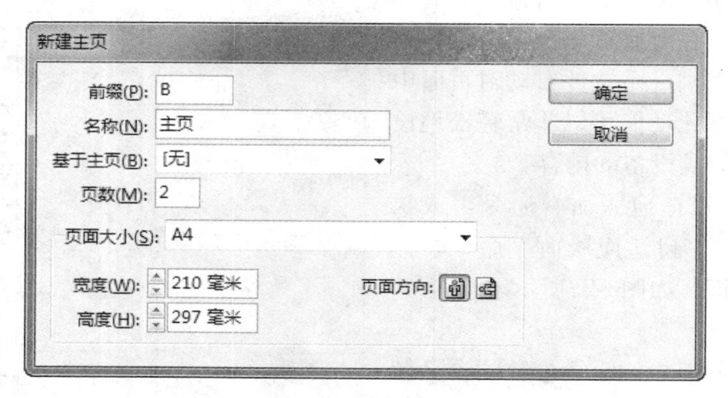

图3-29 “新建主页”对话框

“新建主页”对话框中各个选项的含义解释如下。

- 前缀：在该文本框中输入一个前缀，以便于识别“页面”面板中各个页面所应用的主页，最多可以输入4个字符。
- 名称：在该文本框中输入主页跨页的名称。
- 基于主页：在其右侧的下拉列表中，选择一个作为主页跨页为基础的现有的主页跨页，或选择“无”。
- 页数：在该文本框中输入新建主页跨页中要包含的页数，取值范围不能超过10个。

提示：

在InDesign CS6中，“新建主页”对话框中新添加了“页面大小”、“宽度”、“高度”及“页面方向”选项设置，其参数意义与“新建文档”对话框中的参数设置一样，在此不再一一叙述。

（2）在“新建主页”对话框中设置好相关参数后，单击“确定”按钮退出对话框，即可创建新的主页，如图3-30所示。

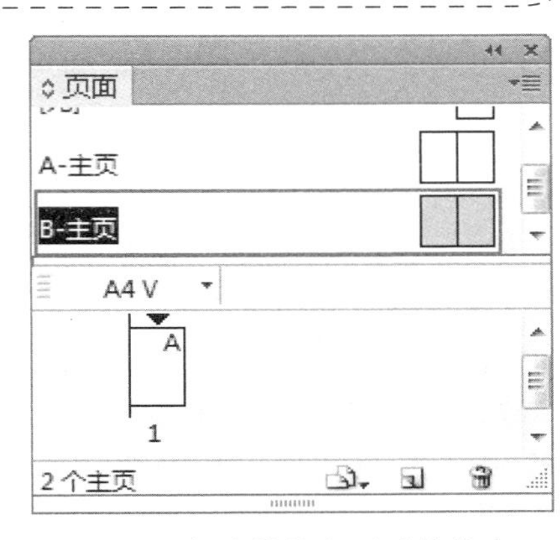

图3-30 创建其他主页后的状态

2. 从现有页面或跨页创建主页

要想从现有页面或跨页创建主页，具体操作如下。

（1）在“页面”面板中选择要成为主页的页面或跨页，如图3-31所示。

（2）将指定的跨页拖至“主页”区域，此时光标将变为 状态，如图3-32所示。

（3）释放鼠标左键，将以现有跨页为基础创建主页，如图3-33所示。

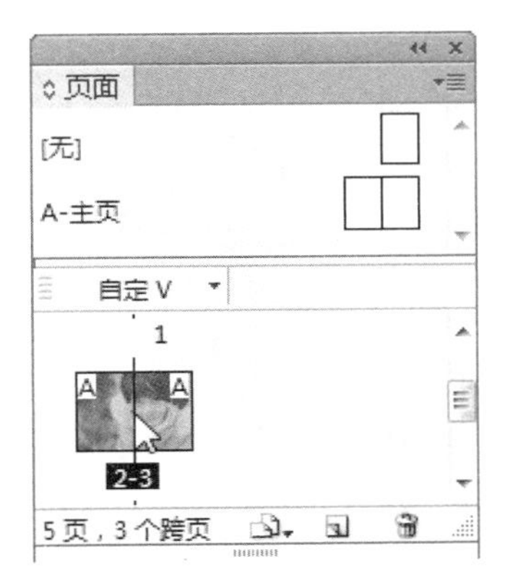

图3-31 指定跨页

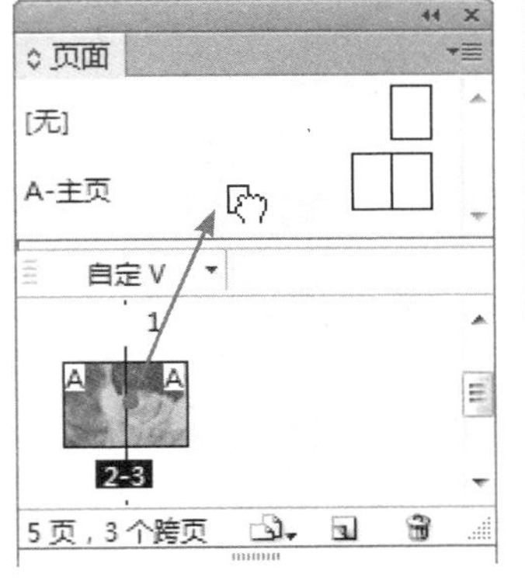

图3-32 拖动普通页面

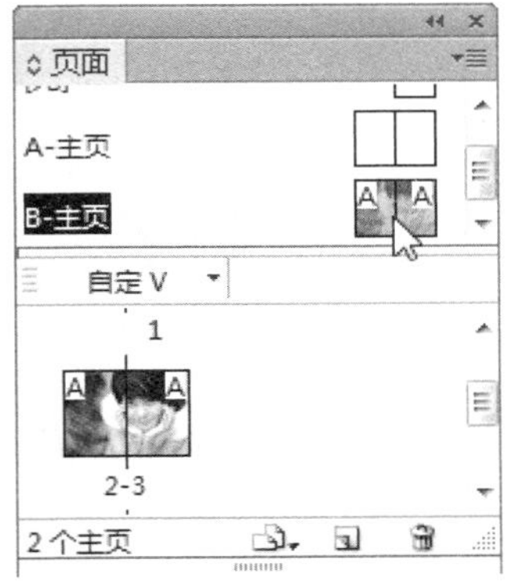

图3-33 创建新的主页

3. 应用按钮创建新的主页

按Ctrl键单击创建新页面按钮，或在“主页”区域中单击一下，然后再单击创建新页面按钮，即可在其中以默认参数创建一个新的主页。

3.2.2 将主页应用于页面

主页的作用就是要应用到普通页面中去，具体应用的方法如下。

1. 将主页应用于单个页面

在“页面”面板中选择要应用主页的页面图标，如图3-34所示，然后按住Alt键的同时单击要应用的主页名称，即可将该主页应用于所选定的页面，如图3-35所示。

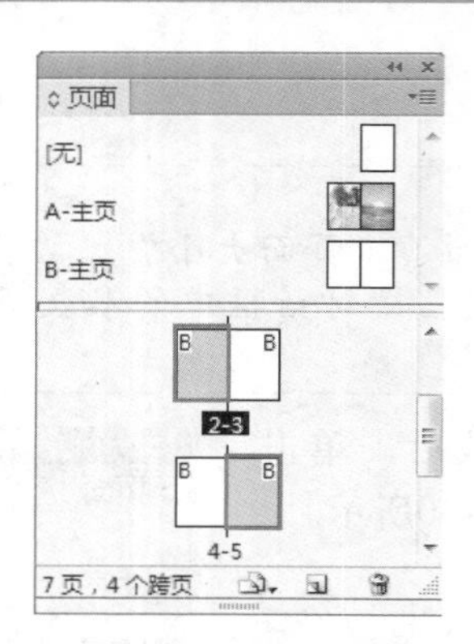

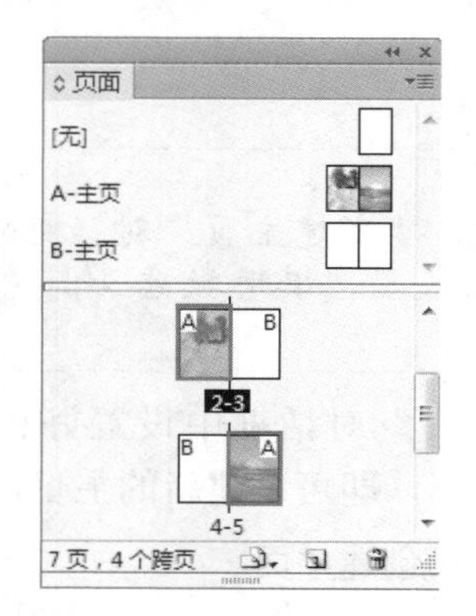

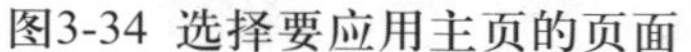

图3-34 选择要应用主页的页面　　图3-35 应用主页后的状态

2．将主页应用于跨页

在“页面”面板中选择要应用的主页图标，如图3-36所示。按住鼠标左键将该主页的图标拖至目标跨页的左下角或右下角位置（跨页四周显示黑色边框），如图3-37所示。释放鼠标即可为目标跨页应用主页，如图3-38所示。

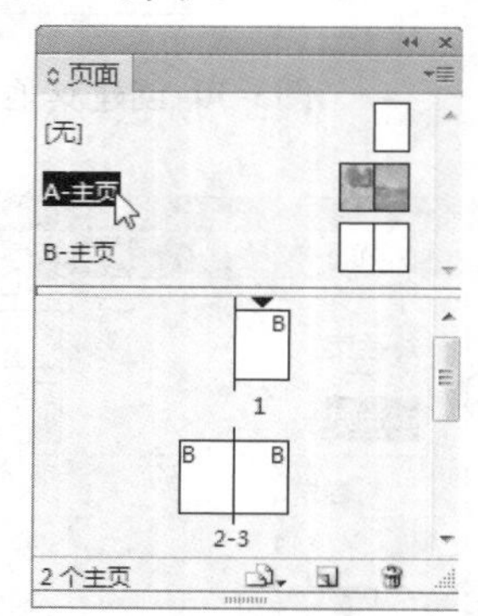

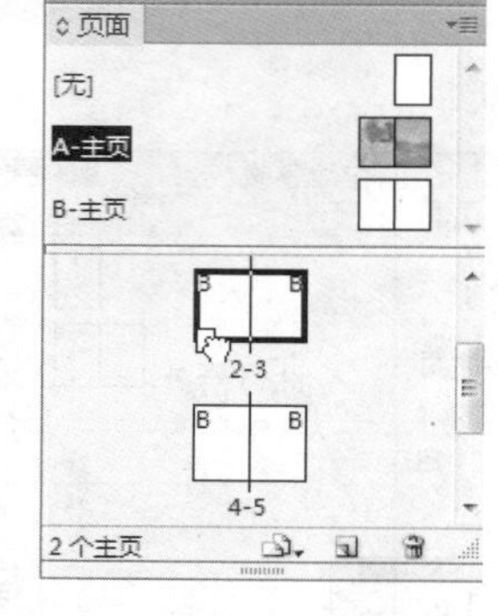

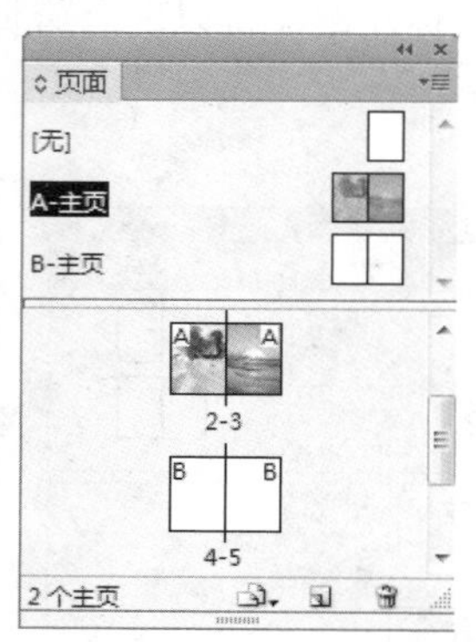

图3-36 选定主页　　图3-37 移至目标跨页　　图3-38 应用主页后的状态

3．将主页应用于多个页面

执行“版面”|“页面”|“将主页应用于页面”命令，或者单击“页面”面板右上角的“面板”按钮，在弹出的菜单中选择“将主页应用于页面”命令，弹出“应用主页”对话框，在“应用主页”右侧的下拉列表中选择要应用的主页，在“于页面”文本框中输入要应用主页的页面范围，如图3-39所示，单击“确定”按钮退出对话框，将主页应用于选定的页面，如图3-40所示。

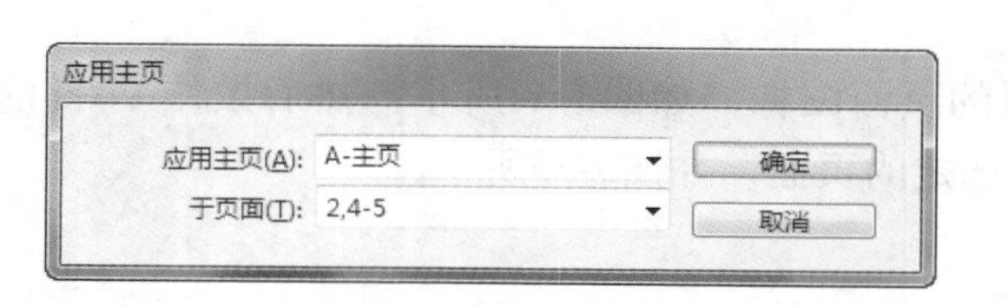

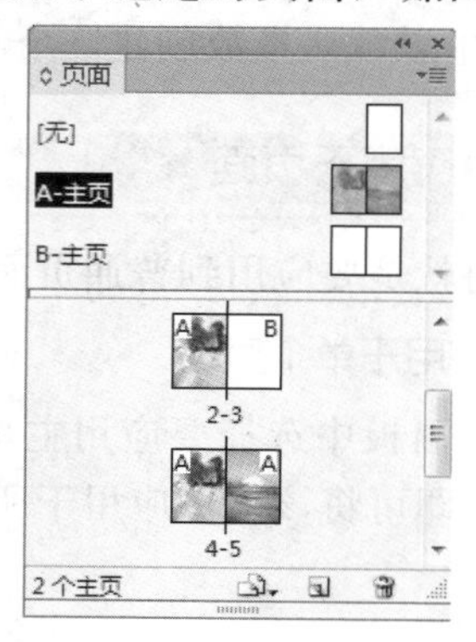

图3-39 “应用主页”对话框　　图3-40 主页应用于选定的页面

提示：

如果要应用的页面是多页连续的，在文本框中输入数值时，需要在数字间加“-”，如6-10；如果要应用的页面是多页不连续的，在文本框中输入数值时，需要在数字间加“,”，如1，4，6-10，15。

3.2.3 编辑主页

要进入主页编辑状态非常简单，可以执行下列操作之一。

- 在“页面”面板中双击要编辑的主页名称。
- 在文档底部的状态栏上单击页码切换下拉按钮，在弹出的菜单中选择需要编辑的主页名称，如图3-41所示。

图3-41 选择主页

除了上面两种方法编辑主页外，用户还可以根据需要编辑主页的前缀、名称等属性，具体操作步骤如下。

（1）在“页面”面板中选择要编辑的主页跨页的名称，如“B-主页”。

（2）单击“页面”面板右上角的“面板”按钮，在弹出的菜单中选择“‘B-主页’的主页选项”命令，弹出“主页选项”对话框，如图3-42所示。

（3）在“主页选项”对话框中重新编辑好主页的各个选项，单击“确定”按钮即可。如图3-43所示为将主页名称改为“B-风光”前后的状态。

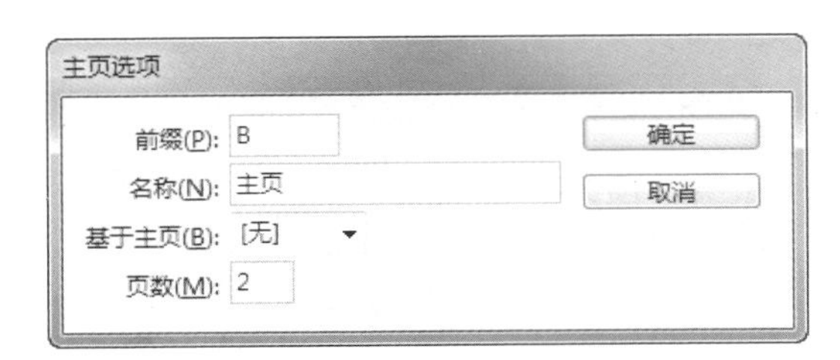

图3-42 “主页选项”对话框

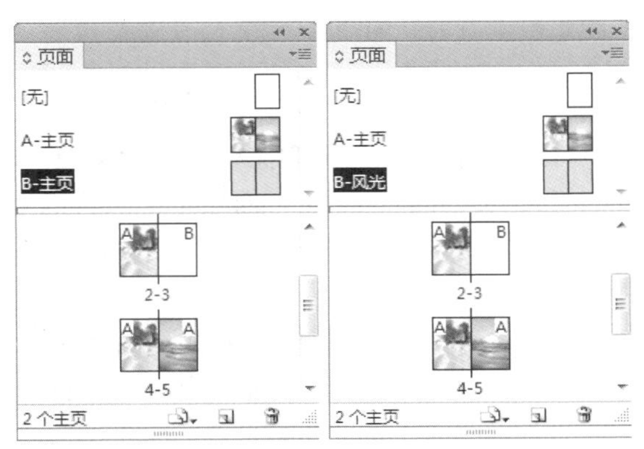

图3-43 更改主页名称前后对比状态

提示：

默认情况下，主页中包括2空白页面，左侧的页面代表出版物中偶数页的版式，右侧的页面则代表出版物中奇数页的版式。

3.2.4 复制主页

复制主页分为两种，其一是在同一文档内复制，其二是将主页从一个文档复制到另外一个文档

01 chapter P1—P18
02 chapter P19—P38
03 chapter P39—P64
04 chapter P65—P100
05 chapter P101—P118
06 chapter P119—P152
07 chapter P153—P182
08 chapter P183—P200
09 chapter P201—P220
10 chapter P221—P234
11 chapter P235—P254
12 chapter P255—P277

以作为新主页的基础。

1.在同一文档内复制主页

在“页面”面板中选择要复制的主页跨页的名称，如图3-44所示，按住鼠标左键将其拖至面板底部的“新建页面”按钮上，如图3-45所示，松开鼠标即可在文档中复制主页，如图3-46所示。

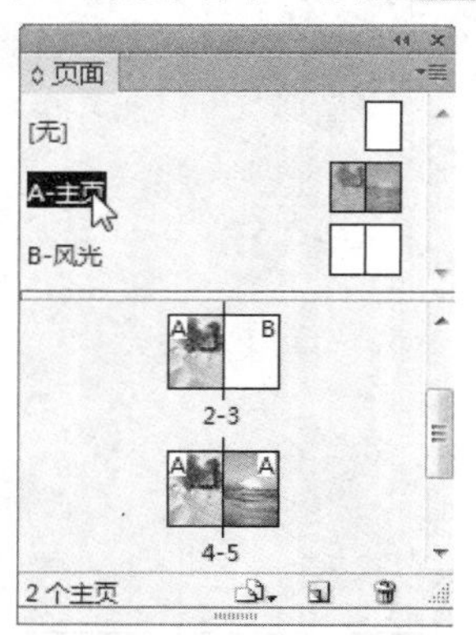

图3-44 选择要复制的主页名称

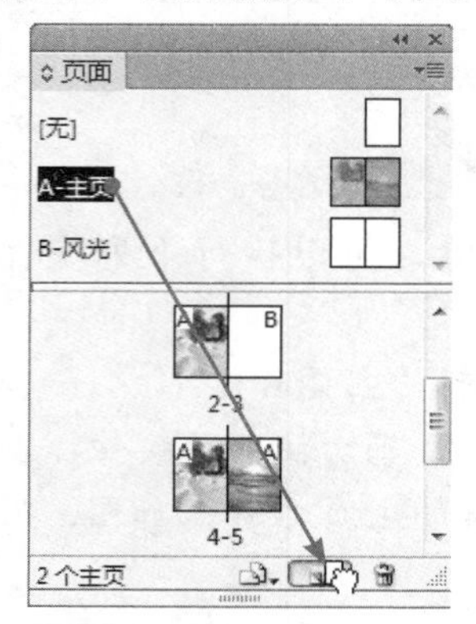

图3-45 拖至面板底部的“新建页面”按钮上

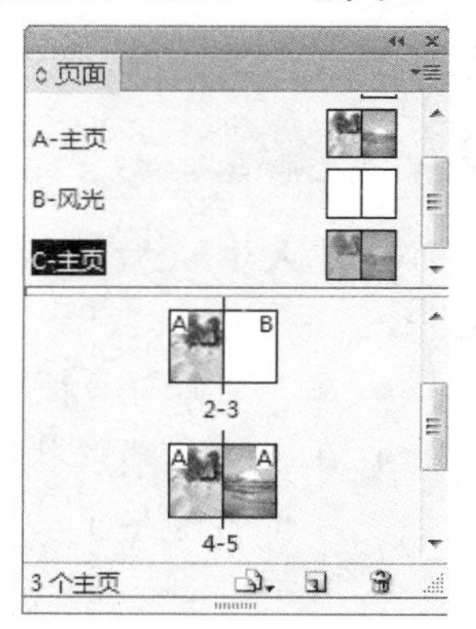

图3-46 复制主页后的状态

除上述方法复制主页外，还可以选择主页跨页的名称，如“A-主页”，然后单击“页面”面板右上角的“面板”按钮，在弹出的菜单中选择“直接复制主页跨页‘A-主页’”命令，或在主页名称上右击，在弹出的菜单中选择“直接复制主页跨页‘A-主页’”命令复制主页。

提示：

当在复制主页时，被复制主页的页面前缀将变为字母表中的下一个字母。

2. 将主页复制或移动到另外一个文档

（1）打开即将添加主页的文档（目标文档），接着打开包含要复制的主页的文档（源文档）。

（2）在源文档的“页面”面板中，执行以下操作之一。

- 选择并拖动主页跨页至目标文档中，以便对其进行复制。
- 首先选择要移动或复制的主页，然后执行“版面”|“页面”|“移动主页”命令，弹出“移动主页”对话框，如图3-47所示。

移动主页
移动页面: A-文档主页
移至(T): 示范3.indd
☑ 移动后删除页面(P)
确定
取消

图3-47 “移动主页”对话框

“移动主页”对话框中各选项的含义解释如下。

- 移动页面：选定要移动或复制的主页。
- 移至：单击其右侧的三角按钮，在弹出的菜单中选择目标文档名称。
- 移动后删除页面：勾选此复选框，可以从源文档中删除一个或多个页面。

提示：

如果目标文档的主页已具有相同的前缀，则为移动后的主页分配字母表中的下一个可用字母。

3.2.5 重命名主页

在新建主页时InDesign以默认的主页名为其命名，这些名称通常都不能满足需要，因此必须改变主页的名称，从而使其更便于识别。要重命名主页名称，具体操作步骤如下。

（1）在“页面”面板中双击要编辑的主页名称（如B-主页），进入主页。单击“页面”面板右上角的面板按钮，在弹出的菜单中选择“‘B-主页’的主页选项”命令，弹出“主页选项”对话框，如图3-48所示。

（2）在“主页选项”对话框中的“名称”文本框中输入所要更改的名称，单击“确定”按钮退出该对话框，重命名后的状态如图3-49所示。

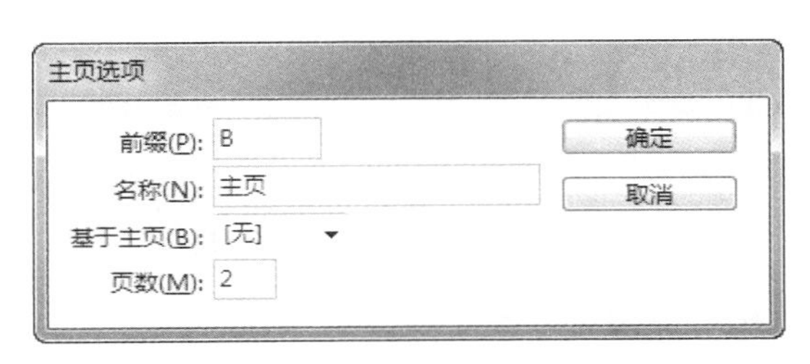

图3-48 “主页选项”对话框

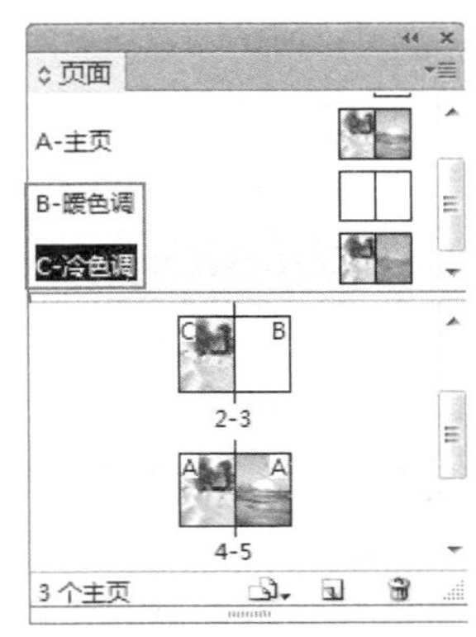

图3-49 重命名主页

3.3 创建与编辑图层

3.3.1 认识“图层”面板

在InDesign CS6中，使用图层可以非常方便地在相对独立的情况下，对创建和编辑文档中的特定区域或各种内容进行编辑或修改，而不会影响其他图层中的图像。

执行“窗口”|“图层”命令，弹出“图层”面板，如图3-50所示。默认情况下，该面板中只有一个图层即“图层1”。通过此面板底部的相关按钮和面板菜单中的命令，可以对图层进行编辑。

“图层”面板中各选项的含义解释如下。

- 切换可视性：单击此图标，可以控制当前图层的显示与隐藏状态。
- 切换图层锁定：控制图层的锁定。

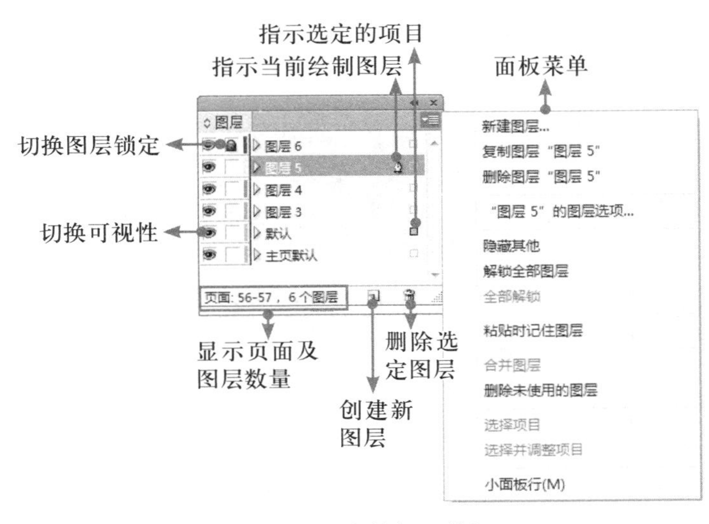

图3-50 “图层”面板

- 指示当前绘制图层：当选择任意图层时会出现此图标，表示此时可以在该图层中绘制图形。如果图层为锁定状态，此图标将变为状态，表示当前图层上的图形不能编辑。
- 指示选定的项目：此方块为彩色时，表示当前图层上有选定的图形对象。拖动此方块，可以实现不同图层图形对象的移动和复制。
- 面板菜单：可以利用该菜单中的命令进行新建、复制或复制图层等操作。
- 显示页面及图层数量：显示当前页面的页码及当前“图层”面板中的图层个数。
- 创建新图层：单击此按钮，可以创建一个新的图层。
- 删除选定图层：单击此按钮，可以将选择的图层删除。

提示：

按F7键可以快速调出“图层”面板。

3.3.2 创建图层

1. 单击按钮创建新图层

在InDesign CS6中创建图层的方法有两种，最常用的方法是单击“图层”面板下方的创建新图层按钮。

按此方法操作，可以直接在当前操作图层的上方创建一个新图层，在默认情况下，InDesign将新建的图层按顺序命名为“图层2”、“图层3”……，依次类推。

2. 应用命令创建新图层

应用命令创建新图层相对第1种方法而言，对创建时的参数具有较强的控制性，其步骤如下。

（1）按住Alt键单击“图层”面板底部的创建新图层铵钮，或单击“图层”面板右上角的“面板”按钮，在弹出的菜单中选择“新建图层”命令，弹出“新建图层”对话框，如图3-51所示。

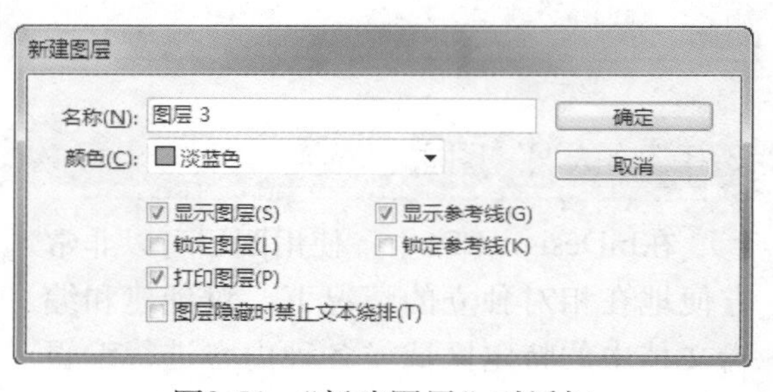

图3-51 “新建图层”对话框

“新建图层”对话框中各选项的含义解释如下。

- 名称：在此文本框中可以输入新图层的名称。
- 颜色：在此下拉列表中可以选择用于新图层的颜色。
- 显示图层：选择此选项，新建的图层将在“图层”面板中显示。
- 显示参考线：选择此选项，在新建的图层中将显示添加的参考线。
- 锁定图层：选择此选项，新建的图层将处于被锁定的状态，以防止对图层上的任何对象进行更改。
- 锁定参考线：选择此选项，新建图层中的参数线将都处于锁定状态，以防止对新建图层上的所有参考线进行更改。
- 打印图层：选择此选项，可允许图层被打印。
- 图层隐藏时禁止文本绕排：选择此选项，当新建的图层被隐藏时，不可以进行文本绕排。

（2）参数设置完毕后，单击“确定”按钮即可创建新图层。

提示：

在创建新图层时，按住Ctrl键单击“图层”面板底部的创建新图层按钮，可以在当前图层的下方创建一个新图层；按住Ctrl+Shift键单击“图层”面板底部的创建新图层按钮，可以在“图层”面板的顶部创建一个新图层。

3.3.3 选择图层

正确地选择图层是正确操作的前提条件，只有选择了正确的图层，所有基于此图层的操作才有意义。下面将详细讲解InDesign中各种选择图层的方法。

1.选择单个图层

要选择某一个图层，只需在“图层”面板中单击需要的图层即可，处于选择状态的图层与普通图层具有一定区别，被选择的图层以蓝底显示，如图3-52所示。

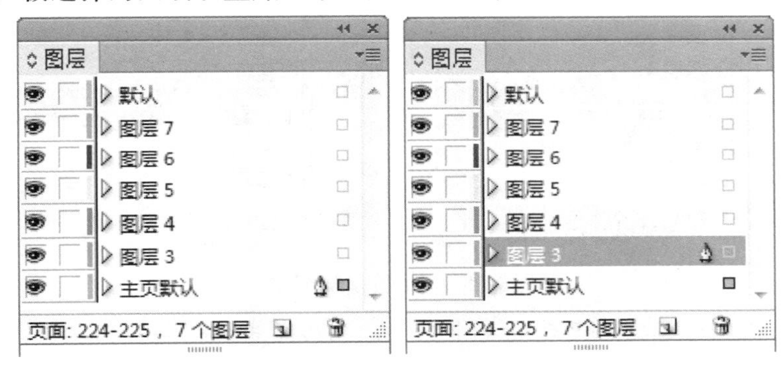

图3-52 选中图层前后对比效果

2.选择连续图层

如果要选择连续的多个图层，在选择一个图层后，按住Shift键在“图层”面板中单击另一图层的图层名称，则两个图层间的所有图层都会被选中，如图3-53所示。

3.选择非连续图层

如果要选择不连续的多个图层，在选择一个图层后，按住Ctrl键在“图层”面板中单击其他图层的图层名称，如图3-54所示。

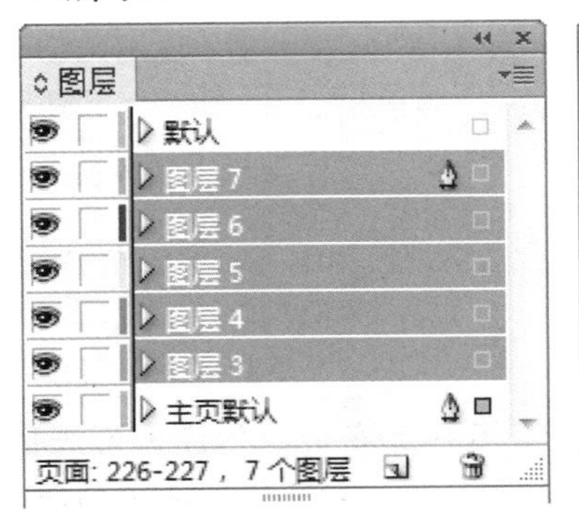

图3-53 选择连续图层

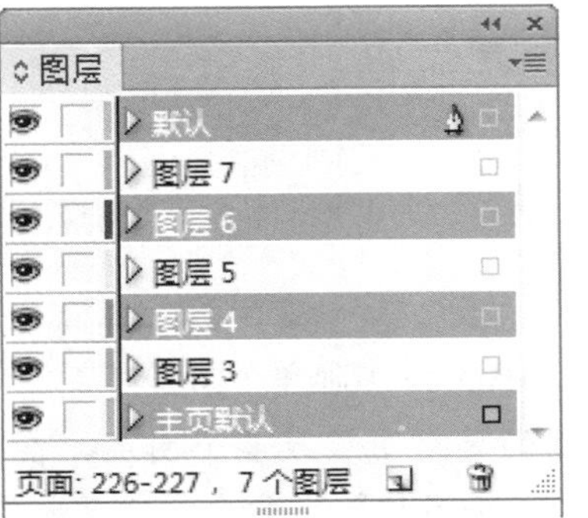

图3-54 选择非连续图层

提示：

通过同时选择多个图层，可以一次性对这些被选中的多处图层进行复制、合并等操作。若不想选中任何图层，在“图层”面板的空白位置单击即可。

3.3.4 复制图层

要复制图层，可按以下任意一种方法操作。

在“图层”面板中选择需要复制的一个或多个图层，将选中的图层拖至“图层”面板底部的创建新图层铵钮上即可复制选中的图层，如图3-55所示为操作的过程。

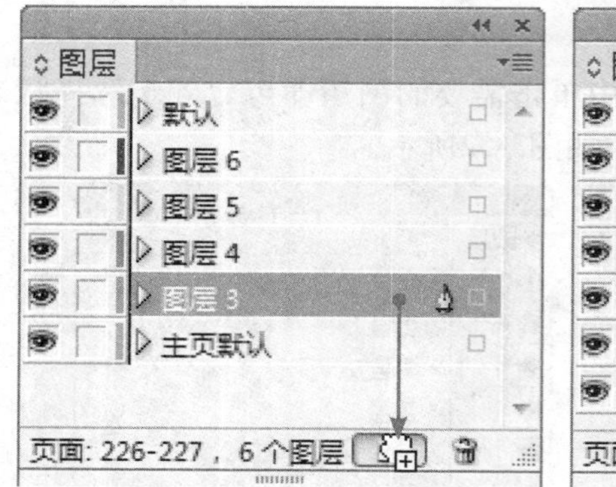

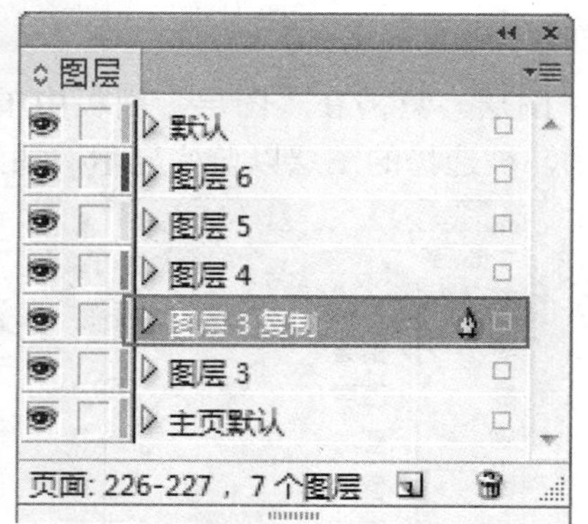

图3-55 拖动法复制图层

- 在“图层”面板中选择需要复制的单个图层，然后单击“图层”面板右上角的“面板”按钮，在弹出的菜单中选择“复制图层‘当前的图层名称’”命令，如图3-56所示，即可将当前图层复制一个副本。
- 如果选择多个图层，单击“图层”面板右上角的“面板”按钮，在弹出的菜单中则需要选择“复制图层”命令，如图3-57所示，即可得到选中的图层的副本。

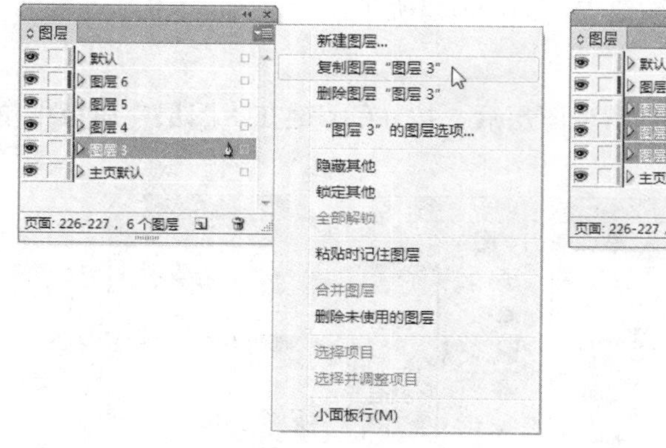

图3-56 复制单个图层

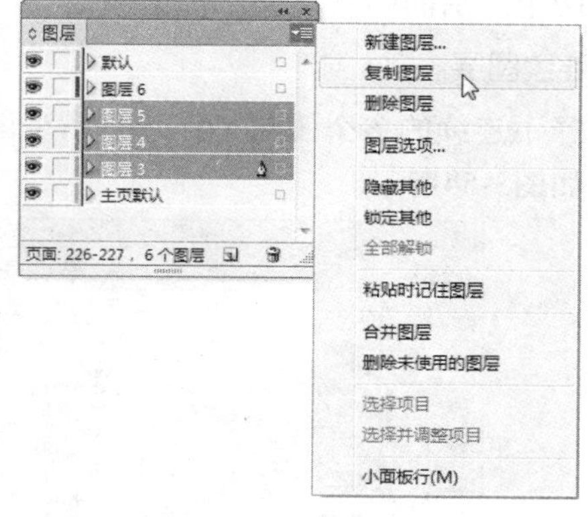

图3-57 复制多个图层

- 选择需要复制的单个图层或多个图层，在图层名称上右击，从弹出的快捷菜单中选择“复制图层‘当前的图层名称’”命令或“复制图层”命令，即可得到选中的图层的副本。

3.3.5 显示/隐藏图层

由于图层具有透明特性，因此对一幅图像而言，最终看到的是所有已显示的图层的最终叠加效果。通过显示或隐藏某些图层，可以改变这种叠加效果，从而只显示某些特定的图层。

在“图层”面板中，单击图层左侧的眼睛图标即可隐藏此图层。再次单击可重新显示该图层。

如果在图标列中按住鼠标左键不放向下拖动，可以显示或隐藏拖动过程中所有掠过的图层。按住Alt键，单击图层最左侧的图标，则只显示该图层而隐藏其他图层；再次按住Alt键，单击该图层最左侧的图标，即可恢复之前的图层显示状态。

提示：

再次按住Alt键单击图标的操作过程中，不可以有其他显示或隐藏图层的操作，否则恢复之前的图层显示状态的操作将无法完成。

另外，只有可见图层才可以被打印，所以对当前图像文件进行打印时，必须保证要打印的图像所在的图层处于显示状态。

3.3.6 改变图层选项

图层选项用来重新设置图层属性，如图层的名称、颜色、显示、锁定、打印及图层隐藏时是否禁止文本绕排。要想改变图层属性设置，可以选择下列方法之一。

- 双击要改变图层属性的图层。
- 选择要改变图层属性的图层，单击“图层”面板右上角的“面板”按钮，在弹出的菜单中选择“‘当前图层名称’的图层选项”命令。
- 选择要改变图层属性的图层，在图层名称上右击，在弹出的菜单中选择“‘当前图层名称’的图层选项”命令。

执行上面操作后，弹出“图层选项”对话框，如图3-58所示。

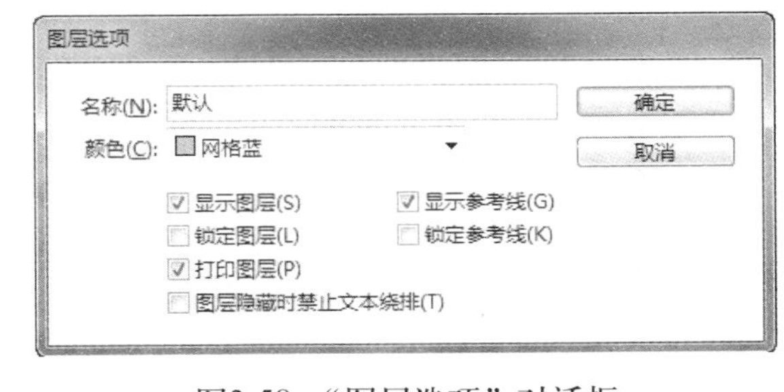

图3-58 “图层选项”对话框

“图层选项”对话框中的选项设置与“新建图层”对话框中的选项设置一样，在此就不再一一赘述。

3.3.7 改变图层顺序

由于上下图层间具有相互覆盖的关系，因此在需要的情况下应该改变其上下次序，从而改变上下覆盖的关系，来改变图像的最终视觉效果。

可以在“图层”面板中直接用鼠标拖动图层，以改变其顺序，当目标位置显示出一条粗黑线时释放鼠标左键，即可将图层放于新的图层顺序中，从而改变图层次序。

图3-59所示为改变顺序前的图像及“图层”面板，图3-60所示为改变顺序后的效果及“图层”面板。

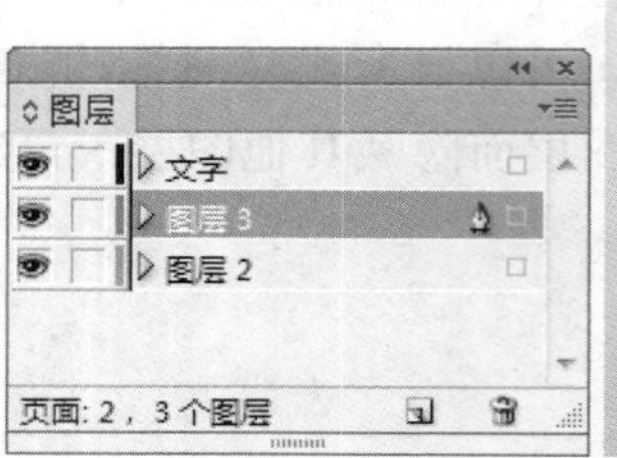

图3-59 原对象及“图层”面板

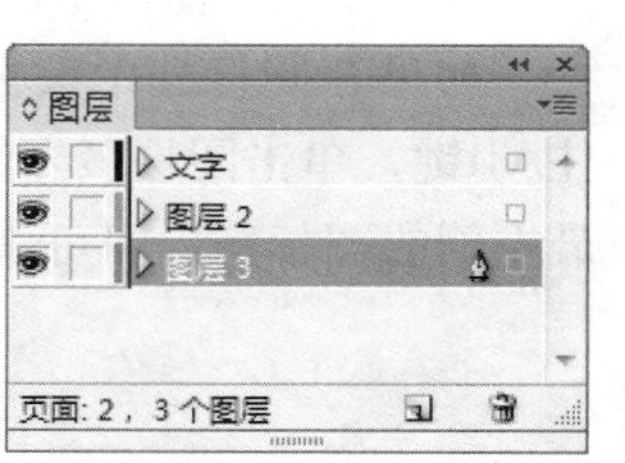

图3-60 调整后的效果及“图层”面板

3.3.8 改变图层中的对象

要想改变图层中的对象有两种方法可以实现，其一是命令法，其二是拖动法。具体实现的过程如下。

1．命令法

选择“选择工具”，选择要移动或复制的对象，执行“编辑”|“剪切”或“复制”命令，然后选择一个目标图层，执行“编辑”|“粘贴”命令，即可将选中的对象移动或复制到目标图层中。

提示1：

如果“图层”面板菜单中的“粘贴时记住图层”命令处于选中状态，则无论选择的是哪个目标图层，都将粘贴到它原来所在的图层上。

提示2：

按Alt键单击“图层”面板中的图层名称，可以选中该图层中对应的对象。

2．拖动法

选择“选择工具”，选择要移动的对象，此时在选中对象的图层名称后面会出现一个彩色方块图标，单击并拖动该图标至目标图层，释放鼠标。此时源图层上的对象就会被移动到需要的目标图层中。此时再次选择源图层名称，发现彩色方块已消失，如图3-61所示。

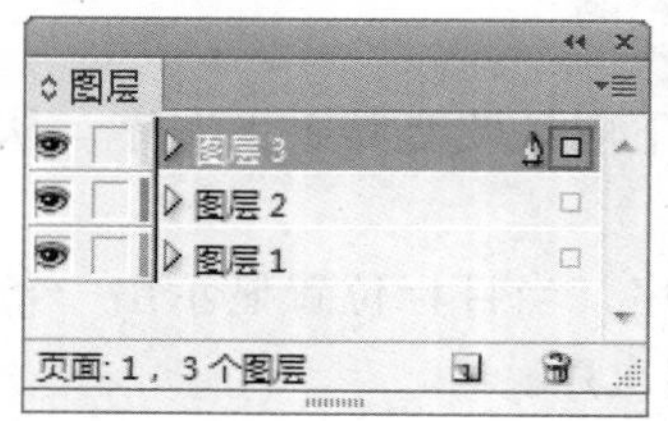

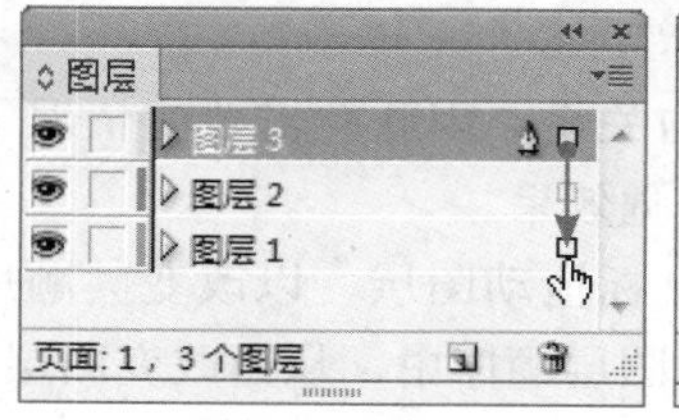

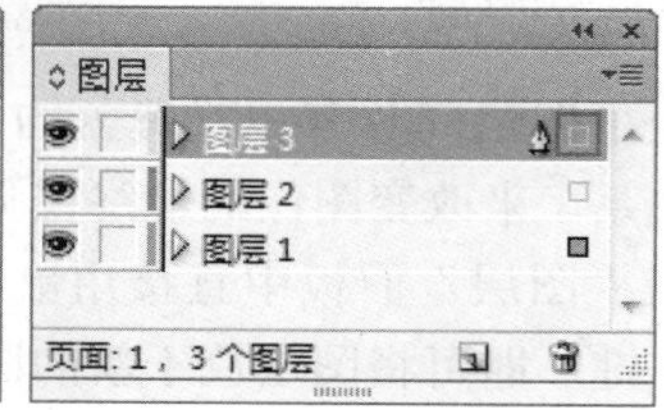

图3-61 拖动法改变图层中对象过程

提示：

使用拖动法移动对象时，目标图层不能为锁定状态。如果一定要用此方法，需要按Ctrl键拖动。使用拖动法移动对象时，按住Alt键拖动彩色方块，可以将对象复制到目标图层中。

3.3.9 锁定图层

锁定图层后，会将该图层上所有的元素都冻结，用户不能对其进行选择和编辑操作，但可以被打印。

图层在被锁定的情况下，图层名称的左边会出现一个锁形图标，再次单击此图标即可解锁此图层，图3-62所示为锁定图层前后的状态。

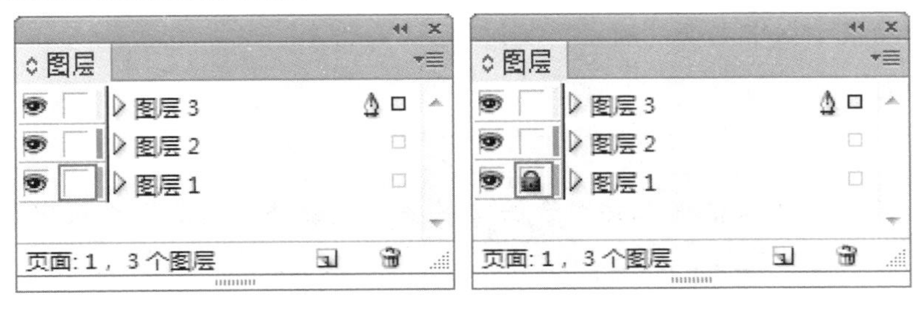

图3-62 锁定“图层1”前后的状态

3.3.10 合并图层

通过合并图层，可以将多个图层合并到一个目标图层，从而降低文件的大小，使图层更易于管理。具体操作步骤如下。

（1）在“图层”面板中选择要合并的图层。

（2）单击“图层”面板右上角的“面板”按钮，在弹出的菜单中选择“合并图层”命令，即可将选择的图层合并为一个图层。

（3）图3-63所示为合并图层前后的“图层”面板状态。

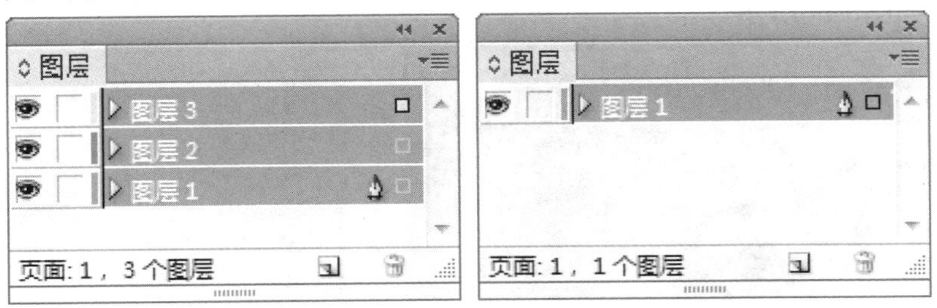

图3-63 合并图层前后的“图层”面板状态

3.3.11 删除图层

在对文档进行操作的过程中，经常会产生一些无用的图层或临时图层，设计完成后可以将这些多余的图层删除，以降低文件大小。

删除图层可以执行以下操作之一。

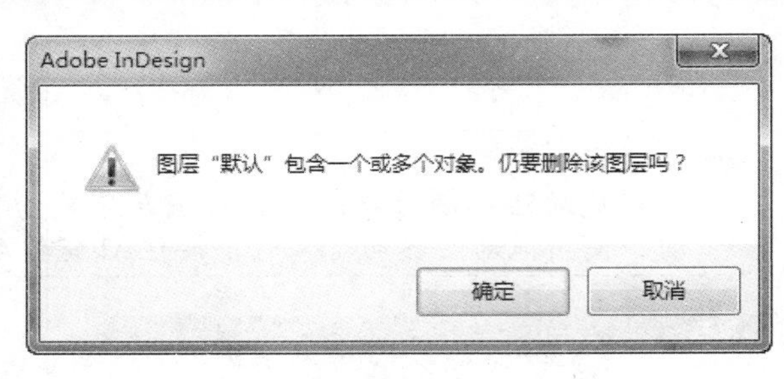

图3-64 提示框

- 在“图层”面板中选择需要删除的图层，并将其拖至“图层”面板底部的删除选定图层按钮上即可。如果该图层中有图形对象，则会弹出图3-64所示的提示框，单击“确定”按钮即可。
- 在“图层”面板中选择需要删除的图层，直接单击“图层”面板底部的删除选定图层按钮。如果该图层中有图形对象，则会弹出提示框，单击“确定”按钮即可。
- 在“图层”面板中选择需要删除的一个图层或多个图层，单击“图层”面板右上角的“面板”按钮，在弹出的菜单中选择“删除图层‘当前图层名称’”命令或“删除图层”命令，在弹出的提示框中单击“确定”按钮即可。

提示：

在“图层”面板中，可以根据需要删除任意图层，但最终“图层”面板中至少要保留一个图层。

3.3.12 删除未用图层

单击“图层”面板右上角的“面板”按钮，在弹出的菜单中选择“删除未使用的图层”命令，即可将没有使用的图层全部删除。

3.4 拓展训练——制作多样化的版面设计方案

（1）打开随书所附光盘中的文件“第3章\3.4 拓展训练——制作多样化的版面设计方案-素材.indd”，如图3-65所示。

（2）显示“页面”面板，在其中的跨页上右击，在弹出的菜单中选择“创建替代版面”命令，设置弹出的对话框如图3-66所示。

图3-65 素材图像

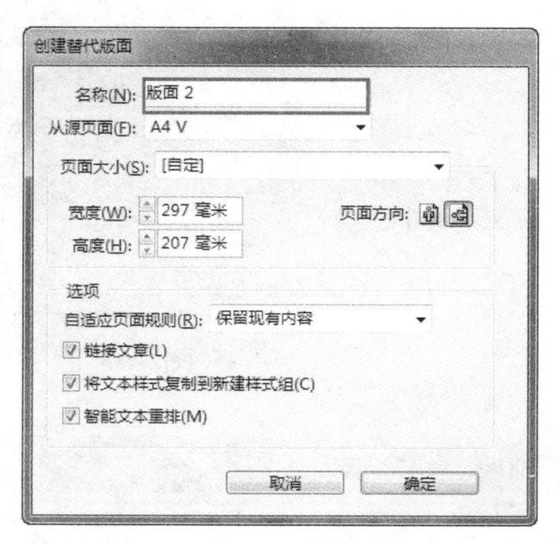

图3-66 “创建替代版面”对话框

（3）单击“确定”按钮，即可创建完成替代版面，此时的“页面”面板如图3-67所示。

（4）双击“版面2”区域中的2-3页，以进入其编辑状态，如图3-68所示。

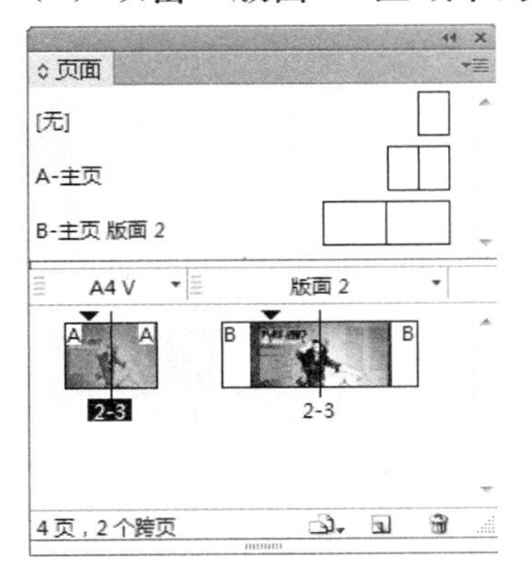

图3-67 创建替代版面后的“页面”面板

图3-68 替代的版面效果

（5）使用“选择工具”，按住Shift键选中左侧的两幅小画及文本框，按住鼠标左键并配合Shift键水平向左移动，如图3-69所示。

图3-69 调整图片及文本块

（6）下面调整文字颜色。选择“文字工具”，将光标插入文字“A NICE GIRL”中，按住Ctrl+A键执行“全选”命令，设置文字的颜色为黑色，按同样的方法将另外一组文字的颜色更改为黑色，得到的效果如图3-70所示。

图3-70 更改文字的颜色

提示：

关于为对象更改颜色的具体讲解请参见第4.3节。

（7）下面调整大图的位置。使用“选择工具”选中右侧的大图片，按住鼠标左键并配合Shift键水平向右移动，如图3-71所示，此时对应的“页面”面板如图3-72所示。

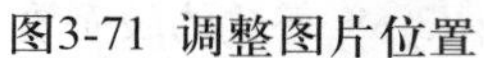
图3-71 调整图片位置

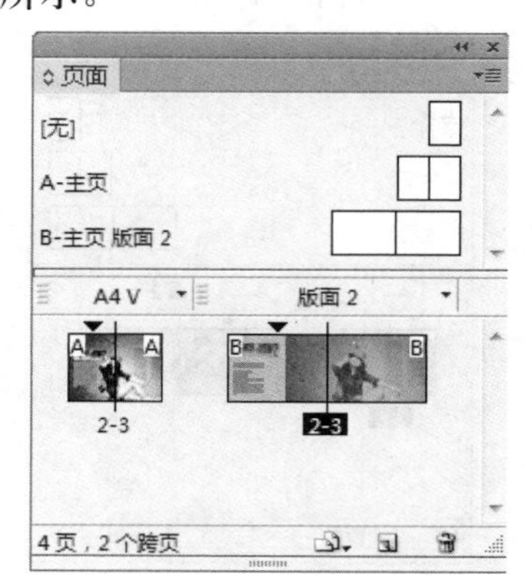

图3-72 对应的“页面”面板

提示：

本例最终效果为随书所附光盘中的文件“第3章\3.4 拓展训练——制作多样化的版面设计方案.indd”。

3.5 课后练习

1. 单选题

（1）快速调出“页面”面板的快捷键是（　　）。

A. F6　　B. F7　　C. F9　　D. F12

（2）有一个10页的文档中，需要在第5页与第7页间一次性添加3个页面，可以直接使用哪个命令？（　　）

A. 插入页面　　B. 新建页面　　C. 创建新页面　　D. 文档设置

（3）当创建一个InDesign文档后，在默认情况下，新建的图层名称是（　　）。

A. 图层1　　B. 图层2　　C. 图层3　　D. 图层4

（4）如果要把一个新主页应用到一个使用了默认主页的页面上，下面说法正确的是（　　）。

A. 弹出提示框：无法应用该主页

B. 新主页覆盖默认设置

C. 默认主页的内容变为新主页的内容，页面不变

D. 无法为已经应用了主页的页面应用新主页

（5）下面哪个命令可以直接删除未用图层？（　　）

A. 删除图层　　B. 删除图层“当前图层名称”命令

C. 删除未使用的图层　　D. 以上说法都对

2. 多选题

（1）下面关于“页面”面板说法正确的是（　　）。

A. 在“页面”面板中，单击新建页面按钮，可以在当前所选页前新建一页文档

B. 在“页面”面板中，选择需要删除的一个或多个页面图标，直接单击“删除选中页面”按钮，在弹出的提示框中单击“确定”按钮退出，即可删除不需要的页面

C. 在“页面”面板中，将要复制的页面或页面范围号码拖至新建页面按钮上，释放鼠标，新的页面将显示在文档的末尾

D. 以上说法都对

（2）下面关于“图层”面板说法正确的是（　　）。

A. “图层”面板左侧的眼睛图标可以控制一个图层的显示与隐藏

B. 隐藏图层可以使图层上的对象处于隐藏状态

C. 图层是不可以合并在一起的

D. 按住Shift键新建图层，可以在当前层的上方新建一个新图层

（3）下列关于主页的说法正确的是（　　）。

A. 只能在文件中建立一个主页

B. 可以在文件中建立多个主页

C. 文件中的左右页必须使用相同的主页

D. 同一跨页中的左右页可以使用不同的主页

（4）在当前文件中添加新的空白页面的方法有（　　）。

A. 执行“页面”面板菜单中的“插入页面”命令

B. 单击“页面”面板下方的新建页面按钮

C. 按Ctrl+Shift+P键

D. 按Ctrl+Alt+P键

（5）通过在“图层选项”对话框重新设置，可以改变图层的哪些属性？（　　）

A. 名称和颜色　　B. 显示和锁定

C. 打印和图层隐藏时是否禁止文本绕排　　D. 以上说法都对

3. 判断题

（1）要选中多个连续页面，在选择时需要按住Shift键；或要选择非连续的页面，在选择时需要按住Alt键。（　　）

（2）图层之间有相互覆盖的关系，改变其顺序，即可改变图像的最终视觉效果。（　　）

（3）InDesign的主页可以删除，直至仅剩余“无”为止。（　　）

（4）锁定图层后，会将该图层上所有的元素都锁定，用户不能对其进行选择和编辑操作，同时也不可以被打印。（　　）

（5）在“图层”面板中，可以根据需要删除任意图层，但最终“图层”面板中至少要保留一个图层。（　　）

4．操作题

打开随书所附光盘中的文件“第3章\操作题-素材.indd”，根据本章所讲解的应用主页的方法，将“A-主页”应用于“2-3”页面，将“B-主页”应用于“4-7”页面。制作完成后的效果可以参考随书所附光盘中的文件“第3章\操作题.indd”。

第4章

绘制与编辑图形

本章导读

在InDesign CS6中，具有强大的绘制与编辑图形对象的功能。通过本章的学习，可以熟练掌握绘制工具的特性及为图形设置颜色、描边等方法和技巧，为以后绘制更复杂的图形打下坚实的基础。

4.1 使用形状工具绘制图形

4.1.1 直线工具

在工具箱中选择“直线工具”，鼠标指针变为 -¦- 状态，在页面中确定合适的位置，然后按住鼠标拖动到需要的位置，释放鼠标后即可得到一条任意角度的直线。

提示：

在使用直线工具绘制图形时，若按住Shift键后再进行绘制，即可绘制出水平、垂直或45°角及其倍数的直线；按住Alt键可以以单击点为中心绘制直线；按住Shift+Alt键侧可以以单击点为中心绘制出水平、垂直或45°角及其倍数的直线。

实例：为名信片绘制装饰线条

（1）打开随书所附光盘中的文件“第4章\实例：为名信片绘制装饰线条-素材.indd”，如图4-1所示。选择“直线工具”，并在其“控制”面板上设置其粗细数值。

（2）按D键将填充与描边颜色复位为默认，将光标置于文档右下角的位置，按住Shift键向左拖动以绘制直线，如图4-2所示。

图4-1 素材文档

图4-2 绘制直线

（3）释放鼠标后，在文档外单击以取消对直线的选择，此时线条状态如图4-3所示。

（4）使用“选择工具”选取第（3）步绘制的直线，按住Shift+Alt键向下拖动以复制直线，并与黑色矩形的底部吻合，局部效果如图4-4所示。

图4-3 取消选择后的线条状态

图4-4 复制得到的线条

（5）按照第（4）步的操作方法，再次复制一条直线至文字下方，如图4-5所示。

（6）继续使用“直线工具” 在文字左侧及上方绘制直线，如图4-6所示。

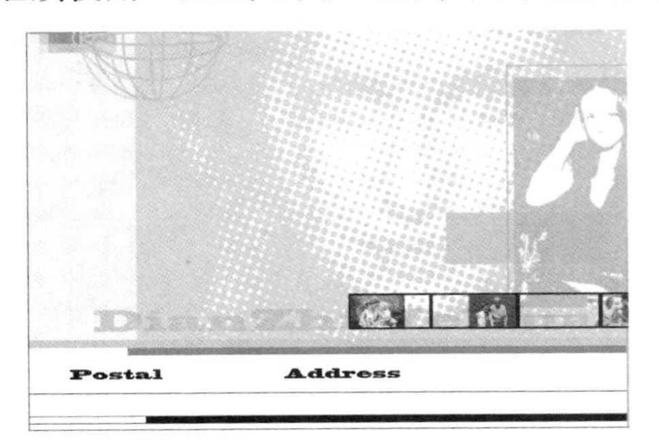

图4-5 复制得到的线条

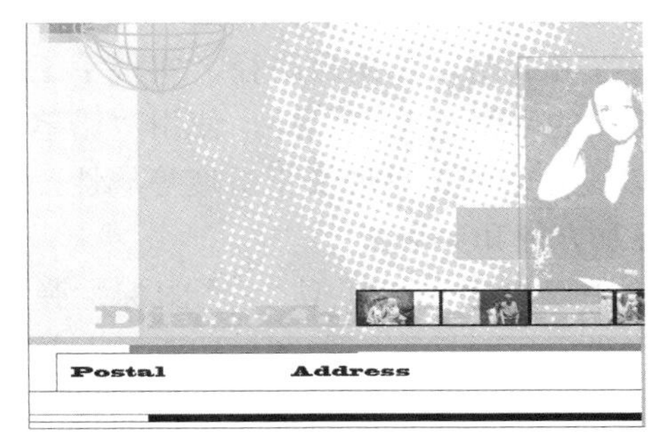

图4-6 绘制另外两条直线

（7）按住Shift键，使用“选择工具” 将第（6）步绘制的两条直线选中，按F6键显示“颜色”面板，然后双击其中的描边颜色块，在弹出的对话框中设置颜色值，如图4-7所示。

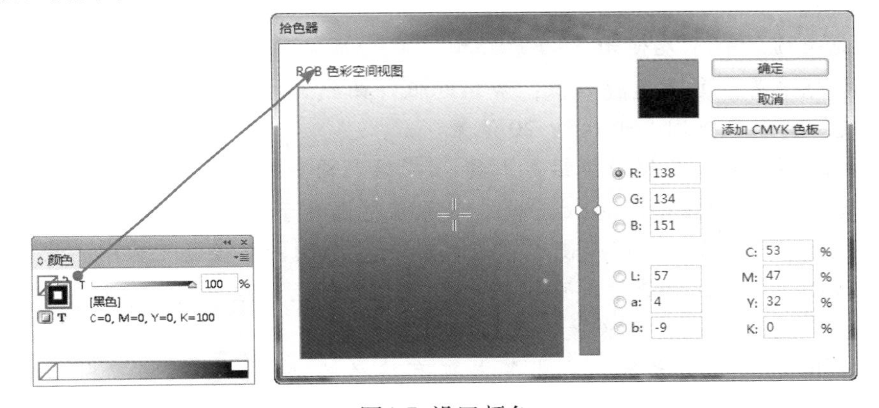

图4-7 设置颜色

（8）单击“确定”按钮退出对话框，得到如图4-8所示的线条效果，最终整体效果如图4-9所示。

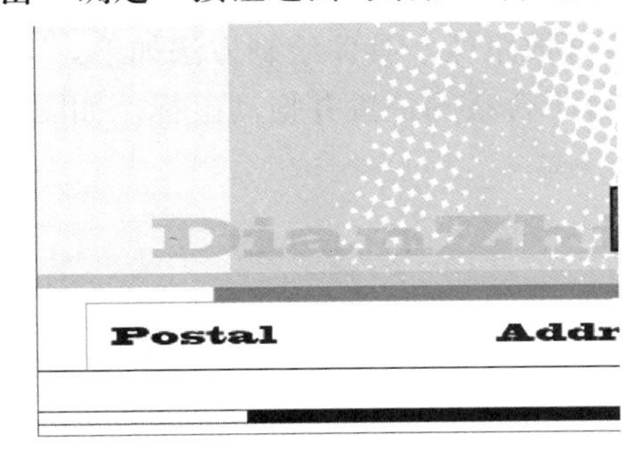

图4-8 更改颜色后的效果

图4-9 最终效果

提示：

本例最终效果为随书所附光盘中的文件“第4章\实例：为名信片绘制装饰线条.indd”。

4.1.2 铅笔工具

使用“铅笔工具”，可以按照用户拖动的轨迹绘制图形、开放路径和闭合路径，实现手工绘图与计算机绘图的平滑过渡。另外，使用“铅笔工具”还可以设置它的保真度及平滑度等属性，使用其绘图便更加方便和灵活。

在工具箱中双击“铅笔工具”图标，弹出“铅笔工具首选项”对话框，如图4-10所示。其中的参数控制了“铅笔工具”对鼠标或画图板光笔移动的敏感程度，以及在路径绘制之后是否仍然被选定。

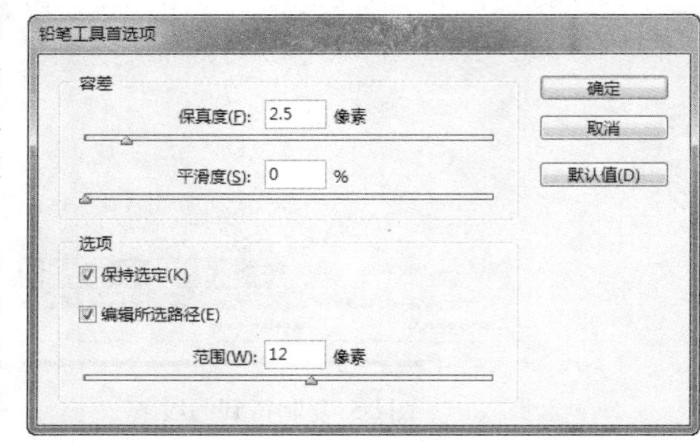

图4-10 “铅笔工具首选项”对话框

在“铅笔工具首选项”对话框中各选项的含义解释如下。

- 保真度：此选项控制了在使用“铅笔工具”绘制曲线时对路径上各点的精确度。数值越高，路径就越平滑，复杂度就越低；数值越低，曲线与指针的移动就越匹配，从而将生成更尖锐的角度。其取值范围介于 0.5 ~ 20 像素。
- 平滑度：此选项控制了在使用“铅笔工具”绘制曲线时所产生的平滑效果。百分比越低，路径越粗糙；百分比越高，路径越平滑。其取值范围介于0% ~ 100%。
- 保持选定：勾选此复选框，可以使“铅笔工具”绘制的路径处于选中的状态。
- 编辑所选路径：勾选此复选框，可以确定当与选定路径相距一定距离时，是否可以更改或合并选定路径（通过“范围：_ 像素”选项指定）。
- “范围：_ 像素”：决定鼠标或光笔与现有路径必须达到多近距离，才能使用“铅笔工具”对路径进行修改。此选项仅在选择了“编辑所选路径”选项时可用。

1. 绘制开放路径

通常情况下，使用“铅笔工具”绘制出的都是开放路径，具体绘制方法如下。

（1）在工具箱中选择“铅笔工具”，将光标置于合适的位置并拖动鼠标，如图4-11所示。

（2）释放鼠标后，效果如图4-12所示 。

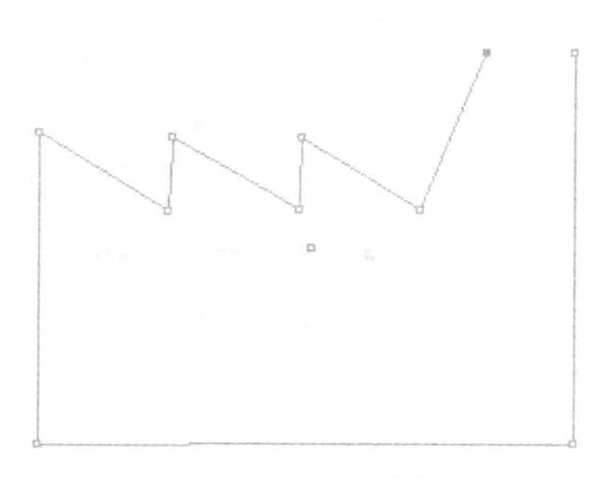

图4-11 绘制中的状态　　图4-12 绘制的开放路径

2. 绘制闭合路径

如果想绘制出一条闭合路径，具体绘制方法如下。

（1）在工具箱中选择“铅笔工具”，将光标置于合适的位置并拖动鼠标，按住Alt键，此时光标将变为状，如图4-13所示。

（2）在创建想要的路径后先释放鼠标按钮，再释放Alt键，则路径的起始点与终点之间会出现一条边线闭合路径，如图4-14所示。

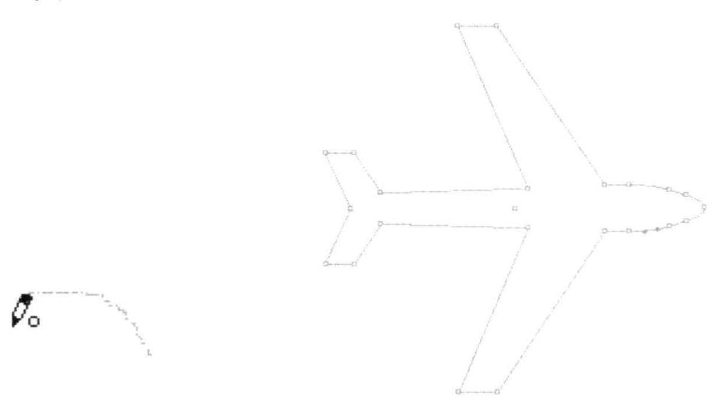

图4-13 光标状态　　　图4-14 绘制的闭合路径

4.1.3 矩形工具

在工具箱中选择“矩形工具”，在工作页面上向任意方向拖动，即可创建一个矩形图形。矩形图形的一个角由开始拖动的点所决定，而对角的位置则由释放鼠标键的点确定。

1．使用鼠标绘制任意矩形

选择“矩形工具”，鼠标指针变为 ┼ 状态，在页面中确定合适的位置，然后按住鼠标拖动到需要的位置释放鼠标，即可绘制一个矩形。图4-15所示为使用“矩形工具”创作的文字及图案效果。

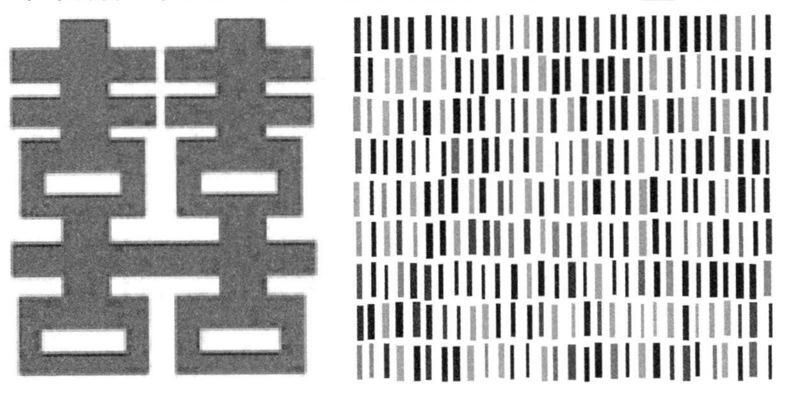

图4-15 创建的文字及图案效果

在使用“矩形工具”绘制图形时，若按住 Shift 键后再进行绘制，即可创建一个正方形；按住 Alt 键可以以单击点为中心绘制矩形；按住 Shift+Alt 键侧可以以单击点为中心绘制正方形。

2．使用对话框精确绘制矩形

选择“矩形工具”，在页面中单击，弹出“矩形”对话框，如图4-16所示。在“宽度”和“高度”文本框中分别输入数值，单击“确定”按钮，在页面单击处将得到一个矩形。

提示：

在创建一个矩形后，如果需要微调矩形的宽度和高度，可以通过工具选项栏中的宽度微调框 W: 20.37 毫米 和高度微调框 H: 4.115 毫米 来控制。

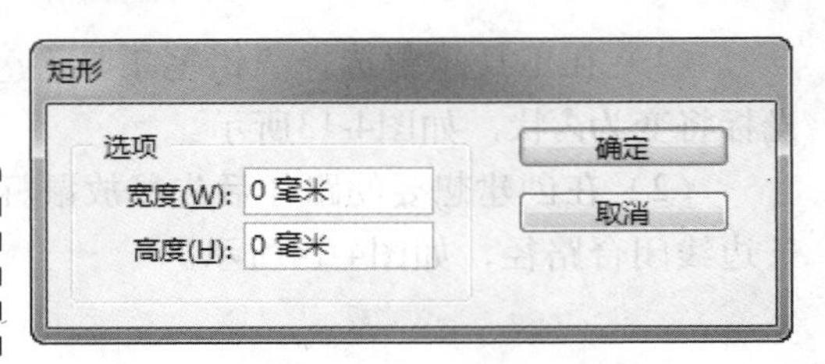

图4-16 “矩形”对话框

3. 使用命令制作多种边缘效果

选择“选择工具”，选择绘制好的矩形，执行“对象”|“角选项”命令，弹出“角选项”对话框，如图4-17所示。

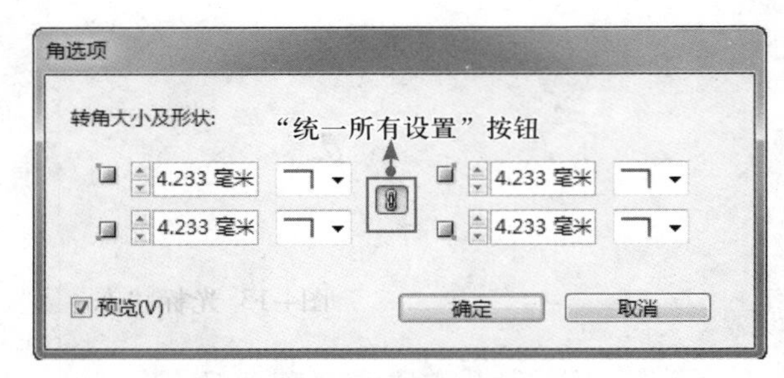

图4-17 “角选项”对话框

“角选项”对话框中图标及按钮的含义解释如下。

- 四个小矩形图标分别代表了矩形的左上角、右上角、左下角及右下角位置。
- 在“统一所有设置”按钮激活的状态下，如果在文本框中输入数值可以控制角效果到每个角的扩展半径，单击任一小矩形图标右侧的三角按钮▼，则可在下拉列表中选择需要的角效果。图4-18所示为使用“角选项”制作的多种边缘效果。

图4-18 矩形的多种边缘效果

- 在“统一所有设置”按钮未激活的状态下，以图4-18中的“花式效果”为例，设置右上角的角效果为“内陷”，如图4-19所示，此预览效果如图4-20所示。

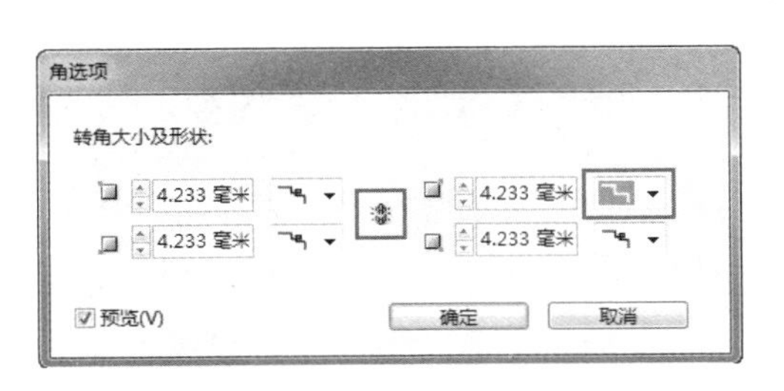

图4-19 “角选项”对话框

图4-20 改变其中的一个角效果

实例：为广告绘制背景

（1）打开随书所附光盘中的文件“第4章\实例：为广告绘制背景-素材.indd”。

（2）选择“矩形工具”，按F6键显示“颜色”面板，然后双击其中的“填色”颜色块，在弹出的对话框中设置颜色值，如图4-21所示。接着，使用“矩形工具”沿着红色出血线绘制矩形，如图4-22所示。

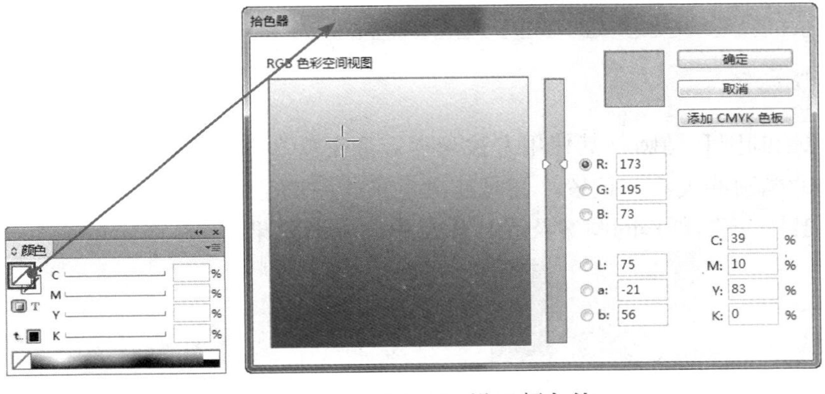

图4-21 设置颜色值

图4-22 绘制矩形

（3）设置“颜色”面板如图4-23所示，使用“矩形工具”在文档下方绘制矩形，如图4-24所示。

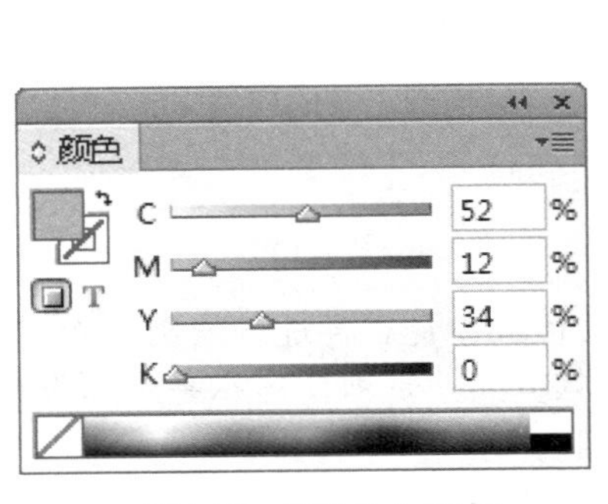

图4-23 “颜色”面板

图4-24 绘制矩形

（4）按照第（3）步的操作方法，设置“颜色”面板中的参数以改变色值，并绘制其他矩形图形，完成广告背景的制作，如图4-25所示。

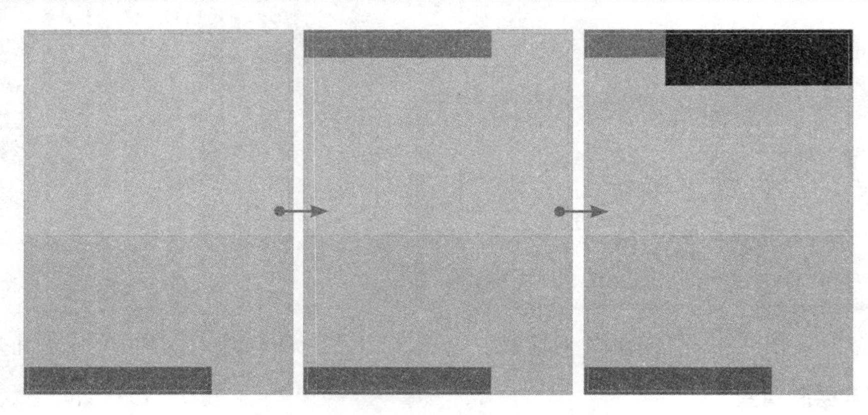

图4-25 完成广告背景的流程图

提示：

本步中关于图形颜色值的设置，读者可以参考最终效果源文件，也可以根据自己的喜好设置颜色。本例最终效果为随书所附光盘中的文件“第4章\实例：为广告绘制背景.indd”。

4.1.4 椭圆工具

使用“椭圆工具”可以绘制圆和椭圆，其使用方法与“矩形工具”一样，在绘制过程中的第一点与第二点将决定所绘制的椭圆的大小、位置，同时还决定了此图形是椭圆还是正圆。

图4-26所示为使用“椭圆工具”创作的图案及设计作品中的圆形效果。

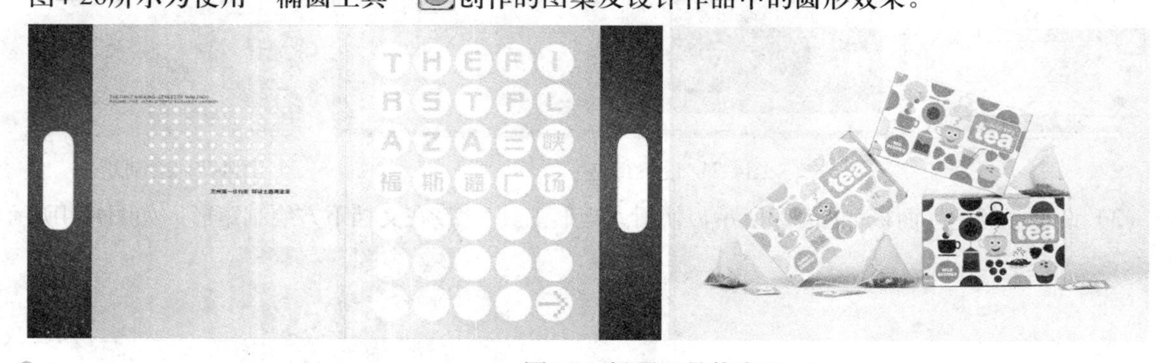

图4-26 椭圆工具的应用

提示：

在使用“椭圆工具”绘制图形时，若按住Shift键后再进行绘制，即可创建一个正圆；按住Alt键可以以单击点为中心绘制椭圆；按住Shift+Alt键则可以以单击点为中心绘制正圆。

4.1.5 多边形工具

使用“多边形工具”可以绘制不同边数的多边形，拖动时的起点与终点决定了所绘的多边形的大小及位置。

1. 绘制多边形

在工具箱中选择“多边形工具”，鼠标指针变为-¦-状态，在页面中确定合适的位置，然后按住鼠标拖动到需要的位置释放鼠标，即可绘制一个多边形。图4-27所示为使用“多边形工具”创建的设计作品中的多边形效果。

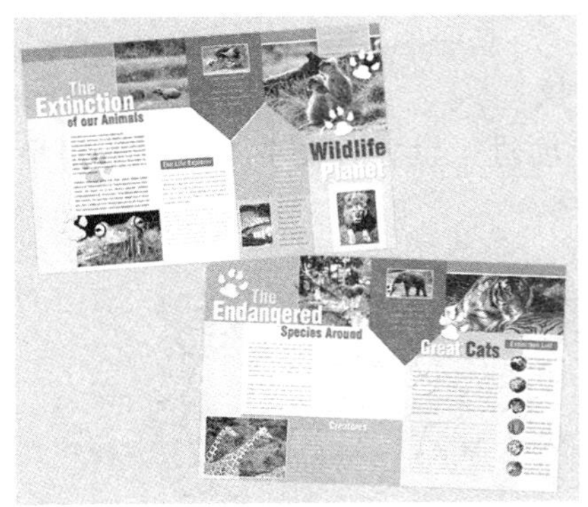

图4-27 多边形工具的应用

在使用“多边形工具”绘制图形时，若按住Shift键后再进行绘制，即可创建一个正多边形；按住Alt键可以以单击点为中心绘制多边形；按住Shift+Alt键则可以以单击点为中心绘制正多边形。

2. 精确绘制多边形及星形

选择“多边形工具”，在页面中单击，弹出“多边形”对话框，如图4-28所示。在此对话框中可以设置多边形的宽度、高度及边数与星形内陷，单击“确定”按钮，在页面单击处将得到一个多边形。

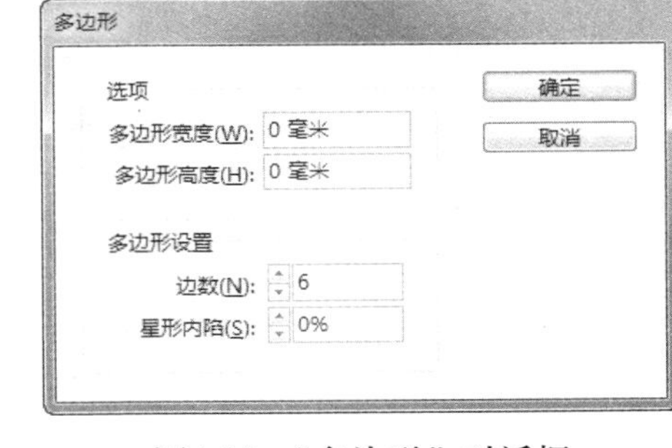

图4-28 “多边形”对话框

“多边形”对话框中各选项的含义解释如下。

- 多边形宽度：在该文本框中输入数值，以控制多边形的宽度，数值越大，多边形的宽度就越大。
- 多边形高度：在该文本框中输入数值，以控制多边形的高度，数值越大，多边形就越高。
- 边数：在该文本框中输入数值，以控制多边形的边数。但输入的数值必须介于3~100。
- 星形内陷：在该文本框中输入数值，以控制多边形角度的锐化程度。数值越大，两条边线间的角度越小；数值越小，两条边线间的角度越大。当数值为0%时，显示为多边形；数值为100%时，显示为直线。图4-29所示为所绘制的不同星形。

图4-29 边数为5，星形内陷分别为5%、30%、70%时的星形

选择“选择工具”，选择绘制好的多边形或星形，双击工具箱中的“多边形工具”，弹出“多边形设置”对话框，如图4-30所示。在对话框中可以通过设置“边数”和“星形内陷”的参数修改多边形。

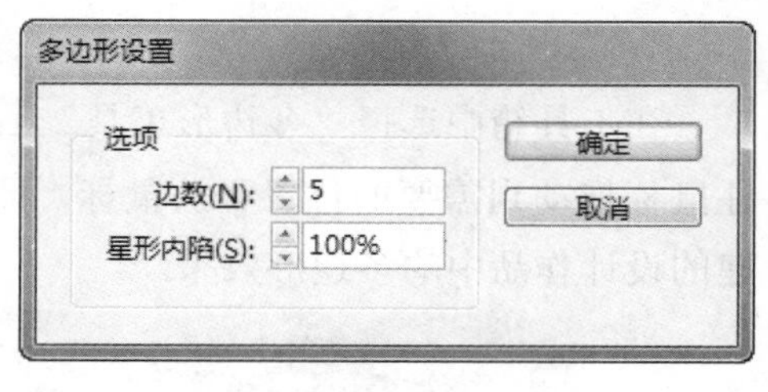

图4-30 “多边形”对话框

3．设置多边形或星形的不同角效果

选择“选择工具”，选择绘制好的多边形或星形，执行“对象”|“角选项”命令，在弹出的对话框中对各个选项进行设置，图4-31所示为对星形设置不同角的效果。

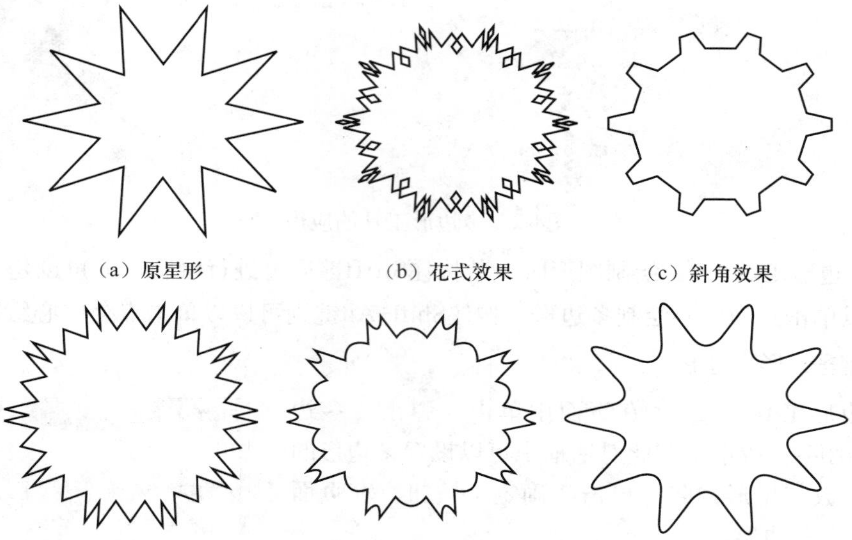

（a）原星形　（b）花式效果　（c）斜角效果

（d）内陷效果　（e）反向圆角效果　（f）圆角效果

图4-31 对星形设置不同角的效果

提示：

在创建一个多边形或星形后，如果需要微调多边形的宽度和高度，可以通过工具选项栏中的宽度微调框 W: 20.37 毫米 和高度微调框 H: 4.115 毫米 来控制。

4.2 使用钢笔工具绘制图形

“钢笔工具”作为InDesign最基础、也是最重要的工具，使用它可以根据用户的需要自定义绘制直线、曲线、开放、闭合或多种形式相结合的路径。

一条路径由路径线、锚点、控制句柄3个部分组成，锚点用于连接路径线，锚点上的控制句柄用于控制路径线的形状，图4-32所示为一条典型的路径，图中使用小圆标注的是锚点，而使用小方块标注的是控制句柄，锚点与锚点之间则是路径线。

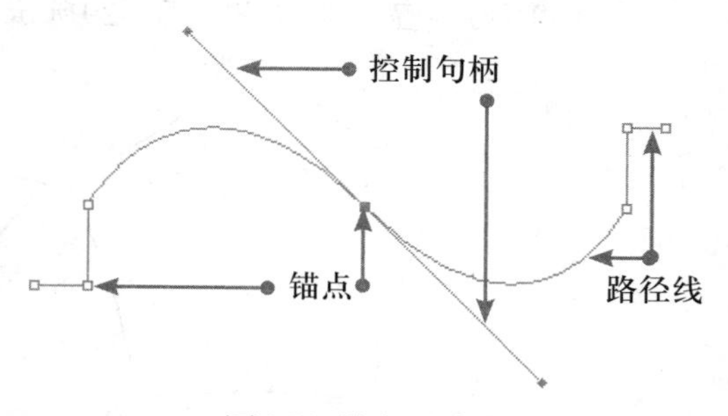

图4-32 路径示意图

4.2.1 绘制直线图形

在工具箱中选择“钢笔工具”，鼠标指针变为状态，在页面中任意位置单击一下，将创建一个锚点（起点），然后在页面的另一位置再次单击一下，可以创建第2个锚点，两个锚点间自动以直线进行连接，如图4-33所示。

再将光标移至其他位置单击，会出现第3个锚点，在第2和第3个锚点之间生成一条新的直线路径，如图4-34所示。

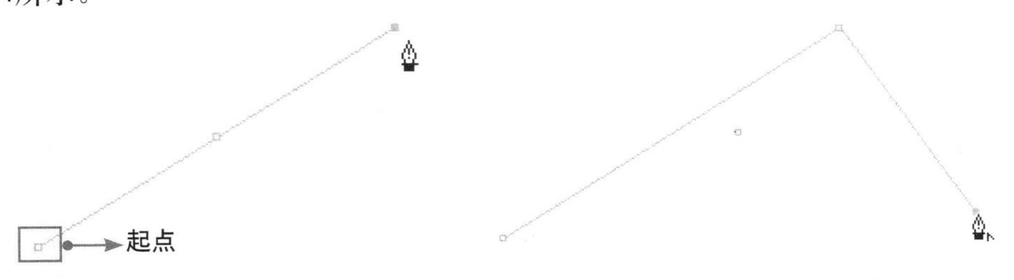

图4-33 绘制直线路径段1　　图4-34 绘制直线路径段2

提示：

在绘制直线路径时，使用“钢笔工具”确定一个点后，按住Shift键，则可以绘制出水平、垂直或45°角的线段。

4.2.2 绘制曲线图形

使用“钢笔工具”在单击锚点后拖动鼠标，则在锚点的两侧会出现控制句柄，该锚点也将变为圆滑型锚点，按此方法可以创建曲线型路径。具体操作步骤如下。

（1）选择“钢笔工具”，在页面中合适的位置单击以作为起点的锚点。

（2）移动光标确定第2个锚点，单击并按住鼠标左键向任意方向拖动即可出现曲线，如图4-35所示。释放鼠标继续绘制，图4-36所示为连续单击并拖动鼠标后的路径状态。

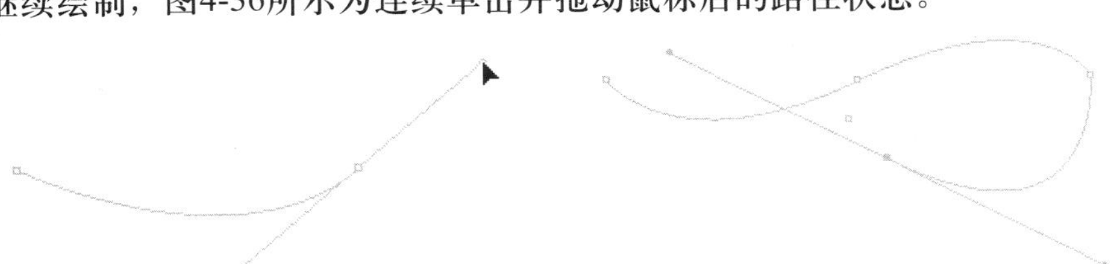

图4-35 拖动后的状态　　图4-36 连续单击并拖动后的路径状态

提示：

在拖动鼠标时，拖动控制句柄的方向及其方向线的长度，决定了曲线的方向及曲率。

4.2.3 绘制直线后接曲线图形

要在直线段后绘制曲线，具体操作步骤如下。

（1）使用“钢笔工具”绘制一条直线路径，如图4-37所示。

（2）按通常绘制路径的方法确定第3个锚点，向任意方向拖动即可绘制曲线路径，如图4-38所示。

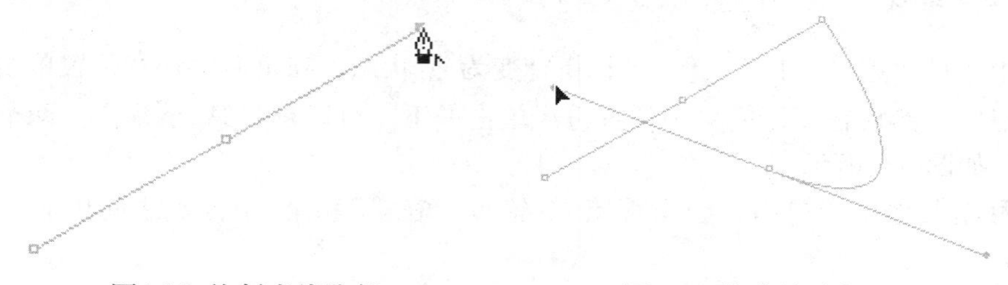

图4-37 绘制直线路径　　　　图4-38 接曲线路径

4.2.4 绘制曲线后接直线图形

要在曲线段后绘制直线，具体操作步骤如下。

（1）使用“钢笔工具”按照通常绘制路径的方法确定第2个锚点（此锚点具有2个控制句柄）。

（2）将光标置于第2个锚点附近，当光标变成时单击一下，此时则收回了一侧的控制句柄，如图4.-9所示。

（3）继续向下绘制直线路径即可，如图4-40所示。

图4-39 收回一侧的控制句柄　　　　图4-40 绘制的直线路径

4.2.5 绘制封闭图形

要绘制封闭路径，必须使路径的最后一个锚点与第一个锚点相重合，即在结束绘制路径时将光标放于路径第一个锚点处，此时在钢笔光标的右下角处将显示一个小圆圈，如图4-41所示，此时单击该处即可使路径封闭，如图4-42所示。

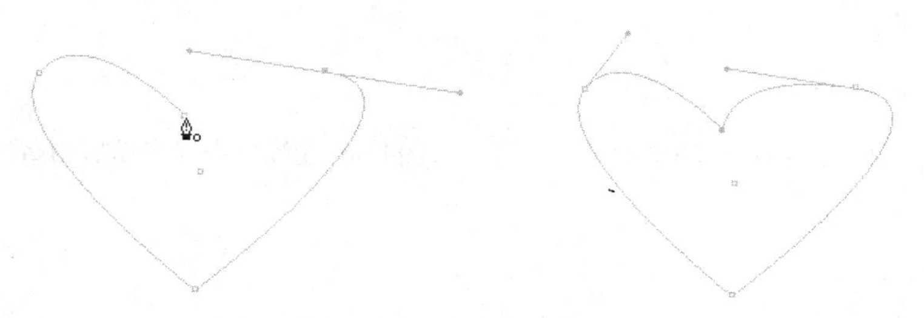

图4-41 光标状态　　　　图4-42 绘制的封闭路径

4.2.6 绘制闭合路径

在绘制路径的过程中，经常会遇到将两条非封闭路径连接成为一条闭合路径的情况。下面就来讲解闭合路径的方法。

1. 使用钢笔工具闭合路径

选择"钢笔工具"，将光标置于开放路径的最后一个锚点上，当光标变为时，如图4-43所示。接着将"钢笔工具"移至另外一条开放路径的起始点位置，当光标变为时，单击该锚点即可将两条开放路径连接成为一条路径，如图4-44所示。

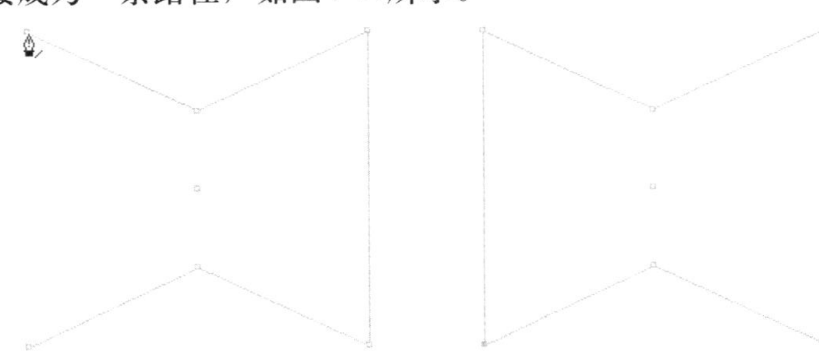

图4-43 终点位置的光标状态　　图4-44 连接后的状态

2. 使用命令闭合路径

使用"直接选择工具"，选择需要闭合的2个锚点，如图4-45所示，然后选择"对象"|"路径"|"连接"命令，即可在两个锚点间自动生成一条线段以连接成为一条路径，如图4-46所示。

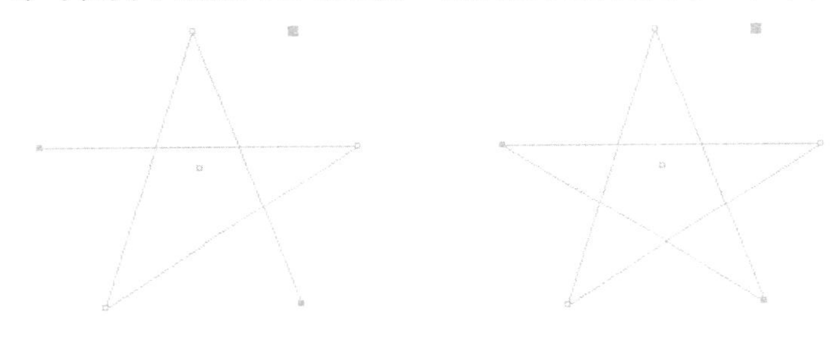

图4-45 选中要连接的两个锚点　　图4-46 连接后的路径状态图

4.2.7 添加锚点

要为路径添加锚点，可以选择"添加锚点工具"，将鼠标放在需要添加锚点的路径上，单击一下即可添加一个锚点，如图4-47所示。

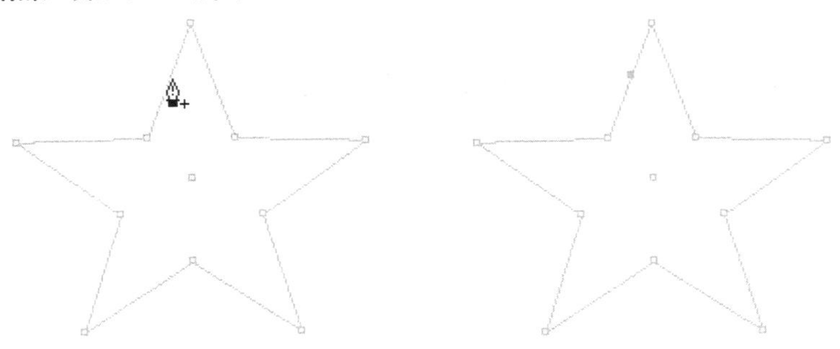

图4-47 添加锚点的过程

4.2.8 删除锚点

要删除锚点，选择“删除锚点工具”，将鼠标放在要删除的锚点上，单击一下即可删除锚点，如图4-48所示。

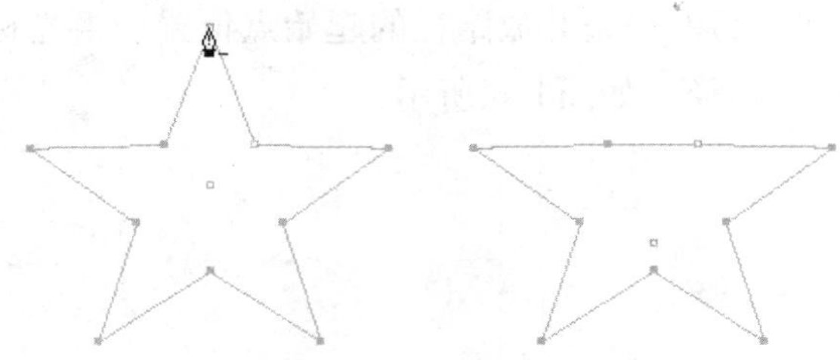

图4-48 删除锚点的过程

4.2.9 转换锚点类型

利用“转换点工具”可以将直线型锚点转换为曲线锚点，或将曲线锚点转换为直线型锚点。

1. 将直线型锚点转换为曲线锚点

要将直线型锚点转换为曲线锚点，可以使用“转换点工具”选取要转换的直线型锚点并拖动，以将该锚点改变为有控制句柄的锚点。

图4-49所示为转换前的路径，图4-50所示为将直线型锚点转换为曲线锚点后的路径。

图4-49 转换锚点类型前的路径状态　　图4-50 转换锚点类型后的路径状态

提示：

在选择“钢笔工具”时，按住Alt键可以暂时切换至“转换点工具”。

2. 将曲线锚点转换为直线型锚点

要想将曲线锚点转换为直线型锚点，可以使用“转换点工具”单击曲线锚点，将具有控制句柄的锚点改变为无控制句柄的锚点即可。

图4-51所示为转换前的路径，图4-52所示为将曲线锚点转换为直线型锚点后的路径。

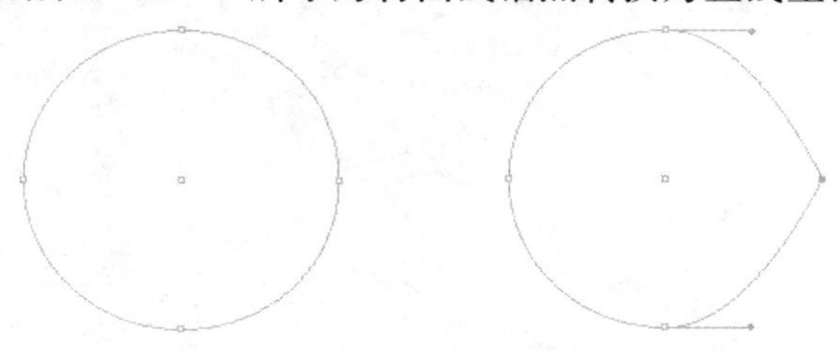

图4-51 转换锚点类型前　　图4-52 转换锚点类型后

4.3 为图形设置颜色

4.3.1 在工具箱中设置颜色

在工具箱中，底部有一个颜色控制区，可以对文本或容器等对象设置填充色、描边色等，例如，要设置文本的填充色，可以双击“填色”图标，如图4-53所示，在弹出的“拾色器”对话框中进行设置，如图4-54所示。

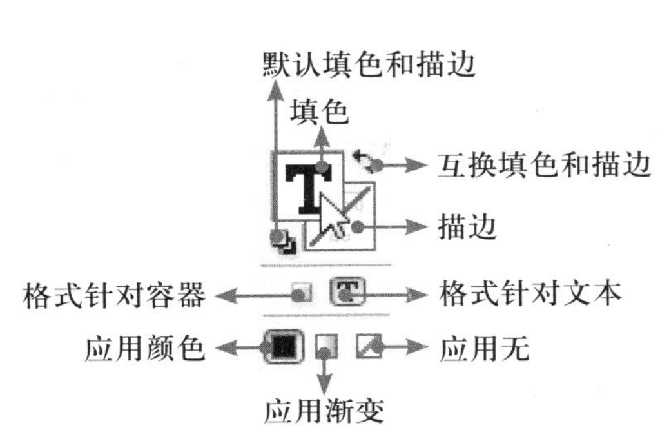

图4-53 工具箱底的颜色控制区

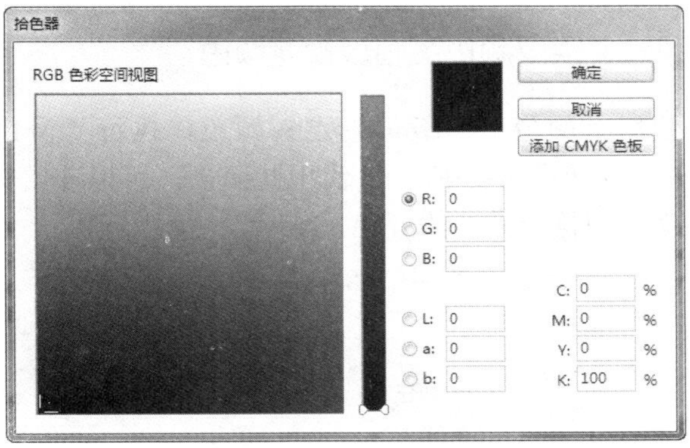

图4-54 “拾色器”对话框

颜色控制区的各选项的含义解释如下。

- 填色：双击此色块，可以为对象进行颜色填充。
- 描边：双击此色块，可以为对象的边框色进行填充。
- 互换填色和描边：单击此图标，可以交换填充色与描边色的内容。

提示1：

按下“X”键，可以快速地将“填色”或“描边”色块置前。当“填色”或“描边”色块置前时，在“色板”面板及“颜色”面板中，可以选择或调整得到新的颜色。

提示2：

按下“Shift+X”键，可以快速地互换“填色”与“描边”的颜色。此时在“颜色”或“色板”面板中设置的颜色，即指定给置前的“填色”或“描边”色块。

- 默认填色和描边：单击此图标，可以恢复至默认的填色与描边，即填色为无，描边为黑色。

提示：

按下“D”键，也可以使对象的“填色”与“描边”快速恢复到默认状态。

- 格式针对容器：选择此按钮时，颜色的设置只针对容器。

- 格式针对文本：选择此按钮时，颜色的设置只针对文本。
- 应用颜色/渐变/无：分别单击这3个按钮，可以为选中的对象设置单色、渐变或无色。

提示：

按下主键盘上的“,”键，可以为选中的对象应用单色；按下主键盘上的“.”键，可以为选中的对象应用渐变色；按下主键盘或小键盘上的“/”键，可以应用“无”颜色。另外，在设置颜色时，若未选中对象，则设置的颜色作为下次绘制对象时的默认色。

4.3.2 使用“颜色”面板设置颜色

使用“颜色”面板可以定义颜色，执行“窗口”|“颜色”|“颜色”命令，或按F6键调出“颜色”面板，如图4-55所示。使用此面板，可以非常容易地在各种不同的颜色模式下选择填色与描边，以精确地调整所需要的颜色。

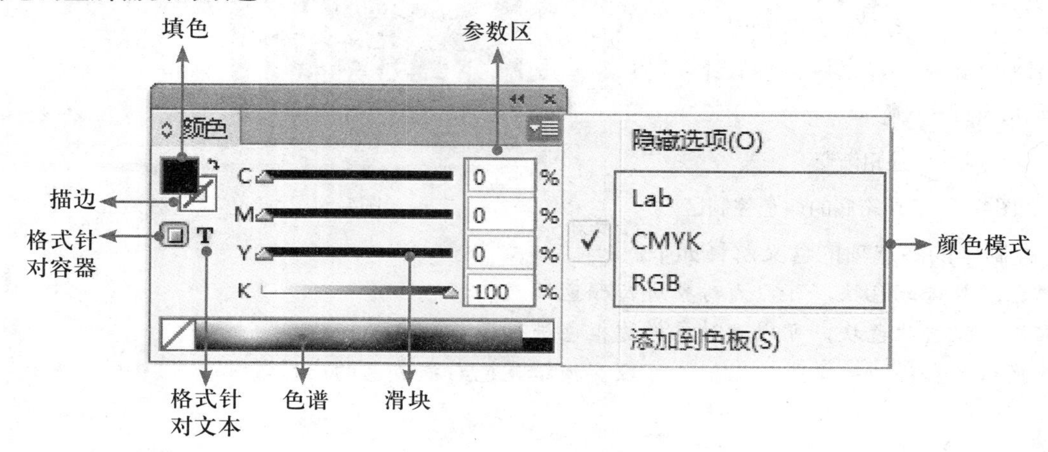

图4-55 “颜色”面板

在“颜色”面板中各选项的含义解释如下，其中与工具箱底部颜色控制区相同的功能不再叙述。

- 参数区：在此文本框中输入参数可对颜色进行设置。
- 色谱：当鼠标在该色谱上移动时，光标会变成吸管状态，表示可以在此读取颜色，在该状态下单击即可读取颜色。
- 滑块：移动该滑块，可对颜色进行设置。
- 隐藏/显示选项：选择该命令，可对面板进行显示或隐藏，如图4-56所示。

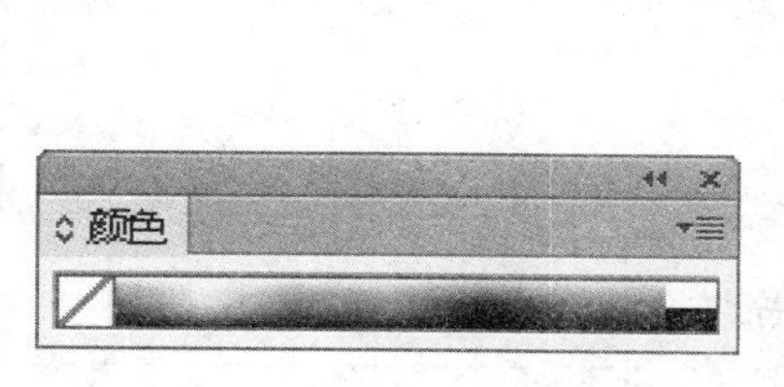

选择“隐藏选项”时的面板

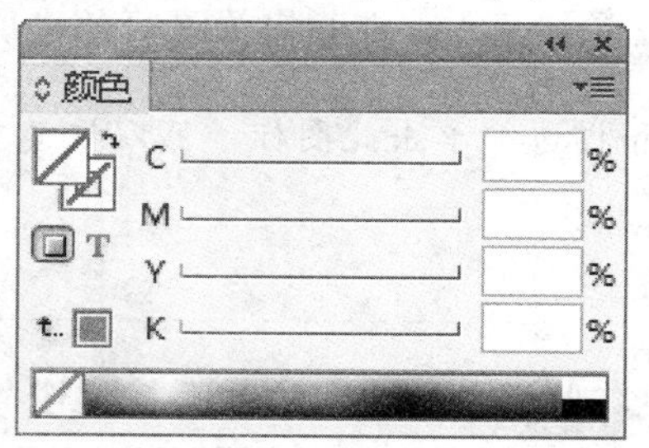

选择“显示选项”时的面板

图4-56 隐藏/显示面板状态

- 颜色模式：在面板菜单中，可对颜色模式进行切换，如图4-57所示。

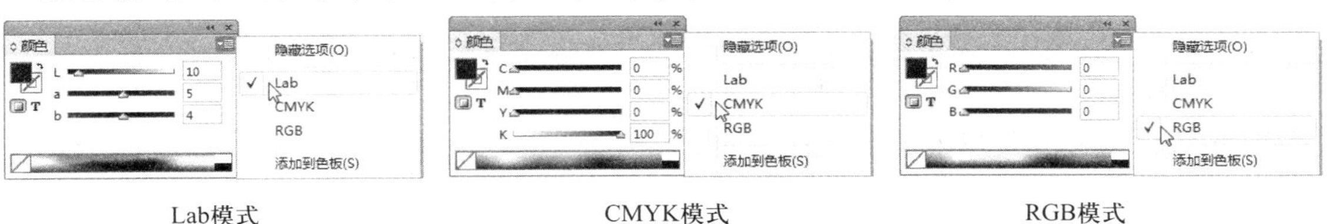

图4-57 颜色模式菜单

- 添加到色板：选择该命令，可快速将设置好的颜色添加到“色板”面板中。

4.3.3 使用“色板”面板设置颜色

使用“色板”面板不仅能够直观地选择合适的颜色，还可以保存用户自定义的颜色，或将“色板”面板中的所有颜色保存为一个文件，在其他工作环境中使用。执行“窗口”|“颜色”|“色板”命令，或按F5键弹出“色板”面板，如图4-58所示。

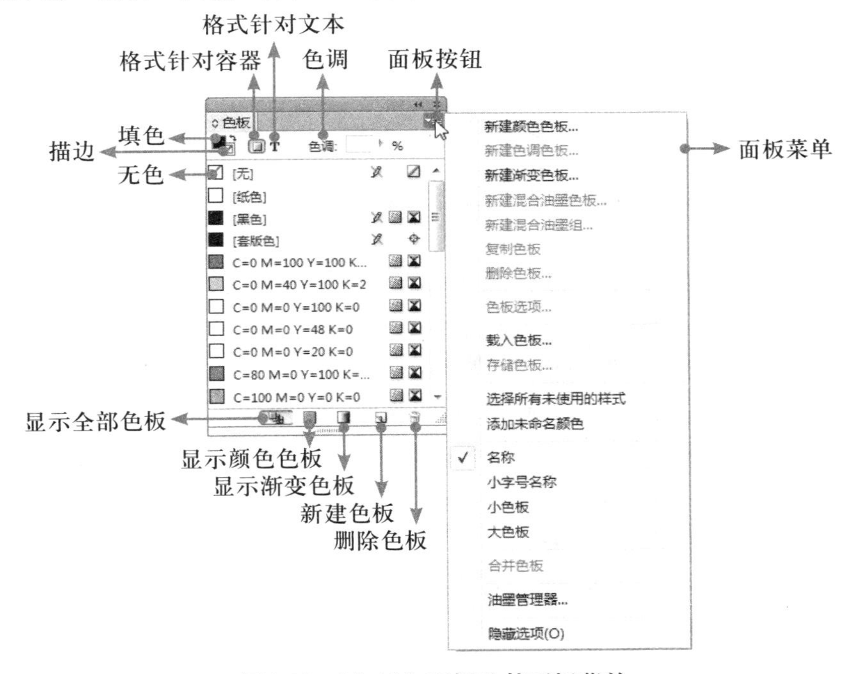

图4-58 “色板”面板及其面板菜单

在“色板”面板中各选项的含义解释如下，其中与工具箱底部颜色控制区相同的功能不再叙述。

- 色调：在此文本框中输入数值，或单击其右边的三角按钮，在弹出的滑块中进行拖移，可以对色调进行改变。
- “显示全部色板”按钮：单击此按钮，将显示全部的色板。
- “显示颜色色板”按钮：单击此按钮，仅显示颜色色板。
- “显示渐变色板”按钮：单击此按钮，仅显示渐变色板。
- “新建色板”按钮：单击此按钮，可以新建色板，新建的色板为所选色板的副本。
- “删除色板”按钮：单击此按钮，可以将选中的色板删除。

- “面板”按钮：选择此按钮，可调出面板菜单。
- 面板菜单：在该菜单中，列出了更多对色板作调整的命令。

1. 添加色板

要添加色板，可以按照以下操作方法之一进行。

- 使用按钮添加色板：首先在页面中选择目标对象，然后单击“色板”面板底部的“新建色板”按钮，即可以当前选择的对象的颜色为基础，创建一个新的色板。

提示：

在选择目标对象前，需要确认“色板”面板顶部的填色色块在描边色块之上。

- 使用拖动法添加色板：首先按F6键显示“颜色”面板，选择“填色”色块，拖动各个颜色滑块或在各个文本框中输入需要的数值，然后将设置好的颜色拖到“色板”面板中，将出现一条黑线且光标变成“田”字形标记时，释放鼠标，即可将颜色添加到色板中，如图4-59所示。

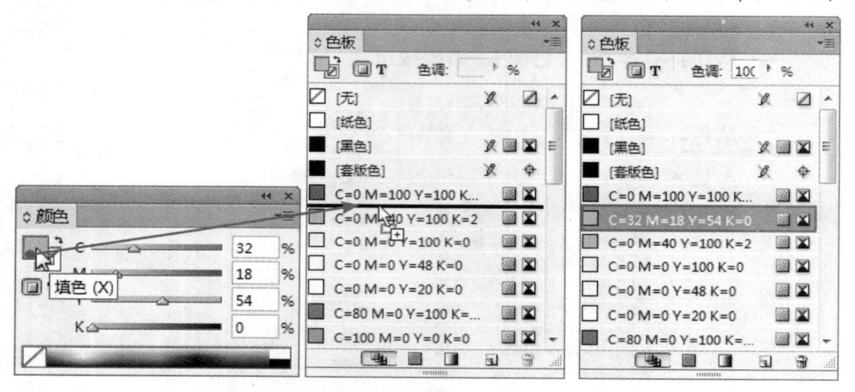

图4-59 使用拖动法添加色板的过程

- 使用命令添加色板：首先单击“色板”面板右上角的“面板”按钮，在弹出的菜单中选择“新建颜色色板”命令，然后在弹出的“新建颜色色板”对话框中进行设置，如图4-60所示。单击“确定”按钮退出对话框，即可得到新的色板。

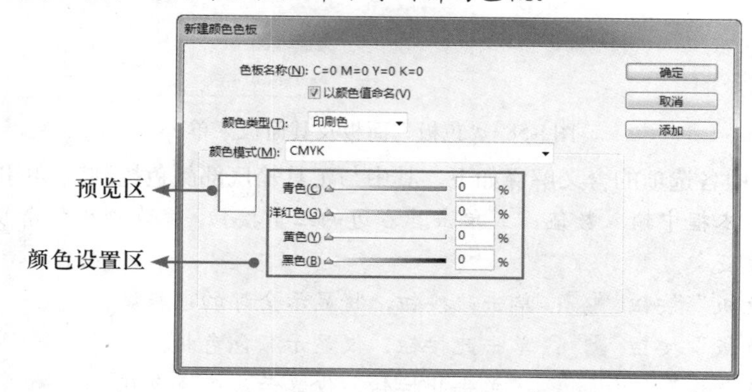

图4-60 “新建颜色色板”对话框

“新建颜色色板”对话框中各选项的含义解释如下。

- 色板名称：如果在“颜色类型”下拉列表中选择了“印刷色”，并且勾选了“以颜色值命名”选项，色板名称会自动命名为参数值；若未勾选“以颜色值命名”选项，用户则可以自己创建色板名称。如果在“颜色类型”下拉列表中选择了“专色”，则可以直接在“色板名称”文本框中输入当前颜色的名称。
- 颜色类型：选择此下拉列表中的选项，用于指定颜色的类型为印刷色或专色。
- 颜色模式：在此下拉列表中，可选择CMYK、Lab、RGB等颜色模式。
- 预览区：在颜色设置区所编辑的颜色可在该区域显示。
- 颜色设置区：在该区域移动小三角滑块或在文本框中输入参数，均可以对颜色进行更改与编辑。
- 添加：单击此按钮，可以将新建好的色板直接添加到色板中，从而可以继续进行新建色板。

2. 复制色板

要复制色板，可以按照以下操作方法之一进行。

- 使用按钮复制色板（一）：首先在“色板”面板中选取一个色板，然后按住鼠标不放移至“新建色板”按钮上，手形光标会在右下角显示一个小“田”字标记，如图4-61所示。释放鼠标，即可得到该色板的副本，如图4-62所示。

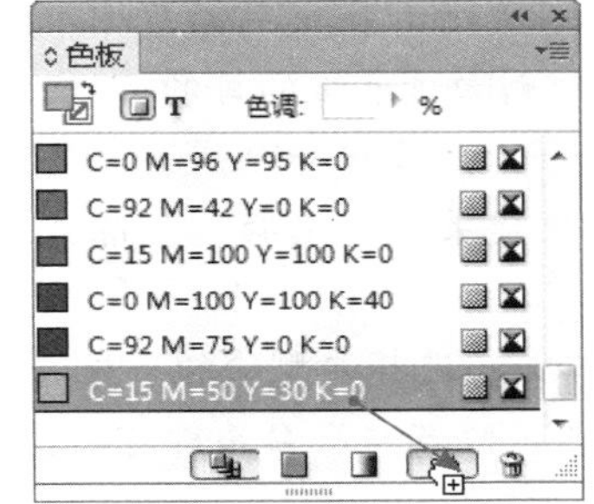

图4-61 选择需要复制的色板

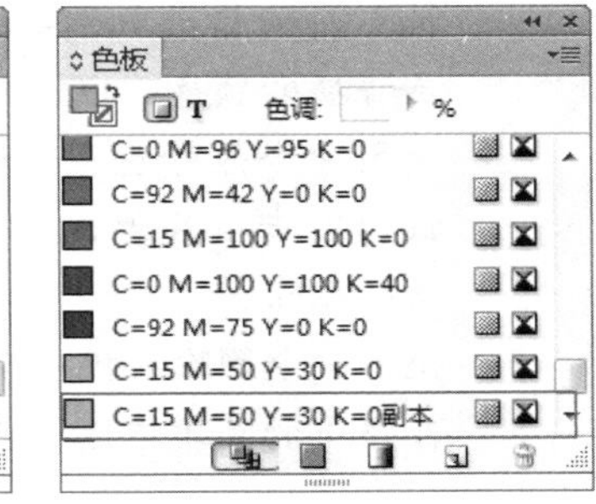

图4-62 完成复制色板操作

- 使用按钮复制色板（二）：选择“色板”面板中的任意色板，单击“色板”面板底部的“新建色板”按钮，即可创建所选色板的副本。
- 使用命令复制色板（一）：选择需要复制的色板，右击，在弹出的菜单中选择“复制色板”命令即可。
- 使用命令复制色板（二）：选择需要复制的色板，单击“色板”面板右上角的“面板”按钮，在弹出的菜单中选择“复制色板”命令，完成复制色板的操作。

3. 编辑色板

在“色板”面板中选择要修改的色板，双击该色板，弹出“色板选项”对话框，如图4-63所示，在该对话框中可以通过移动滑块或修改参数等来编辑色板。

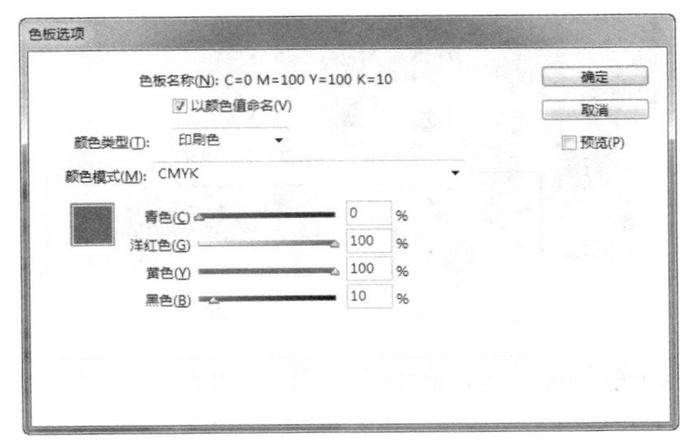

图4-63 “色板选项”对话框

“色板选项”对话框中的选项与“新建颜色色板”对话框中的选项用法一样，在此就不再叙述。

提示：

在“色板”面板中，色板右侧如果有图标，表示此色板不可被编辑。

4．删除色板

要复制色板，可以按照以下操作方法之一进行。

- 使用按钮删除色板（一）：选中一个或多个不需要的色板，拖移到“删除色板”按钮上即可删除选中的色板。
- 使用按钮删除色板（二）：选中一个或多个不需要的色板，当删除的色板在文档中使用时，会弹出“删除色板”对话框，如图4-64所示。在该对话框中可以设置需要替换的颜色，以达到删除该色板的目的。

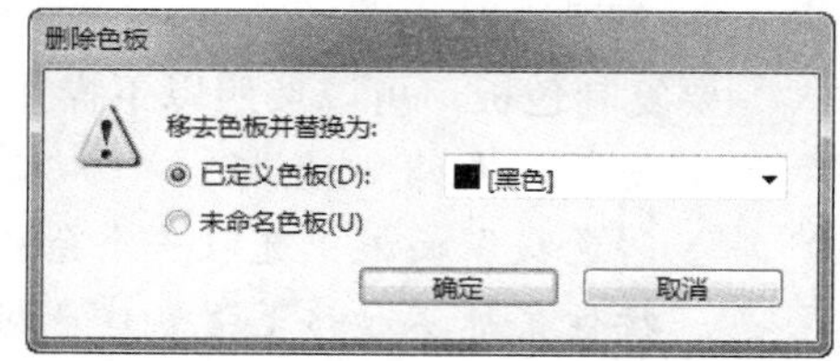

图4-64 “删除色板”对话框

- 使用命令删除色板（一）：选中一个或多个不需要的色板，右击，在弹出的快捷菜单中选择“删除色板”命令将其删除。
- 使用命令删除色板（二）：选择要删除的色板，单击“色板”面板右上角的“面板”按钮，在弹出的菜单中选择“删除色板”命令即可将选中的色板删除。

提示：

单击“色板”面板右上角的“面板”按钮，在弹出的菜单中选择“选择所有未使用的样式”命令，然后单击面板底部的“删除色板”按钮，即可将多余的颜色删除。

实例：为现有的对象设置颜色

（1）打开素材，如图4-65所示。在本例中，将为三折页宣传页中的底纹和矩形设置颜色。

图4-65 三折页宣传页

（2）选中背景中的黑色花纹，按F6 键显示“颜色”面板，为图形设置填充，如图4-66所示。设置后的效果如图4-67所示。

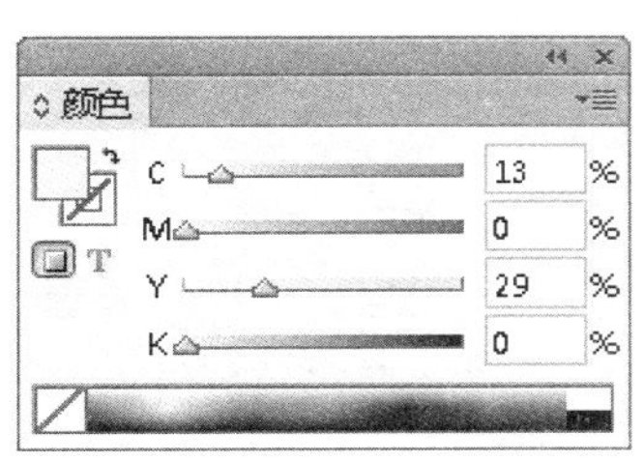

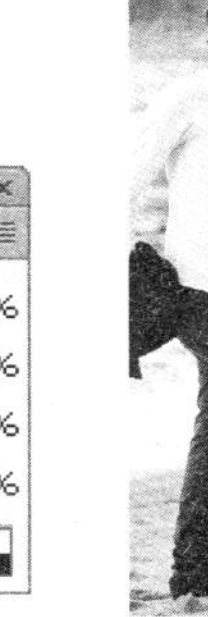

图4-66 “颜色”面板　　图4-67 设置颜色后的效果

（3）按照第（2）步的方法，选中中间折页中左上方的矩形，然后在“颜色”面板中为其设置颜色，如图4-68所示，得到如图4-69所示的效果。

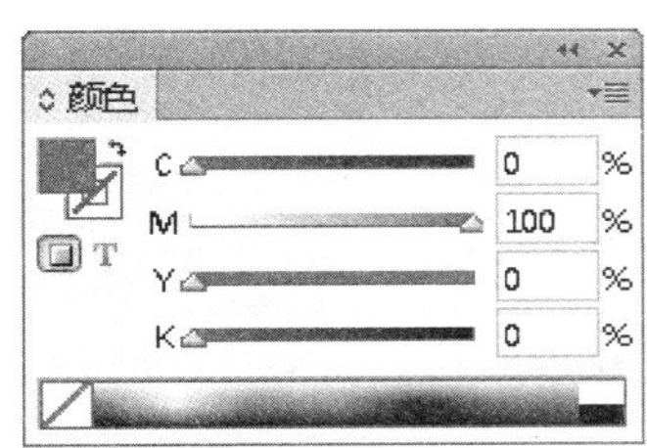

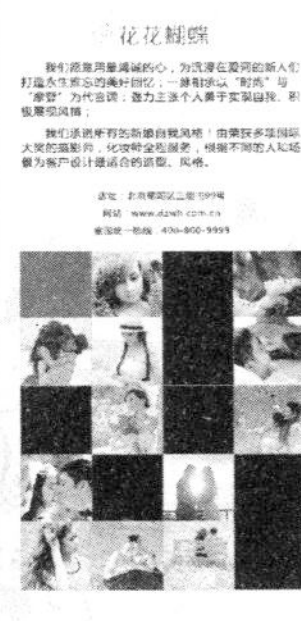

图4-68 “颜色”面板　　图4-69 设置颜色后的效果

（4）按照第（3）步的方法，继续为其他矩形设置颜色，直至得到如图4-70所示的最终效果。

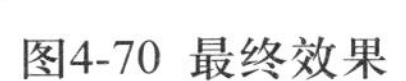

图4-70 最终效果

4.4 为图形设置渐变颜色

渐变是用于创建不同色间的混合过渡，在InDesign CS6中创建渐变的方法有很多种，可以使用“渐变”面板来设置一个渐变，并应用于对象上，也可以使用工具箱中的渐变色板工具与渐变羽化工具，还可以使用“颜色”面板和“色板”面板。在本节中，就来讲解与渐变相关的功能。

4.4.1 创建并应用“渐变”

1. 在“渐变”面板中创建渐变

在“渐变”面板中可以选择渐变类型，设置渐变参数、色彩、位置和角度。执行“窗口”|“颜色”|“渐变”命令，或双击工具箱中的渐变色板工具，弹出“渐变”面板，如图4-71所示。

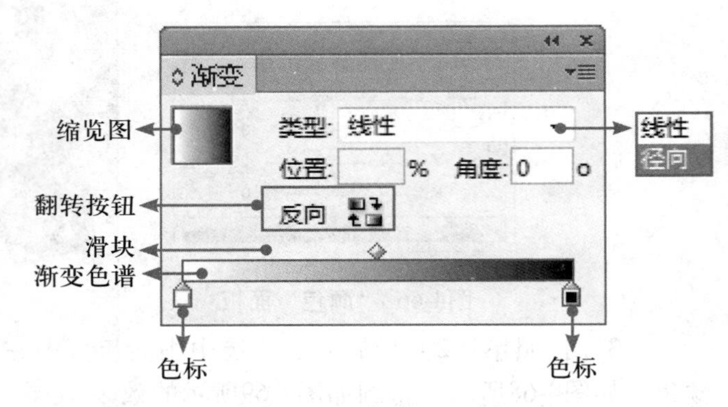

图4-71 “渐变”面板

“渐变”面板中各选项的含义解释如下。

- 缩览图：在此可以查看到当前渐变的状态，它将随着渐变及渐变类型的变化而变化。
- 反向：单击此按钮，可以将渐变进行反复的水平翻转。
- 类型：在此下拉列表中可以选择线性和径向两种渐变类型。
- 位置：当选中一个滑块时，该文本框将被激活，拖曳滑块或在文本框中输入数值，即可调整当前色标的位置。
- 角度：在此文本框中输入数值可以设置渐变的绘制角度。
- 渐变色谱：此处可以显示出当前渐变的过渡效果。
- 滑块：表示起始颜色所占渐变面积的百分率，可调整当前色标的位置。
- 色标：用于控制渐变颜色的组件。其中位于最左侧的色标称为起始色标；位于最右侧的色标称为结束色标。

图4-72所示为应用“渐变”面板创建渐变前后对比效果。

图4-72 应用“渐变”面板创建渐变前后对比效果

2. 使用渐变色板工具绘制渐变

使用“渐变色板工具”，可以随意绘制各种角度的渐变，使得渐变的填充效果更为多样化。其使用方法非常简单，选择需要的图形对象，然后选择一个设置好的渐变，使用“渐变色板工具”在图形中需要的位置拖动即可。图4-73所示是拖动过程中的状态，图4-74所示是绘制渐变后的效果。

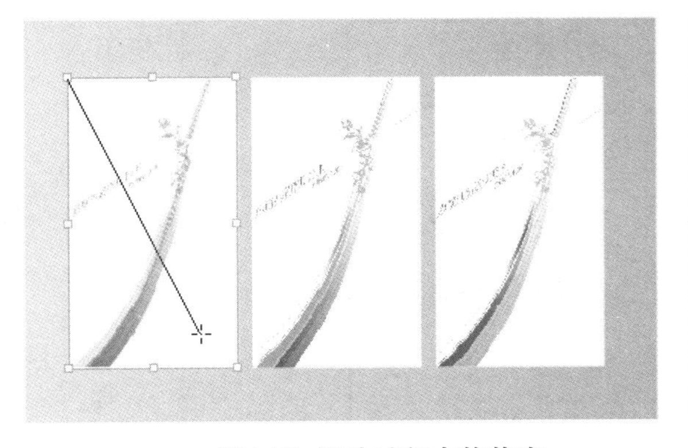

图4-73 拖动过程中的状态

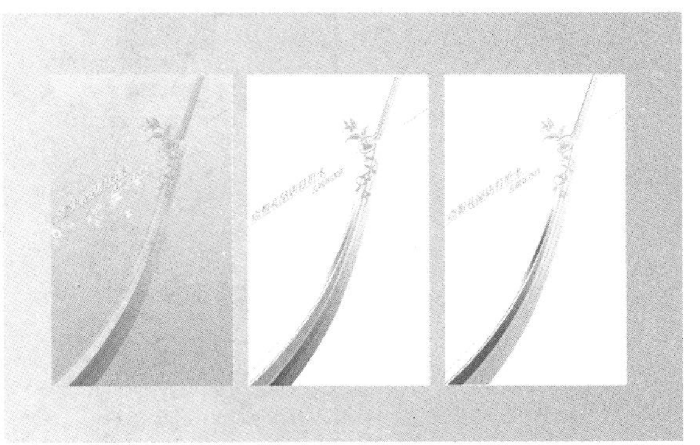

图4-74 绘制渐变后的效果

提示：

在绘制渐变时，起点、终点位置的不同，得到的效果也不同。按住Shift键拖曳，可以保证渐变的方向水平、垂直或成45°的倍数进行填充。

3. 在“色板”面板中创建渐变

在“色板”面板中，可以通过创建渐变色板获得渐变，并将其应用于对象。用户可以像创建颜色色板那样创建一个渐变色板，然后对其进行编辑处理，或在创建渐变色板时，按住Alt键单击新建色板按钮，在弹出的对话框中设置渐变，如图4-75所示。

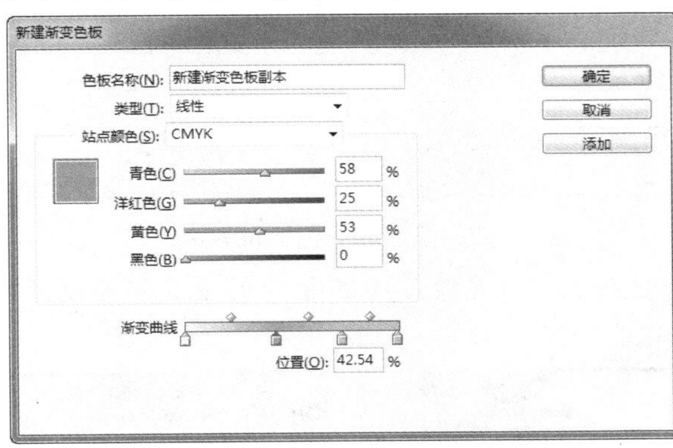

图4-75 “新建渐变色板”对话框

在“新建渐变色板”对话框中，用户可以像在“渐变”面板中一样，设置渐变的颜色等属性，设置完成后单击“确定”按钮退出对话框即可。

4.4.2 调整渐变的方向

渐变是有方向的，向不同的方向拖动渐变线会产生不同的颜色分布。调整渐变的方向可以使用下面任意方法之一。

- 渐变的方向会随着渐变的起点、终点变化而变化。单击渐变色板工具后，向左拖曳与向右拖曳鼠标时的效果，如图4-76所示。

01 chapter P1—P18
02 chapter P19—P38
03 chapter P39—P64
04 chapter P65—P100
05 chapter P101—P118
06 chapter P119—P152
07 chapter P153—P182
08 chapter P183—P200
09 chapter P201—P220
10 chapter P221—P234
11 chapter P235—P254
12 chapter P255—P277

图4-76 鼠标拖曳效果

提示：

改变渐变的方向时，终点位置的不同，得到的效果也不同。按住Shift键拖曳，可以保证渐变的方向水平、垂直或成45°的倍数进行填充。

- 可以在“渐变色谱”上调整渐变方向。在“渐变”面板中拖曳色标，也可改变渐变方向，如图4-77所示。

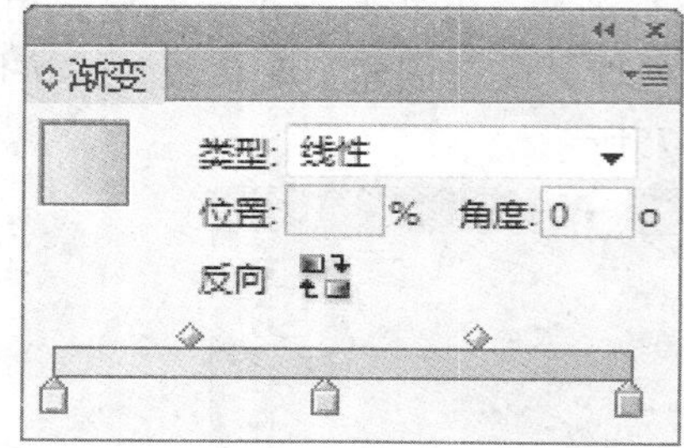

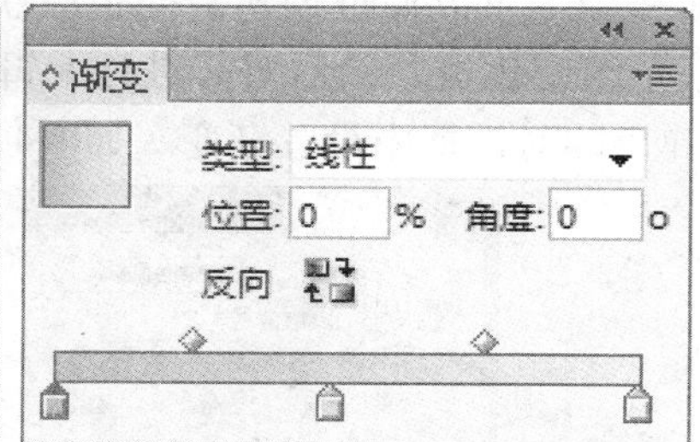

图4-77 调整色标位置

- 在“渐变”面板中，重新编辑“角度”文本框中的参数，可以改变渐变的方向。图4-78所示为修改前后的对比效果。

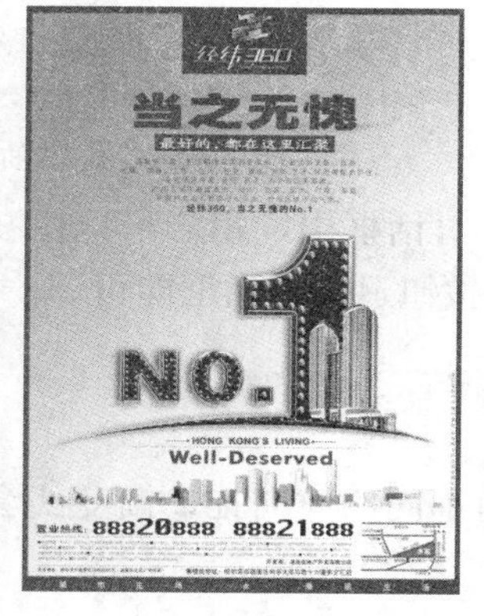

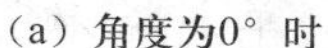

（a）角度为0°时　　（b）角度为90°时

图4-78 角度改变渐变方向

- 在“渐变”面板中，单击“反向”按钮可以快速改变颜色渐变的方向。渐变方向的始点与终点快速对换。

4.4.3 将渐变应用于多个对象

在对多个对象同时应用渐变时，默认情况下，会分别对各个对象应用当前的渐变，以图4-79中选中的3个对象为例，此时在“渐变”面板中为其设置渐变，将得到图4-80所示的效果。

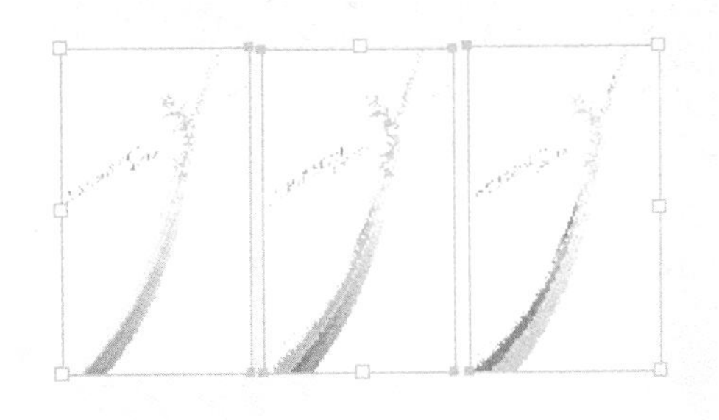

图4-79 选中的3个对象

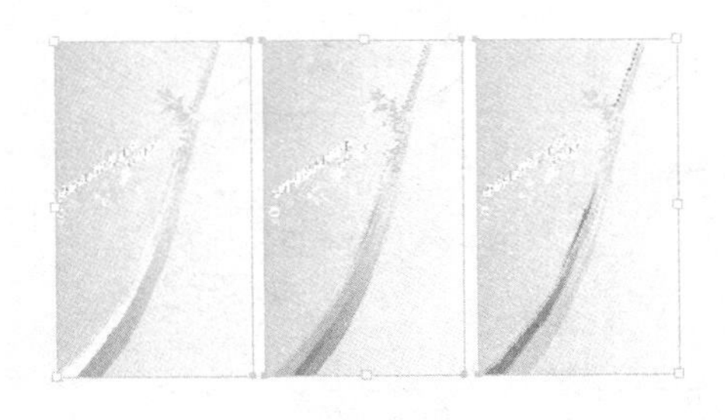

图4-80 设置渐变后的效果

如果想对上面3个对象共用一个渐变，此时就需要选中这3个对象，按住Ctrl+G键，或执行“对象”|“编组”命令将选中的对象进行编组，变成一个对象，然后使用“渐变色板工具”绘制渐变，如图4-81所示，图4-82所示是绘制渐变后的效果。

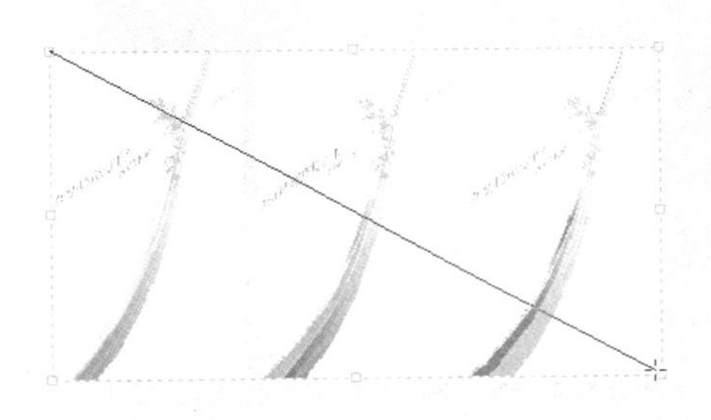

图4-81 拖动过程中的状态

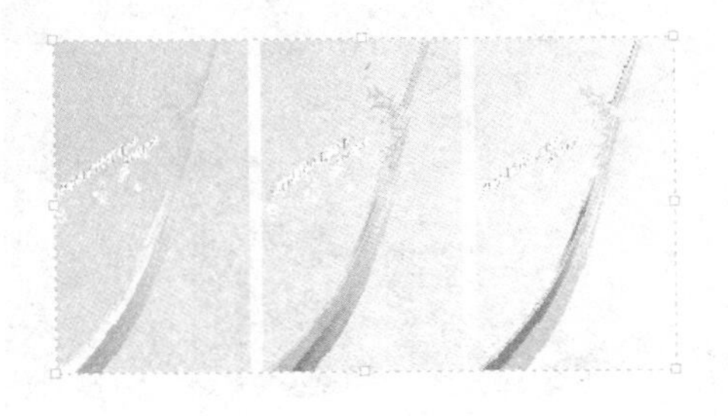

图4-82 绘制渐变后的效果

另外，若是选中的多个对象利用复合路径功能被复合在一起，那么在绘制渐变时，就会将其视为一个对象，从而使多个对象共用一个渐变。

实例：设计乒乓球海报主体图像

（1）打开随书所附光盘中的文件“第4章\实例：设计乒乓球海报主体图像-素材.indd”，如图4-83所示。

（2）选择“椭圆工具”，在文档上方按Shift键绘制正圆路径，如图4-84所示。

图4-83 素材图像

图4-84 绘制路径

01 chapter P1—P18
02 chapter P19—P38
03 chapter P39—P64
04 chapter P65—P100
05 chapter P101—P118
06 chapter P119—P152
07 chapter P153—P182
08 chapter P183—P200
09 chapter P201—P220
10 chapter P221—P234
11 chapter P235—P254
12 chapter P255—P277

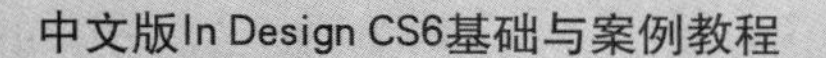

（3）设置“渐变”面板中的类型及颜色，如图4-85所示。使用“直接选择工具”选择第（2）步绘制的路径，选择“渐变色板工具”，将光标置于圆中心右偏下位置，如图4-86所示。

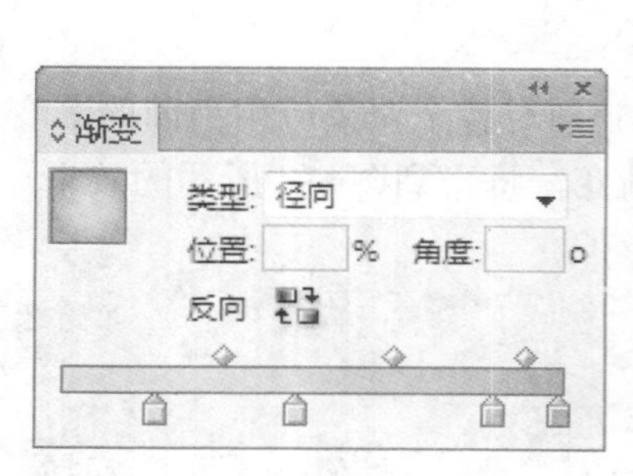

图4-85 “渐变”面板

图4-86 光标位置

提示：

在“渐变”面板中，渐变类型各色标值从左至右分别为C＝15，M＝8，Y＝66，K＝0；C＝6，M＝20，Y＝76，K＝0；C＝0，M＝50，Y＝90，K＝0；C＝14，M＝56，Y＝96，K＝0。

（4）按Shift键向上拖动至路径边缘，如图4-87所示。释放鼠标得到的效果如图4-88所示。

图4-87 拖动过程中的状态

图4-88 绘制渐变后的效果

（5）使用“选择工具”将第（4）步得到的图形选中，将光标置于图形上，按Alt键向右下方拖动，以得到乒乓球图形的副本，按Ctrl+［键将副本乒乓球图形后移一层，得到的效果如图4-89所示。

（6）将“选择工具”光标置于左上角控制句柄上，按Shift键向右下方拖动以调小图形，然后移动图形的位置，如图4-90所示。

图4-89 复制并调整图形

图4-90 调整图形大小及位置

提示：

关于调整图形顺序的讲解请参见第6.3节。

（7）在“渐变”面板中，分别选择每一个色标，在“颜色”面板中重新编辑颜色，如图4-91所示，重新设置后的效果如图4-92所示。

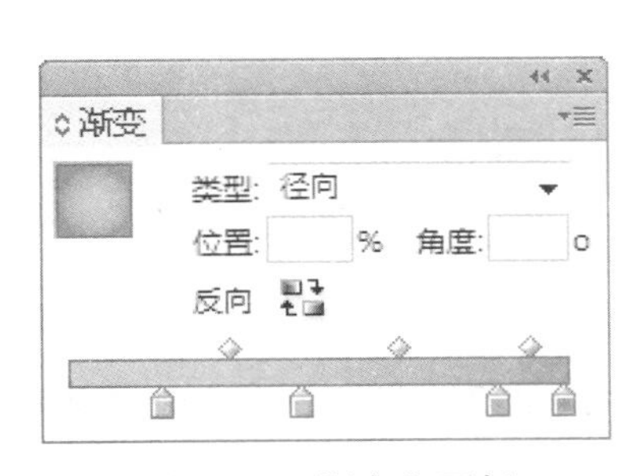

图4-91 “渐变”面板

图4-92 重新设置渐变色后的效果

（8）按照第（5）~（7）步的操作方法，结合“选择工具”、复制图形、调整图形及编辑渐变等功能，制作文档中的其他乒乓球图形，如图4-93所示。最终整体效果如图4-94所示。

图4-93 制作其他图形

图4-94 最终效果

提示：

本步中关于各渐变色彩请参见最终效果源文件。本例最终效果为随书所附光盘中的文件“第4章\实例：设计乒乓球海报主体图像.indd”。

4.5 用吸管工具复制颜色

除了自己定义颜色外，也可以直接使用文档中存在的颜色，其方法是首先使用“选择工具”选择需要更改颜色的对象，使用“吸管工具”在所需要的颜色上单击（光标变成状态，证明已读取颜色），选中对象的颜色将同步改变，如图4-95所示。图4-96所示为另外3个红色图形更改颜色后的效果。

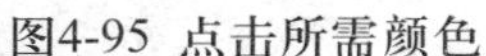

图4-95 点击所需颜色

图4-96 吸取不同颜色后的效果

提示：

"吸管工具"读取颜色后，按住Alt键在光标变成状态时则可以重新进行读取。

4.6 为图形设置描边

在InDesign中，除了为图形设置填充属性外，还可以设置各种描边属性。在默认状态下，在InDesign CS6中绘制的图形都带有很细的描边效果。通过修改描边的宽度、颜色，可以绘制出不同宽度、颜色的描边线。另外，还可以对描边的斜接限制、对齐描边和描边类型等进行修改，从而更加方便地对矢量图形进行控制。在本节中，就来讲解其相关设置方法。

4.6.1 使用"描边"面板改变描边属性

执行"窗口"|"描边"命令或按F10键，弹出"描边"面板，如图4-97所示，通过修改该面板中的参数即可改变描边属性。

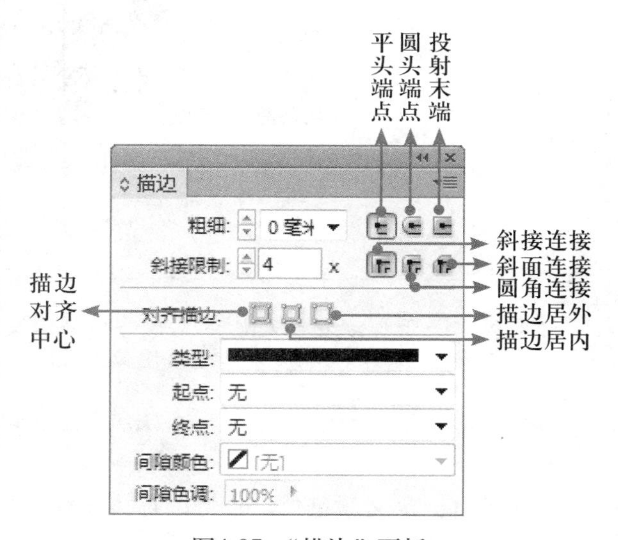

图4-97 "描边"面板

"描边"面板各选项的含义解释如下。

- 粗细：在此文本框中输入数值可以指定笔画的粗细程度，用户也可以在弹出的下拉列表框中选择一个值以定义笔画的粗细。数值越大，线条越粗；数值越小，线条越细；当数值为0时，即没有描边效果。图4-98所示为设置不同描边粗细时的效果。

图4-98 不同描边粗细时的效果

- 平头端点按钮：单击此按钮可定义描边线条为方形末端，如图4-99所示。
- 圆头端点按钮：单击此按钮可定义描边线条为半圆形末端，如图4-100所示。
- 投射末端按钮：单击此按钮定义描边线条为方形末端，同时在线条末端外扩展线宽的一半作为线条的延续，如图4-101所示。

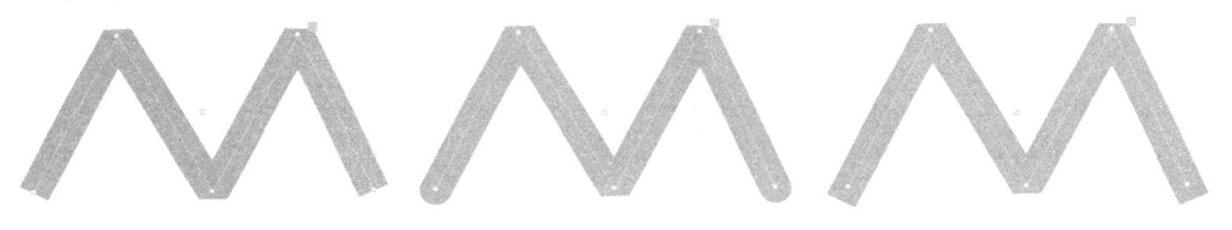

图4-99 平头端点　　图4-100 圆头端点　　图4-101 投射末端

- 斜接限制：在此用户可以输入1到500之间的一个数值，以控制什么时候程序由斜角合并转成平角。默认的斜角限量是4，意味着线条斜角的长度达到线条粗细4倍时，程序将斜角转成平角。
- 斜接连接按钮：单击此按钮可以将图形的转角变为尖角，如图4-102所示。
- 圆角连接按钮：单击此按钮可以将图形的转角变为圆角，如图4-103所示。
- 斜面连接按钮：单击此按钮可以将图形的转角变为平角，如图4-104所示。

图4-102 斜接连接　　图4-103 圆角连接　　图4-104 斜面连接

- 描边对齐中心按钮：单击此按钮则描边线条会以图形的边缘为中心内、外两侧进行绘制，如图4-105所示。
- 描边居内按钮：单击此按钮则描边线条会以图形的边缘为中心向内进行绘制，如图4-106所示。
- 描边居外按钮：单击此按钮则描边线条会以图形的边缘为中心向外进行绘制，如图4-107所示。

图4-105 描边对齐中心　　图4-106 描边居内　　图4-107 描边居外

- 类型：在该下拉列表框中可以选择描边线条的类型，如图4-108所示。
- 起点：在该下拉列表框中可以选择描边开始时的形状，如图4-109所示。
- 终点：在该下拉列表框中可以选择描边结束时的形状，如图4-110所示。

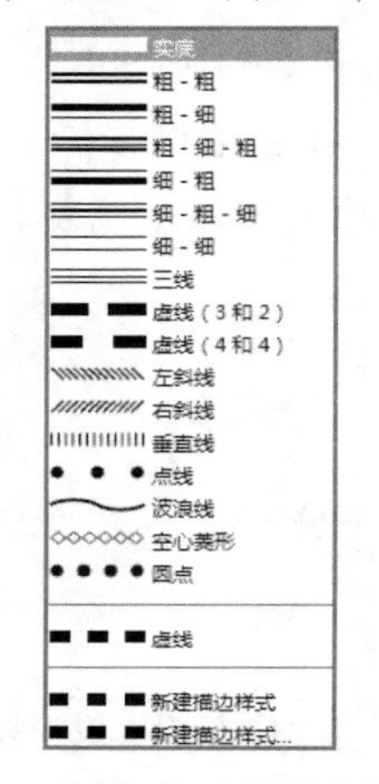

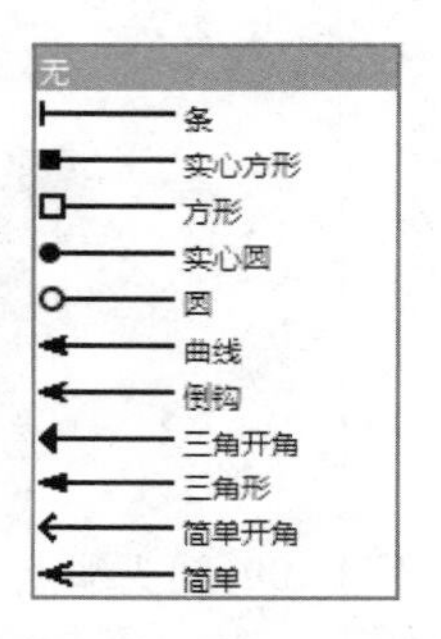

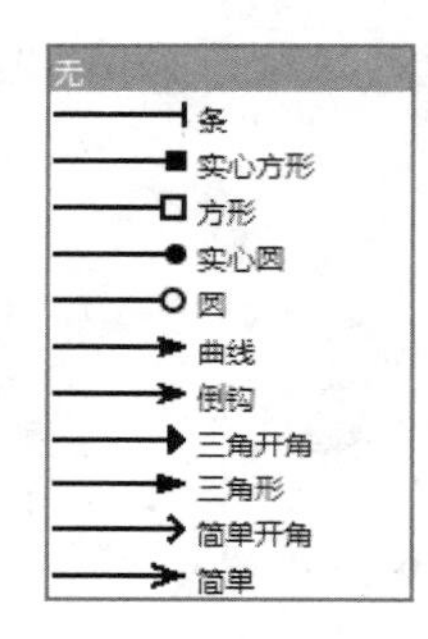

图4-108 类型下拉列表框　　图4-109 起点下拉列表框　　图4-110 终点下拉列表框

- 间隙颜色：该颜色是用于指定虚线、点线和其他描边图案间隙处的颜色，如图4-111所示。该下拉列表框只有在类型下拉列表框中选择了一种描边类型后才会被激活。
- 间隙色调：在设置了一个间隙颜色后，该输入框才会被激活，输入不大于100的数值即可设置间隙颜色的淡色，如图4-112所示。

图4-111 设置间隙颜色　　图4-112 设置间隙色调

4.6.2 自定义描边线条

如果软件内置的描边线条不能够满足使用的要求，则可以通过新建描边样式进行自定义描边。具体的操作步骤如下。

（1）单击“描边”面板右上角的“面板”按钮，在弹出的菜单中选择“描边样式”命令，弹出“描边样式”对话框，如图4-113所示。

（2）在“描边样式”对话框中单击“新建”按钮，弹出“新建描边样式”对话框，如图4-114所示。在该对话框中对描边线条进行设置，单击“确定”按钮退出，即可完成自定义描边线条操作。

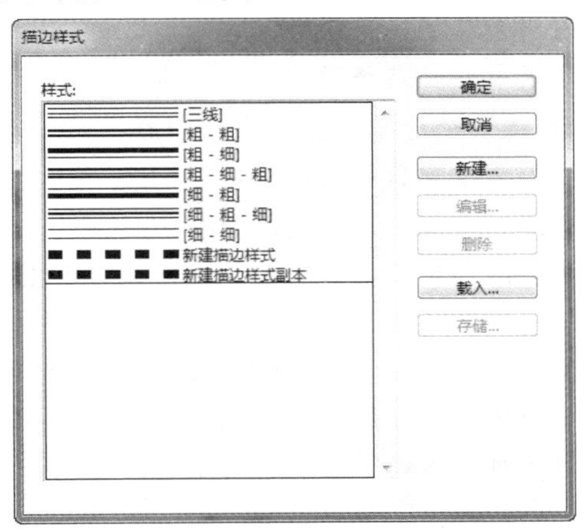

图4-113 “描边样式”对话框

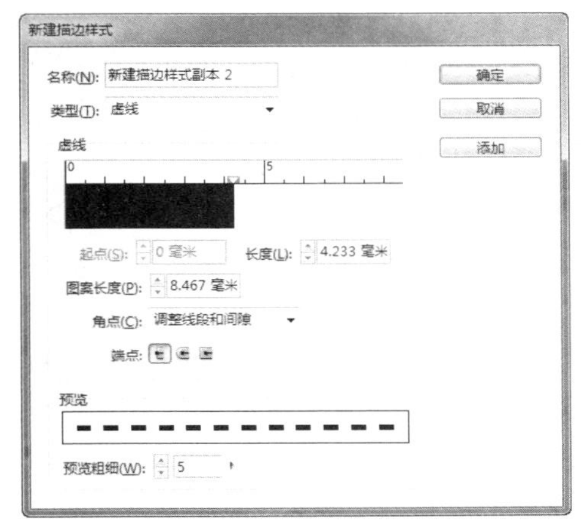

图4-114 “新建描边样式”对话框

图 4-115 所示为按照上面的操作方法，在其他参数不变的情况下，设置不同粗细数值时的不同效果。

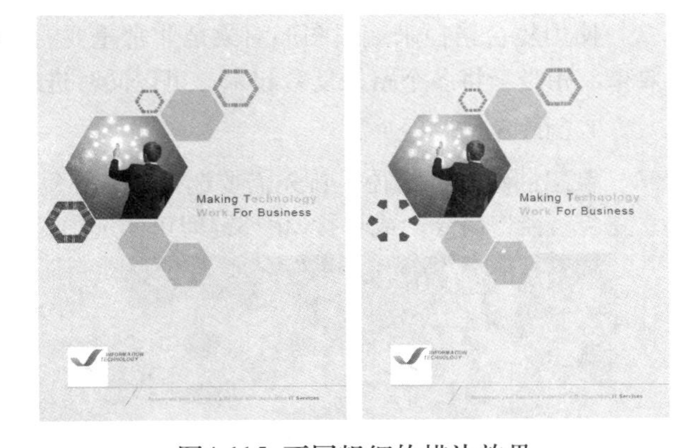

图4-115 不同粗细的描边效果

4.7 使用“路径查找器”运算图形

4.7.1 转换路径

在InDesign中，“路径查找器”面板可以执行对路径、路径点及形状之间的运算与转换等处理工作。执行“窗口”|“对象和版面”|“路径查找器”命令，弹出“路径查找器”面板，如图4-116所示。

“路径查找器”面板中各个按钮的含义解释如下。

- 连接路径按钮：单击此按钮，可以将两条开放的路径连接成一条路径。

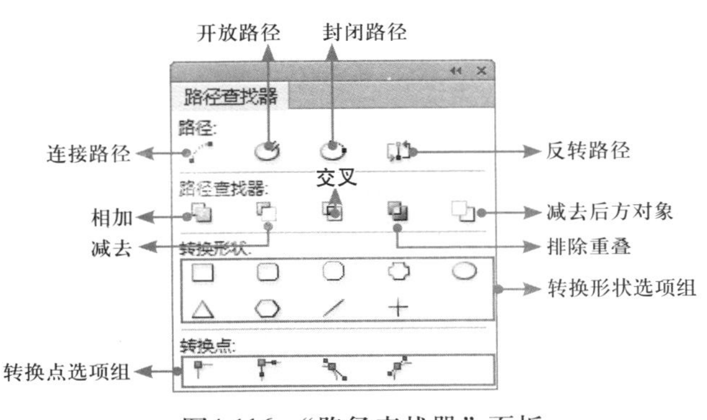

图4-116 “路径查找器”面板

- 开放路径按钮：单击此按钮，可以用来将封闭的路径断开，呈选中状态的锚点就是路径的断开点。
- 封闭路径按钮：单击此按钮，可以将开放的一条路径闭合。
- 反转路径按钮：单击此按钮，可以用来反转路径的起点和终点。
- 相加按钮：单击此按钮，可以将2个或多个形状复合成为一个形状。
- 减去按钮：单击此按钮，前面的图形将挖空后面的图形。
- 交叉按钮：单击此按钮，将按所有图形重叠的区域创建形状。
- 排除重叠按钮：单击此按钮，即所有图形相交的部分被挖空，保留未重叠的图形。
- 减去后方对象按钮：单击此按钮，则后面的图形挖空前面的图形。
- 转换形状选项组：单击此区域中的各个按钮，可以将当前图形转换为对应的图形，例如，在当前绘制了一个矩形的情况下，单击转换为椭圆形按钮后，该矩形就会变为椭圆形。
- 转换点选项组：此区域中的按钮用来对锚点进行转换。其中包括普通、角点、平滑、对称。

4.7.2 复合图形

使用复合路径来编辑图形对象是非常重要的手段。它可以将两条或两条以上的多条路径创建出镂空效果，相当于将多个路径复合起来，可以同时进行选择和编辑操作。下面来讲解复合路径的操作方法。

1.创建复合路径

要想创建复合路径，首先需要选择包含在复合路径中的所有对象，然后执行“对象”|“路径”|“建立复合路径”命令，或者按Ctrl+8键即可。选中对象的重叠之处，将出现镂空状态，如图4-117所示。

图4-117 创建复合路径前后对比效果

> 提示：
> 创建复合路径时，所有最初选中的路径将成为复合路径的子路径，且复合路径的描边和填充会使用排列顺序中最下层对象的描边和填色。

2.释放复合路径

要想释放复合路径，可以通过执行“对象”|“路径”|“释放复合路径”命令，或者按Ctrl+Shift+Alt+8键即可。

> 提示：
> 释放复合路径后，各路径不会再重新应用原来的路径。

4.7.3 转换形状

单击“路径查找器”面板中的“转换形状”选项组中的各个按钮，可以将当前图形转换为对应的图形，例如，在当前绘制了一个矩形的情况下，单击转换为椭圆形按钮 后，该矩形就会变为椭圆形 。

提示：

当水平线或垂直线转换为图形时，会弹出如图4-118所示的提示框。

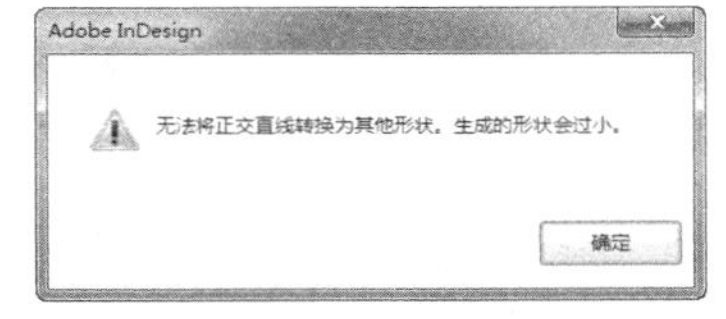

图4-118 提示框

4.8 拓展训练——绘制并格式化宣传页图形

（1）打开素材，如图4-119所示。在本例中，将在宣传页的左侧及下方绘制一些曲线装饰图形。

（2）选择钢笔工具，按D键将填充与描边色恢复为默认，再按Shift+X键交换填充与描边色。然后在左侧绘制曲线图形，如图4-120所示。

图4-119 素材文档

图4-120 绘制图形

（3）保持第（2）步绘制的图形为选中状态，按F6 键显示“颜色”面板，设置填色和描边的颜色，如图4-121所示。设置后的效果如图4-122所示。

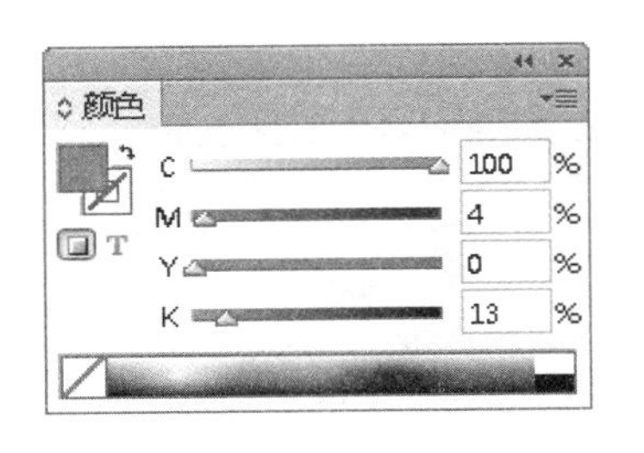

图4-121 “颜色”面板

图4-122 设置颜色后的效果

（4）按照第（2）步的方法，在左侧偏右的位置继续绘制图形，此时要注意的是右侧的曲线弧度，左侧与原图形重叠的部分可随意绘制，如图4-123所示。

（5）选中第（4）步绘制的图形，按Ctrl+Shift+[键将其置于最底部，得到如图4-124所示的效果。

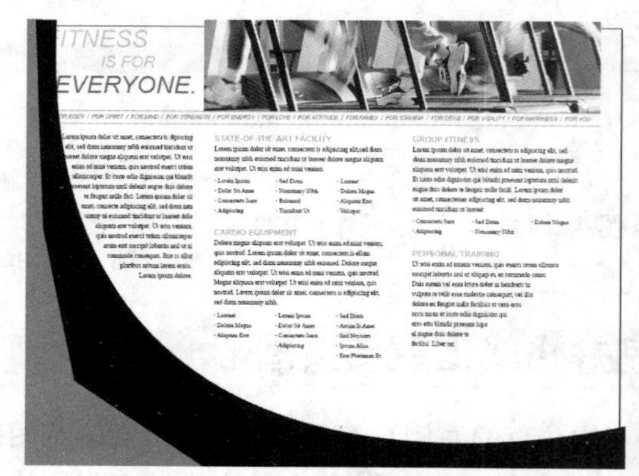

图4-123 绘制第2个图形

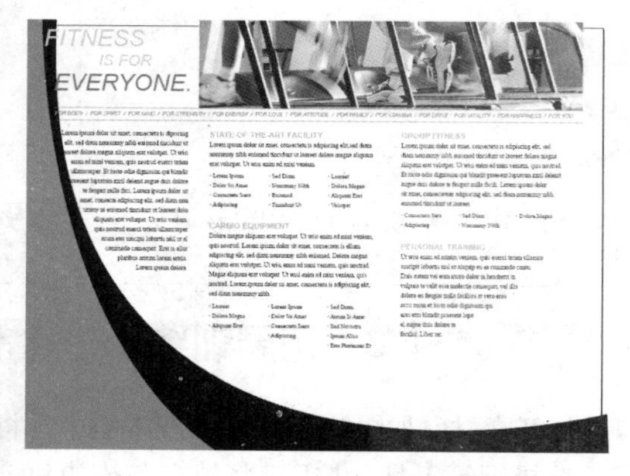

图4-124 调整图形顺序后的效果

（6）按照第3步的方法，在“颜色”面板中为图形设置颜色，如图4-125所示，得到图4-126所示的效果。

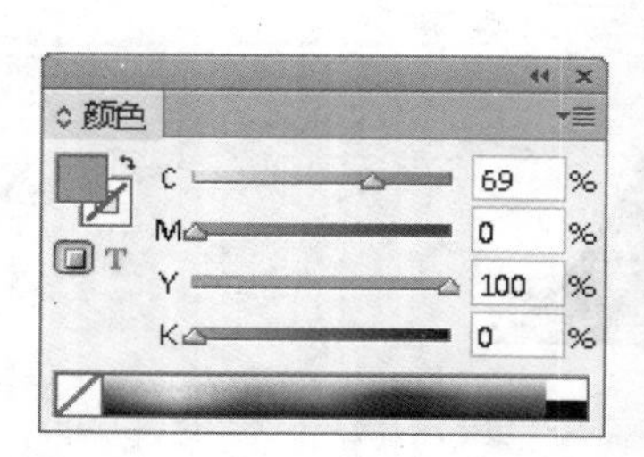

图4-125 “颜色”面板

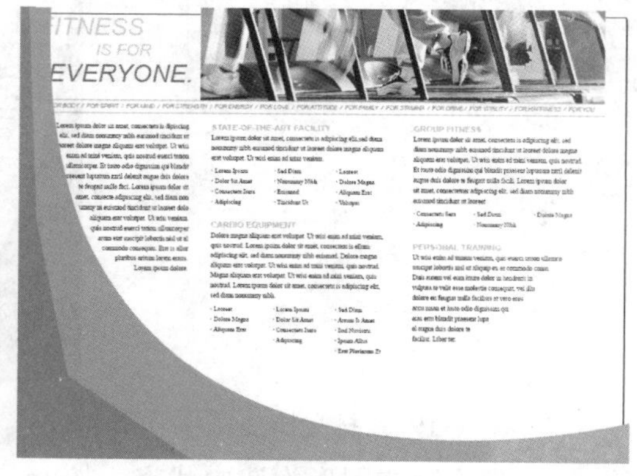

图4-126 设置颜色后的效果

（7）按照上述绘制图形及设置颜色的方法，分别再绘制另外2个图形，然后为其设置橙色及蓝色，并适当调整图形的顺序，得到图4-127所示的效果。

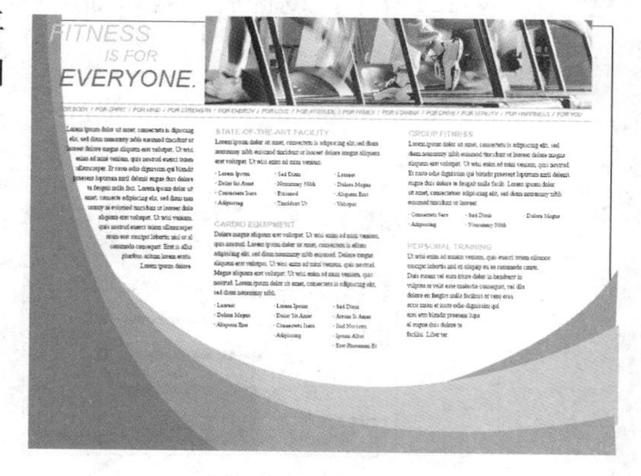

图4-127 最终效果

4.9 课后练习

1. 单选题

（1）设置渐变色时，在渐变色谱下方单击，可增加一个表示新颜色的色标，同时也增加一个表示中间色的菱形滑块，色标的数量和菱形滑块数量的关系是（ ）。

A. 色标的数量始终比菱形滑块的数量多

B. 色标的数量始终比菱形滑块的数量少

C. 色标的数量始终与菱形滑块的数量一样多

D. 色标的数量始终与菱形滑块的数量是倍数关系

（2）使用“钢笔工具”绘图时，按住哪个键可以在绘制过程中平移视图？（ ）

A. Ctrl键　　B. Alt键　　C. Shift键　　D. 空格键

（3）在“描边”面板中“斜接限制”的默认值是多少？（ ）

A. 6　　B. 5　　C. 4　　D. 3

（4）下面关于“钢笔工具”描述不正确的是（ ）。

A. 使用“钢笔工具”可以绘制直线图形

B. 使用“钢笔工具”可以绘制曲线图形

C. 使用“钢笔工具”可以在绘制直线图形后接曲线图形

D. 以上说法都不对

（5）使用下列哪个工具可以将直线型锚点转换为曲线锚点？（ ）

A. 添加锚点工具　　B. 转换点工具

C. 删除锚点工具　　D. 钢笔工具

2. 多选题

（1）下面关于“矩形工具”描述正确的是（ ）。

A. 使用“矩形工具”在页面上向任意方向拖动，即可创建一个矩形图形

B. 在使用“矩形工具”绘制图形时，按住Alt键可以以单击点为中心绘制正方形

C. 选择“矩形工具”，在页面中单击，可以弹出“矩形”对话框

D. 使用“矩形工具”绘制好矩形后，执行“对象”|“角选项”命令，可以制作多种边缘效果

（2）下面关于“椭圆工具”描述正确的是（ ）。

A. 在绘制椭圆的过程中，第一点与第二点将决定所绘制椭圆的大小、位置

B. 在绘制圆形的过程中，按住Shift键后再进行绘制，可创建一个正圆

C. 在绘制圆形的过程中，按住Alt键可以以单击点为中心绘制椭圆

D. 在绘制圆形的过程中，按住Shift+Alt键可以以单击点为中心绘制正圆

（3）下面关于钢笔工具描述正确的是（ ）。

A. 使用“钢笔工具”绘制直线路径时，确定起始点需要按住鼠标左键拖出一个方向线后，再确定一个点

B. 选择“钢笔工具”后，将鼠标移至已绘制的曲线上，此时钢笔工具右下角显示“+”符号，表示将在这条曲线上增加一个锚点

C. 当“钢笔工具”绘制曲线时，曲线上控制句柄的方向及其方向线的长度，决定了曲线的方向

及曲率

D. 当用“钢笔工具”按住 Shift 键时，可以得到 0°、45°、90° 角的整倍方向的线段

（4）在 InDesign CS6 中，“颜色”面板中的颜色模式有哪些？（　　）

A. 灰度　　B. HSB　　C. RGB　　D. CMYK

（5）下面关于描边说法正确的是（　　）。

A. InDesign 中的对象应用了虚线，可以为描边指定间隙的颜色

B. InDesign 中对象的描边可以在路径的内侧

C. 在 InDesign 中可以创建平头端点、圆头端点及投射末端点描边效果

D. 在缩放对象时，描边可以随之缩放

3．判断题

（1）按 Shift 键使用“直线工具”绘制图形时，可以创建水平、垂直或 45° 角及其倍数的直线。（　　）

（2）使用“铅笔工具”不可以绘制开放路径和闭合路径。（　　）

（3）在“角选项”对话框中，可以为矩形制作 6 种不同边缘的效果。（　　）

（4）使用“多边形工具”可以绘制不同的星形。（　　）

（5）路径是由路径线、锚点及曲线 3 个部分组成的。（　　）

4．操作题

打开随书所附光盘中的文件“第 4 章 \ 操作题 - 素材 .indd”，如图 4-128 所示。根据本章所讲解的应用吸管工具的方法，使多个价格标签拥有相同的属性，如图 4-129 所示。制作完成后的效果可以参考随书所附光盘中的文件“第 4 章 \ 操作题 .indd”。

图4-128 素材图像

图4-129 制作完成后的效果

第5章 置入与编辑图像

本章导读

在本章中，主要学习如何通过“置入”命令将图形对象导入到页面中，然后通过编辑命令对导入的图形对象进行处理。另外，应用“链接”面板来管理图像文件也是本章学习的重点。通过本章的学习，读者可以熟练并掌握图像的置入方法及管理方法。

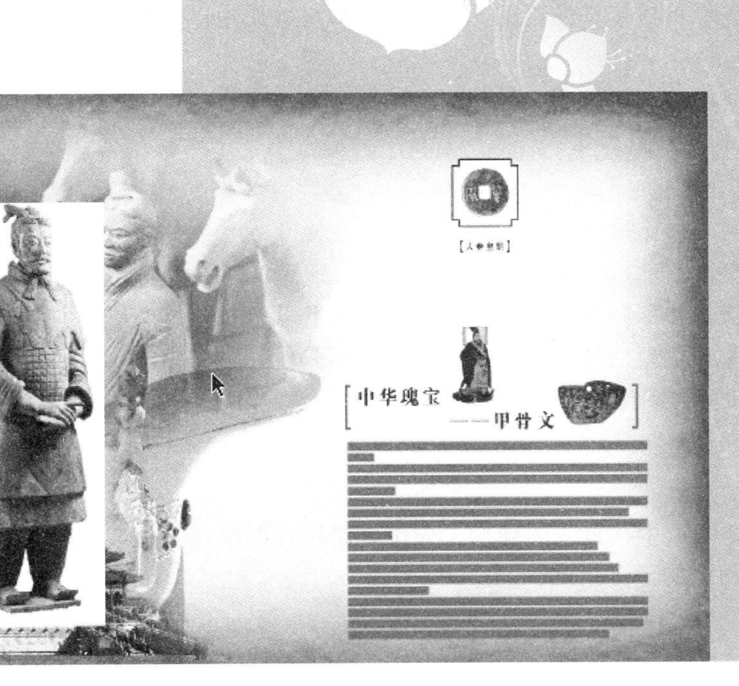

5.1 置入图像

5.1.1 直接置入图像

在设计和编辑出版物的过程中离不开图片的装饰，在InDesign中可以通过“文件”|“置入”命令将多种格式的图像导入到文档中加以利用。

要置入图像，可以按照以下方法操作。

- 从Windows资源管理器中，直接拖动要置入的图像至页面中，释放鼠标即可。
- 执行“文件”|“置入”命令或按Ctrl+D键打开“置入”对话框，如图5-1所示。

图5-1 “置入”对话框

在“置入”对话框中各选项的功能解释如下。

- 显示导入选项：勾选此复选项后，单击“打开”按钮后，就会弹出图像导入选项对话框。
- 替换所选项目：在应用置入命令之前，如果选择一幅图像，那么勾选此复选项并单击“打开”按钮后，就会自动替换之前选中的图像。
- 创建静态题注：勾选此复选项后，可以添加基于图像元数据的题注。
- 应用网格格式：勾选此复选项后，导入的文档将带有网格框架。反之，则将导入纯文本框架。
- 预览：勾选该选项后，可以在上面的方框中观看到当前图像的缩览图。

在InDesign CS6中，在打开一幅图像后，光标将显示其缩览图，此时，用户可以使用以下两种方式置入该对象。

- 在页面中拖动，以绘制一个容器，用于装载置入的对象。
- 在页面中单击，将按照对象的尺寸将其置入到页面中。

5.1.2 置入行间图

所谓行间图，就是指在文本输入状态下置入图像，其特点就是图像会置入到光标所在的位置，并跟随文本一起移动。在制作各种书籍、手册类的出版物时较为常用。具体的操作步骤如下。

(1) 选择“文字工具”[T]，将光标在文本框中需要插入图片的位置中单击，将光标插入文本框。

(2) 执行菜单“文件”|“置入”命令，即可将图像置入文本框中。

5.1.3 向图形中添加图像

在InDesign中，可以直接将图像置入到某个图形中，置入图像后，无论是路径、图形还是框架都会被系统转换为框架，并利用该框架限制置入图像的显示范围。

在实际操作时，也可以利用这一特性，先绘制一些图形作为占位，在确定版面后，再向其中置入图像。

5.2 通过“剪切路径”去除图像的背景

剪切路径功能可以通过绘制的路径和图形的框架，创建剪切路径来隐藏图像中不需要的部分，以便只有原图中的一部分透过创建的形状显示出来。通过保持剪切路径和图形框架彼此分离，可以使用“直接选择工具”和工具箱中的其他绘制工具自由地修改剪切路径，而不会影响图形框架。下面讲解几种创建剪切路径的方法。

- 使用路径或 Alpha （蒙版）通道（InDesign 可以自动使用）置入已存储的图形。可以使用如 Adobe Photoshop 之类的程序将路径和 Alpha 通道添加到图形中。
- 使用钢笔工具在所需的形状中绘制一条路径，然后使用“贴入内部”命令将图形粘贴到该路径中。
- 使用“剪切路径”对话框中的“检测边缘”选项，为已经存储但没有剪切路径的图形生成一个剪切路径。

执行“对象”|“剪切路径”|“选项”命令，弹出“剪切路径”对话框，然后在“类型”下拉列表框中选择“检测边缘”选项，如图5-2所示。

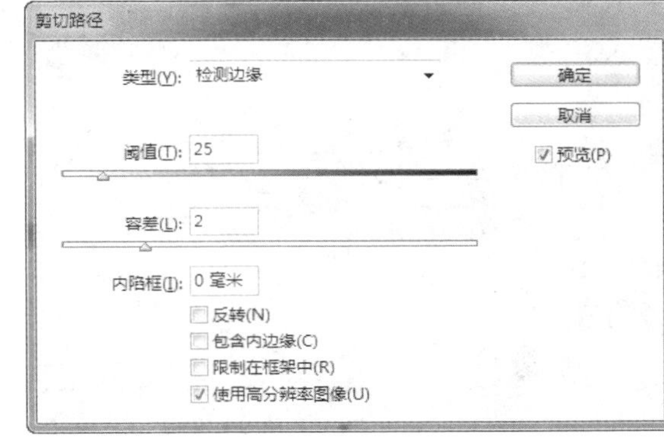

图5-2 “剪切路径”对话框

“剪切路径”对话框中各选项的功能解释如下。

- 类型：在该下拉列表框中可以选择创建镂空背景图像的方法。选择“检测边缘”选项，则依靠InDesign的自动检测功能，检测并抠除图像的背景，在要求不高的情况下，可以使用这种方法；选择“Alpha通道”和“Photoshop路径”选项，可以调用文件中包含的Alpha通道或路径，对图像进行剪切设置；若用户选择了“Photoshop路径”选项，并编辑了图像自带的路径，将自动选择“用户修改的路径”选项，以区分选择“Photoshop路径”选项。
- 阈值：此处的数值决定了有多少高亮的颜色被去除，用户在此输入的数值越大，则被去除的颜色从亮到暗依次越多。
- 容差：容差参数控制了用户得到的去底图像边框的精确度，数值越小得到的边框的精确度也越高。因此，在此数值输入框中输入较小的数值有助于得到边缘光滑、精确的边框，并去掉凹凸不平的杂点。
- 内陷框：此参数控制用户得到的去底图像内缩的程度，用户在此处输入的数值越大，则得到的图像内缩程度越大。
- 反转：选中此选项，得到的去底图像与以正常模式得到的去底图像完全相反，在此选项被选中的情况下，应被去除的部分保存，而本应存在的部分被删除。
- 包含内边缘：在此选项被选中的情况下，InDesign在路径内部的镂空边缘处也将创建边框并做去底操作。
- 限制在框架中：选择该选项，可以使剪切路径停止在图像的可见边缘上，当使用图框来裁切图像时，可以产生一个更为简化的路径。
- 使用高分辨率图像：在此选项未被选中的情况下，InDesign以屏幕显示图像的分辨率计算生成的去底图像效果，在此情况下用户将快速得到去底图像效果，但其结果并不精确。所以，为了得到精确的去底图像及其绕排边框，应选中此项。

“检测边缘”选项将隐藏图形中颜色最亮或最暗的区域，因此当背景为纯白或纯黑时，效果最佳。

实例：制作镂空图像效果

（1）打开随书所附光盘中的文件“第5章\实例：制作镂空图像效果-素材.indd”，如图5-3所示。

（2）使用“选择工具”选择带文字的图像，如图5-4所示。

图5-3 素材图像

图5-4 选择图像

（3）执行“对象”|“剪切路径”|“选项”命令，设置弹出的对话框如图5-5所示，单击“确定”按钮退出对话框，得到的最终效果如图5-6所示。

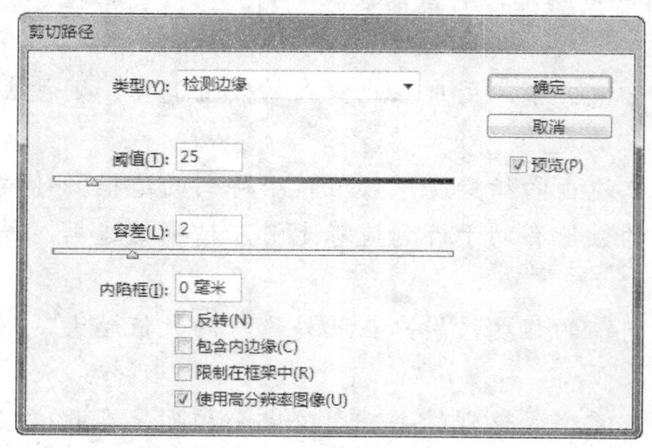

图5-5 “剪切路径”对话框

图5-6 最终效果

提示：

本例最终效果为随书所附光盘中的文件“第5章\实例：制作镂空图像效果.indd”。

5.3 裁剪图像

对任何置入到InDesign中的图像，默认情况下都包含了两部分，即容器与内容。容器即指用于装载该图像的框架，而内容则是指图像本身。要裁剪图像，就可以编辑其容器，通过改变容器的形态，实现对图像的规则或自由裁剪，使版面更为美观。

5.3.1 选择工具的裁剪

对于图像的大小可通过工具箱中的“选择工具”进行简单快速的裁剪。在使用“选择工具”选中图像后，图像周围都会显示相应的控制句柄，将光标置于控制句柄上，然后拖动即可进行裁剪。

实例：使用选择工具裁剪不需要的图像

（1）打开素材，如图5-7所示。

（2）使用选择工具选中右侧页面中的图像，然后将光标置于底部中间的控制句柄上，按住鼠标左键向上拖动，如图5-8所示。

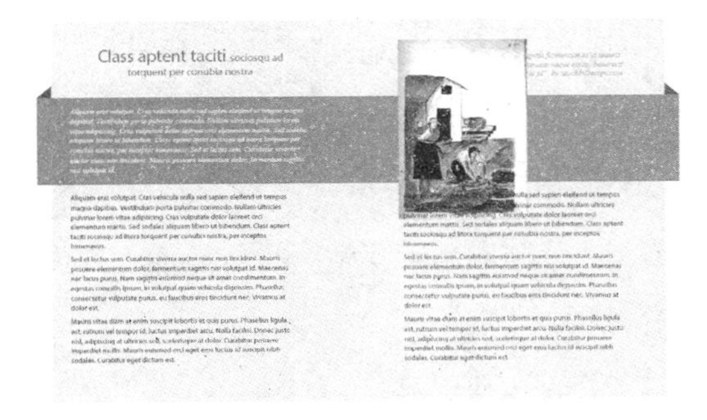

图5-7 素材文档

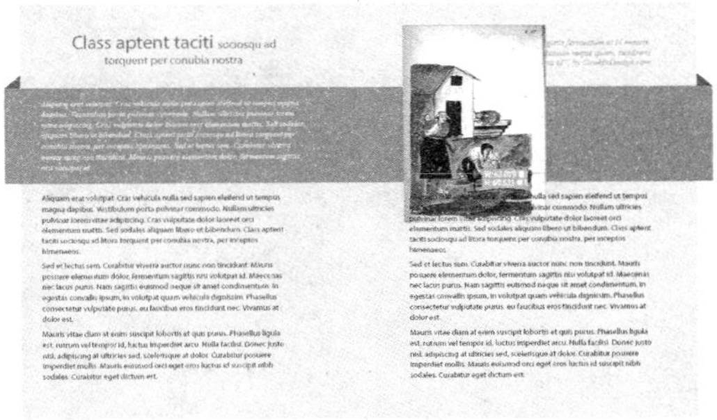

图5-8 拖动裁剪框

（3）释放鼠标左键后，得到如图5-9所示的效果。

（4）按照第（2）～（3）步的方法，继续对上、左和右侧进行裁剪，直至得到如图5-10所示的效果。

图5-9 裁剪底部后的效果

图5-10 裁剪其他位置后的效果

（5）继续使用选择工具，将光标置于图像中间的圆环上，如图5-11所示。

（6）单击，以选中其中的图像内容，然后将光标置于右下角的控制句柄上，按住Shift键将其放大，然后调整其位置，直至得到类似如图5-12所示的效果。

01 chapter P1—P18
02 chapter P19—P38
03 chapter P39—P64
04 chapter P65—P100
05 chapter P101—P118
06 chapter P119—P152
07 chapter P153—P182
08 chapter P183—P200
09 chapter P201—P220
10 chapter P221—P234
11 chapter P235—P254
12 chapter P255—P277

图5-11 摆放光标位置

图5-12 调整大小及位置后的效果

（7）使用选择工具，按住Alt+Shift键向右侧拖动以得到其副本对象，如图5-13所示。

（8）按照第（5）～（6）步的方法，调整图像内容的位置，直至得到如图5-14所示的最终效果。

图5-13 复制对象

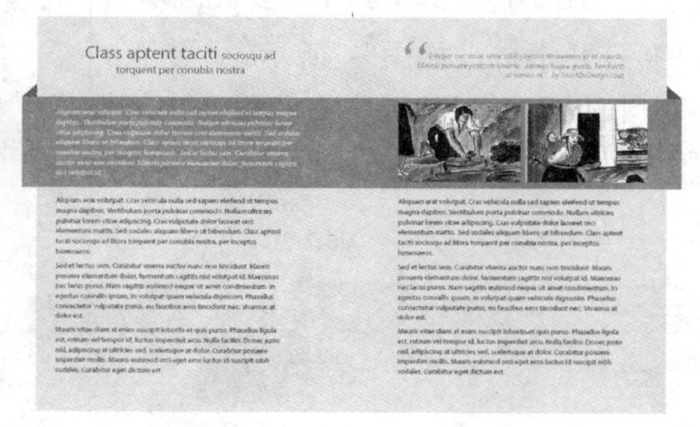
图5-14 调整图像位置后的效果

提示：

本例最终效果为随书所附光盘中的文件“第5章\实例：使用选择工具裁剪不需要的图像.indd”。

5.3.2 直接选择工具的裁剪

使用“直接选择工具”对置入的图像选中后，按住鼠标左键不放进行移动，可以对图像进行裁剪，如图5-15所示。

图5-15 使用直接选择工具进行裁剪图像

另外，使用“直接选择工具”也可以对图像的容器进行调整，首先使用“直接选择工具”选中其边角上的锚点，如图5-16所示，然后进行拖动，以改变容器的形态，如图5-17所示，最终实现不规则裁剪图像的处理结果，如图5-18所示。

图5-16 中边角上的锚点

图5-17 拖动中的状态

图5-18 处理后的结果

5.3.3 路径的裁剪

除了前面讲解的编辑图像现有的容器外，还可以自定义绘制一个新的容器，例如，利用“钢笔工具”或“铅笔工具”绘制路径，对置入的图像进行不规则的裁剪，具体的操作步骤如下。

（1）在工具箱中选择“钢笔工具”或“铅笔工具”，在置入的图像上绘制一条不规则的路径。

（2）使用“选择工具”选中人物图像，按下快捷键“Ctrl+X”对图像进行剪切命令，将图像剪切到剪贴板上。

（3）选中不规则路径，右击，在弹出的菜单中选择“贴入内部”命令，即可将图像粘贴入不规则路径中，形成不规则裁剪效果。

图5-19所示为按照上面的操作对图像进行不规则裁剪的前后效果。

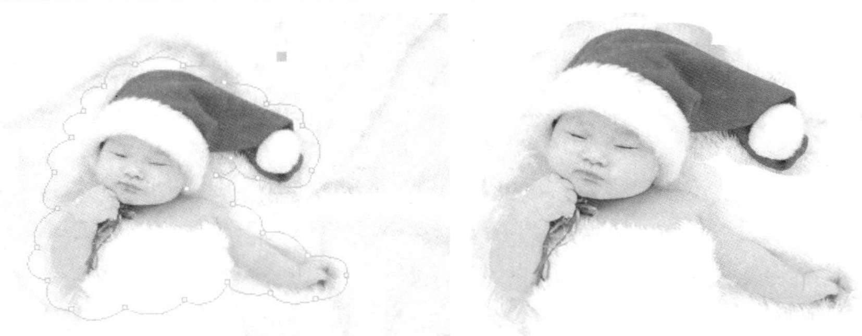

图5-19 利用路径对图像进行不规则裁剪

5.4 调整图像在框架中的位置

通过工具箱中的“文字工具”将图像插入文本框后，可以将图像与文本串连起来，即当文本框进行移动时，图像会与文本框一起移动。对于图像在框架中位置的调整，可以通过图像剪切、粘贴的方法进行，操作步骤如下。

（1）使用“选择工具”选择需要调整框架中位置的图像。

（2）执行“编辑”|“剪切”命令或使用快捷键“Ctrl+X”将图像进行剪切。

（3）选择“文字工具”，将光标插入文本框中的目标位置，执行“编辑”|“粘贴”命令，将图像粘贴到目标位置。

图 5-20 所示为按照上面的操作，调整图像前后的对比效果。

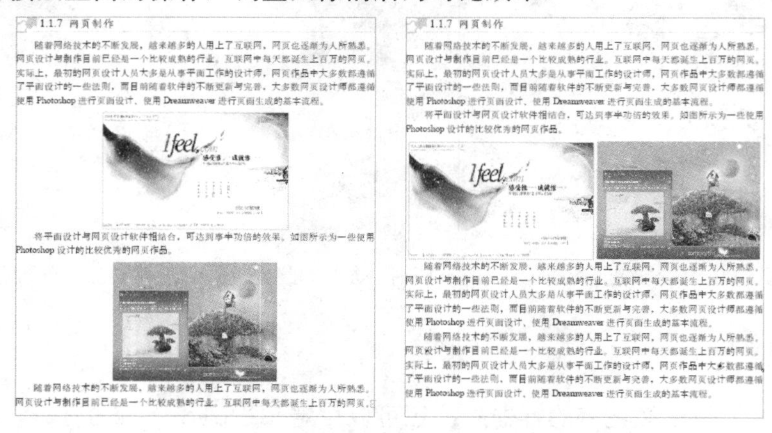

图5-20 调整图像前后的对比效果

5.5 让图像适合框架

当框架及其内容的大小不同时，可以使用“适合”命令实现完美吻合。首先置入图像，然后执行“对象”|“适合”命令，在打开的子菜单中可以选择调整置入图像与框架位置的命令，如图5-21所示。

另外，在选中图像后，也可以在“控制”面板中使用对应图 5-22 的按钮调整内容与框架，如图 5-22 所示。

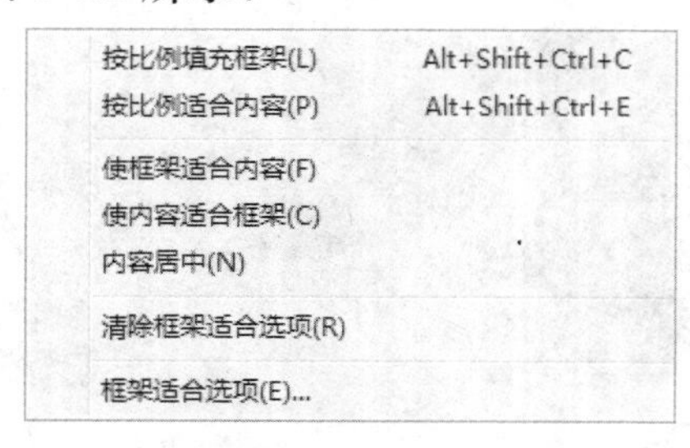

图5-21 “适合”命令的子菜单

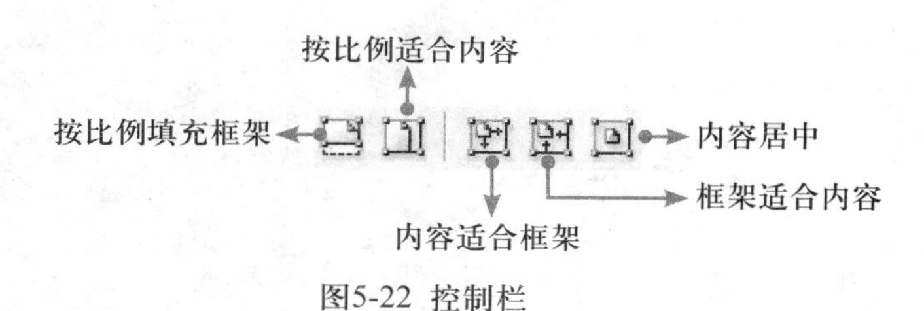

图5-22 控制栏

5.5.1 内容适合框架

内容适合框架，即对内容大小进行调整以适合框架大小。在该操作下的框架比例不会更改，内容比例则会改变。选择操作对象，在工具选项栏中单击“内容适合框架”按钮，即可对图像进行内容适合框架操作，效果如图5-23所示。

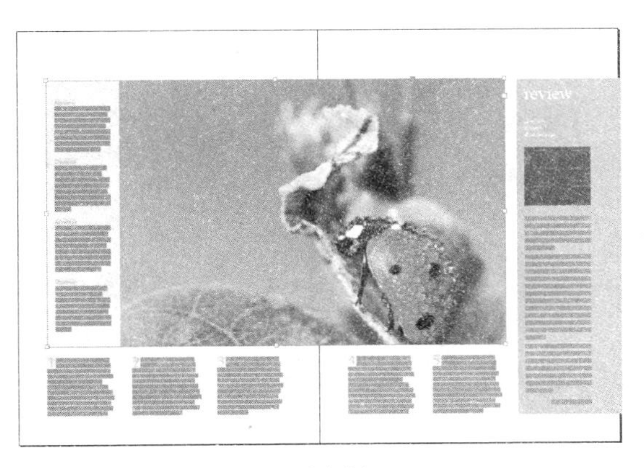

（a）原对象

（b）效果图像

图5-23 “内容适合框架”图像操作的前后对比

5.5.2 框架适合内容

框架适合内容，即对框架大小进行调整以适合内容大小。在该操作下的内容大小、比例不会更改，框架则会根据内容的大小进行适合内容的调整。选择操作对象，在工具选项栏中单击“框架适合内容”按钮，即可对图像进行框架适合内容的操作，效果如图5-24所示。

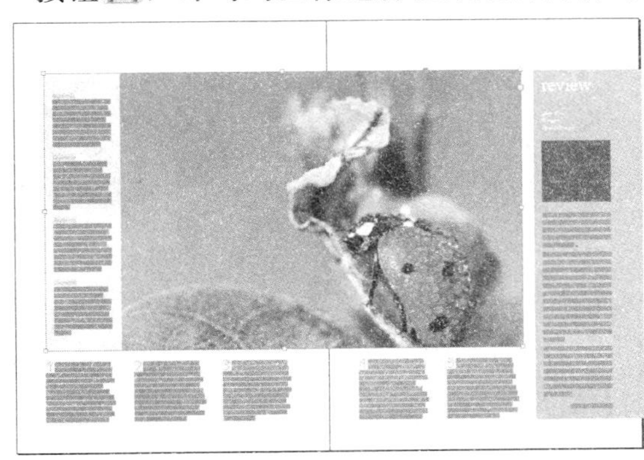

（a）原对象

（b）效果图像

图5-24“框架适合内容”图像操作的前后对比

5.5.3 按比例适合内容

按比例适合内容，即在保持内容比例与框架尺寸不变的状态下，调整内容大小以适合框架，如果内容和框架的比例不同，将会导致一些空白区。选择操作对象，在工具选项栏中单击“按比例适合内容”按钮，即可对图像进行按比例适合内容的操作，效果如图5-25所示。

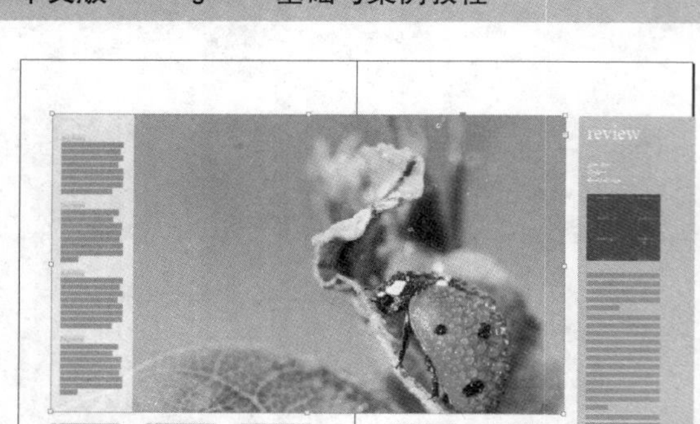

（a）原对象

（b）效果图像

图5-25 “按比例适合内容”图像操作的前后对比

5.5.4 按比例适合框架

按比例适合框架，即在保持内容比例与框架尺寸不变的状态下，将内容填充框架。选择操作对象，在工具选项栏中单击“按比例填充框架”按钮，即可对图像进行按比例填充框架的操作，效果如图5-26所示。

（a）原对象

（b）效果图像

图5-26 “按比例填充框架”图像操作的前后对比

提示：

如果内容和框架比例不同，进行按比例填充框架的操作时，效果图像将会根据框架的外框对内容进行一部分的裁剪。

5.5.5 内容居中

内容居中，即在保持内容和框架比例、尺寸大小不变的状态下，将内容摆放在框架的中心位置。选择操作对象，在工具选项栏中单击“内容居中”按钮，即可对图像进行内容居中的操作，效果如图5-27所示。

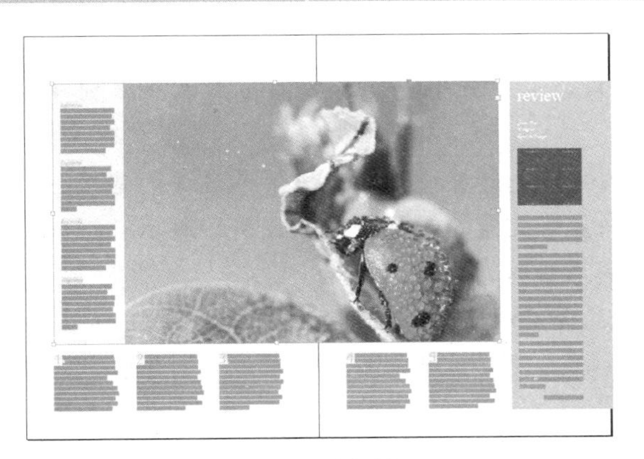
（a）原对象

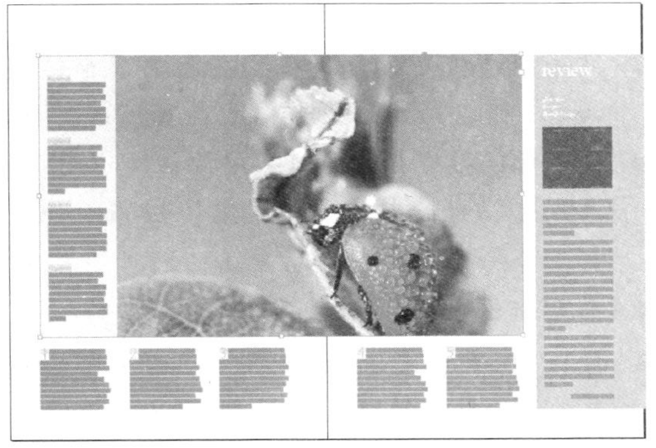
（b）效果图像

图5-27 “内容居中”图像操作的前后对比

5.6 管理图像链接

在文档中置入一个图像有两种形式，即链接图像和嵌入图像。当以链接图像的形式置入一个图像时，这仅是在页面中添加了一个以屏幕分辨率显示供用户查看的版本，在原始文件和置入图像之间创建了一个链接。该链接虽然连接到图像，但仍与文档保持独立，也就是说，并没有把该图像复制到文档中。“链接”面板是图像与文档之间的一个桥梁，如果图像在没有嵌入的情况下，可以跟随外部原文件的更新而更新。

5.6.1 了解“链接”面板

对于置入当前文档中的内容（如外部文档、图像、图形等），都会在“链接”面板中显示相应的项目，用户还可以使用此面板方便快速地选择、更新、查看当前文档所有页面中的外部链接图片。执行“窗口”|“链接”命令，弹出“链接”面板，如图5-28所示。

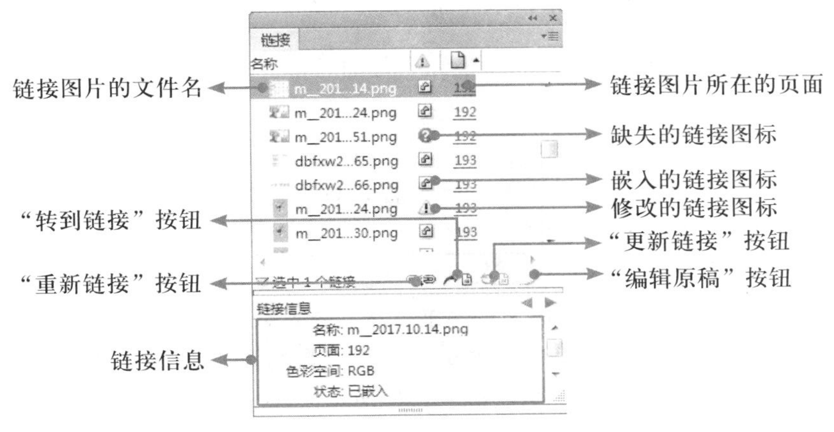

图5-28 “链接”面板

在“链接”面板中各选项的含义解释如下。

- 链接图片的文件名：在页面中选择某个链接图片，在“链接”面板中即可选中该链接图片的文件名；双击某个链接图片的文件名，则可以显示或隐藏面板下方的“链接信息”面板，查

看所有链接文件的原始信息。

- “转到链接”按钮：在选中某个链接的基础上，单击“链接”面板底部的转到链接按钮，可以切换到该链接所在页面进行显示。
- “重新链接”按钮：该按钮可以对已有的链接进行替换。在选中某个链接的基础上，单击“链接”面板中的重新链接按钮，弹出“重新链接”对话框，如图5-29所示。在该对话框中选择要替换的图片后单击“打开”按钮，完成替换。
- “更新链接”按钮：链接文件被修改过，就会在文件名右侧显示一个叹号图标，单击面板底部的更新链接按钮或按下Alt键的同时单击可以更新全部。
- “编辑原稿”按钮：单击此按钮，可以快速转换到编辑图片软件，编辑原文件。

提示：

单击“链接”面板右上角的“面板”按钮，在弹出的菜单中可以调出“链接”面板中的任一个快捷按钮，如图5-30所示。

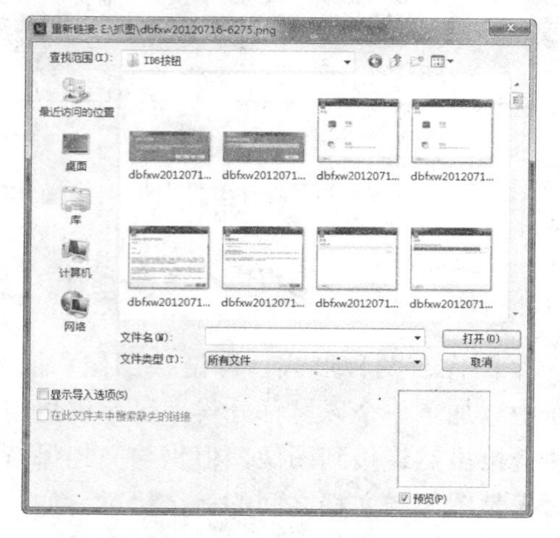

图5-29 “重新链接”对话框

图5-30 隐含菜单

- 缺失的链接图标：此图标表示该图像文件不在位于导入时的位置。如果在显示此图标的状态下打印或导出文档，则文件可能无法以全分辨率打印或导出。
- 嵌入的链接图标：此图标表示该图像文件已嵌入。嵌入链接文件会导致该链接的管理操作暂停。
- 修改的链接图标：此图标表示该图像文件已被修改，在磁盘上的文件版本比文档中的版本新。

5.6.2 嵌入与取消嵌入链接图

1. 嵌入链接图

链接图的嵌入是将文件存储在出版物中，嵌入后会增大文件的大小，嵌入的文件已断开文件的链接，文件也会不再跟随外部原文件的更新而更新。

要嵌入对象，可以在“链接”面板中将其选中，然后执行以下操作之一。

- 在选中的对象上右击，在弹出的快捷菜单中选择“嵌入链接”命令。
- 单击“链接”面板右上角的“面板”按钮，从弹出的面板菜单中可以选择“嵌入链接”命令。如果该文件含有多个实例，可以在弹出的面板菜单中选择“嵌入‘此文件名’的所有实例”命令。

执行上述操作后，即可将所选的链接文件嵌入到当前出版物中，完成嵌入的链接图片文件名的后面会显示“嵌入”图标。

提示：

如果置入的位图图像小于或等于48 KB，InDesign 将自动嵌入图像。

2. 取消嵌入链接图

要取消链接文件的嵌入，可以选中嵌入的链接对象，然后执行以下操作之一。

- 在选中的对象上右击，在弹出的菜单中选择“取消嵌入链接”命令。
- 单击“链接”面板右上角的“面板”按钮，从弹出的面板菜单中可以选择“取消嵌入链接”命令。如果该文件含有多个实例，可以在弹出的面板菜单中选择“取消嵌入‘此文件名’的所有实例”命令。

执行上面的操作后，会弹出 InDesign 提示框，提示用户是否要链接至原文件，如图 5-31 所示。

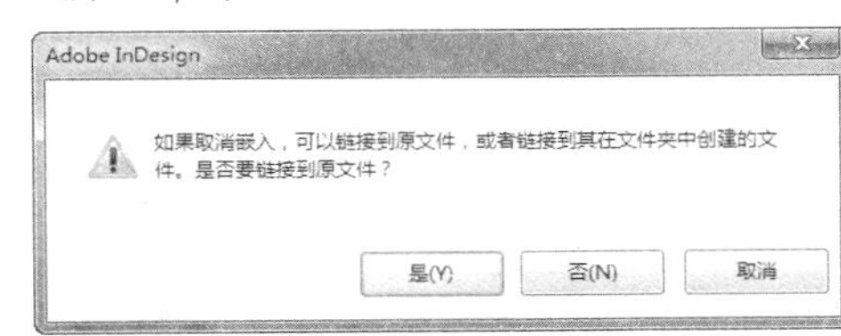

图5-31 InDesign提示框

该提示框中各按钮的含义解释如下。

- “是”按钮：在InDesign提示框中单击此按钮，可以直接取消链接文件的嵌入并链接到原文件。
- “否”按钮：在InDesign提示框中单击此按钮，将打开“选择文件夹”对话框，选择文件夹将当前的嵌入文件作为链接文件的原文件存放到文件夹中。
- “取消”按钮：在InDesign提示框中单击此按钮，将放弃“取消嵌入链接”命令。

5.6.3 将链接图像复制到新文件夹

对于未嵌入到文档中的对象，可以将其复制到新的文件夹。在“链接”面板中选中要复制到新文件夹的链接对象，然后执行以下操作之一。

- 在选中的链接对象上右击，在弹出的快捷菜单中选择“将链接复制到”命令。
- 单击“链接”面板右上角的“面板”按钮，从弹出的面板菜单中可以选择“实用程序”|“将链接复制到”命令，在弹出的对话框中选择一个新的文件夹，并单击“选择”按钮即可。

在完成复制到新位置操作后，也会自动将链接对象更新至此位置中。

5.6.4 恢复丢失的链接

对于没有嵌入的对象，若由于丢失链接（在“链接”面板中出现问号图标），单击“链接”面板中的“重新链接”按钮，即可快速恢复丢失的链接。具体的操作步骤如下。

（1）使用“选择工具”，选择“链接”面板中丢失链接的选项，如图5-32所示。

（2）单击“链接”面板底部的“重新链接”按钮，在弹出的“定位”对话框中选择目标文件，如图5-33 所示。

（3）单击“定位”对话框的“打开”按钮，退出该对话框，即可恢复丢失的链接。

提示：

将丢失的图片文件移动回该InDesign正文文件夹中，可恢复丢失的链接。对于链接的替换，也可以利用重新链接按钮，在打开的重新链接对话框中选择所要替换的图片。若要避免丢失链接，可将所有链接对象与InDesign文档在相同文件夹内，或不随便更改链接图的文件夹。

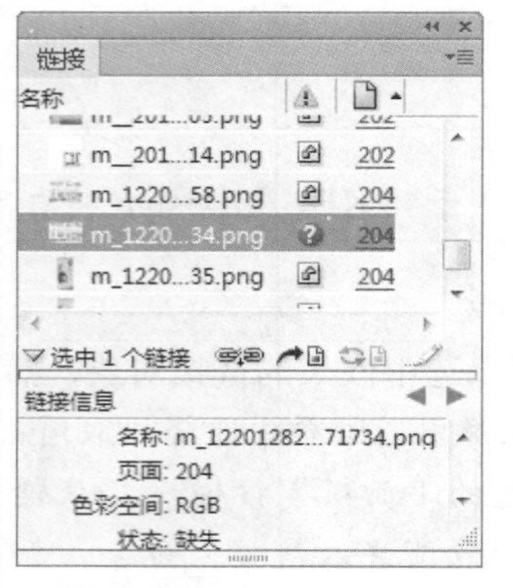

图5-32 “链接”面板

图5-33 “定位”对话框

5.6.5 内容收集器

在InDesign CS6中，新增了“链接内容”功能，使用此功能可以管理内容的多个版本，以减少复制粘贴操作耗费的时间。在实际操作过程中，主要结合了“内容收集器工具”和“内容置入器工具”（具体的使用方法请参见5.6.6节）。

使用“内容收集器工具”，可以将页面项目添加到“内容传送装置”面板中。选择“内容收集器工具”，将显示“内容传送装置”面板，如图5-34所示。

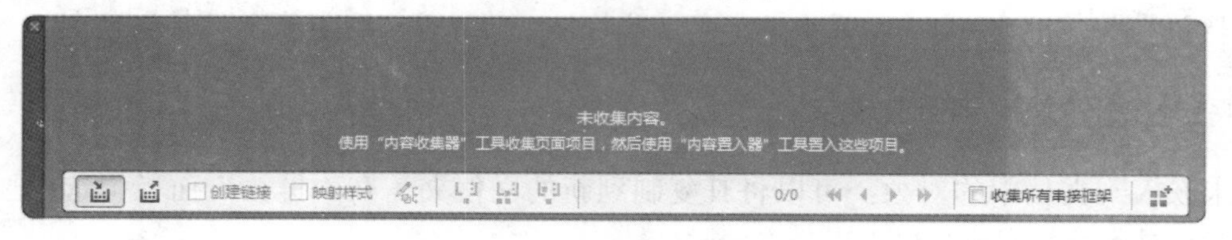

图5-34 “内容传送装置”面板

“内容传送装置”面板中的部分选项解释如下。

- “内容置入器工具”：使用此工具可以将“内容传送装置”面板中的项目置入到文档中。
- 收集所有串接框架：勾选此选项，可以收集文章和所有框架；如果不勾选此选项，则仅收集单个框架中的文章。
- 载入传送装置：单击此按钮，将弹出“载入传送装置”对话框，如图5-35所示。勾选“选区”选项，可以载入所有选定项目；勾选“页面”选项，可以载入指定页面上的所有项目；勾选“全部”选项，可以载入所有页面和粘贴板上的项目。如果需要将所有项目归入单个组中，则勾选“创建单个集合”选项。

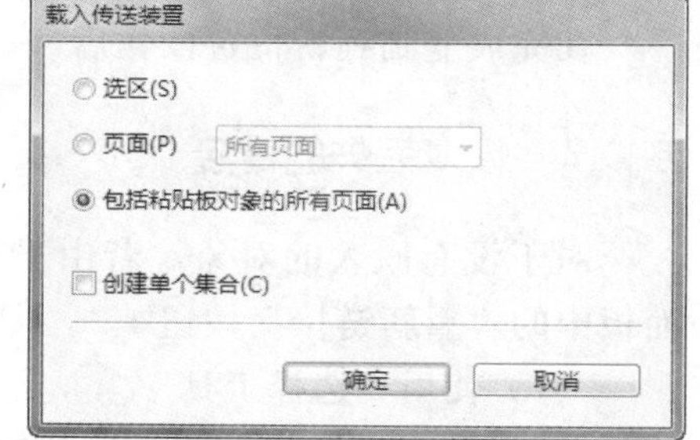

图5-35 “载入传送装置”对话框

要使用“内容收集器工具”收集内容，具体操作方法如下。

（1）选择“内容收集器工具”，显示“内容传送装置”面板。

（2）使用“内容收集器工具”单击页面中的对象，如图形、图像、文本块或页面等，当光标移动至对象上时，将显示蓝色的边框，单击该对象后，即可将其添加到“内容传送装置”面板中，图5-36所示为添加多个对象及页面后的状态。

图5-36 添加多个页面及对象后的状态

5.6.6 置入器工具

在向“内容传送装置”面板中收集了需要的对象后，即可使用“内容置入器工具”将其置入到页面中，选择此工具后，“内容传送装置”面板也将显示更多的参数，如图5-37所示。

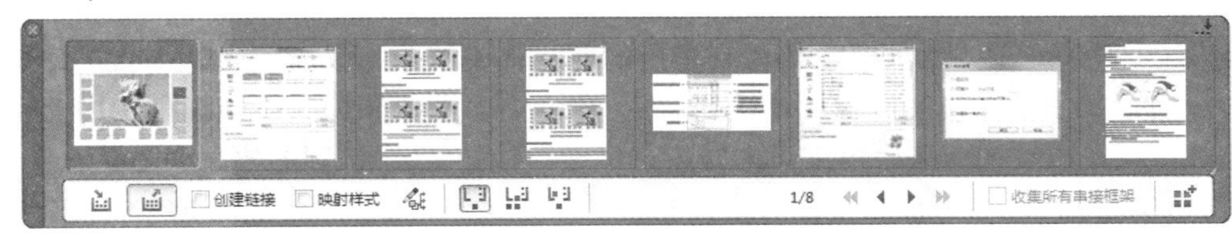

图5-37 “内容传送装置”面板

“内容传送装置”面板中的部分参数解释如下。

- 创建链接：勾选此选项，可以将置入的项目链接到所收集项目的原始位置。可以通过“链接”面板管理链接。
- 映射样式：勾选此选项，将在原始项目与置入项目之间映射段落、字符、表格或单元格样式。默认情况下，映射时采用样式名称。
- 编辑自定样式映射：单击此按钮，在弹出的“自定样式映射”对话框中可以定义原始项目和置入项目之间的自定样式映射。映射样式以便在置入项目中自动替换原始样式。关于“自定样式映射”对话框中的参数讲解请参见第10.9节。
- ：单击此按钮，在置入项目之后，可以将该项目从“内容传送装置”面板中删除。
- ：单击此按钮，可以多次置入当前项目，但该项目仍载入到置入喷枪中。
- ：单击此按钮，置入该项目，然后移至下一个项目。但该项目仍保留在“内容传送装置”面板中。
- ：单击相应的三角按钮，可以浏览“内容传送装置”面板中的项目。

下面讲解如何将“内容传送装置”面板中的项目置入到文档中。具体的操作步骤如下。

（1）打开需要置入项目的文档，选择“内容置入器工具”，以打开“内容传送装置”面板。

（2）将光标移至需要置入项目的位置并单击即可。

5.7 拓展训练——向正文中插入说明图像

（1）打开随书所附光盘中的文件“第5章\5.7 拓展训练——向正文中插入说明图像-素材1.indd”，如图5-38所示。

（2）使用“选择工具”选中右上方的矩形，如图5-39所示。

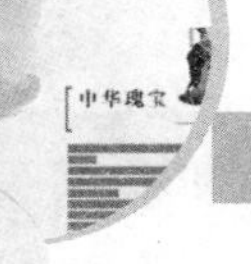

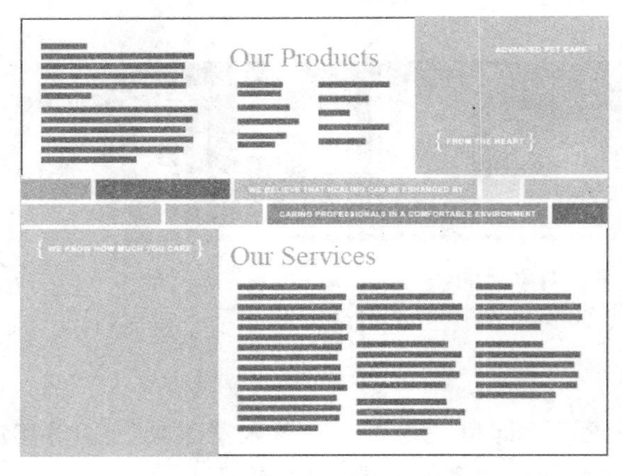

图5-38 素材图像

图5-39 选中矩形

（3）按Ctrl+D键应用“置入”命令，在弹出的对话框中打开随书所附光盘中的文件“第5章\5.7拓展训练——向正文中插入说明图像-素材2.jpg”，由于右上角的图像大于矩形框，因此图像没有显示完全，此时可以在工具选项条中单击“内容适合框架”按钮，得到的效果如图5-40所示。

（4）按照第（2）~（3）步的操作方法，结合“选择工具”、置入等功能，制作左下方的图像效果，如图5-41所示。

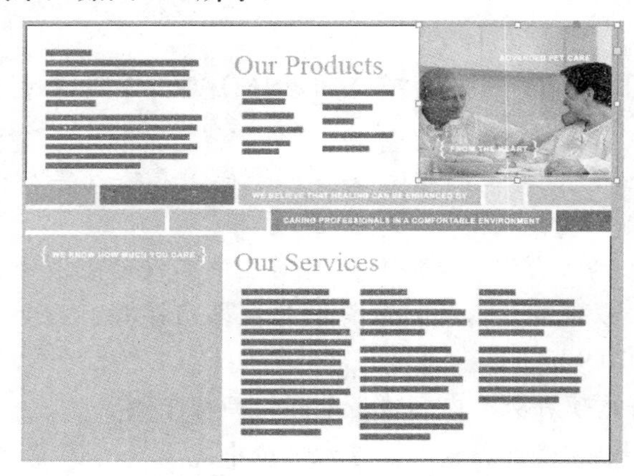

图5-40 置入图像后的效果

图5-41 向左下方图形添加图像

此时，观看插入的图像有些变形，下面利用“直接选择工具”来解决这个问题。

（5）选择“直接选择工具”将左下方的图像选中，在工具选项条中观看到图像的缩放比例不是同一个数值，手动设置缩放比例，并配合向上及向右方向键调整图像的位置，直至得到类似图5-42所示的效果。

（6）按照第（5）步的操作方法，调整右上方图像的缩放比例，得到的最终效果如图5-43所示。

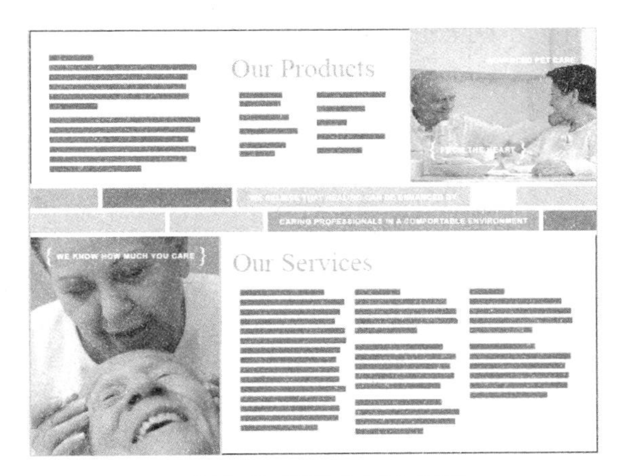

图5-42 调整左下方图像

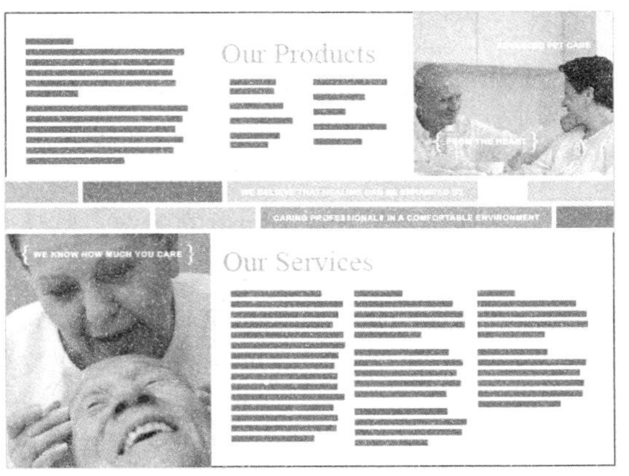

图5-43 最终效果

提示：

本步中应用到的素材图像为随书所附光盘中的文件“第5章\5.7 拓展训练——向正文中插入说明图像-素材3.jpg”。本例最终效果为随书所附光盘中的文件“第5章\5.7 拓展训练——向正文中插入说明图像.indd”。

5.8 课后练习

1．单选题

（1）下列不可以对图像实现裁剪操作的是（　　）。

A. 使用钢笔工具绘制开放路径，并将图像贴至路径中

B. 使用直接选择工具拖动图像的框架

C. 使用选择工具拖动图像的框架

D. 使用钢笔工具绘制闭合路径，并将图像贴至路径中

（2）下列关于选择类工具的说法，哪些是不正确的？（　　）

A. 使用“选择工具”可以快速裁剪图像

B. 使用“直接选择工具”按住鼠标左键不放进行移动，可以对图像进行裁剪

C. 使用“直接选择工具”不可以对图像进行不规则裁剪

D. 使用“选择工具”选中图像后，图像周围会显示相应的控制句柄

（3）下列不属于Indesign中图像与框架适合选项的是（　　）。

A. 内容适合框架　　B. 框架适合内容

C. 内容居中　　D. 按比例适合文本

（4）在“链接”面板中，出现红色带问号的图标表明？（　　）

A. 某链接文件被修改过　　B. 文档中包含错误链接

C. 某链接文件被损坏　　D. 某链接文件丢失或无法找到

（5）在“链接”面板中，出现黄色带感叹号的图标表明？（　　）

A.某链接文件被修改过　　B. 文档中包含错误链接

01 chapter P1—P18
02 chapter P19—P38
03 chapter P39—P64
04 chapter P65—P100
05 chapter P101—P118
06 chapter P119—P152
07 chapter P153—P182
08 chapter P183—P200
09 chapter P201—P220
10 chapter P221—P234
11 chapter P235—P254
12 chapter P255—P277

C. 某链接文件被损坏　　D. 某链接文件丢失或无法找到

2．多选题

（1）以下可以置入到Indesign中的文件类型有（　）。

A. PSD格式　　B. JPEG格式　　C. EPS格式　　D. BMP格式

（2）对任何置入到InDesign中的图像，默认情况下都包含了哪两部分？（　）

A. 内容　　B. 文本框　　C. 容器　　D. 以上说法都不对

（3）下列关于将链接的图片文件嵌入的说法正确的是（　）。

A. 在“链接”面板弹出菜单中选择“嵌入文件”命令

B. 将会自动嵌入小于48 KB的图片

C. 在置入图片时可在“置入”对话框中进行相关设定，直接将图片嵌入

D. 在“链接信息”对话框中进行嵌入设定

（4）下列属于Indesign中图像与框架适合选项的是（　）。

A. 按比例填充框架　　B. 按比例适合内容

C. 内容适合框架　　D. 框架适合内容

（5）内容收集工具可以收集的对象有（　）。

A. 图像　　B. 文本块　　C. 编组的对象　　D. 图形

3．判断题

（1）要置入图像，可以按 Shift+D 键，在弹出的对话框中选择要置入的图像即可。（　）

（2）置入的图像，若不嵌入链接，在移动文档至其他文件夹后，会出现丢失图像链接的问题。（　）

（3）“检测边缘”选项隐藏图形中颜色最亮或最暗的区域，因此当背景为纯白或纯黑时，效果最佳。（　）

（4）从“链接”面板弹出菜单中选择“显示‘链接信息’窗格”命令或双击“链接”面板中的链接名称都可以知道该链接的位图是什么色彩模式。（　）

（5）从“链接”面板弹出菜单中选择“重新链接”命令或在当前图片处于选中状态时置入新图片，都可以用新图片替换当前图片。（　）

4．操作题

打开随书所附光盘中的文件“第 5 章 \ 操作题 - 素材 .indd”，如图 5-44 所示。根据本章所讲解的使用路径进行裁剪的方法，为古董宣传广告抠选图像。制作完成后的效果可以参考随书所附光盘中的文件“第 5 章 \ 操作题 .indd”，如图 5-45 所示。

图5-44 素材图像

图5-45 完成后的效果

第6章 编辑与混合对象

本章导读

在InDesign中，可以使用强大的图形对象编辑功能对图形对象进行编辑，还可以对很多的图像进行编组，为对象设置混合及添加效果。在本章中，就来系统地讲解使用它们的操作方法。

6.1 选择对象

正确地选择对象是正确操作的前提条件，只有选择了正确的对象，所有基于此对象的操作才有意义。在InDesign中，选择对象主要使用选择工具与直接选择工具及相关的选择命令，下面将详细讲解 InDesign中各种选择对象的方法。

6.1.1 选择工具

使用“选择工具”除了可以对对象的定界框进行快速裁剪外，还可以进行选择操作，主要是选中对象的整体，其选择方式主要有3种，具体操作方法如下。

- 选择“选择工具”，将光标置于图片上，会变成一个抓手形的光标，即“内容手形抓取工具”，如图6-1所示。在圆环范围内按住鼠标左键拖动，即可调整对象中内容的位置，如图6-2所示。

图6-1 光标状态

图6-2 调整对象的位置

- 将“选择工具”光标移至对象之上、中心圆环之外时，单击即可选中该对象整体（包含框架及其内容），如图6-3所示。如果需要同时选中多个对象，可以按住Shift键的同时单击，如图6-4所示。如果被单击的对象处于选中的状态，则会取消对该对象的选择。

图6-3 正常状态下的选择

图6-4 选择多个对象

- 使用“选择工具”对象附近的空白位置按住鼠标左键不放，拖曳出一个矩形框，以确定将需要的对象选中，如图6-5所示。释放鼠标即可将框选到的图形选中，如图6-6所示。

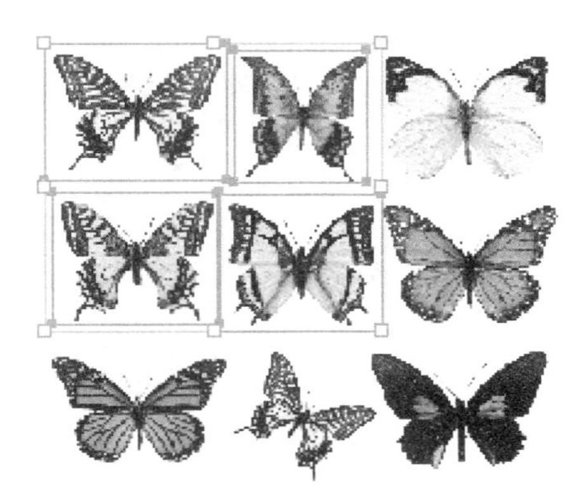

图6-5 拖曳出一个矩形框　　图6-6 选中框选的对象

6.1.2 直接选择工具

“直接选择工具”是InDesign中另外一个常用的选择工具，与“选择工具”不同的是，“直接选择工具”主要用于选择对象的局部，如单独选中框架、内容或框架与内容的一个与多个锚点等。

1. 选择锚点

选择“直接选择工具”，在图形对象的某个锚点上单击，如图 6-7 所示。按住鼠标左键拖动选取的锚点到适当的位置，释放鼠标，此时图形的形状也会改变，如图 6-8 所示。如果要选择多个锚点，可以按住 Shift 键的同时单击要选择的锚点即可。

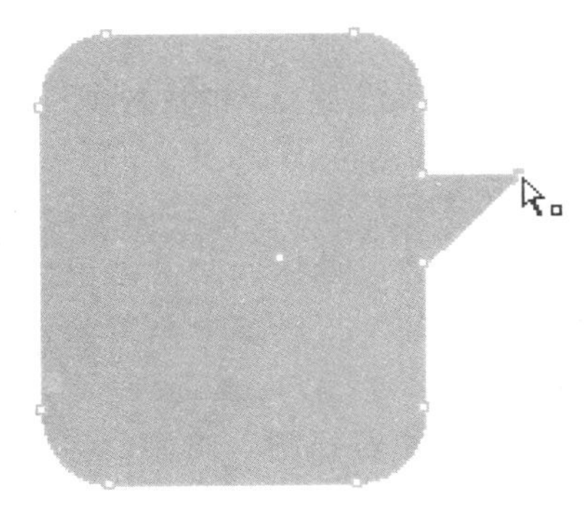

图6-7 选择单个锚点

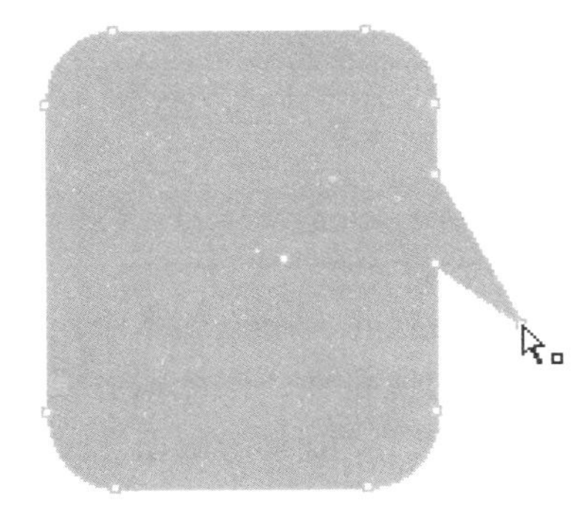

图6-8 改变图形的状态

提示：

利用“直接选择工具”在适当的位置拖出一个矩形框也可以选择一个或多个锚点。

2. 选择整个图形

选择“直接选择工具”，将光标置于图形对象内，当光标成状态时，如图6-9所示，单击即可选中整个图形，如图6-10所示。应用“直接选择工具”将整个图形框选，也可以将整个图形选中。

图6-9 光标状态　　图6-10 选中整个图形

3．激活路径

选择“直接选择工具”，将光标置于图形对象的边缘，当光标成状态时，如图6-11所示，单击即可激活整个图形的锚点。如图6-12所示为拖动路径线后的图形状态。

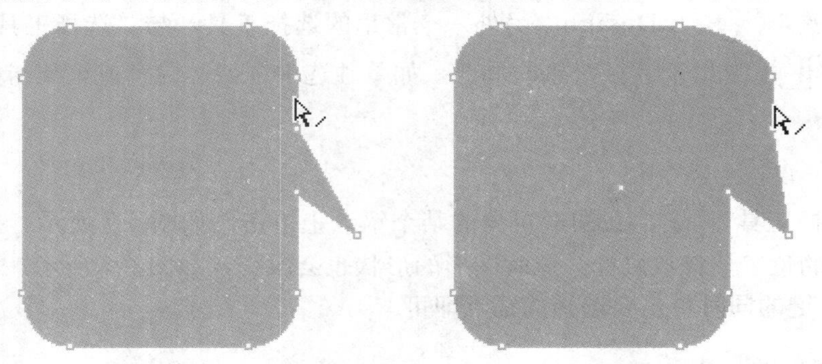

图6-11 光标状态　　图6-12 编辑路径后的状态

6.2 对齐与分布

通过对齐或分布对象操作，可以使多个对象规则排列，版面的设计都需要有一定的规整性，因此对齐或分布类的操作是必不可少的。执行“窗口”|“对象与版面”|“对齐”命令，或按Shift+F7快捷键，在弹出的“对齐”面板中选择对齐对象按钮与分布对象按钮，可快速对对象进行准确的对齐与分布，如图6-13所示。

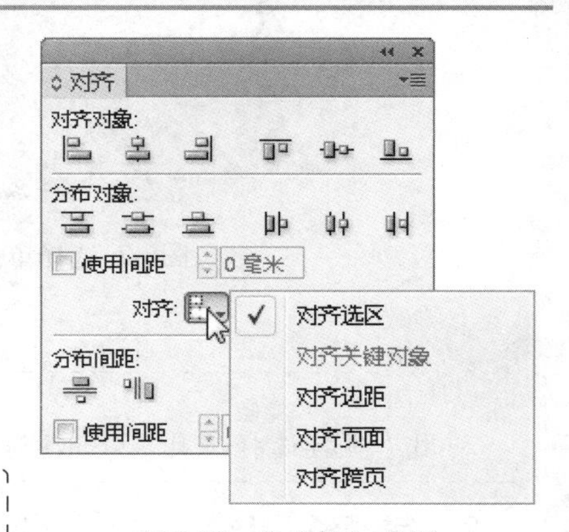

图6-13 “对齐”面板

“对齐”面板中的选项对已应用“锁定”命令的对象不存在影响，而且不会改变文本框架中文本的对齐方式。

6.2.1 对齐选中的对象

在"对齐"面板中的"对齐对象"选项组中，共包括6个对齐按钮，分别是左对齐、水平居中对齐、右对齐、顶对齐、垂直居中对齐和底对齐，如图6-14所示。各按钮的含义解释如下。

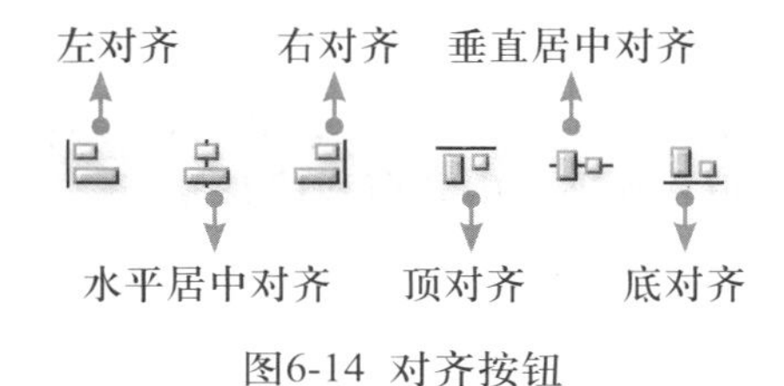

图6-14 对齐按钮

提示：

在对对象进行对齐前，必须选中两个或两个以上的对象。

- 左对齐：当对齐位置的基准为对齐选区时，单击该按钮可将所有选择的对象以最左边对象的左边缘为边界进行垂直方向的靠左对齐。
- 水平居中对齐：当对齐位置的基准为对齐选区时，单击该按钮可将所有被选择的对象以各自的中心点进行垂直方向的水平居中对齐。
- 右对齐：当对齐位置的基准为对齐选区时，单击该按钮可将所有选择的对象以最右边对象的右边缘为边界进行垂直方向的靠右对齐。

图6-15所示为原图及水平居中对齐时的图像状态。

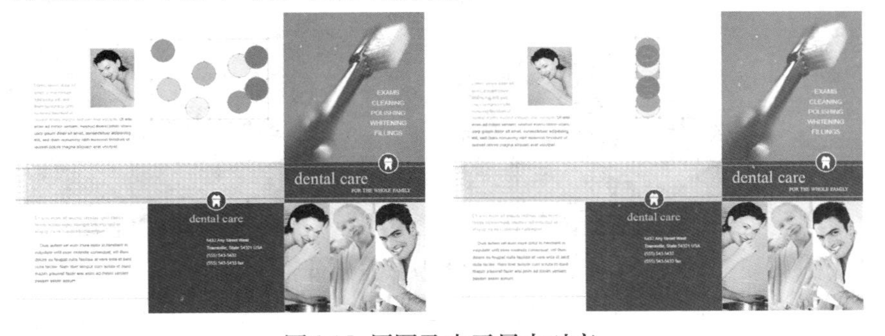

图6-15 原图及水平居中对齐

- 顶对齐：当对齐位置的基准为对齐选区时，单击该按钮可将所有选择的对象以最上边对象的上边缘为边界进行水平方向的顶点对齐。
- 垂直居中对齐：当对齐位置的基准为对齐选区时，单击该按钮可将所有被选择的对象以各自的中心点进行水平方向的垂直居中对齐，如图6-16所示。
- 底对齐：当对齐位置的基准为对齐选区时，单击该按钮可将所有选择的对象以最底下对象的下边缘为边界进行水平方向的底部对齐，如图6-17所示。

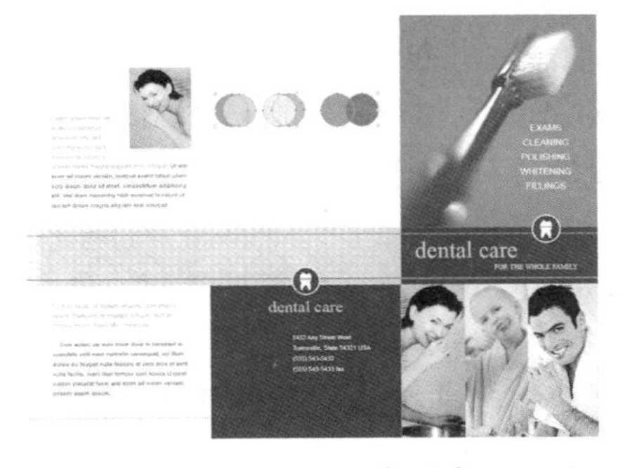

图6-16 垂直居中对齐

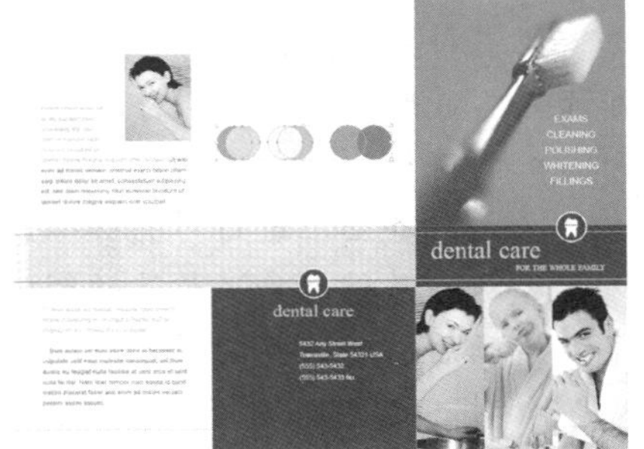

图6-17 底对齐

6.2.2 分布选中的对象

在“对齐”面板中的“分布对象”选项组中，共包括6个分布按钮，分别是按顶分布、垂直居中分布、按底分布、按左分布、水平居中分布和按右分布，如图6-18所示。

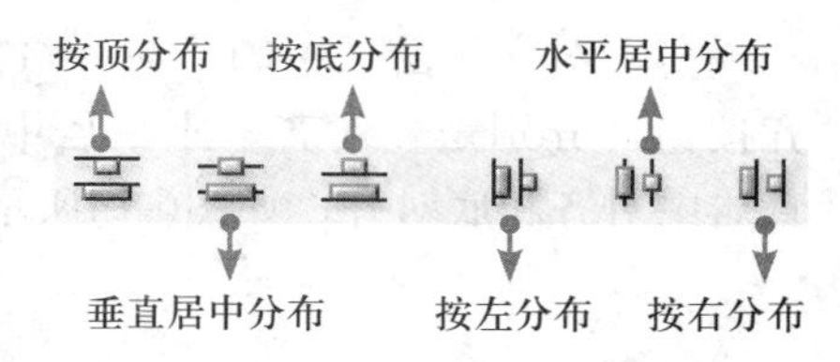

图6-18 分布按钮

- 按顶分布：单击该按钮时，可对已选择的对象在垂直方向上以相邻对象的顶点为基准进行所选对象之间保持相等距离的按顶分布。
- 垂直居中分布：单击该按钮时，可对已选择的对象在垂直方向上以相邻对象的中心点为基准进行所选对象之间保持相等距离的垂直居中分布。
- 按底分布：单击该按钮时，可对已选择的对象在垂直方向上以相邻对象的最底点为基准进行所选对象之间保持相等距离的按底分布。
- 按左分布：单击该按钮时，可对已选择的对象在水平方向上以相邻对象的左边距为基准进行所选对象之间保持相等距离的按左分布，如图6-19所示为原图及按左分布时的图像状态。

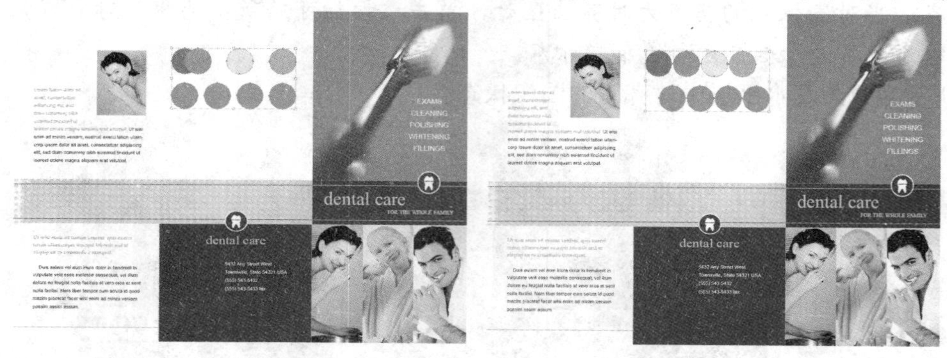

图6-19 原图及按左分布

- 水平居中分布：单击该按钮时，可对已选择的对象在水平方向上以相邻对象的中心点为基准进行所选对象之间保持相等距离的水平居中分布。
- 按右分布：单击该按钮时，可对已选择的对象在水平方向上以相邻对象的右边距为基准进行所选对象之间保持相等距离的按右分布。

6.2.3 对齐位置

在“对齐”面板中的“对齐”选项中，共包括5个对齐命令，分别是对齐选区、对齐关键对象、对齐边距、对齐页面和对齐跨页，如图6-20所示。

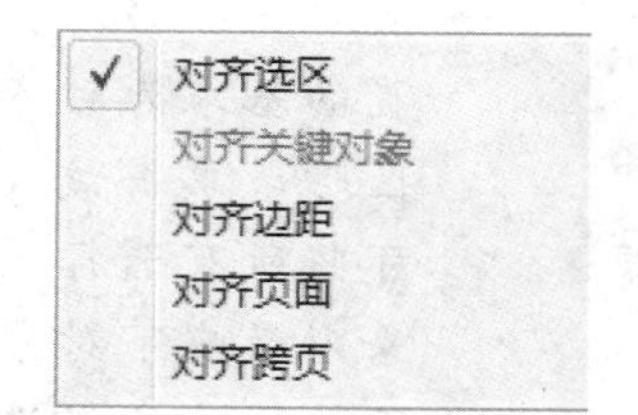

图6-20 对齐选项

- 对齐选区：选择此选项，所选择的对象将会以所选区域的边缘位置为对齐基准进行对齐分布。
- 对齐关键对象：此选项为InDesign CS6中新增的额外选项，选择该选项后，所选择的对象中将对关键对象增加粗边框显示。

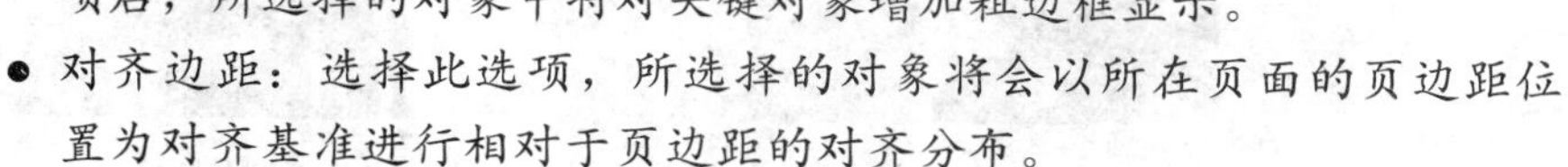

- 对齐边距：选择此选项，所选择的对象将会以所在页面的页边距位置为对齐基准进行相对于页边距的对齐分布。
- 对齐页面：选择此选项，所选择的对象将会以所在页面的页面位置为对齐基准进行相对于页

面的对齐分布。

- 对齐跨页：选择此选项，所选择的对象将会以所在页面的跨页位置为对齐基准进行相对于跨页的对齐分布。

6.2.4 分布间距

在“对齐”面板中的“分布间距”选项中，共包括两个精确指定对象间距离的方式，即垂直分布间距和水平分布间距，如图6-21所示。

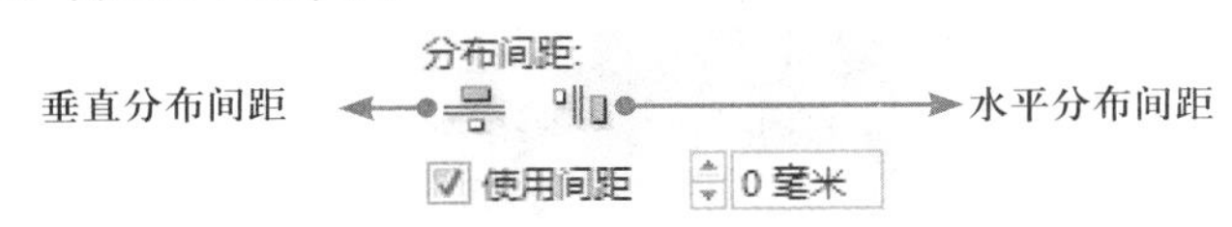

图6-21 分布间距按钮

- 垂直分布间距：选中“分布间距”区域中的“使用间距”选项，并在其右侧的文本框中输入数值，然后单击此按钮，可将所有选中的对象从最上面的对象开始自上而下分布选定对象的间距。
- 水平分布间距：选中“分布间距”区域中的“使用间距”选项，并在其右侧的文本框中输入数值，然后单击此按钮，可将所有选中的对象从最左边的对象开始自左而右分布选定对象的间距。

6.3 调整顺序

由于上下对象间具有相互覆盖的关系，因此在需要的情况下应该改变其上下次序而改变上下覆盖的关系，从而改变图像的最终视觉效果。因此，如果需要对已被覆盖的对象进行编辑，则需要对对象进行对象排列顺序的调整。

执行“对象”|“排列”命令，此命令下的子菜单可以对对象顺序进行调整，如图6-22所示。

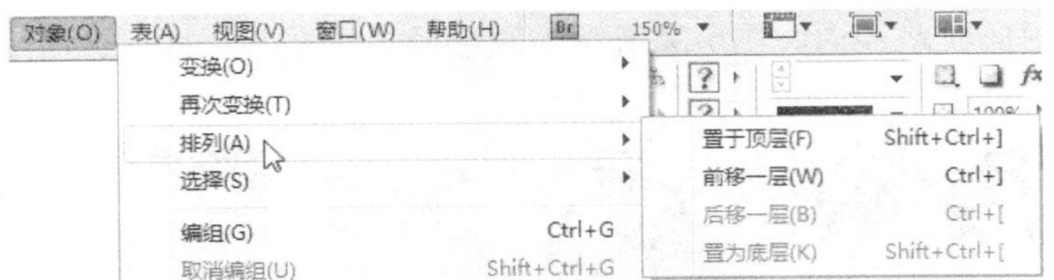

图6-22 “排列”命令子菜单

- 置于顶层：选择此命令，可将已选中的对象置于所有对象的顶层，也可按下快捷键“Shift+Ctrl+]”对该操作进行快速的执行。
- 前移一层：选择此命令，可将已选中的对象在叠放顺序中上移一层，也可按下快捷键“Ctrl+]”对该操作进行快速的执行。
- 后移一层：选择此命令，可将已选中的对象在叠放顺序中下移一层，也可按下快捷键“Ctrl+[”对该操作进行快速的执行。
- 置为底层：选择此命令，可将已选中的对象置于所有对象的底层，也可按下快捷键“Shift+Ctrl+[”对该操作进行快速的执行。

例如，对于图6-23所示的原对象，选中了其中的白色图像，图6-24所示是按Ctrl+[键将其后移一层后的效果。

图6-23 原对象

图6-24 调整顺序后的效果

6.4 粘贴对象

在InDesign CS6中，“复制”、“剪切”与“粘贴”命令都是应用程序中最普通的命令，用它们可以完成复制与粘贴操作。而且对于粘贴方式的4种选择，使对对象的编辑更为快速与方便。

6.4.1 基本的粘贴操作

将对象复制或剪切到剪贴板后，执行“编辑”|“粘贴”命令，或按Ctrl+V键，可以将剪贴板中的对象粘贴到当前文档中。

6.4.2 贴入内部

将对象复制或剪切到剪贴板后，选中图形或路径，执行“编辑”|“贴入内部”命令，可以将剪贴板中的对象粘贴到图形或路径内。图6-25所示为圆形及人物图片，图6-26所示为人物图片贴入图形内的效果。

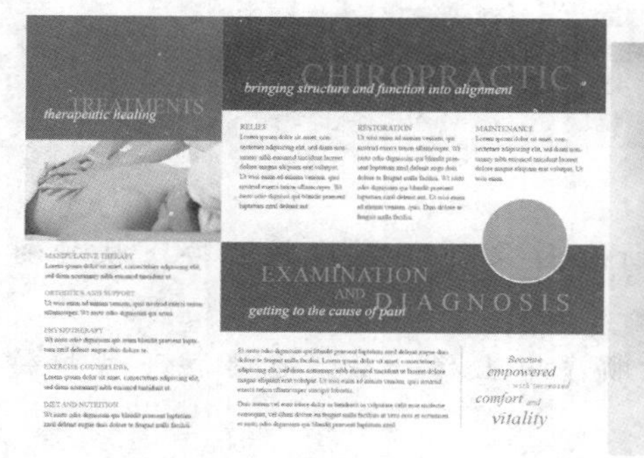

图6-25 圆形及人物图片

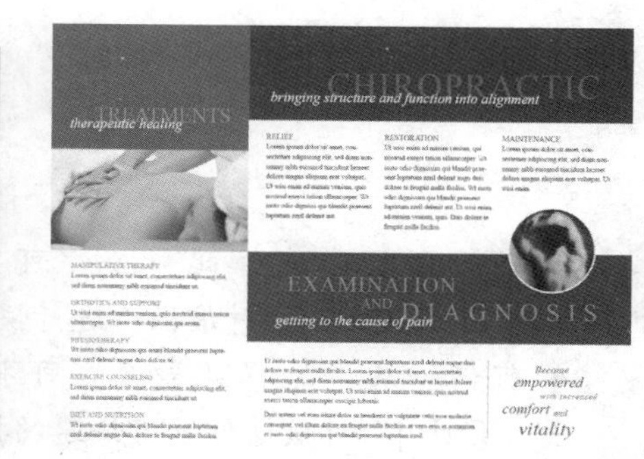

图6-26 贴入图形内后的效果

6.4.3 原位粘贴对象

将对象复制或剪切到剪贴板后，执行“编辑”|“原位粘贴”命令，可以将创建的复制对象与被

复制对象相吻合，其位置与原被复制对象的位置完全相同。

如果要简洁方便地得到操作对象原位放大或缩小的复制对象，可利用“编辑”|“原位粘贴”命令得到复制对象，再缩放其整体百分比即可。另外，由于执行“编辑”|“原位粘贴”命令后，在页面上无法识别是否操作成功，在必要的情况下可以选择并移动被操作对象，以识别是否操作成功。

6.4.4 粘贴时不包含格式

将对象复制或剪切到剪贴板后，执行“编辑”|“粘贴时不包含格式”命令，或按下快捷键“Shift+Ctrl+V”，即可对对象进行粘贴时不包含格式应用为目标对象的段落样式的操作。

> **提示：**
> 该操作一般是对于从InDesign中带有段落样式的对象，对于从另一软件复制过来的对象，则该操作为无效。

6.5 编组与解组

编组，即将选中的两个或更多个对象组合在一起，从而在选择、变换、设置属性等方面，将编组的对象视为一个整体，以便于用户管理和编辑。下面就来讲解编组与解组的方法。

选择要编组的对象，执行“对象”|“编组”命令，或按 Ctrl+G 键即可将选择的对象进行编组。如图 6-27 所示。

图6-27 编组前后对比效果

多个对象组合之后，使用“选择工具”选定组中的任何一个对象，都将选定整个群组。如果要选择群组中的单个对象，可以使用“直接选择工具”进行选择。

“编组”命令还可以将几个不同的组合进行进一步的组合，或在组合与对象之间进行进一步的组合。在几个组之间进行组合时，原来的组合并没有消失，它与新得到的组合是嵌套的关系。

选择要解组的对象，执行“对象”|“取消编组”命令，或按Shift+Ctrl+G键即可将组合的对象进行取消编组。

提示：

要注意的是，若是对群组设置了不透明度、混合模式等属性（参见本章第6.8节的内容），在解组后，将被恢复为编组前各对象的原始属性。

6.6 锁定与解锁

在设计过程中，可以使用“锁定”命令锁定文档中不希望编辑的对象。只要对象是锁定的，它便不能移动。当文档被保存、关闭或重新打开时，锁定的对象会保持锁定。

提示：

如果选择的对象是图形，仍然可以选择该对象，并更改其其他的属性（如填色、描边等）。

选择要锁定的对象，执行“对象”|“锁定”命令，可以使工作页面上的被选择对象处于锁定状态，即不可被移动、旋转、缩放等编辑，也不可将锁定对象删除。锁定对象后，若是移动了锁定的对象，将出现一个锁形图标，如图6-28所示，表示该对象被锁定，不能移动。

图6-28 锁定后的状态

提示：

按Ctrl+L键可以快速将选中的对象锁定。另外，如果对某一对象进行锁定后，不能选中该对象，此时可以执行“编辑”|“首选项”|“常规”命令，在弹出的对话框中关闭“阻止选取锁定的对象”选项。

选择要解锁的对象，执行“对象”|“解锁跨页上的所有内容”命令，即可解锁当前跨页上的内容。

提示：

按Ctrl+Alt+L键可以快速将跨页上的所有锁定内容进行解锁。

6.7 变换图形

6.7.1 缩放

利用InDesign中的工具、变换命令及面板等功能，可以对对象进行变换，最常用的有使用“选择工具”直接拖动缩放，也可以通过控制面板、“变换”面板、“缩放工具”、“缩放”命令等进行缩放。具体讲解如下。

1.使用工具进行缩放

“选择工具”、“自由变换工具”不仅可以选择图形，还可以缩放图形。其操作方法为选中要缩放的对象，将光标置于对象的右上角参考点上，当光标成时，按住鼠标左键随意拖动即可调整对象的大小。

提示1：

要注意的是，在使用“选择工具”缩放图像时，需要按住Ctrl键才可以改变图像的大小，否则只会对图像进行裁剪处理。

提示2：

在变换时，若按住Shift键，可以等比例进行缩放处理；按住Alt键可以以中心点为依据进行缩放；若按住Alt+Shift键，则可以以中心点为依据进行等比例缩放。

2.使用缩放工具进行缩放

使用“缩放工具”进行缩放，首先要使用“选择工具”选中要缩放的对象，然后选择“缩放工具”，将光标置于周围的控制句柄上，按住鼠标左键，当光标成状时，随意拖动即可调整对象的大小。

图6-29所示为选中的缩放对象，图6-30所示为应用“缩放工具”放大文字图像后的效果。

图6-29 选中的缩放对象

图6-30 放大文字图像后的效果

3.使用“缩放”命令进行缩放

使用“选择工具”选中要缩放的对象，然后执行“对象”|“变换”|“缩放”命令，或双击工具箱中的“缩放工具”，弹出“缩放”对话框，如图6-31所示。

“缩放”对话框中各选项的功能解释如下。

- X缩放：用于设置水平的缩放值。
- Y缩放：用于设置垂直的缩放值。

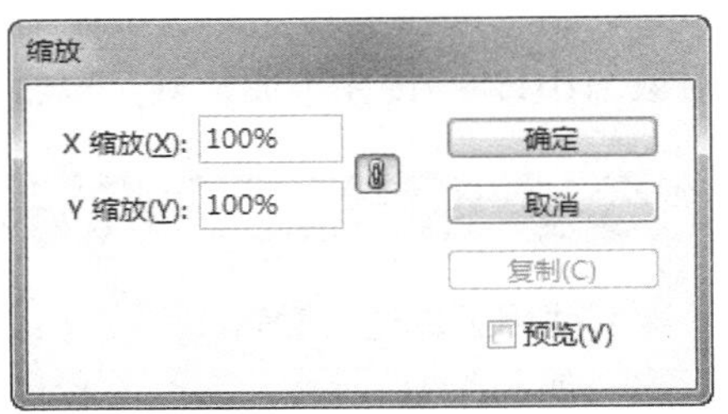

图6-31 “缩放”对话框

提示：

在设置“X缩放”和“Y缩放”参数时，如果输入的数值为负数，则图形将出现水平或垂直的翻转状态。

- “约束缩放比例”按钮：如果要保持对象的宽高比例，可以单击此按钮，使其处于被按下的状态。
- “复制”按钮：单击此按钮，可以复制多个缩放的对象。

4.使用快捷菜单命令进行缩放

使用“选择工具”选中要缩放的对象，在选取的对象上右击，在弹出的快捷菜单中选择“缩放”命令下的子菜单，如图6-32所示，也可以完成缩放操作。

放大(I)	Ctrl+=
缩小(O)	Ctrl+-
实际尺寸(A)	Ctrl+1
完整粘贴板(P)	Alt+Shift+Ctrl+0
使选区适合窗口	Alt+Ctrl+=

图6-32 “缩放”命令下的子菜单

5.使用“变换”面板进行缩放

使用“选择工具”选中要缩放的对象，执行“窗口”|“对象和版面”|“变换”命令，弹出“变换”面板，如图6-33所示。在面板中选择适当的参考点，并确认“约束缩放比例”按钮处于被按下的状态，然后设置“X”、“Y”、“W”和“H”中的参数，按Enter键确认变换操作。

图6-33 “变换”面板

- 精确缩放图形：精确改变图形的宽度与高度，可以分别在“W”和“H”文本框中输入数值。
- 约束缩放比例按钮：单击此按钮使其处于被按下的状态，在缩放时可以保持图形的宽度比。
- 图标：在此文本框中输入数值，将以此数值进行水平缩放。
- 图标：在此文本框中输入数值，将以此数值进行垂直缩放。

6.使用控制栏进行缩放

使用“选择工具”选中要缩放的对象，然后在控制栏中的“W”、“H”文本框中输入数值即可，如图6-34所示。

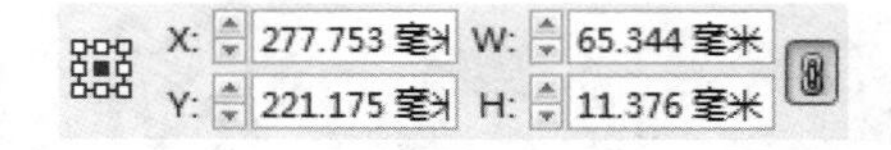

图6-34 控制栏

提示：

如果要保持对象的宽高比例，可以单击“约束宽度和高度的比例”按钮，使其处于被按下的状态。

7.使用快捷键进行缩放

使用“选择工具”选中要缩放的对象，按Ctrl+>键，可以将对象放大1%；按Ctrl+<键，可以将对象缩小1%；按住不放，则可以将对象进行连续缩放（在按住的过程中没有变化）。

6.7.2 旋转

1.使用工具进行旋转

“选择工具”、“自由变换工具”不仅可以对图形进行选择、缩放，还可以对图形进行旋转。首先，选择要旋转的对象，然后将光标置于变换框的任意一个控制点附近，当光标成状时，如图6-35所示，按住鼠标拖动即可将图形旋转一定的角度，如图6-36所示。

图6-35 光标状态

图6-36 旋转后的状态

按Shift键旋转图形，可以将图形以45°的倍数进行旋转。

2.使用旋转工具进行旋转

使用“旋转工具”可以围绕某个指定的点旋转对象，一般默认的旋转中心点是对象的左上角控制句柄，也可以通过在不同的位置单击，以改变此点的位置。具体操作方法如下。

（1）选择“旋转工具”，然后选择需要旋转的图形，将显示图形的变换框，如图6-37所示。

（2）其中左上角形为旋转中心点，单击并移动旋转中心点可以改变旋转中心点的位置，从而使旋转中心点发生变化，如图6-38所示。

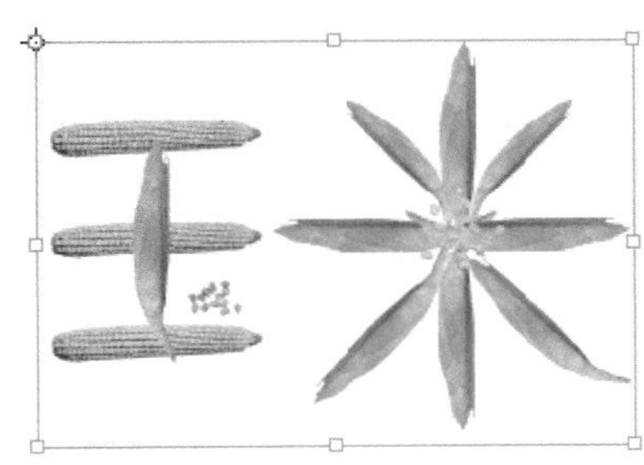
图6-37 选中要旋转的图形

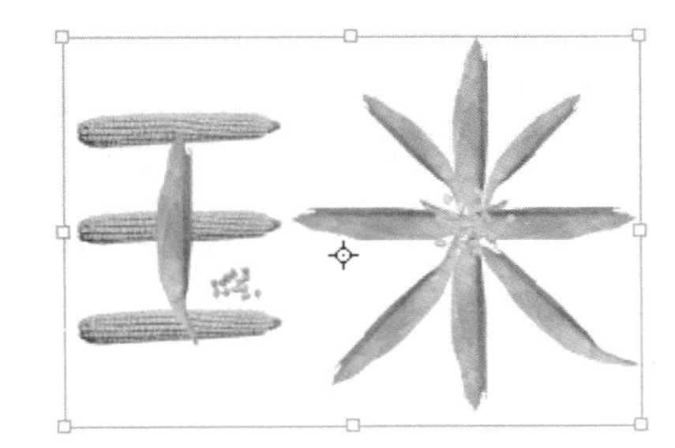
图6-38 移动中心参考点

（3）稍许移动鼠标，当光标成状时，按住鼠标拖动即可旋转图形，旋转中的状态如图6-39所示，释放鼠标后的状态如图6-40所示。

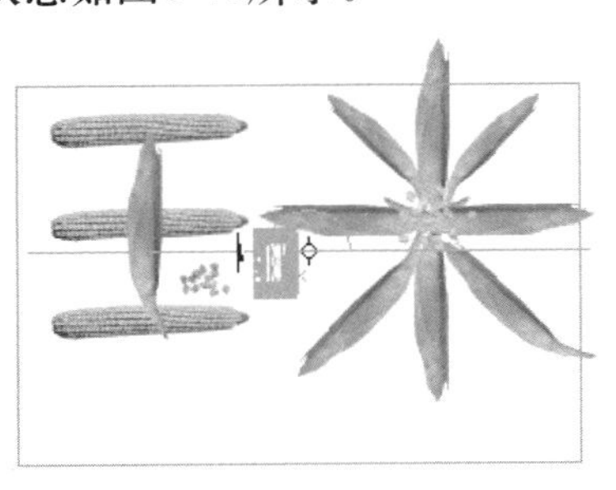
图6-39 旋转中的状态

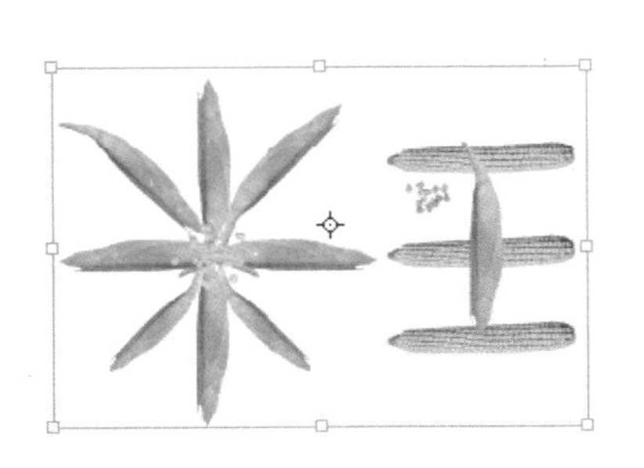
图6-40 旋转后的状态

3.使用“旋转”命令进行旋转

此命令可以对旋转对象进行精确旋转，选中要旋转的对象，然后执行“对象”|“变换”|“旋转”命令，或双击“旋转工具”，或按Alt键单击旋转中心点，弹出“旋转”对话框，如图6-41所示。其中的参数可以精确设置旋转的角度，还可以复制旋转图形。

“旋转”对话框中的各选项功能解释如下。

- 角度：在该文本框中输入数值，可以精确设置旋转角度。
- “复制”按钮：在确定旋转角度后，将在原图形的基础上创建一个旋转后的图形复制品。如图6-42所示。

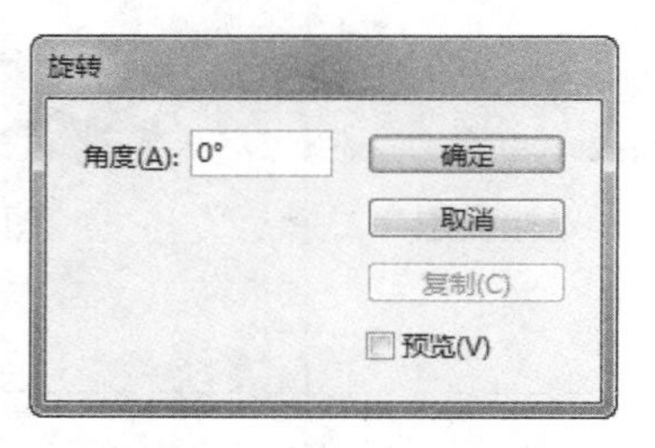

图6-41 “旋转”对话框

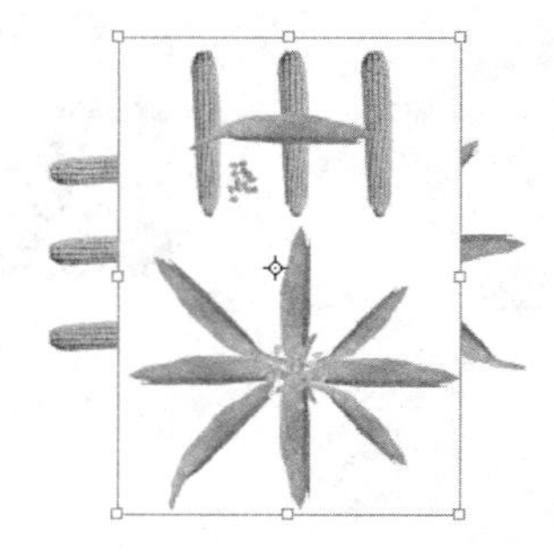

图6-42 复制品

4.使用“变换”面板进行旋转

选中要旋转的对象，执行“窗口”|“对象和版面”|“变换”命令，弹出“变换”面板，在此面板中的旋转角度图标后的文本框中输入数值，以确定旋转的角度。图6-43所示为旋转前后对比效果。

图6-43 旋转对象前后对比效果

5.使用控制栏进行缩放

使用“选择工具”选择要旋转的对象，然后在控制栏中的旋转角度图标后的文本框中输入数值，以确定旋转的角度。按Enter键确认，即可旋转图形。

另外，单击顺时针旋转90°按钮，即可将图形顺时针旋转90°；单击逆时针旋转90°按钮，即可将图形逆时针旋转90°。

当单击某个旋转按钮后，右侧的图标中的“P”也将随着旋转。

6.7.3 倾斜

切变是指使所选择的对象按指定的方向倾斜，一般用来模拟图形的透视效果或图形投影。下面来讲解其具体的操作方法。

1.使用切变工具进行切变

选中要切变的对象，选择“切变工具”，此时图形状态如图6-44所示。拖动鼠标到需要的角度后松开鼠标左键，即可使图形切变，如图6-45所示。

图6-44 切变前的状态

图6-45 切变后的状态

在使用“切变工具”切变时按住Shift键，可以约束图形沿45°角倾斜；如果在切变时按住Alt键，将可创建图形倾斜后的复制品。

2.使用“切变”命令进行切变

此命令可以对切变对象进行精确切变，选中要切变的对象，然后执行“对象”|“变换”|“切变”命令，或双击切变工具，或按Alt键单击切变中心点，弹出“切变”对话框，如图6-46所示。其中的参数可以精确设置倾斜的状态。

“切变”对话框中的各选项功能解释如下。

- 切变角度：在此文本框中输入数值，以精确设置倾斜的角度。
- 水平：选中此复选框，可使图形沿水平轴进行倾斜。
- 垂直：选中此复选框，可使图形沿垂直轴进行倾斜。
- “复制”按钮：在确定倾斜角度后，将在原图形的基础上创建一个倾斜后的图形复制品。如图6-47所示。

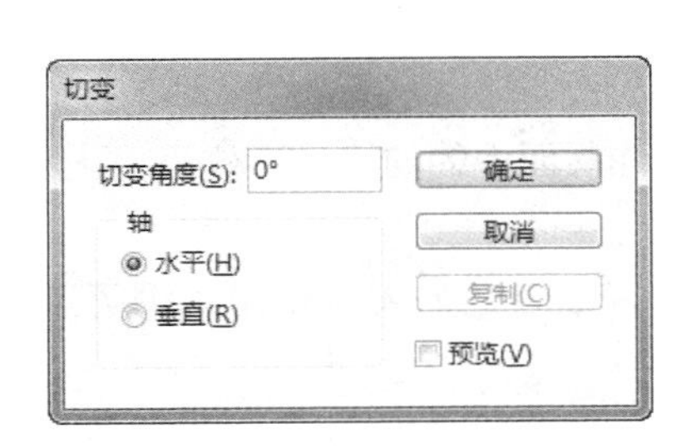

图6-46 “切变”对话框

图6-47 复制品

3.使用“切变”面板进行切变

选中要切变的对象，执行“窗口”|“对象和版面”|“变换”命令，弹出“变换”面板，在此面板中的切换角度图标后的文本框中输入数值，以确定切变的角度即可。

4.使用控制栏进行缩放

使用“选择工具”选择要切变的对象，然后在控制栏中的切变角度图标后的文本框中输入数值，以确定切变的角度。按Enter键确认，即可切变图形。

6.7.4 翻转

在InDesign中，可以对对象进行水平翻转和垂直翻转处理。在选中要翻转的对象后，可以执行以下操作之一。

- 在工具箱中选择“选择工具”、“自由变换工具”或“旋转工具”，选中要镜像的对象，按住鼠标左键将控制点拖至相对的位置，释放鼠标即可产生镜像效果。
- 选择“对象”|“变换”|“水平翻转”命令，即可将对象进行水平翻转；执行“对象”|“变换”|“垂直翻转”命令，即可将对象进行垂直翻转。
- 在“控制”面板中单击“水平翻转”按钮，即可将对象水平翻转；单击“垂直翻转”按钮，即可将对象垂直翻转。

提示：

选择要镜像的对象后，还可以设置镜像中心控制点的位置，单击“水平翻转”按钮，可以使对象以中心控制点为中心水平翻转镜像；单击“垂直翻转”按钮，则可以使对象以中心控制点为中心垂直翻转镜像。

6.7.5 再次变换

如果已进行过任何一种变换操作，可以执行“对象”|“再次变换”|“再次变换”命令，以相同的参数值再次对当前操作对象进行变换操作，使用此命令可以确保两次变换操作效果相同。例如，如果上一次变换操作为将操作对象旋转90°，选择此命令则可以对任意操作对象完成旋转90°的操作。

执行“对象”|“再次变换”命令除“再次变换”选择之外还可对对象进行“逐个再次变换”、“再次变换序列”和“逐个再次变换序列”选择的操作。使对象的变换操作方便与快捷。

如果在选择此命令的时候按住Alt键，则可以对被操作图像进行变换的同时进行复制，如果要制作多个副本连续变换操作效果，此操作非常见效，下面通过一个小实例讲解此操作。

实例：制作版面中的韵律元素效果

（1）打开随书所附光盘中的文件“第6章\实例：制作版面中的韵律元素效果-素材.indd”，如图6-48所示。

（2）设置填充色的颜色值为C0、M0、Y100、K0，描边色为无，使用“钢笔工具”以辅助线的交点为中心，绘制如图6-49所示的形状。

（3）选中第（2）步绘制的图形，选择“旋转工具”，在辅助线交点的位置单击，以确认旋转中心点，如图6-50所示。

图6-48 素材图像

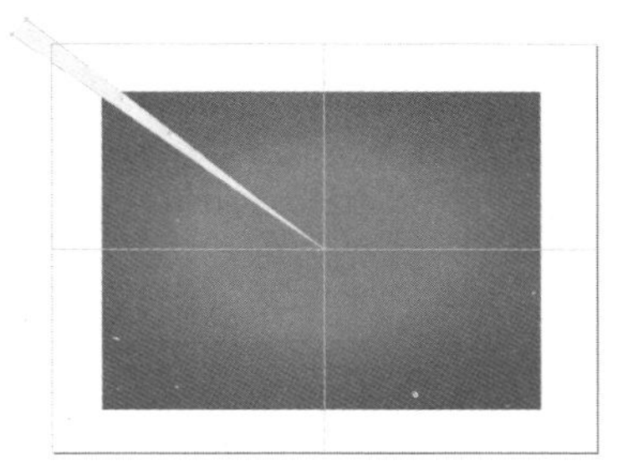

图6-49 绘制线条

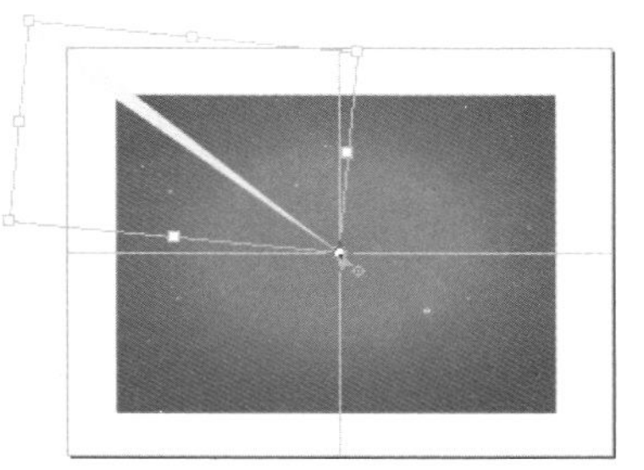

图6-50 确认旋转中心点

（4）双击“旋转工具”，设置弹出的对话框如图6-51所示，单击“复制”按钮退出对话框，得到如图6-52所示的效果。

（5）连续按Ctrl+Alt+4键执行“再次变换序列”命令多次，直至得到如图6-53所示的效果。

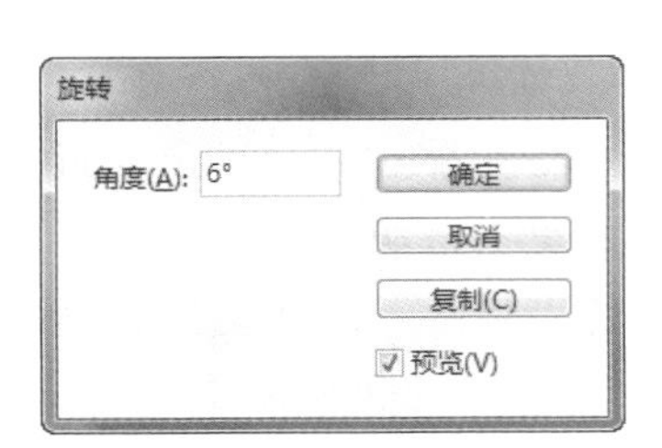

图6-51 “旋转工具”对话框

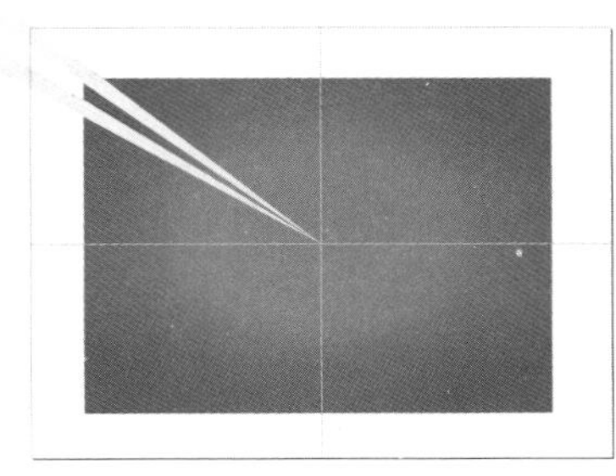

图6-52 复制后的效果

图6-53 多次复制后的效果

（6）图6-54所示是在“图层”面板中显示隐藏的“图层2”后的效果。

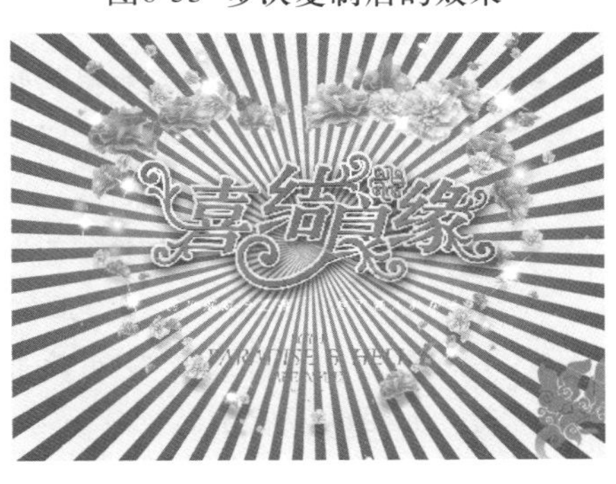

图6-54 显示“图层2”后的效果

本例最终效果为随书所附光盘中的文件“第6章\实例：制作版面中的韵律元素效果-素材.indd”。

6.8 设置对象的混合

在InDesign中，除了提供非常强大的版面设计功能，还提供了一定的对象之间的融合及特效处理功能，如不透明度及混合模式等，在本节中，就来讲解这些知识的使用方法。

执行“窗口”|“效果”命令，或按Ctrl+Shift+F10键，弹出“效果”面板，如图6-55所示。

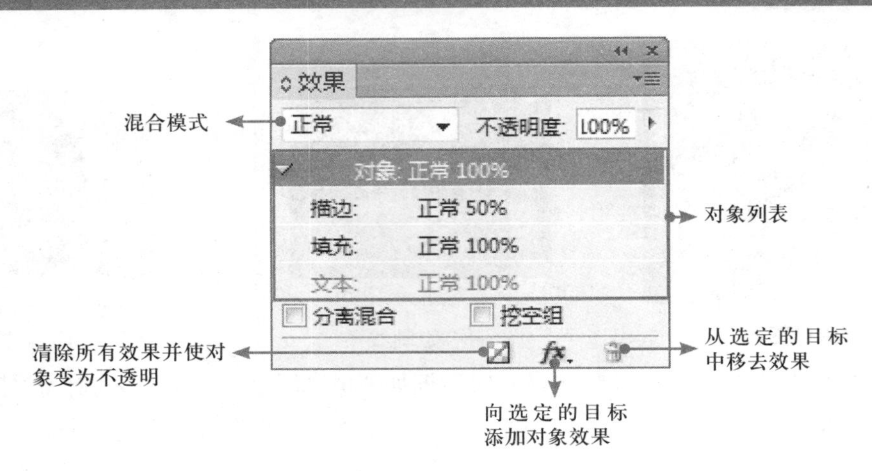

图6-55 “效果”面板

“效果”面板中各选项的含义解释如下。

- 混合模式 正常：在此下拉列表中，共包含了16种混合模式，如图6-56所示，用于创建对象之间不同的混合效果。
- 不透明度：在此文本框中输入数值，用于控制对象的透明属性，该数值越大则越不透明，该数值越小则越透明。当数值为100%时完全不透明，而数值为0%时完全透明。
- 对象列表：在此显示了当前可设置效果的对象，若选中最顶部的“对象”，则是为选中的对象整体设置效果，若选中其中一个，如描边、填充或文本等，则为选中的项目设置效果。
- 分离混合：当多个设置了混合模式的对象群组在一起时，其混合模式效果将作用于所有其下方的对象，选择了该选项后，混合模式将只作用于群组内的图像。
- 挖空组：当多个具有透明属性的对象群组在一起时，群组内的对象之间也存在透明效果，即透过群组中上面的对象可以看到下面的对象。选择该选项后，群组内对象的透明属性将只作用于该群组以外的对象。
- “清除所有效果并使对象变为不透明”按钮：单击此按钮，清除对象的所有效果，使混合模式恢复默认情况下的“正常”，不透明度恢复为100%。
- “向选定的目标添加对象效果”按钮 fx：单击此按钮，可显示包含透明度在内的10种效果列表，如图6-57所示。

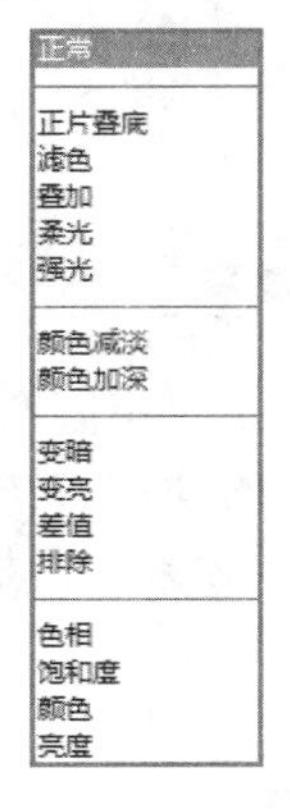

图6-56 混合模式下拉列表

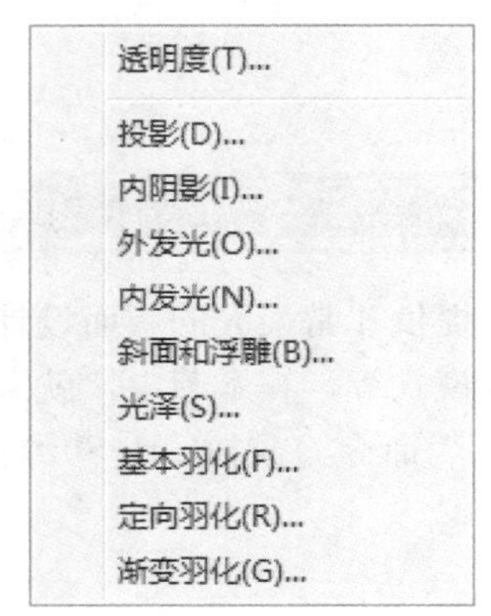

图6-57 对象效果下拉列表

- "从选定的目标中移去效果"按钮 🗑：选择目标对象效果，单击该按钮即可移去此目标的对象效果。

6.8.1 设置不透明度

使用"不透明度"参数，可以控制对象的不透明度属性，若在"对象列表"中选择需要的对象，也可以为对象的不同部分设置不透明效果。

以图6-58所示的文档为例，其中右侧的文本块已经设置了填充色和描边色，图6-59~图6-62所示是分别设置"对象"、"描边"、"填充"和"文本"的不透明度为50%时得到的效果。

图6-58 原对象

图6-59 设置"对象"不透明度为50%时的效果

图6-60 设置"描边"不透明度为50%时的效果

图6-61 设置"填充"不透明度为50%时的效果

对编组对象进行不透明度设置时，选择编好的组图片，发现在"效果"面板中只能选择"组"，而"描边"、"填色"、"文本"已经变成了不可选选项。图6-63所示为把不透明度设置为80%时的效果。

图6-62 设置"文本"不透明度为50%时的效果

图6-63 设置组不透明度为80%时的效果

01 chapter P1—P18
02 chapter P19—P38
03 chapter P39—P64
04 chapter P65—P100
05 chapter P101—P118
06 chapter P119—P152
07 chapter P153—P182
08 chapter P183—P200
09 chapter P201—P220
10 chapter P221—P234
11 chapter P235—P254
12 chapter P255—P277

6.8.2 设置混合模式

在 InDesign中为对象设置混合模式非常重要，它可以实现与重叠完全不同的对象层次效果。正确的、灵活的运用各种混合模式，往往能创造许多匪夷所思的效果，并对调整图像的色调、亮度有相当大的作用。图6-64所示为设置混合模式前后的对比效果。

图6-64 原图及设置混合模式为“正片叠底”和“叠加”时的效果

6.8.3 混合模式选项

各混合模式选项的介绍如下。

- 正常：选择该选项，上方图层完全遮盖下方图层，如图6-65所示。在修改不透明度的情况下，下层图像才会显示出来。
- 正片叠底：基色与混合色的复合，得到的颜色一般较暗。与黑色复合的任何颜色会产生黑色，与白色复合的任何颜色则会保持原来的颜色。此效果类似于使用多支魔术水彩笔在页面上添加颜色。
- 滤色：与正片叠底模式不同，该模式下对象重叠得到的颜色显亮，使用黑色过滤时颜色不改变，使用白色过滤得到白色。应用滤色模式后，效果如图6-66所示。

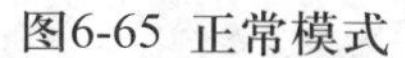
图6-65 正常模式

图6-66 滤色模式

- 叠加：该模式的混合效果使亮部更亮，暗调部更暗，可以保留当前颜色的明暗对比，以表现原始颜色的明度和暗度。如图6-67所示。
- 柔光：使颜色变亮或变暗，具体取决于混合色。如果上层对象的颜色比50% 灰色亮，则图像变亮；反之，则图像变暗。
- 强光：此模式的叠加效果与柔光类似，但其加亮与变暗的程度较柔光模式大许多，效果如图6-68所示。

图6-67 叠加模式　　图6-68 强光模式

- 颜色减淡：选择此命令可以生成非常亮的合成效果，其原理为上方对象的颜色值与下方对象的颜色值采取一定的算法相加，此模式通常被用来创建光源中心点极亮效果，此模式效果如图6-69所示。
- 颜色加深：此模式与颜色减淡模式相反，通常用于创建非常暗的阴影效果，此模式效果如图6-70所示。

图6-69 颜色减淡模式　　图6-70 颜色加深模式

- 变暗：选择此命令，将以上方对象中的较暗像素代替下方对象中与之相对应的较亮像素，且以下方对象中的较暗区域代替上方图层中的较亮区域，因此叠加后整体图像呈暗色调，效果如图6-71所示。
- 变亮：此模式与变暗模式相反，将以上方对象中较亮像素代替下方对象中与之相对应的较暗像素，且以下方对象中的较亮区域代替上方对象中的较暗区域，因此叠加后整体图像呈亮色调，效果如图6-72所示。

图6-71 变暗模式　　图6-72 变亮模式

- 差值：此模式可在上方对象中减去下方对象相应处像素的颜色值，通常用于使图像变暗并取得反相效果。若想反转当前基色值，则可以与白色混合，与黑色混合则不会发生变化，效果如图6-73所示。

- 排除：选择此命令可创建一种与差值模式相似但具有高对比度低饱和度、色彩更柔和的效果。若想反转基色值，则可以与白色混合，与黑色混合则不会发生变化，效果如图6-74所示。

Nostalgic Fall

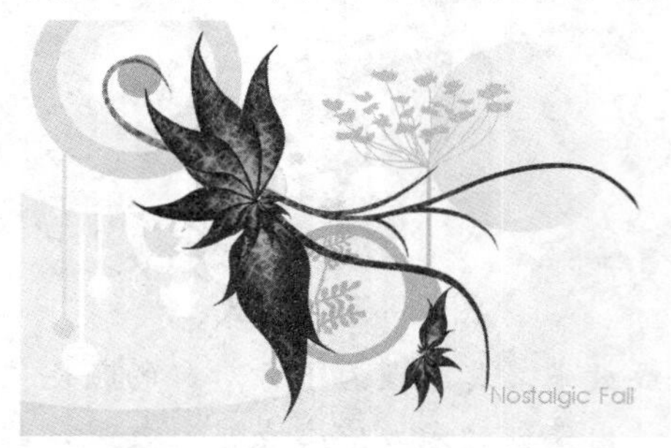

图6-73 差值模式

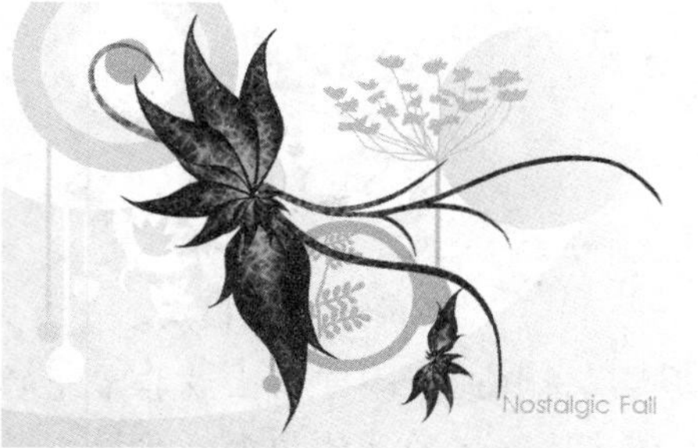
Nostalgic Fall

图6-74 排除模式

- 色相：选择此命令，最终图像的像素值由下方对象的亮度与饱和度及上方对象的色相值构成，效果如图6-75所示。
- 饱和度：选择此命令，最终对象的像素值由下方图层的亮度和色相值及上方图层的饱和度值构成，效果如图6-76所示。

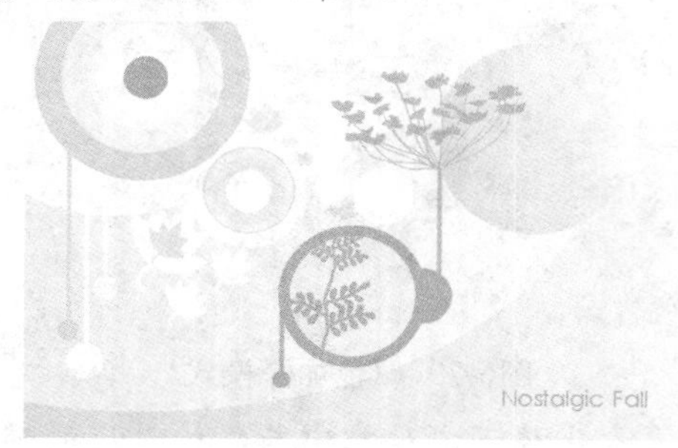

Nostalgic Fall

图6-75 色相模式

Nostalgic Fall

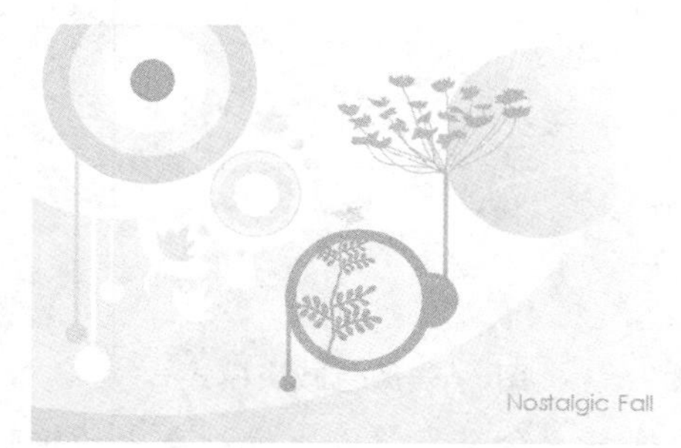

图6-76 饱和度模式

- 颜色：选择此命令，最终对象的像素值由下方对象的亮度及上方对象的色相和饱和度值构成。此模式可以保留图片的灰阶，在给单色图片上色和给彩色图片着色的运用上非常有用，效果如图6-77所示。
- 亮度：选择此命令，最终对象的像素值由上层对象与下层对象的色调、饱和度进行混合，创建最终颜色。此模式下的对象效果与颜色模式下的对象效果相反，效果如图6-78所示。

Nostalgic Fall

图6-77 颜色模式

Nostalgic Fall

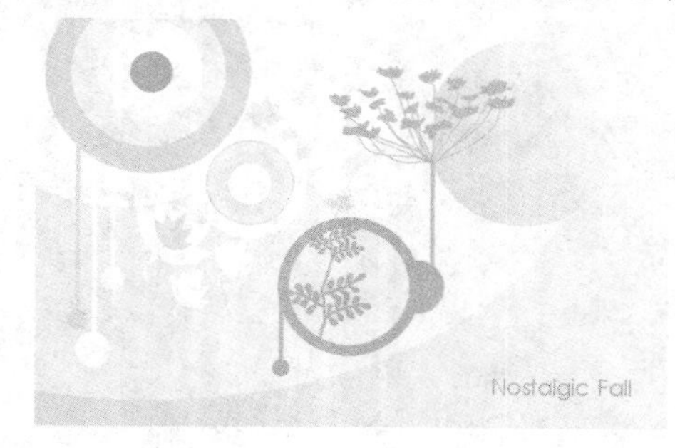

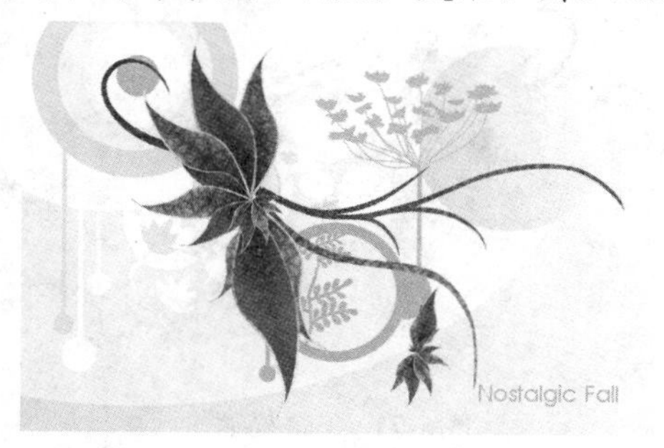

图6-78 亮度模式

6.8.4 清除所有混合

要清除某对象的全部效果，将混合模式更改为“正常”，以及将“不透明度”设置更改为100%，需要在“效果”面板中单击“清除所有效果并使对象变为不透明”按钮☒，或者在“效果”面板菜单中选择“清除全部透明度”命令。

6.9 为对象添加效果

使用对象效果可以快速得到投影、内阴影、外发光、内发光、斜面和浮雕、基本羽化、定向羽化及渐变羽化等常用效果。下面分别讲解这些对象效果的使用方法。

6.9.1 投影

利用“投影”命令可以为任意对象添加投影效果，还可以设置阴影的混合模式、不透明度、模糊程度及颜色等参数。

执行“对象”|“效果”|“投影”命令，弹出“效果”对话框，如图6-79所示。

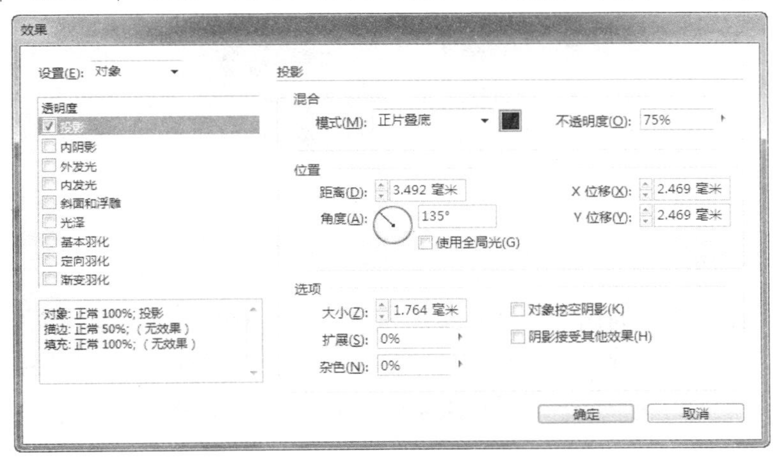

图6-79 “效果”对话框

“投影”选项卡中各选项的功能解释如下。

- 模式：在该下拉列表框中可以选择阴影的混合模式。
- 设置阴影颜色色块：单击此色块，弹出“效果颜色”对话框，如图6-80所示。从中可以设置阴影的颜色。

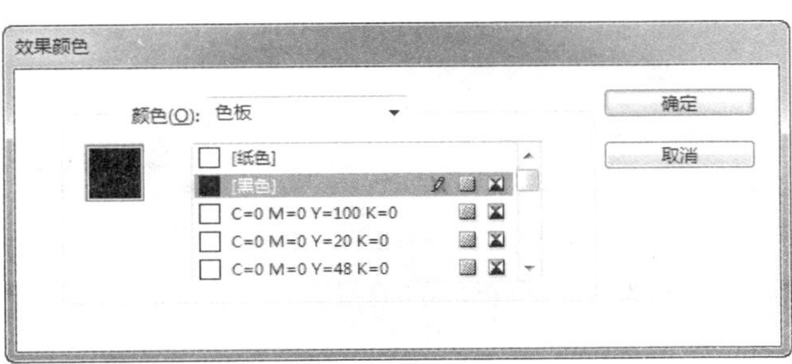

图6-80 “效果颜色”对话框

- 不透明度：在此文本框中输入数值，用于控制阴影的透明属性。
- 距离：在此文本框中输入数值，用于设置阴影的位置。
- X位移：在此文本框中输入数值，用于控制阴影在X轴上的位置。
- Y位移：在此文本框中输入数值，用于控制阴影在Y轴上的位置。
- 角度：在此文本框中输入数值，用于设置阴影的角度。
- 使用全局光：勾选此复选框，将使用全光。
- 大小：在此文本框中输入数值，用于控制阴影的大小。
- 扩展：在此文本框中输入数值，用于控制阴影的外散程度。
- 杂色：在此文本框中输入数值，用于控制阴影包含杂点的数量。

图6-81所示为原对象，图6-82所示为主题图像添加投影后的效果。

由于下面讲解的各类效果所弹出的对话框与设置“投影”命令时类似，故对于其他“效果”对话框中相同的选项就不再重复讲解。

图6-81 原对象

图6-82 添加投影效果

6.9.2 内阴影

使用“内阴影”命令可以为图像添加内阴影效果，并使图像具有凹陷的效果。其相应的对话框如图6-83所示。该对话框中的“收缩”选项用于控制内阴影效果边缘的模糊扩展程度。

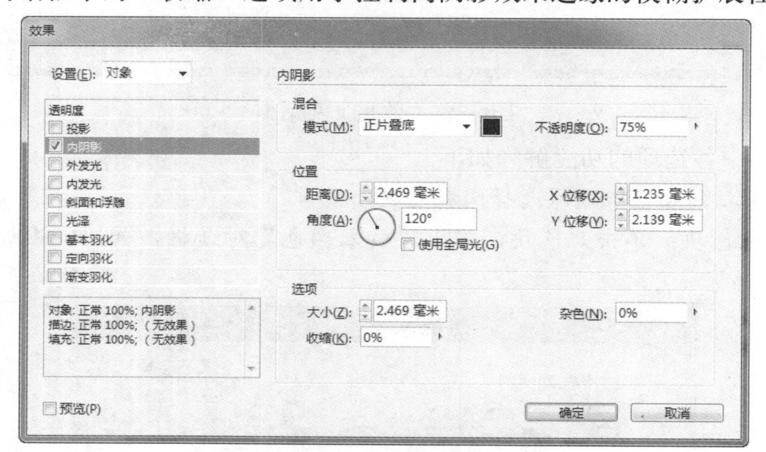

图6-83 “内阴影”选项卡

如图6-84所示为原对象效果和添加内阴影后的效果。

图6-84 原对象及内阴影效果

6.9.3 外发光

使用“外发光”命令可以为图像添加发光效果，其相应的对话框如图6-85所示。其中“方法”下拉列表框中的“柔和”和“精确”选项，用于控制发光边缘的清晰和模糊程度。

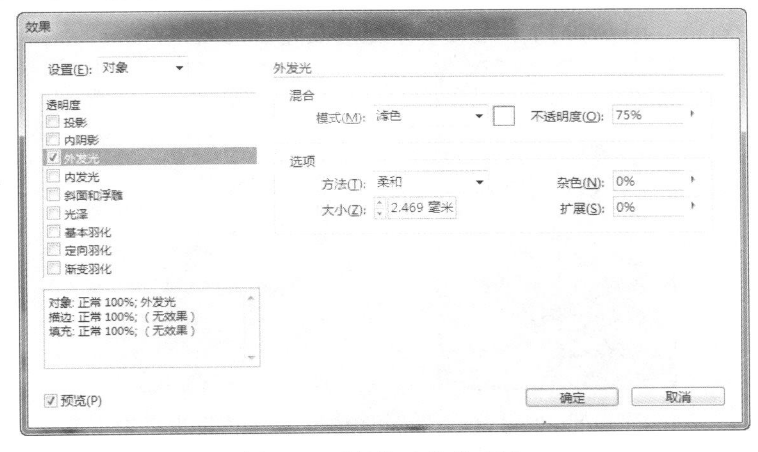

图6-85 “外发光”选项卡

图6-86所示为原对象，图6-87所示为文字图像添加外发光后的效果。

图6-86 原对象

图6-87 添加外发光后的效果

6.9.4 内发光

使用“内发光”命令可以为图像内边缘添加发光效果，其相应的对话框如图6-88所示。其中

“源”下拉列表框中的“中心”和“边缘”选项，用于控制创建发光效果的方式。

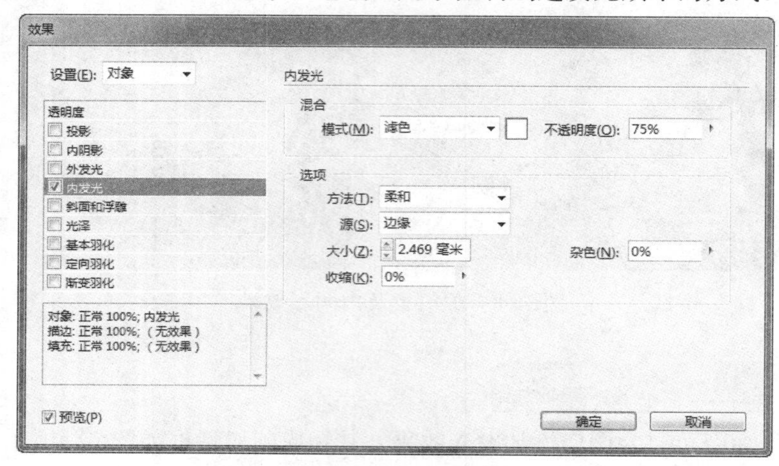

图6-88 “内发光”选项卡

图 6-89 所示为原对象，图 6-90 所示为文字添加内发光后的效果。

图6-89 原对象

图6-90 添加内发光后的效果

6.9.5 斜面和浮雕

使用“斜面和浮雕”命令可以创建具有斜面或浮雕效果的图像，其相应的对话框如图6-91所示。

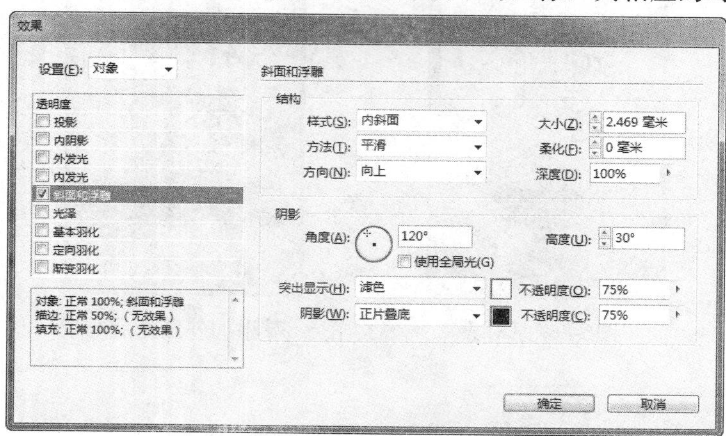

图6-91 “斜面和浮雕”选项卡

"斜面和浮雕"对话框中部分选项的功能解释如下。

- 样式：在其下拉列表中选择其中的各选项可以设置不同的效果，包括"外斜面"、"内斜面"、"浮雕"和"枕状浮雕"4种效果。经常用到"外斜面"、"内斜面"效果。
- 方法：在此下拉列表中可以选择"平滑"、"雕刻清晰"、"雕刻柔和"3种添加"斜面和浮雕"效果的方式。
- 柔化：此选项控制"斜面和浮雕"效果亮部区域与暗部区域的柔和程度。数值越大，则亮部区域与暗部区域越柔和。
- 方向：在此可以选择"斜面和浮雕"效果的视觉方向。单击"向上"选项，在视觉上"斜面和浮雕"样式呈现凸起效果；单击"向下"选项，在视觉上"斜面和浮雕"样式呈现凹陷效果。
- 深度：此数值控制"斜面和浮雕"效果的深度。数值越大，效果越明显。
- 高度：在此文本框中输入数值，用于设置光照的高度。
- 突出显示/阴影：在这两个下拉列表中，可以为形成倒角或浮雕效果的高光与阴影区域选择不同的混合模式，从而得到不同的效果。如果分别单击右侧的色块，还可以在弹出的对话框中为高光与阴影区域选择不同的颜色。因为在某些情况下，高光区域并非完全为白色，可能会呈现某种色调；同样，阴影区域也并非完全为黑色。

图6-92所示为原对象，如图6-93所示为文字添加斜面和浮雕后的效果。

图6-92 原对象

图6-93 添加斜面和浮雕后的效果

6.9.6 光泽

"光泽"命令通常用于创建光滑的磨光或金属效果。其相应的对话框如图 6-94 所示。其中"反转"选项，用于控制光泽效果的方向。

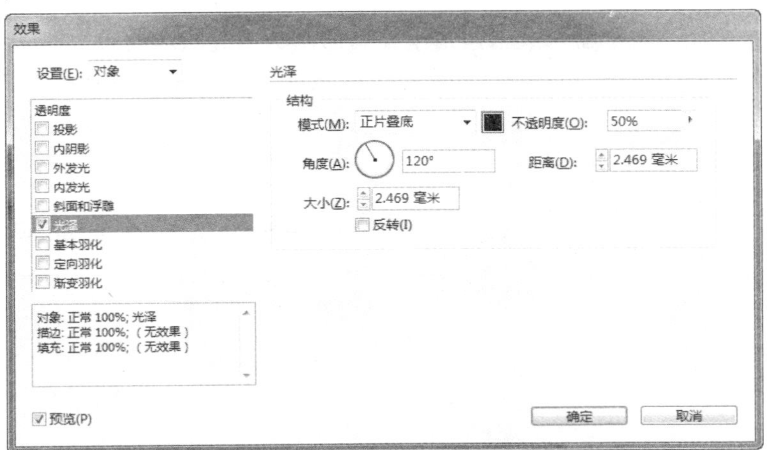

图6-94 "光泽"选项卡

图 6-95 所示为原对象，图 6-96 所示为文字添加光泽后的效果。

图6-95 原对象

图6-96 添加光泽效果

6.9.7 基本羽化

"基本羽化"命令可以为图像添加柔化的边缘。其相应的对话框如图6-97所示。

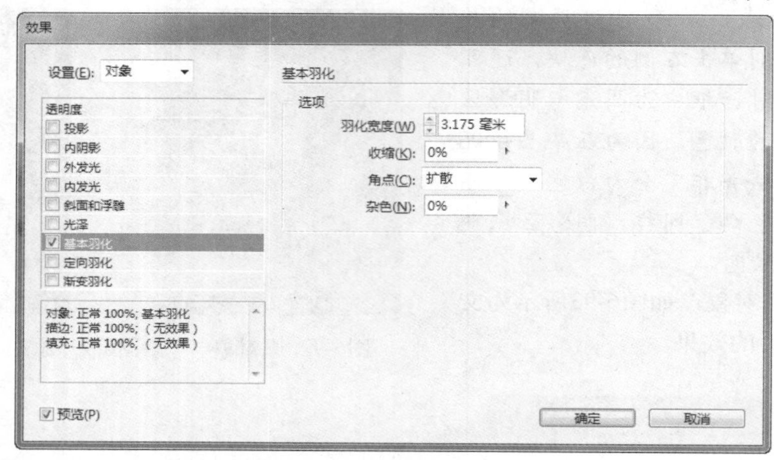

图6-97 "基本羽化"选项卡

"基本羽化"对话框中各选项的功能解释如下。

- 羽化宽度：在此文本框中输入数值，用于控制图像从不透明渐隐为透明需要经过的距离。
- 收缩：与羽化宽度设置一起，控制边缘羽化的强度值；设置的值越大，不透明度越高；设置的值越小，透明度越高。
- 角点：在此下拉列表中可以选择"锐化"、"圆角"和"扩散"3个选项。"锐化"选项适合于星形对象，以及对矩形应用特殊效果；"圆角"选项可以将角点圆角化处理，应用于矩形时可取得良好效果；"扩散"选项可以产生比较模糊的羽化效果。

图6-98所示为原对象，图6-99所示为对图像设置基本羽化后的效果。

图6-98 原对象

图6-99 设置基本羽化后的效果

6.9.8 定向羽化

"定向羽化"命令可以为图像的边缘沿指定的方向实现边缘羽化。其相应的对话框如图6-100所示。

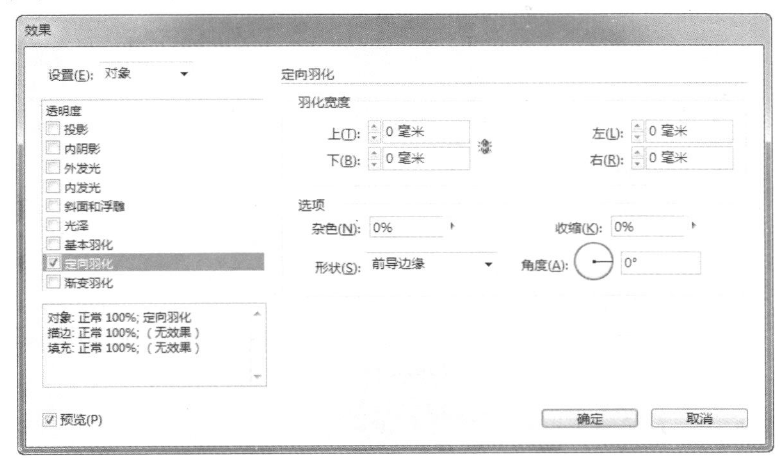

图6-100 "定向羽化"选项卡

"定向羽化"对话框中部分选项的功能解释如下。

- 羽化宽度：可以通过设置上、下、左、右的羽化值控制羽化半径。单击"将所有设置为相同"按钮，使其处于被按下的状态，可以同时修改上、下、左、右的羽化值。
- 形状：在此下拉列表中可以选择"仅第一个边缘"、"前导边缘"和"所有边缘"选项，以确定图像原始形状的界限。

图6-101所示为原对象，图6-102所示为对图像设置定向羽化后的效果。

图6-101 原对象

图6-102 设置定向羽化后的效果

6.9.9 渐变羽化

"渐变羽化"命令可以使对象所在区域渐隐为透明，从而实现此区域的柔化。其相应的对话框如图6-103所示。

01 chapter P1—P18
02 chapter P19—P38
03 chapter P39—P64
04 chapter P65—P100
05 chapter P101—P118
06 chapter P119—P152
07 chapter P153—P182
08 chapter P183—P200
09 chapter P201—P220
10 chapter P221—P234
11 chapter P235—P254
12 chapter P255—P277

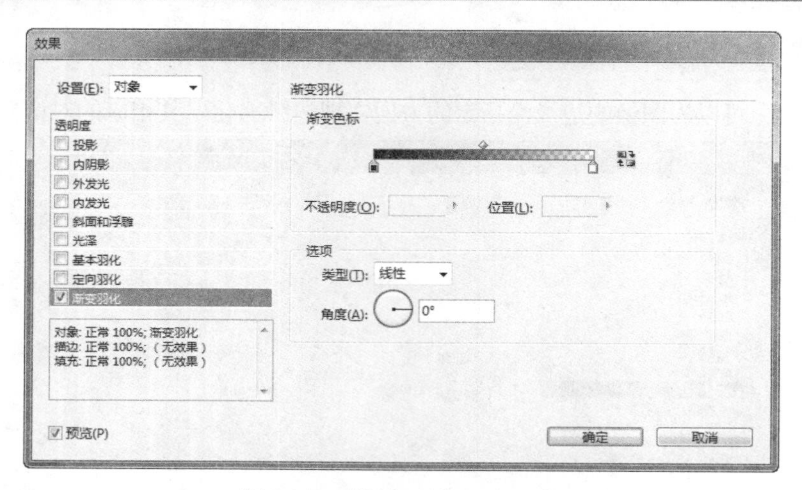

图6-103 “渐变羽化”选项卡

“渐变羽化”对话框中部分选项的功能解释如下。

- 渐变色标：该区域中的选项用来编辑渐变羽化的色标。在“位置”文本框中输入数值用于控制渐变中心点的位置。

提示：

要创建渐变色标，可以在渐变滑块的下方单击（将渐变色标拖离滑块可以删除色标）；要调整色标的位置，可以将其向左或向右拖动；要调整两个不透明度色标之间的中点，可以拖动渐变滑块上方的菱形，菱形位置决定色标之间过渡的剧烈或渐进程度。

- 反向渐变按钮：单击此按钮可以反转渐变方向。
- 类型：在此下拉列表中可以选择“线性”、“径向”两个选项，以控制渐变的类型。

图6-104所示为原对象，图6-105所示为对图像设置渐变羽化后的效果。

图6-104 原对象

图6-105 设置渐变羽化后的效果

6.9.10 修改效果

添加效果后，如果对当前的效果不满意，此时可以通过修改效果得到满意。其步骤如下。

（1）选择一个或多个已应用效果的对象。

（2）在“效果”面板中双击“对象”右侧（非面板底部）的 fx 图标，或者单击“效果”面板底部的按钮 fx，在弹出的下拉菜单中选择一个效果名称。

（3）在弹出的“效果”对话框中编辑效果。

6.9.11 复制效果

如果两个对象需要设置同样的效果，可以通过“吸管工具”和拖动法来实现，以减少重复性操作。具体方法如下。

- 要有选择地在对象之间复制效果，可以使用“吸管工具”。要控制用“吸管工具”复制哪些透明度描边、填色和对象设置，请双击该工具，打开“吸管选项”对话框。然后，选择或取消选择“描边设置”、“填色设置”和“对象设置”区域中的选项。
- 要在同一对象中将一个级别的效果复制到另一个级别，在按住Alt 键时，在“效果”面板上将一个级别的fx图标拖动到另一个级别（“描边”、“填充”或“文本”）。

可以通过拖动fx图标将同一个对象中一个级别的效果移到另一个级别。

6.9.12 删除效果

删除效果的作用在于，使效果不再发挥作用，同时减小文件大小。具体方法如下。

- 要清除全部效果但保留混合和不透明度设置，需要选择一个级别并在“效果”面板菜单中选择“清除效果”命令，或者将fx图标从“效果”面板中的“描边”、“填色”或“文本”级别拖动到“从选定的目标中移去效果”按钮上。
- 若要清除效果的多个级别（描边、填色或文本），需要选择所需级别，然后单击“从选定的目标中移去效果”按钮。
- 要删除某对象的个别效果，需要打开“效果”对话框并取消选择一个透明效果。

6.10 拓展训练——制作图像间的层次感

（1）打开随书所附光盘中的文件“第6章\6.10拓展训练——制作图像间的层次感-素材.indd”，如图6-106所示。使用“选择工具”选择文档下方的石像，如图6-107所示。

图6-106 素材图像

图6-107 选择图像

（2）执行“对象”|“效果”|“投影”命令，设置弹出的对话框如图6-108所示，此时图像预览效果如图6-109所示。

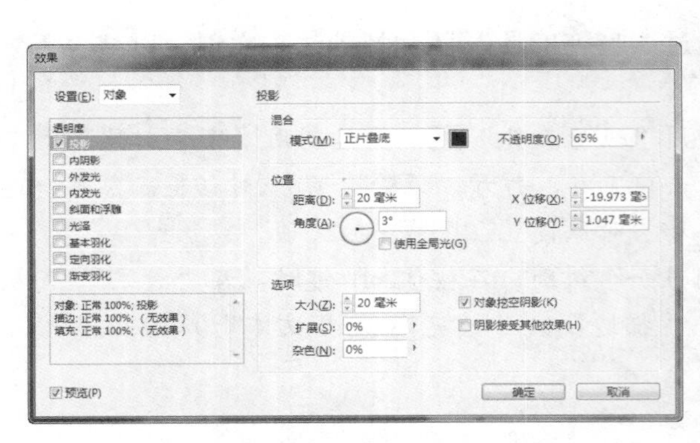

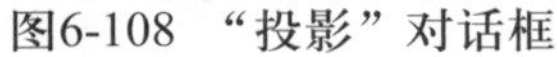

图6-108 “投影”对话框　　图6-109 应用“投影”命令后的效果

（3）继续在“效果”对话框中选择“内阴影”选项，设置其对话框如图6-110所示，单击“确定”按钮退出对话框，得到的效果如图6-111所示。

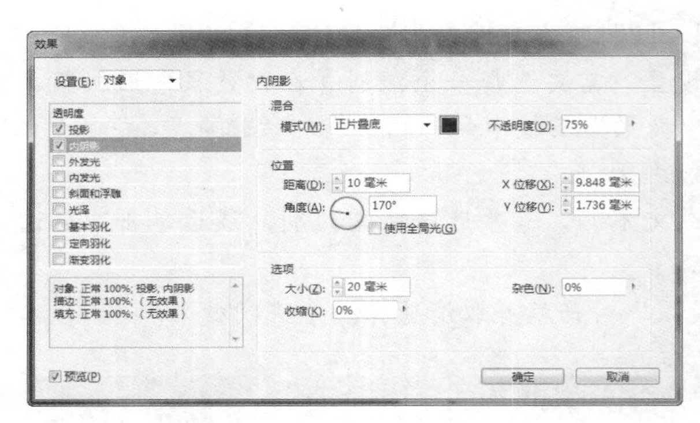

图6-110 “内阴影”对话框　　图6-111 应用“内阴影”命令后的效果

（4）按照前面的操作方法，使用“选择工具”分别选中左下方的文本框，添加“投影”效果，得到的效果如图6-112所示，最终整体效果如图6-113所示。

图6-112 为文字添加投影效果　　图6-113 最终效果

提示：

本步中关于“投影”对话框中的参数设置，请参考最终效果源文件。本例最终效果为随书所附光盘中的文件“第6章\6.10 拓展训练——制作图像间的层次感.indd”。

6.11 课后练习

1. 单选题

（1）关于选择类工具的说法，不正确的是？（　　）

A. 使用“选择工具”无法编辑路径上的锚点和线段

B. 使用“直接选择工具”可以选择群组中的对象

C. 使用“直接选择工具”可以缩放图像，也可以剪切图像

D. 使用“选择工具”并按住Shift键缩放图像，可以改变图像大小

（2）显示“对齐”面板的快捷键是（　　）。

A. Shift+F7　　B. F7　　C. Shift+F9　　D. F9

（3）下列有关图形的前后关系描述不正确的是（　　）。

A. 在默认情况下，同一图层上先绘制的图形在后绘制的图形的后面

B. “置于顶层”命令可将所选图形放到同一图层上所有图形的最上面

C. “后移一层”命令可将所选图形放到同一图层上所有图形的最下面

D. 在同一图层上先绘制的图形一般在后绘制的图形的前面

（4）当使用“旋转工具”时，按住下列哪个键的同时单击旋转中心点，就可弹出其设定对话框？（　　）

A. Shift　　B. Tab　　C. Alt　　D. Esc

（5）以下关于旋转工具旋转对象的使用方法，不正确的是？（　　）

A. 只能以对象的中心为基点旋转对象

B. 按下Alt键可以在旋转的同时复制对象

C. 按下Shift键可以强制对象以45°的整倍数旋转对象

D. 双击工具箱中的“旋转工具”可以调出旋转对话框

2. 多选题

（1）下列关于InDesign中对象堆叠顺序的说法正确的有：（　　）

A. 最后创建的对象处于最下面，所有其他的对象按创建的先后顺序依次向上叠放

B. 后创建的对象处于最上面，所有其他的对象按创建的先后顺序依次向下叠放

C. 后创建的对象可按需要处于任意顺序位置，所有对象按各自的顺序叠放

D. 最后创建的对象可按需要处于任意顺序位置，其他对象的顺序不可改变

（2）下列有关“变换”面板的叙述哪些是不正确的？（　　）

A. 通过“变换”面板可以移动、缩放、旋转和倾斜图形

B. “变换”面板最下面的两个数值框的数值分别表示旋转的角度值和缩放的比例

C. 通过“变换”面板移动、缩放、旋转和倾斜图形时，只能以图形的中心点为基准点

D. 在“变换”面板中X和Y后面的数值分别代表图形在页面上的横坐标和纵坐标的数值

（3）对InDesign中的图形施加透明效果时，下面说法不正确的是？（　　）

A. 在默认状态下，当对一个具有填充色和边框色的图形施加透明效果时，对象的填充色、边框色的透明度都能同时发生变化

B. 可对一个图形的填充色和边框色分别施加透明效果

C. 只能同时对一个图形的填充色和边框色分别施加透明效果

D. 一旦对象施加了透明效果，就不能再更换

（4）InDesign可以为绘制的多边形执行下列哪些操作？（　　）

A. 羽化　　B. 投影　　C. 设定不同的透明度　　D. 选择不同的混合模式

（5） InDesign中描述不正确的是：（　　）

A. InDesign中渐变和渐变羽化功能是一样的

B. InDesign中渐变是颜色的变化，渐变羽化是产生颜色过渡且逐渐透明的效果

C. InDesign中描边也能直接添加渐变

D. InDesign中的“外发光”样式只能制作白色的发光效果

3．判断题

（1）在 InDesign 中，锁定一个对象的位置后，对象仍然可被选中，但锁定一个图层后，图层上的对象都无法被选中。（　　）

（2）按 Ctrl+Alt+G 键可以为对象编组。（　　）

（3）要使对象可以选中但又无法移动、编辑，可以将其锁定。（　　）

（4）对象的混合模式不可以与对象效果同时使用。（　　）

（5）InDesign 可对文本、图形、图像和群组使用透明。（　　）

4．操作题

打开随书所附光盘中的文件“第 6 章 \ 操作题 - 素材 .indd”，如图 6-114 所示，根据本章所讲解的通过调整对象的顺序，制作得到如图 6-115 所示的效果。制作完成后的效果可以参考随书所附光盘中的文件“第 6 章 \ 操作题 .indd”。

图6-114 素材图像

图6-115 调整顺序后的效果

第7章 输入与格式化文本

本章导读

本章主要讲解了在InDesign中如何进行有关于文字的操作，其中包括如何输入横排或竖排文字、如何设置文字的属性、如何设定复合字体、如何查找与更改文本及其格式及如何将文本转换为路径等。

7.1 输入文本

7.1.1 直接横排或直排输入文本

要为设计作品添加水平或垂直排列的文本，可以按下面所讲述的步骤操作。

（1）在工具箱中选择“文字工具”T或“直排文字工具”IT。

（2）在页面中适当的位置单击并按住鼠标左键拖动一个框（文本框），当松开鼠标左键时，文本框中会出现插入点光标，直接输入文本即可。

提示1：

文本框架有两种类型，即框架网格和纯文本框架。框架网格是亚洲语言排版特有的文本框架类型，其中字符的全角字框和间距都显示为网格；纯文本框架是不显示任何网格的空文本框架。

提示2：

在拖动鼠标时按住Shift键，可以创建正方形文本框架；按住Alt键拖动，可以从中心创建文本框架；按住Shift+Alt键拖动，可以从中心创建正方形文本框架。

如果在页面中存在文本，要添加文字时，可以使用“选择工具”或“直接选择工具”在现有文本框架内目标位置双击或选择“文字工具”T插入文字光标，然后输入文本。

图7-1所示为在设计作品中应用了横排、垂直排列的文字的示例。

图7-1 应用了横排、垂直排列的文字的示例

7.1.2 粘贴文本

除了输入文本外，粘贴文本也是InDesign中获取文本的另一个重要的方式，用户可以从Word、记事本或网页中复制文本，然后粘贴到InDesign中来。下面就来讲解InDesign CS6中粘贴文本的几种方法。

1. 直接粘贴文本

选中需要添加的文本，执行“编辑”|“复制”命令，或者按Ctrl+C键，然后在指定的位置插入文字光标。再执行“编辑”|“粘贴”命令，或者按Ctrl+V键即可。

提示：

如果将文本粘贴到InDesign中时，插入点不在文本框架内，则会创建新的纯文本框架。

2. 粘贴时不包含格式

选中需要添加的文本，执行“编辑”|“复制”命令，或者按Ctrl+C键，然后在指定的位置插入文字光标。再执行“编辑”|“粘贴时不包含格式”命令，或者按Shift+Ctrl+V键即可。

提示：

应用“粘贴时不包含格式”命令，可以清除所粘贴文字的颜色、字号和字体等，而使用当前文本的格式效果。

3. 粘贴时不包含网格格式

复制文本后，执行“编辑”|“粘贴时不包含网格格式”命令，或者按Alt+Shift+Ctrl+V键可以在粘贴文本时不保留其源格式属性。通常可以随后通过执行“编辑”|“应用网格格式”命令，以应用网格格式。

7.1.3 置入Word文件

在InDesign中，除了利用文本工具直接输入文本、粘贴文本得到，还可以通过置入文本的方式获得。下面来讲解一下其具体的操作方法。

（1）选择“文件”|“新建”|“文档”命令，创建一个空白的InDesign CS6文档。

（2）执行“文件”|“置入”命令，在弹出的“置入”对话框中将“显示导入选项”复选框中，然后选择要导入的Word文档，如图7-2 所示。

图7-2 “置入”对话框

“置入”对话框中各选项的解释如下。

- 显示导入选项：选择此选项，将弹出包含所置入文件类型的导入选项对话框。单击“打开”按钮后，将打开“Microsoft Word 导入选项”对话框，在此对话框中设置所需的选项，单击“确定”按钮即可置入文本。
- 替换所选项目：选择此选项，所置入的文本将替换当前所选文本框架中的内容。否则，所置入的文档将排列到新的框架中。
- 创建静态题注：选择此选项，可以在置入图像时生成基于图像元数据的题注。

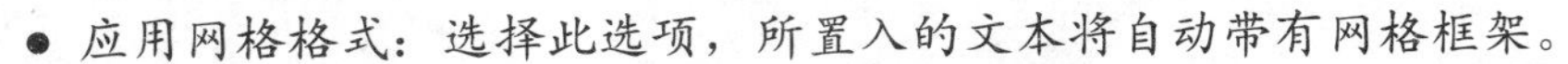

- 应用网格格式：选择此选项，所置入的文本将自动带有网格框架。

（3）单击“打开”按钮，将弹出“Microsoft Word 导入选项”对话框，如图7-3所示。

“Microsoft Word 导入选项”对话框中各选项的解释如下。

- 预设：在此下拉列表中，可以选择一个已有的预设。若想自行设置可以选择“自定”选项。
- “包含”选项组：用于设置置入所包含的内容。选择“目录文本”选项，可以将目录作为纯文本置入文档中；选择“脚注”选项，可以置入 Word 脚注，但会根据文档的脚注设置重新编号；选择“索引文本”选项，可以将索引作为纯文本置入文档中；选择“尾注”选项，可以将尾注作为文本的一部分置入文档的末尾。

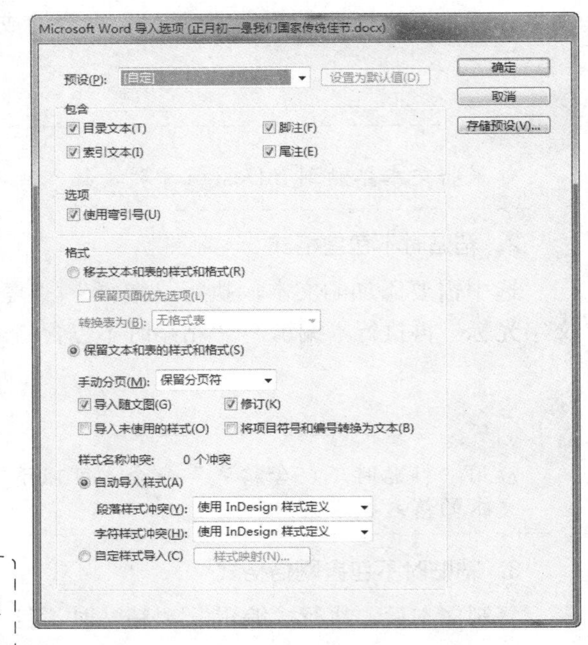

图7-3 “Microsoft Word 导入选项”对话框

提示：

如果 Word 脚注没有正确置入，可以尝试将Word文档另存储为 RTF 格式，然后置入该 RTF 文件。

- 使用弯引号：选择此选项，可以使置入的文本中包含左右引号(“ ”）和单引号（’），而不包含英文的引号（""）和单引号（'）。
- 移去文本和表的样式和格式：选择此选项，所置入的文本将不带有段落样式和随文图。选择“保留页面优先选项”复选框，可以在选择删除文本和表的样式和格式时，保持应用到段落某部分的字符格式，如粗体和斜体。若取消选择该复选项可删除所有格式。在选择“移去文本和表的样式和格式”选项时，选择“转换表为”复选项，可以将表转换为无格式表或无格式的制表符分隔的文本。

提示：

如果希望置入无格式的文本和格式表，则需要先置入无格式文本，然后将表从 Word 粘贴到 InDesign。

- 保留文本和表的样式和格式：选择此选项，所置入的文本将保留 Word 文档的格式。选择“导入随文图”复选框，将置入 Word 文档中的随文图；选择“修订”复选框，会将Word 文档中的修订标记显示在 InDesign 文档中；选择“导入未使用的样式”复选框，将导入 Word 文档的所有样式，即包含全部使用和未使用过的样式；选择“将项目符号和编号转换为文本”复选框，可以将项目符号和编号作为实际字符导入，但如果对其进行修改，不会在更改列表项目时自动更新编号。
- 自动导入样式：选择此选项，在置入Word文档时，如果样式的名称同名，在“样式名称冲突”右侧将出现黄色警告三角形，此时可以从“段落样式冲突”和“字符样式冲突”下拉列表中选择相关的选项进行修改。如果选择“使用InDesign样式定义”，将置入的样式基于InDesign样式进行格式设置；如果选择“重新定义InDesign样式”，将置入的样式基于Word样式进行格式设置，并重新定义现有的InDesign文本；如果选择“自动重命名”，可以对导入的Word样式进行重命名。

- 自定样式导入：选择此选项后，可以单击“样式映射”按钮，弹出“样式映射”对话框，如图7-4所示。在此对话框中可以选择导入文档中的每个Word样式，应该使用哪个InDesign样式具体的讲解请参见第10章。
- 存储预设：单击此按钮，将存储当前的Word导入选项以便在以后的置入中使用，更改预设的名称，单击“确定”按钮。下次导入Word样式时，可以从“预设”下拉列表中选择存储的预设。

（4）设置好所有的参数后，单击“确定”按钮退出。然后在页面中合适的位置单击，即可将Word文档置入InDesign中，如图7-5 所示。

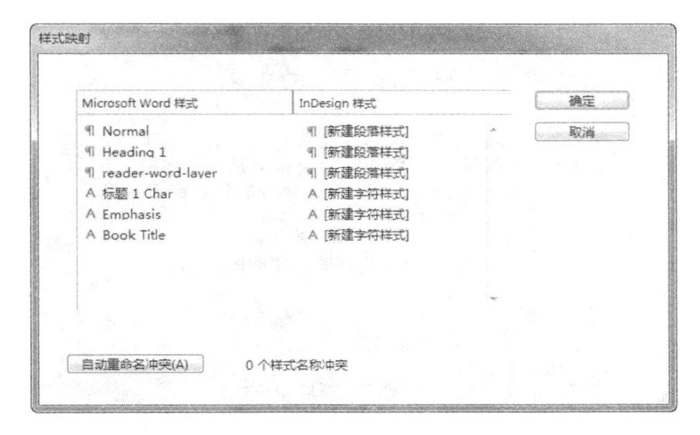

图7-4 “样式映射”对话框

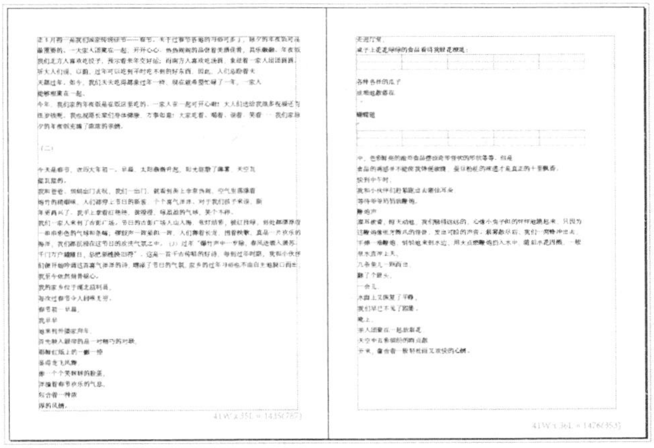

图7-5 置入的Word文档

7.1.4 置入记事本文件

置入记事本的方法与置入Word相似，选择“文件”|“置入”命令后，选择要置入的记事本文件，若选中了“显示导入选项”选项，将弹出如图7-6所示的“文本导入选项”对话框。

“文本导入选项”对话框中各选项的解释如下。

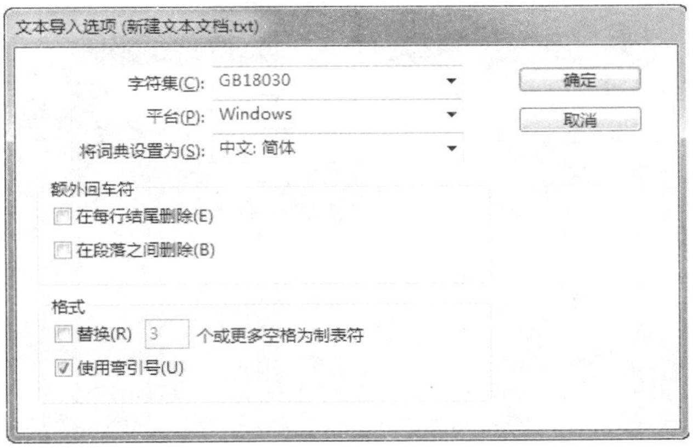

- 字符集：在此下拉列表中可以指定用于创建文本文件时使用的计算机语言字符集。默认选择是与InDesign的默认语言和平台相对应的字符集。
- 平台：在此下拉列表中可以指定文件是在Windows还是在Mac OS中创建文件。
- 将词典设置为：在此下拉列表中可以指定置入文本使用的词典。

图7-6 “文本导入选项”对话框

01 chapter P1—P18
02 chapter P19—P38
03 chapter P39—P64
04 chapter P65—P100
05 chapter P101—P118
06 chapter P119—P152
07 chapter P153—P182
08 chapter P183—P200
09 chapter P201—P220
10 chapter P221—P234
11 chapter P235—P254
12 chapter P255—P277

- 在每行结尾删除：选择此选项，可以将额外的回车符在每行结尾删除。图7-7和图7-8所示为不选中与选中此选项时的效果。

正 5 月初一是我们国家传统佳节——春节。关于过春节
各地的习俗可多了，除夕的年夜饭可是最重要的。一大
家人团聚在一起，开开心心、热热闹闹的品尝着美酒佳肴，
其乐融融。年夜饭我们北方人喜欢吃饺子，预示着来年
交好运；而南方人喜欢吃汤圆，象征着一家人团团圆圆。
听大人们说，以前，过年可以吃到平时吃不到的好东西，
因此，人们总盼着天
天都过年。如今，我们天天吃得都象过年一样，现在就
希望忙碌了一年，一家人
能够相聚在一起。
今年，我们家的年夜饭是在饭店里吃的。一家人在一起
可开心啦！大人们送给我很多祝福还有压岁钱呢。我也
祝愿长辈们身体健康，万事如意！大家吃着、喝着、说着、
笑着……我们家除夕的年夜饭充满了浓浓的亲情。

图7-7 不选中“在每行结尾删除”选项时的效果

正 5 月初一是我们国家传统佳节——春节。关于过春节
各地的习俗可多了，除夕的年夜饭可是最重要的。一大
家人团聚在一起，开开心心、热热闹闹的品尝着美酒佳肴，
其乐融融。年夜饭我们北方人喜欢吃饺子，预示着来年
交好运；而南方人喜欢吃汤圆，象征着一家人团团圆圆。
听大人们说，以前，过年可以吃到平时吃不到的好东西，
因此，人们总盼着天 天都过年。如今，我们天天吃得都
象过年一样，现在就希望忙碌了一年，一家人 能够相聚
在一起。 今年，我们家的年夜饭是在饭店里吃的。一家
人在一起可开心啦！大人们送给我很多祝福还有压岁钱
呢。我也祝愿长辈们身体健康，万事如意！大家吃着、
喝着、说着、笑着……我们家除夕的年夜饭充满了浓浓
的亲情。

图7-8 选中“在每行结尾删除”选项时的效果

- 在段落之间删除：选择此选项，可以将额外的回车符在段落之间删除。
- 替换：选择此选项，可以用制表符替换指定数目的空格。
- 使用弯引号：选择此选项，可以使置入的文本中包含左右引号(“ ”)和单引号（’），而不包含英文的引号（"")和单引号（'）。

7.1.5 置入Excel文件

除了可以置入Word文档和记事本文件，还可以直接置入Excel文档，其置入方法同Word文档的置入一样，只是少数选项设置不同。下面来讲解一下其具体的操作方法。

（1）选择“文件”|“新建”|“文档”命令，创建一个空白的InDesign CS6文档。

（2）执行“文件”|“置入”命令，在弹出的“置入”对话框中将“显示导入选项”选项选中，然后选择要导入的Excel文档，如图7-9所示。

（3）单击“打开”按钮，将弹出“Microsoft Excel 导入选项”对话框，如图7-10所示。

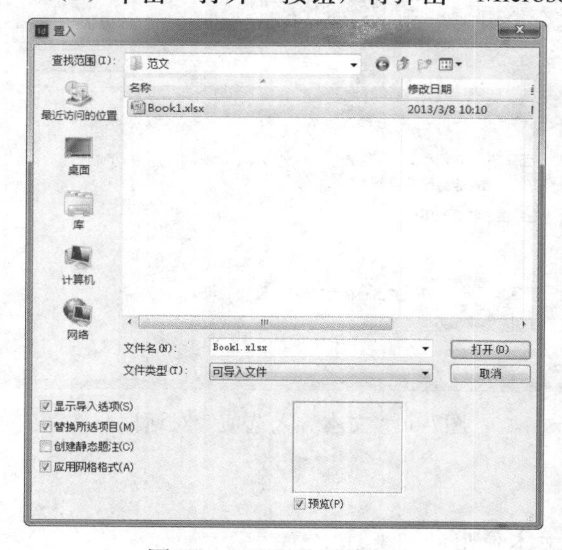

图7-9 “置入”对话框

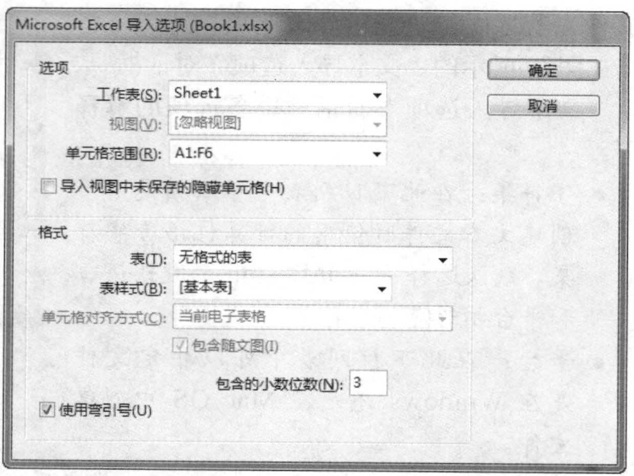

图7-10 “Microsoft Excel 导入选项”对话框

"Microsoft Excel 导入选项"对话框中各选项的解释如下。

- 工作表：在此下拉列表中，可以指定要置入的工作表名称。
- 视图：在此下拉列表中，可以指定置入存储的自定或个人视图，也可以忽略这些视图。
- 单元格范围：在此下拉列表中，可以指定单元格的范围，使用冒号 (:) 来指定范围（如A1:F10）。
- 导入视图中未保存的隐藏单元格：选中此选项，可以置入 Excel 文档中未存储的隐藏单元格。
- 表：在此下拉列表中，可以指定电子表格信息在文档中显示的方式。选择"有格式的表"选项，InDesign 将尝试保留 Excel 中用到的相同格式；选择"无格式的表"选项，则置入的表格不会从电子表格中带有任何格式；选择"无格式制表符分隔文本"选项，则置入的表格不会从电子表格中带有任何格式，并以制表符分隔文本；选择"仅设置一次格式"选项，InDesign 保留初次置入时 Excel 中使用的相同格式。
- 表样式：在此下拉列表中，可以将指定的表样式应用于置入的文档。只有在选中"无格式的表"时该选项才被激活。
- 单元格对齐方式：在此下拉列表中，可以指定置入文档的单元格对齐方式。只有在"表"中选择"有格式的表"选项后，此选项才激活。当"单元格对齐方式"激活后，"包含随文图"复选项才被激活，用于置入时保留Excel文档的随文图。
- 包含的小数位数：在文本框中输入数值，可以指定电子表格中数字的小数位数。
- 使用弯引号：选择此选项，可以使置入的文本中包含左右引号(" ")和单引号（'），而不包含英文的引号（""）和单引号（'）。

（4）设置好所有的参数后，单击"确定"按钮退出。然后在页面中合适的位置单击，即可将Excel文档置入InDesign中，如图7-11所示。

	2004	2005	2006	2007	2008
邓超	87	54	545	866	43
胡月	87	5	98	643	2
杨威	54	54	54	54	454
刘三	76	5	874	4	88
王费	56	54	246	543	54

图7-11 置入的Excel文档

7.2 设置排文方式

在置入文本或是单击文本框的出入口后，当光标会变成载入文本图符形状时，就可以在页面上排文了。常用的排文方法有4种，分别为手动、半自动、自动和固定页面自动排文。其中以手动和自动排文方式最为常用，下面就来讲解其具体的使用方法。

7.2.1 自动排文

自动排文方式适用于将文本填充满当前的页面或分栏中。当指针为载入文本图符形状时，在默认的手动置入情况下，按住Shift键后在页面或栏中单击可以一次性将所有的文档按页面置入，并且当InDesign CS6当前的页面数不够时，会自动添加新的页面，直至所有的内容全部显示。如图7-12所示。

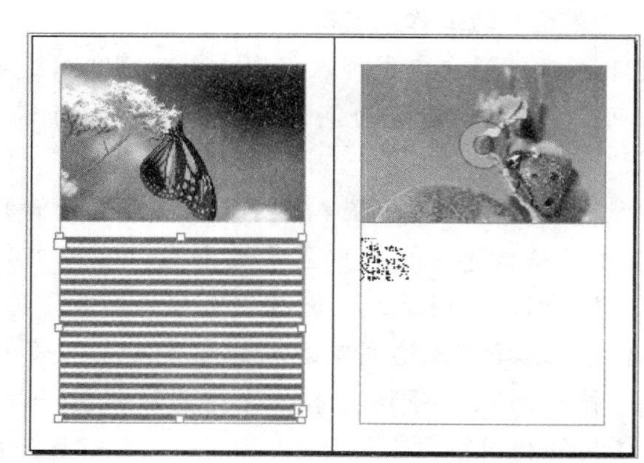

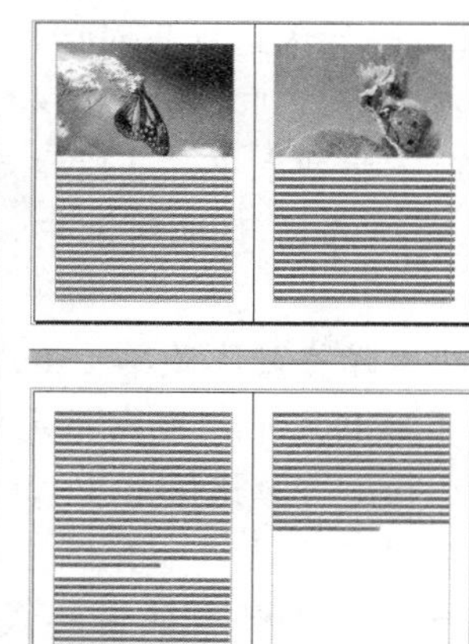

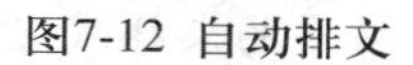

图7-12 自动排文

由于自动排文节省了多次单击或拖动置入的时间，故此方式适用于长文档处理。

7.2.2 手动排文

当置入文档后，光标变成载入文本图符形状时，可以执行以下操作之一。

- 将载入的文本图符形状置于现有框架或路径内的任何位置并单击，文本将自动排列到该框架及其他任何与此框架串接的框架中。

提示：

文本总是从最左侧的栏的上部开始填充框架，即便单击其他栏时也是如此。

- 将载入的文本图符形状置于某栏中，以创建一个与该栏的宽度相符的文本框架，则框架的顶部将是单击的地方。
- 拖动载入的文本图符形状，以自己所定义区域的宽度和高度创建新的文本框架。

如果要置入的文本无法在当前页或栏中完全展开，则会在文本框右下角位置显示一个红色的标识，单击该标识，指针再次变为载入文本图符形状时，再在下一页面或栏中单击，直到置入所有文本。如图7-13所示。

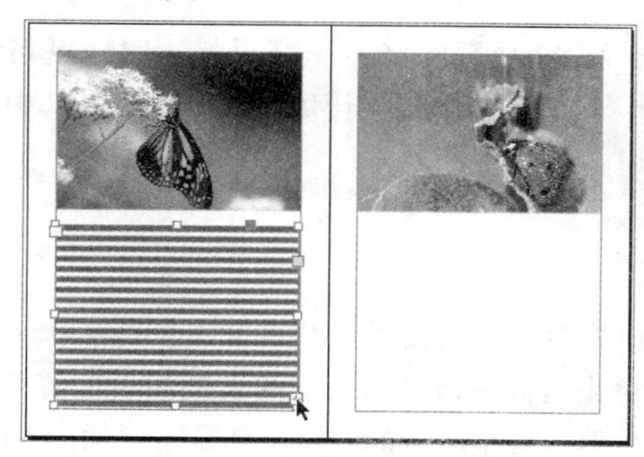

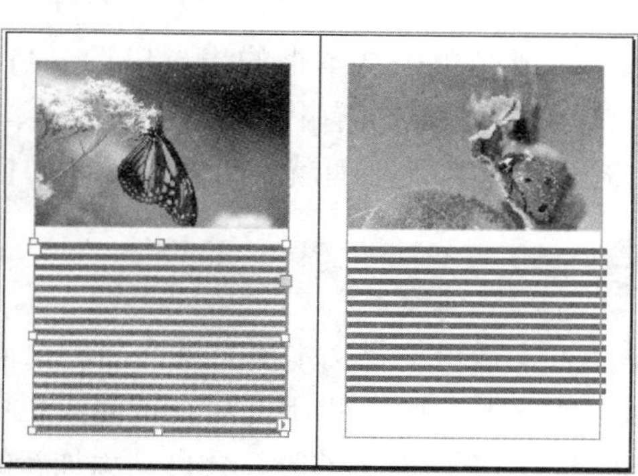

图7-13 手动排文

提示：

如果将文本置入与其他框架串接的框架中，则不论选择哪种文本排文方法，文本都将自动排文到串接的框架中。

7.3 格式化字符属性

除了在输入文字前通过在工具选项栏中设置相应的文字格式选项来格式化文字，还可以使用“字符”面板对其进行格式化操作。

选择“文字工具”[T]，“控制”面板如图7-14所示。

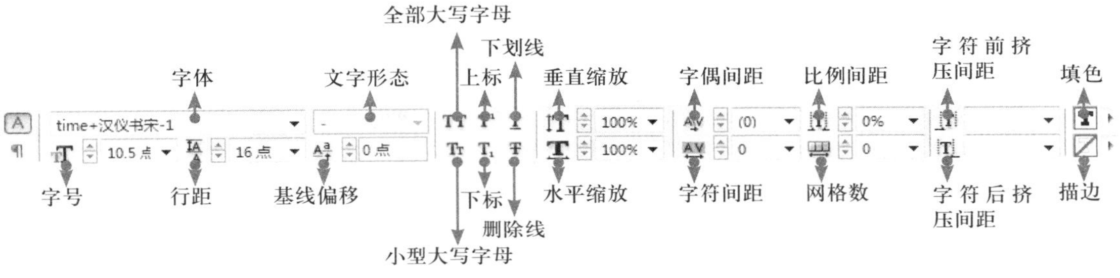

图7-14 “控制”面板

选择“窗口”|“文字和表”|“字符”命令，调出“字符”面板，如图7-15所示。在此面板中可以精确控制文本的属性，包括字体、字号、行距、垂直缩放、水平缩放、字偶间距、字符间距、比例间距、网格指定格数、基线偏移、字符旋转、倾斜等。可以在输入新文本前设置文本属性，也可以选择文本重新更改文本的属性。

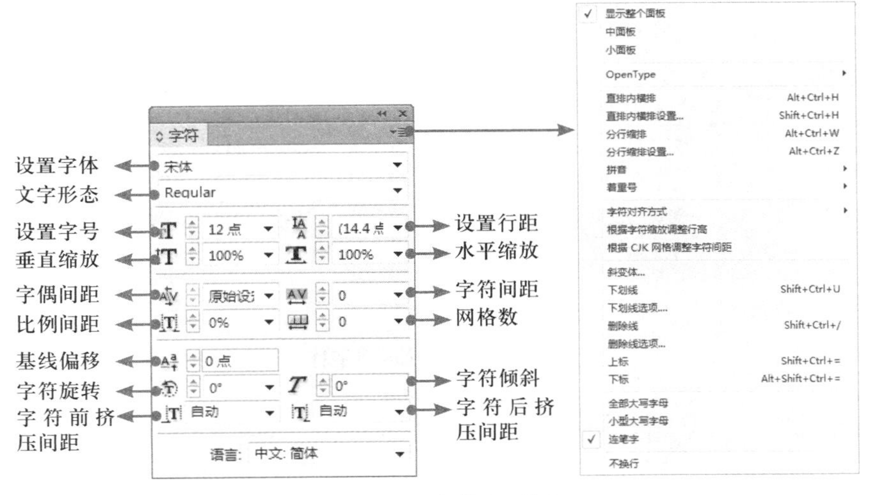

图7-15 “字符”面板

提示：

调出“字符”面板的快捷键为Ctrl+T。

下面来介绍“字符”面板中各参数的含义，如设置行距、垂直缩放、水平缩放、设置所选字符的字距调整、设置基线偏移等参数对于文字的影响。

7.3.1 设置字体

字体是编排中最基础、最重要的组成部分。使用“字符”面板上方的字体下拉列表中的字体，可以为所选择的文本设置一种新的字体。图7-16所示为不同字体的文字形态。另外，对于“Times New Roman”标准英文字体，在字体列表框下方的下拉列表中还提供了4种设置字体的形状，如图7-17所示。

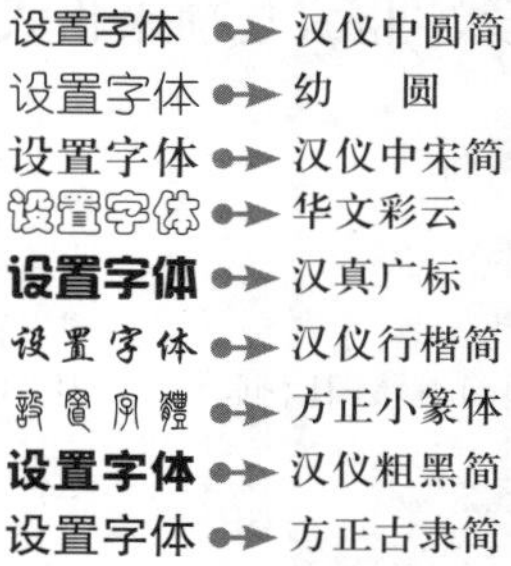

设置字体 ●➤ 汉仪中圆简
设置字体 ●➤ 幼　圆
设置字体 ●➤ 汉仪中宋简
设置字体 ●➤ 华文彩云
设置字体 ●➤ 汉真广标
设置字体 ●➤ 汉仪行楷简
设置字体 ●➤ 方正小篆体
设置字体 ●➤ 汉仪粗黑简
设置字体 ●➤ 方正古隶简

图7-16 不同字体的文字形态

图7-17 4种设置字体的形状

- Regular：选择此选项，字体将呈正常显示状态，无特别效果。
- Italic：选择此选项，所选择的字体呈倾斜显示状态。
- Bold：选择此选项，所选择的字体呈加粗状态。
- Bold Italic：选择此选项，所选择的字体呈加粗且倾斜的显示状态。

图7-18所示为设置不同字体的效果。

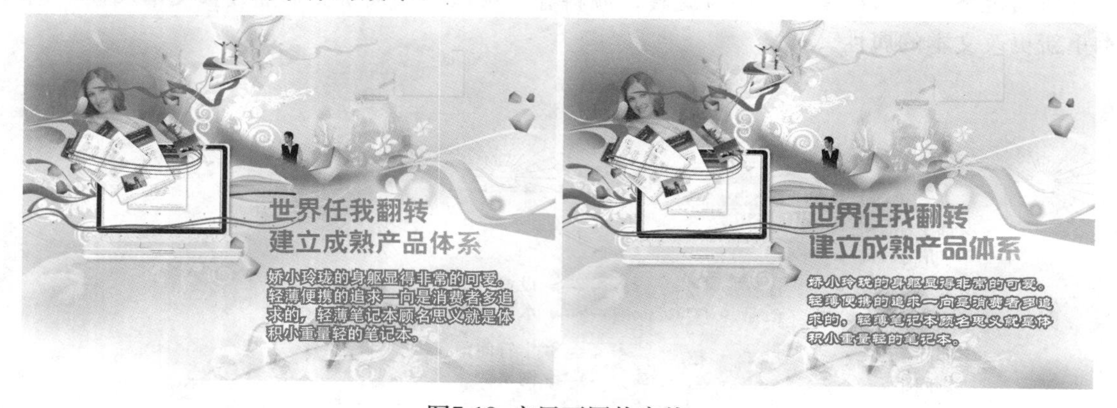

图7-18 应用不同的字体

7.3.2 设置字号

字号即页面中字体的大小，在“字符”面板中设置字号 T 12点 的下拉列表中选择一个数值，或者直接在文本框中输入数值，可以控制所选择文本的字号。图7-19所示为不同字号的文本。

图7-19 不同字号的文本

提示：

如果选择的文本包含不同的字号大小，则文本框显示为空白。

7.3.3 设置行距

在“字体”面板中设置行距 14.4点 的下拉列表中选择一个数值，或者直接在文本框中输入数值，可以设置两行文字之间的距离，数值越大行间距越大，图7-20所示为同一段文字应用不同行间距后的效果。

图7-20 设置不同行间距后的效果

7.3.4 设置垂直、水平缩放

在“字体”面板中设置垂直缩放 100%、水平缩放 100% 的下拉列表中选择一个数值，或者直接在文本框中输入数值（取值范围为1%~1000%），能够改变被选中的文字的垂直及水平缩放比例，得到较“高”或较“宽”的文字效果。图7-21和图7-22所示分别为设置垂直及水平缩放时的效果。

01 chapter P1—P18
02 chapter P19—P38
03 chapter P39—P64
04 chapter P65—P100
05 chapter P101—P118
06 chapter P119—P152
07 chapter P153—P182
08 chapter P183—P200
09 chapter P201—P220
10 chapter P221—P234
11 chapter P235—P254
12 chapter P255—P277

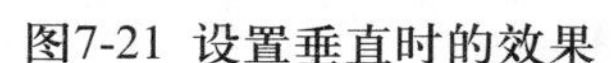
图7-21 设置垂直时的效果

图7-22 设置水平时的效果

7.3.5 设置字间距

1.字偶间距

在“字体”面板中设置字偶间距的下拉列表中选择一个数值，或者直接在文本框中输入数值，可以控制两个字符的间距。数值为正数时，可以使字符间的距离扩大；数值为负数时，可以使字符间的距离缩小。图7-23所示为不同字偶间距的对比。

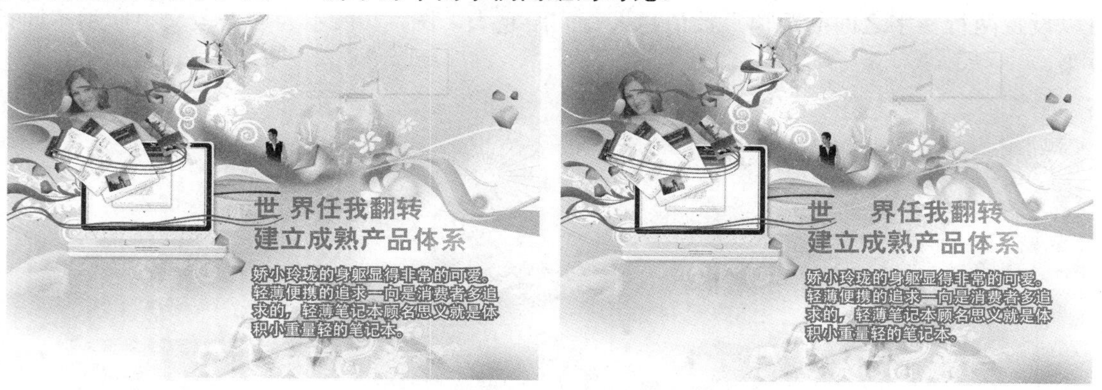

图7-23 不同字偶间距的对比

2.字符间距

在“字体”面板中设置字符间距的下拉列表中选择一个数值，或者直接在文本框中输入数值，可以控制所有选中的文字间距，数值越大，间距越大。图7-24所示是设置不同文字间距的效果。

图7-24 设置不同文字间距的对比

3.比例间距

在“字体”面板中设置比例间距 0% 的下拉列表中选择一个数值，或者直接在文本框中输入数值，可以使字符周围的空间按比例压缩，但字符的垂直和水平缩放则保持不变。

4.网格指定格数

在“字体”面板中设置网格数 0 的下拉列表中选择一个数值，或者直接在文本框中输入数值，可以对所选择的网格字符进行文本调整。

7.3.6 设置基线偏移

在“字体”面板中设置基线偏移 0点 的文本框中直接输入数值，可以用于设置选中的文字的基线值，正数向上移，负数向下移。图7-25所示为设置基线值前后的对比效果。

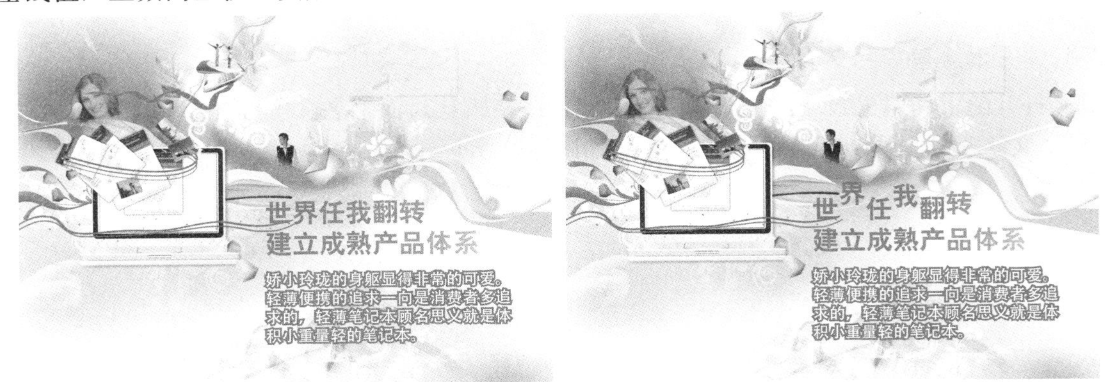

图7-25 设置基线值前后的对比效果

7.3.7 设置字符旋转、倾斜

在“字体”面板中设置字符旋转 0° 的下拉列表中选择一个数值，或者直接在文本框中输入数值（取值范围为-360°~360°），可以对文字进行一定角度的旋转，如图7-26所示。

在文本框中输入正数，可以使文字向右方倾斜；输入负数，可以使文字向左方倾斜。

在“字体”面板中设置字符倾斜 0° 的文本框中直接输入数值，可以对文字进行一定角度的倾斜，如图 7-27 所示。

图7-26 对文字进行旋转

图7-27 对文字进行倾斜

在文本框中输入正数，可以使文字向左方倾斜；输入负数，可以使文字向右方倾斜。

实例：格式化封面书名文字

（1）打开随书所附光盘中的文件“第7章\实例：格式化封面书名文字-素材.indd”，如图7-28所示。选择“文字工具”T，选中上方的文字，如图7-29所示。

图7-28 素材图像

图7-29 选中上方的文字

（2）按Ctrl+T键调出“字符”面板，设置如图7-30所示，然后用“选择工具”调整文本框的大小及位置，得到的效果如图7-31所示。

图7-30 “字符”面板

图7-31 调整文字属性后的效果

（3）按照第（2）步的操作方法，结合“字符”面板及“选择工具”调整其他文字的属性及位置，得到的效果如图7-32和图7-33所示。最终整体效果如图7-34所示。

图7-32 调整文字大小及位置1

图7-33 调整文字大小及位置2

图7-34 最终效果

提示：

本例最终效果为随书所附光盘中的文件“第7章\实例：格式化封面书名文字.indd”。

7.4 格式化段落属性

使用“段落”面板可以精确控制文本段落的对齐方式、缩进、段落间距、连字方式等属性，对出版物中的文章段落进行格式化，以增强出版物的可读性和美观性。

选择“文字工具”，单击“控制”面板中的“段落格式控制”按钮，显示如图7-35所示。

图7-35 “控制”面板

执行“窗口”|“文字和表”|“段落”命令，调出“段落”面板，如图7-36所示。使用此面板可以精确控制文本段落的对齐方式、缩进、段落间距、连字方式等属性。

提示：

调出“段落”面板的快捷键为Alt+Ctrl+T。

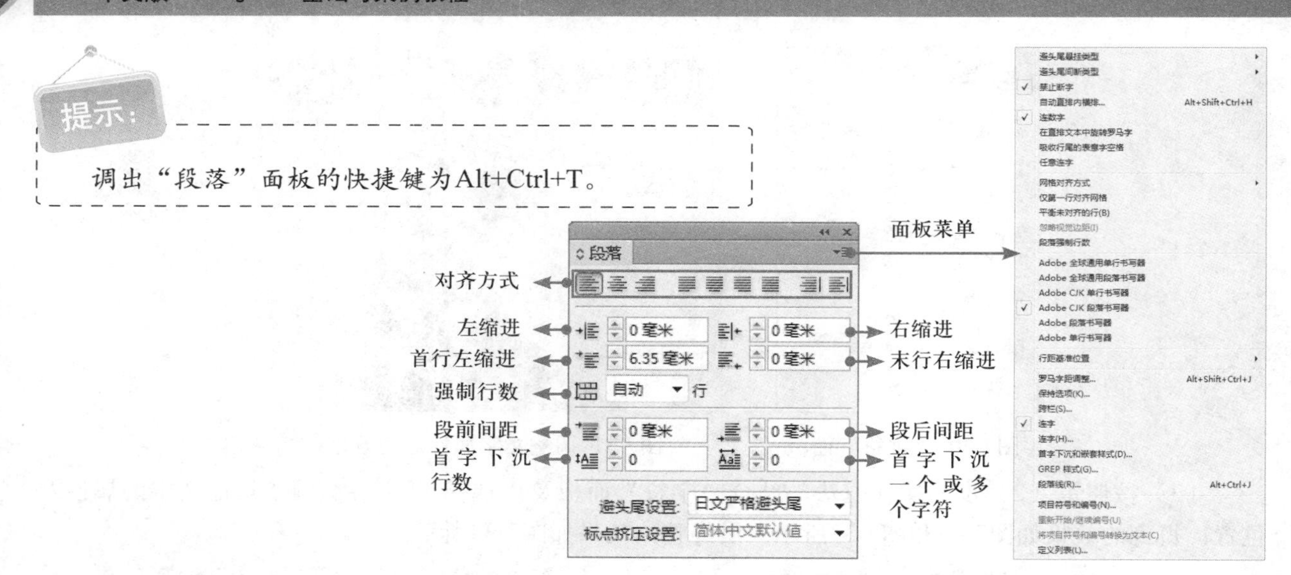

图7-36 “段落”面板

下面来介绍“段落”面板中各参数的含义。

7.4.1 段落对齐

InDesign提供了9种不同的段落对齐方式，如图7-37所示，以供在不同的需求下使用，下面分别对9种对齐方式进行详细讲解。

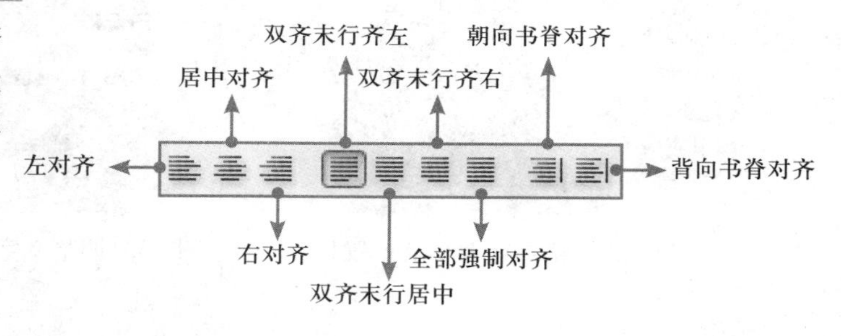

图7-37 9种对齐方式

- 左对齐：单击此按钮，可以使所选择的段落文字沿文本框左侧对齐。图7-38所示为原图，图7-39所示为左对齐时的效果。

图7-38 原图

图7-39 左对齐

- 居中对齐：单击此按钮，可以使所选择的段落文字沿文本框中心线对齐。如图7-40所示。
- 右对齐：单击此按钮，可以使所选择的段落文字沿文本框右侧对齐。如图7-41所示。

图7-40 居中对齐

图7-41 右对齐

- 双齐末行齐左：单击此按钮，可以使所选择的段落文字除最后一行沿文本框左侧对齐外，其余的行将对齐到文本框的两侧。如图7-42所示。
- 双齐末行居中：单击此按钮，可以使所选择的段落文字除最后一行沿文本框中心线对齐外，其余的行将对齐到文本框的两侧。如图7-43所示。

图7-42 双齐末行齐左

图7-43 双齐末行居中

- 双齐末行齐右：单击此按钮，可以使所选择的段落文字除最后一行沿文本框右侧对齐外，其余的行将对齐到文本框的两侧。如图7-44所示。
- 全部强制双齐：单击此按钮，可以使所选择的段落文字沿文本框的两侧对齐。如图7-45所示。

图7-44 双齐末行齐右

图7-45 全部强制双齐

01 chapter P1—P18
02 chapter P19—P38
03 chapter P39—P64
04 chapter P65—P100
05 chapter P101—P118
06 chapter P119—P152
07 chapter P153—P182
08 chapter P183—P200
09 chapter P201—P220
10 chapter P221—P234
11 chapter P235—P254
12 chapter P255—P277

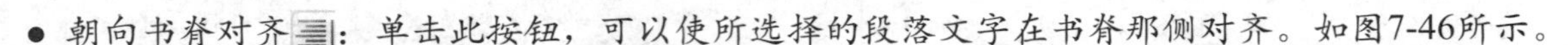

- 朝向书脊对齐：单击此按钮，可以使所选择的段落文字在书脊那侧对齐。如图7-46所示。
- 背向书脊对齐：单击此按钮，可以使所选择的段落文字背向书脊那侧对齐。如图7-47所示。

图7-46 朝向书脊对齐

图7-47 背向书脊对齐

7.4.2 段落缩进

段落缩进就是可以使文本段落每一行的两端向内移动一定的距离，或为段落的第一行设置缩进量，以实现首行缩进两字的格式。可以应用“控制”面板、“段落”面板或“定位符”面板来设置缩进，还可以在创建项目符号或编号列表时设置缩进。下面对各个缩进进行详细讲解。

- 左缩进 0毫米：在此文本框中输入数值，可以控制文字段落的左侧对于左定界框的缩进值，如图7-48所示。
- 右缩进 0毫米：在此文本框中输入数值，可以控制文字段落的右侧对于右定界框的缩进值，如图7-49所示。

图7-48 左缩进

图7-49 右缩进

- 首行左缩进 0毫米：在此文本框中输入数值，可以控制选中段落的首行相对其他行的缩进值。

如果在首行左缩进文本框中输入一个负数，且此数值不大于段落左缩进的数值，则可以创建首行悬挂缩进的效果。

- 末行右缩进 0毫米：在此文本框中输入数值，可以在段落末行的右边添加悬挂缩进。
- 强制行数 自动 行：在此文本框中输入数值或选择一个选项，会使段落按指定的行数居中对齐。

7.4.3 段落间距

通过设置段落间距，可以使同一个文本框中的每个段落之间有一定的距离，以便于突出重点段落。下面对“段落”面板中的两种文本段落间距进行详细讲解。

- 段前间距 0毫米：在此文本框中输入数值，可以控制当前文字段与上一文字段之间的垂直间距。
- 段后间距 0毫米：在此文本框中输入数值，可以控制当前文字段与下一文字段之间的垂直间距。图7-50所示是设置不同段后间距时的效果。

图7-50 设置文本段后间距

在段前间距和段后间距文本框中不可以输入负数，且取值范围在0~3 048毫米。

7.4.4 首字下沉

通过设置首字下沉，可以使所选择段落的第一个文字或多个文字放大后占用多行文本的位置，起到吸引读者注意力的作用。下面对“段落”面板中的首字下沉行数和首字下沉一个或多个字符进行详细讲解。

- 首字下沉行数 0：在此文本框中输入数值，可以控制首字下沉的行数，如图7-51所示。
- 首字下沉一个或多个字符 0：在此文本框中输入数值，可以控制需要下沉的字母数，如图7-52所示。

图7-51 设置首字下沉的行数

图7-52 设置下沉的字母数

7.5 设定复合字体

为了对中、英文字符分别应用相应的中文或英文字体，InDesign提供了非常方便的复合字体功能。简单来说，其作用就是将任意一种中文字体和英文字体混合在一起，作为一种复合字体来使用。

要创建复合字体的方法具体如下。

（1）执行“文字”|“复合字体”命令，弹出“复合字体编辑器”对话框，如图7-53所示。

（2）在弹出的对话框右侧单击“新建”按钮，弹出的“新建复合字体”对话框，如图7-54所示。

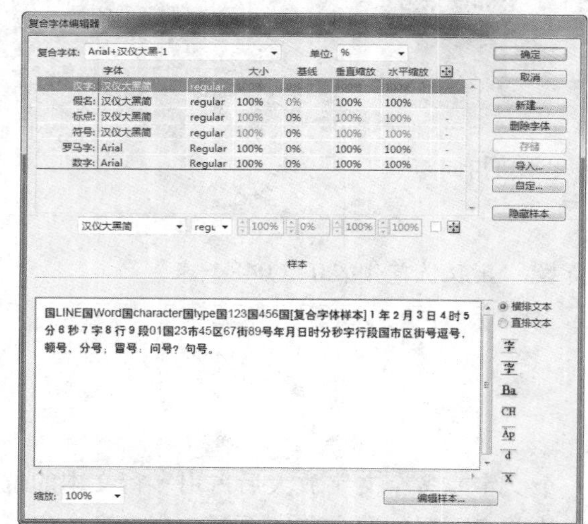

图7-53 “复合字体编辑器”对话框

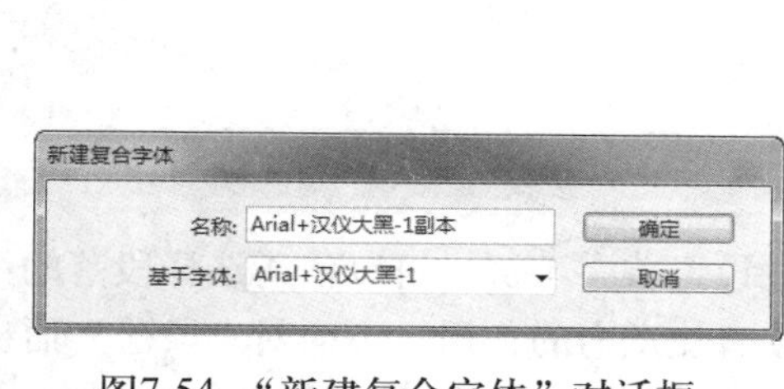

图7-54 “新建复合字体”对话框

在“复合字体编辑器”对话框中，部分重要按钮的解释如下。

- “导入”按钮：单击此按钮，可以在“打开文件 ”对话框中打开包含要导入的复合字体的 InDesign 文档。
- “删除字体”按钮：单击此按钮，可以删除选择的复合字体。

（3）在“新建复合字体”对话框中的“名称”文本框中输入复合字体的名称，然后在“基于字体”文本框中指定作为新复合字体基础的复合字体。

（4）单击“确定”按钮返回到“复合字体编辑器”对话框，然后在列表框下指定字体属性，如

图7-55所示。

（5）单击“ 存储”按钮以存储所创建的复合字体的设置，然后单击“确定”按钮退出对话框。创建好的复合字体就显示在字体列表的最前面，如图7-56所示。

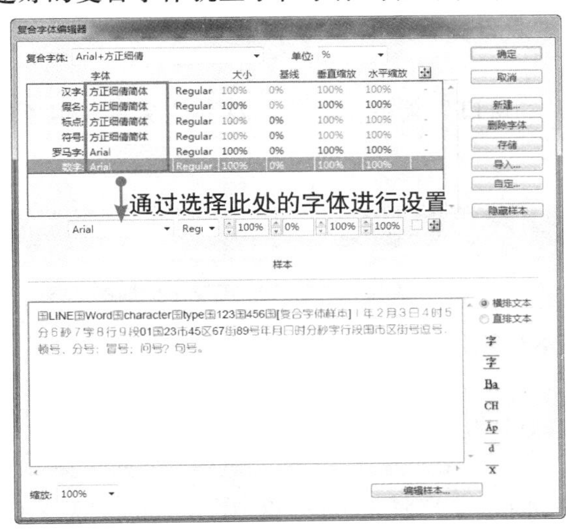

图7-55 设置字体属性

图7-56 创建的复合字体

复合字体总是显示在字体列表的前面。

7.6 文章编辑器

文章编辑器最大的作用在于编辑文本。当在文章编辑器窗口中输入和编辑文本时，将按照“首选项”对话框中指定的字体、大小及间距显示整篇文章，而不会受到版面或格式的干扰。并且还可以在文章编辑器中查看对文本所执行的修订。

要打开文章编辑器的方法具体如下。

（1）在页面中选择需要编辑的文本框架，然后在文本框架中单击一个插入点，或从不同的文章选择多个框架。

（2）执行“编辑”|“在文章编辑器中编辑”命令，将打开文章编辑器窗口，所选择的文本框架内的文本（包含溢流文本）也将显示在文章编辑器内，如图7-57所示。

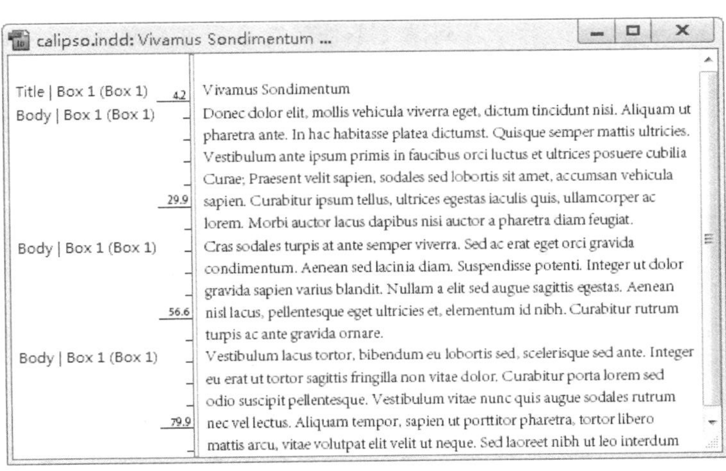

图7-57 打开文章编辑器窗口

提示：

在文章编辑器窗口中，垂直深度标尺指示文本填充框架的程度，直线指示文本溢流的位置。

编辑文章时，所做的更改将反映在版面窗口中。“窗口”菜单将会列出打开的文章，但不能在文章编辑器窗口中创建新文章。

7.7　查找与更改文本及其格式

使用“查找/更改”功能，可以非常方便地查找多种对象，并将其替换为指定的属性，其中以查找与更改文本功能最为常用，在本节中，就来讲解相关的知识。

执行“编辑”|“查找/更改”命令，或按Ctrl+F键，即可调出“查找/更改”对话框，如图7-58所示。

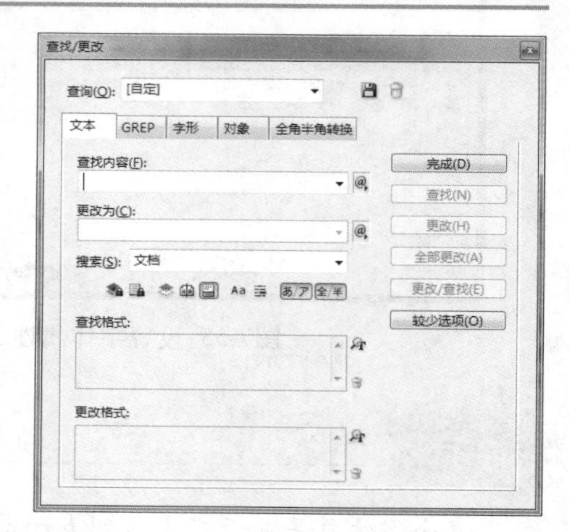

图7-58 “查找/更改”对话框

在“查找/更改”对话框中，各选项的的含义解释如下。

- 查询：在此下拉列表中，可以选择查找与更改的预设。用户可以单击后面的保存按钮，在弹出的对话框中输入新预设的名称，单击“确定”按钮退出对话框，即可在以后查找/更改同类内容时，直接在此下拉列表中选择之前保存的预设；对于用户自定义的预设，在将其选中后，可以单击“删除”按钮，在弹出的对话框中单击“确定”按钮以将其删除。
- 选项卡：在“查询”下拉列表下面，可以选择不同的选项卡，以定义查找与更改的对象。
- 完成：单击此按钮，将完成当前的查找与更改，并退出对话框。
- 查找：单击此按钮，可以根据所设置的查找条件，在指定的范围中查找对象。当执行一次查找操作后，此处将变为“查找下一个”按钮。
- 更改：对于找到满足条件的对象，可以单击此按钮，从而将其替换为另一种属性；若“更改为”区域中设置完全为空，则将其替换为无。
- 全部更改：将指定范围中所有找到的对象，替换为指定的对象。
- 更改/查找：单击此按钮，将执行更改操作，并跳转至下一个满足搜索条件的位置。

7.7.1　了解“查找/更改”的对象

在InDesign中，提供了非常强大的查找与更改功能，其范围包含了文本、GREP、字形、对象及全角半角转换等，用户可以在“查找/更改”对话框中选择不同的选项卡，来切换查找与更改的范围。

在“查找/更改”对话框中，各选项卡的含义解释如下。

- 文本：此选项卡中用于搜索特殊字符、单词、多组单词或特定格式的文本，并进行更改。还可以搜索特殊字符并替换特殊字符，如符号、标志和空格字符。另外，通配符选项可帮助扩大搜索范围。

- GREP：此选项卡中使用基于模式的高级搜索方法，搜索并替换文本和格式。
- 字形：此选项卡中使用 Unicode 或 GID/CID 值搜索并替换字形，特别是对于搜索并替换亚洲语言中的字形非常有用。
- 对象：此选项卡中用于搜索并替换对象和框架中的格式效果和属性。例如，可以查找具有 4 点描边的对象，然后使用投影替换描边。
- 全角半角转换：此选项卡中也可以转换亚洲语言文本的字符类型。例如，可以在日文文本中搜索半角片假名，然后用全角片假名替换。

7.7.2 查找和更改文本

在选中“文本”选项卡的情况下，如图 7-59 所示，可以根据需要查找与更改文字的内容及字符、段落等属性。其操作步骤如下。

（1）选择要搜索一定范围的文本或文章，或将插入点放在文章中。如果要搜索多个文档，需要打开相应文档。

（2）执行“编辑”|“查找/更改”命令，在弹出的对话框中单击“文本” 选项卡。

（3）从“搜索”下拉列表中指定搜索范围，然后单击相应图标以包含锁定对象、主页、脚注及其他的搜索项目。

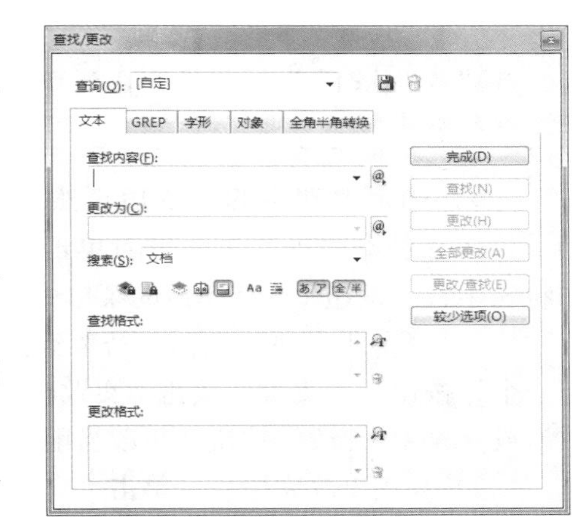

图7-59 选择“文本”选项卡时的“查找/更改”对话框

- 所有文档：选择此选项，可以对打开的所有文档进行搜索操作。
- 文档：选择此选项，可以在当前操作的文档内进行搜索操作。
- 文章： 选择此选项，可以将当前文本光标所在的整篇文章作为搜索范围。
- 到文章末尾：选择此选项，可以从当前光标所在的位置开始至文章末尾作为查找的范围。
- 选区：当在文档中选中了一定的文本时，此选项会显示出来。选中此选项后，将在选中的文本中执行查找与更改操作。

“搜索”下方一排图标的含义解释如下。

- 包括锁定图层：选中此按钮，可以搜索已使用“图层选项”对话框锁定的图层上的文本，但不能替换锁定图层上的文本。
- 包括锁定文章：选中此按钮，可以搜索 InCopy 工作流中已签出的文章中的文本，但不能替换锁定文章中的文本。
- 包括隐藏图层：选中此按钮，可以搜索已使用“图层选项”对话框隐藏的图层上的文本。找到隐藏图层上的文本时，可看到文本所在处被突出显示，但看不到文本。可以替换隐藏图层上的文本。
- 包括主页：选中此按钮，可以搜索主页上的文本。
- 包括脚注：选中此按钮，可以搜索脚注上的文本。
- 区分大小写Aa：选中此按钮，可以在查找字母时只搜索与“查找内容”文本框中字母的大写和小写准确匹配的文本字符串。

- 全字匹配 ：选中此按钮，可以在查找时只搜索与“查找内容”文本中输入的文本长度相同的单词。如果搜索字符为罗马单词的组成部分，则会忽略。
- 区分假名あ/ア：选中此按钮，在搜索时将区分平假名和片假名。
- 区分全角/半角全/半：选中此按钮，在搜索时将区分半角字符和全角字符。

（4）在“查找内容”文本框中，输入或粘贴要查找的文本，或者单击文本框右侧的“要搜索的特殊字符”按钮@，在弹出的菜单中选择具有代表的字符，如图7-60所示。

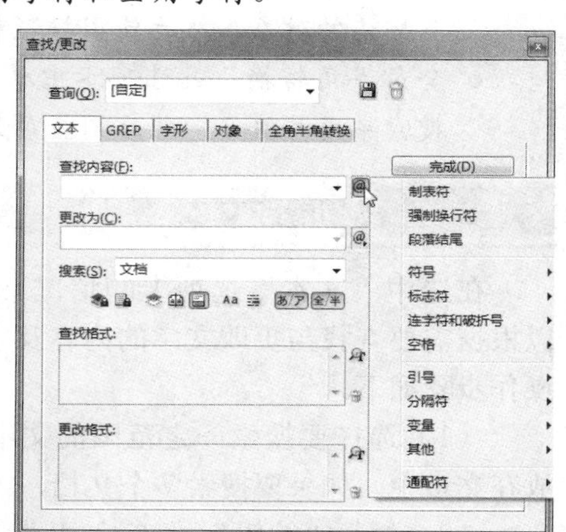

图7-60 选择要搜索的特殊字符

在“查找/更换”对话框中，还可以通过选择“查询”下拉列表中的选项进行查找。

（5）确定要搜索的文本后，然后在“更改为”文本框中，输入或粘贴替换文本，或者单击文本框右侧的“要搜索的特殊字符”按钮@，在弹出的菜单中选择具有代表的字符。

（6）单击“查找”按钮。若要继续搜索，可单击“查找下一个”按钮、“更改”按钮（更改当前实例）、“全部更改”按钮（出现一则消息，指示更改的总数）或“ 查找/更改”按钮（更改当前实例并搜索下一个）。

（7）查找更改完毕后，单击“完成”按钮退出对话框。

7.7.3 查找并更改带格式文本

在“查找格式”区域中单击“指定要查找的属性”按钮，或在其下面的框中单击，可弹出“查找格式设置”对话框，如图7-61所示，在此对话框中可以设置要查找的文字或段落的属性。

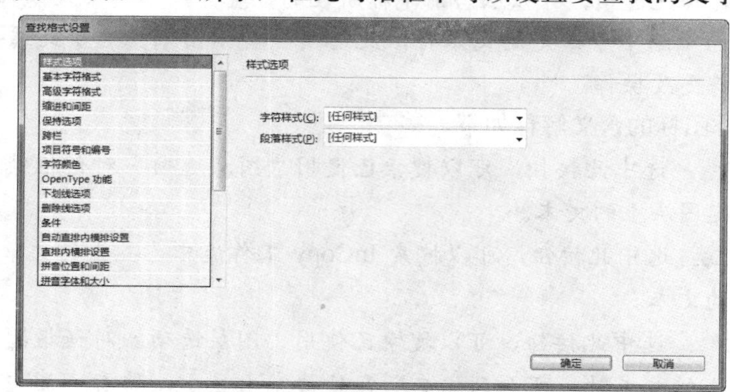

图7-61 “查找格式设置”对话框

下面具体讲解如何查找并更改带格式的文本，操作步骤如下。

（1）选择“编辑” | “查找/更改”命令，在弹出的对话框中如果未出现“查找格式”和“更改格式”选项，此时可以单击“更多选项”按钮以调出。

（2）单击“查找格式”框，或者单击框右侧的“指定要查找的属性”按钮。然后在弹出的“查找格式设置”对话框的左侧设置所搜索文字的格式及样式属性，然后单击“确定”按钮退出对话框。

提示：

如果仅搜索（或替换为）格式，需要使“查找内容”或“更改为”文本框保留为空。

（3）如果要对查找到的文本应用格式，需要单击“更改格式”框，或者单击框右侧的“指定要更改的属性”按钮，然后在弹出的“更改格式设置”对话框的左侧设置所搜索文字的格式及样式属性，并单击“确定”按钮退出。

（4）单击“全部更改”按钮，更改文本的格式。

提示：

如果为搜索条件指定格式，则在“查找内容”或“更改为”框的上方将出现信息图标。这些图标表明已设置格式属性，查找或更改操作将受到相应的限制。

要快速清除“查找格式设置”或“更改格式设置”区域的所有格式属性，可以单击“清除指定的属性”按钮。

7.7.4 使用通配符进行搜索

所谓的通配符搜索，就是指定“任意数字”或“任意空格”等通配符，以扩大搜索范围。例如，在“查找内容”文本框中输入“z^?ng”，表示可以搜索以“z”开头且以“ng”结尾的单词，如“zing”、“zang”、“zong”和“zung”。当然，除了可以输入通配符，也可以单击“查找内容”文本框右侧的“要搜索的特殊字符”按钮，在弹出的下拉列表中选择一个选项。

7.7.5 替换为剪贴板内容

可以使用复制到剪贴板中的带格式内容或无格式内容来替换搜索项目，甚至可以使用复制的图形替换文本。只需复制对应项目，然后在“查找/更改”对话框中，单击“更改为”文本框右侧的“要搜索的特殊字符”按钮，在弹出的下拉列表中选择一个选项。

7.7.6 通过替换删除文本

要删除不想要的文本，在“查找内容”文本框中定义要删除的文本，然后将“更改为”文本框保留为空（确保在该框中没有设置格式）。

7.8 输入沿路径绕排的文本

沿路径绕排文本是指在当前已有的图形上输入文字，从而使文字能够随着图形的形态及变化而排列文字。

需要注意的是，路径文字只能是一行，任何不能排在路径上的文字都会溢流。另外，不能使用复合路径来创建路径文字。如果绘制的路径是可见的，在向其中添加了文字后，它仍然是可见的。

如要隐藏路径，需要使用“选择工具”或“直接选择工具”选中它，然后对填色和描边应用“无”。

要制作沿路径绕排的文本，首先需要路径工具在页面中绘制路径，然后选择“路径文字工具”，将此工具放置在路径上，直至光标变为形状，在路径上插入一个文字光标，在文字光标的后面输入所需要的文字，即可得到文字沿着路径进行排列的效果。

图7-62所示为使用“钢笔工具”在西红柿右侧绘制的路径，图7-63所示为光标状态，图7-64所示为使用“路径文字工具”输入文字后的状态。

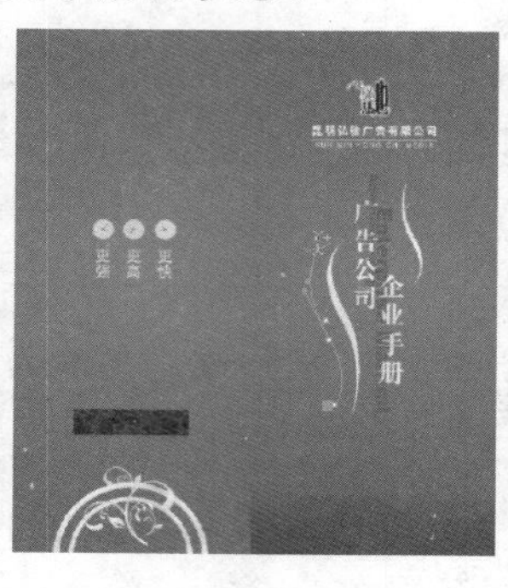

图7-62 绘制路径　　图7-63 光标状态　　图7-64 输入文字后的状态

当文字已经被绕排于路径以后，仍然可以修改文字的各种属性，包括字号、字体、水平或者垂直排列方式等。

只需要在工具箱中选择文字工具，将沿路径绕排的文字选中，然后在“字符”面板中修改相应的参数即可，图7-65所示为更改文字的字体及字号后的效果。

除此之外，还可以通过修改绕排文字路径的曲率、节点的位置等来修改路径的形状，从而影响文字的绕排效果，如图7-66所示。

图7-65 更改字体及字号后的效果

图7-66 编辑路径后的效果

选中当前的路径文字，然后选择“文字”|“路径文字”|“选项”命令，或双击“路径文字工具”，在弹出的对话框中可以为路径文字设置特殊效果，如图 7-67 所示。

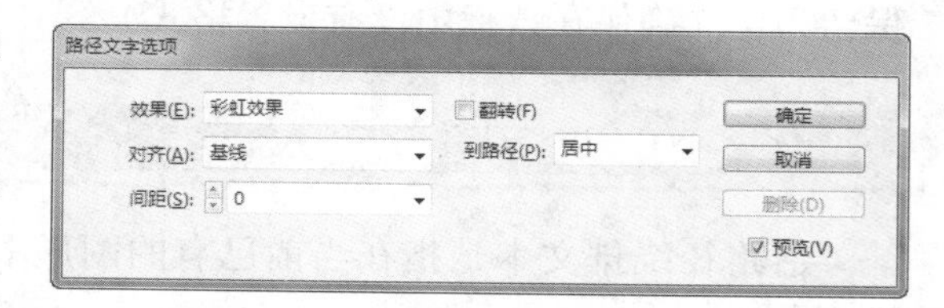

图7-67 “路径文字选项”对话框

在“路径文字选项”对话框中，各选项的含义解释如下。

- 效果：此下拉列表中的选项，用于设置文本在路径上的分布方式。包括彩虹效果、倾斜、3D

带状效果、阶梯效果和重力效果。图7-68所示为对路径文字应用的不同特殊效果。

倾斜

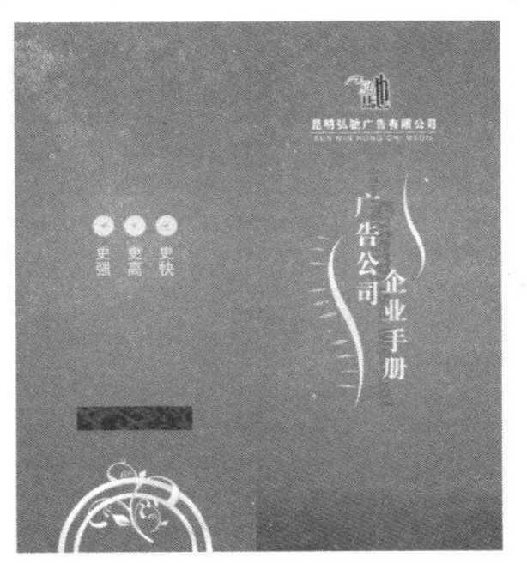
3D带状效果

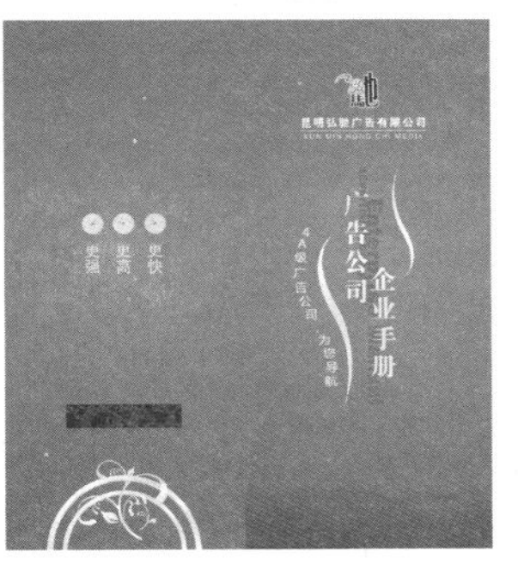
阶梯效果

重力效果

图7-68 不同特殊效果

- 翻转：选择此选项，可以用来翻转路径文字。
- 对齐：此下拉列表中的选项，用于选择路径在文字垂直方向的位置。
- 到路径：此下拉列表中的选项，用于指定从左向右绘制时，相对于路径的描边粗细来说，在哪一位置将路径与所有字符对齐方式。
- 间距：在此下拉列表中选择一个或直接输入数值，可控制文字在路径急转弯或锐角处的水平距离。

7.9 将文本转换为路径

通过前面的讲解可以知道，文本可以设置很多种属性，以丰富其形态，但用户无法将其像编辑普通路径那样进行处理。此时就要使用“创建轮廓”命令，将其文字转换成为一组复合路径，从而使其具有路径的所有特性，像编辑和处理任何其他路径那样编辑和处理这些复合路径。

执行“文字”|“创建轮廓”命令，或按Ctrl+Shift+O键，即可将文字转换为路径。

“创建轮廓”命令一般用于为大号显示文字制作效果时使用，很少用于正文文本或其他较小号的文字。但要注意的是，一旦将文本转换为路径后，就无法再为其设置文本属性了。

将文字转换为路径后，可以使用“直接选择工具”拖动各个锚点改变文字的形状；可以复制轮廓，然后使用“编辑”|“贴入内部”命令将图像粘贴到已转换的轮廓来给图像添加蒙版；可以将已转换的轮廓当作文本框，以便在其中输入或放置文本；可以更改字体的描边属性；可以使用文本轮廓创建复合形状。

7.10 拓展训练——制作字中画效果

（1）打开随书所附光盘中的文件“第7章\7.10 拓展训练——制作字中画效果-素材1.indd”，如图7-69所示。

（2）选择文字工具，输入并格式化文字内容，如图7-70所示。

图7-69 素材文档

图7-70 输入文字

（3）使用选择工具选中第（2）步输入的文本，按Ctrl+Shift+O键将其转换为图形。按Ctrl+Shift+G键解除图形的编组，然后在“路径查找器”面板中单击图7-71所示的按钮，得到如图7-72所示的效果。

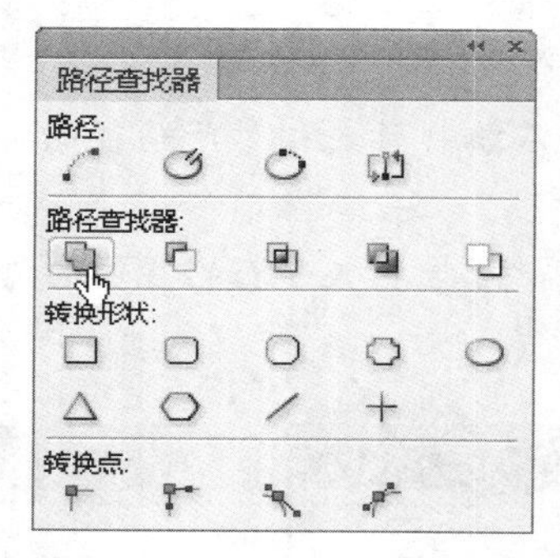

图7-71 “路径查找器”面板

图7-72 运算后的文字图形

（4）按Ctrl+D键，在弹出的对话框中打开随书所附光盘中的文件“第7章\7.10 拓展训练——制作字中画效果-素材2.jpg”，如图7-73所示，然后将该图像置于文档的空白位置，使用直接选择工具选中图像内容，然后按Ctrl+C键进行复制。

（5）选中第3步中进行了路径运算后的文字图形，然后在文字上右击，在弹出的菜单中选择“贴入内部”命令，再使用直接选择工具选中文字图形中的图像，适当调整其大小及位置，得到如图7-74所示的效果。为避免文字图形边缘可能会出现杂点，此时可以将其填充色设置为无。

图7-73 素材图像

图7-74 将图像贴入文字图形后的效果

（6）为了让文字看起来更为清晰，可以为其设置一定的描边属性，得到如图7-75所示的最终效果。

图7-65 最终效果

此文档中包含1个源已缺失的链接，本例最终效果为随书所附光盘中的文件“第7章\7.10 拓展训练——制作字中画效果.indd”。

7.11 课后练习

1．单选题

（1）如何修改文本的颜色？（ ）

A. 选中文本块后在“颜色”面板中选择一种颜色

B. 高亮选中文本后从“变换”面板中选择一种颜色

C. 选中文本块后从“变换”面板中选择一种颜色

D. 高亮选中文本后从“颜色”面板中选择一种颜色

（2）“字偶间距”与“字符间距”的区别是什么？（ ）

A. 字偶间距应用到两个字符间的间距，字符间距仅应用到选中的字符

B. 字偶间距仅应用到当前光标左右的字符，字符间距应用到当前选中的文本

C. 字偶间距仅应用到当前选中行，字符间距应用到当前段落的每一行

D. 字偶间距仅应用到整个文档，字符间距仅应用到选中字符

（3）基线偏移的作用是什么？（ ）

A. 用来手工调节段落前后的间距

B. 用来手工调节字母间的间距

C. 用来手工调节选中字的上升或下降

D. 用来手工调节行间的间距

（4）什么是“溢流文本”？（ ）

A. 沿着图片剪辑路径绕排的文本

B. 重叠在图片框上的文本

C. 文本框不能容下的文本

D. 图片的说明文本

（5）使用文本工具不能完成的操作有（ ）。

A. 选中多段文本　　B. 选中文本框

C. 选中指定文本　　D. 插入文本插入点

2．多选题

（1）InDesign中置入文本的方式有？（ ）

01 chapter P1—P18
02 chapter P19—P38
03 chapter P39—P64
04 chapter P65—P100
05 chapter P101—P118
06 chapter P119—P152
07 chapter P153—P182
08 chapter P183—P200
09 chapter P201—P220
10 chapter P221—P234
11 chapter P235—P254
12 chapter P255—P277

A. 用“文件”菜单下的置入命令

B. 从其他的文字处理程序中复制、粘贴

C. 通过Ctrl+D键

D. 直接输入

（2）在“字符”面板中包含了多种文字属性的设定，下列哪些选项可以在“字符”面板中设定？（　　）

A. 字符大小　　B. 字符行距　　C. 缩排　　D. 字间距

（3）下面关于文本编辑描述正确的是？（　　）

A. 当文本框的右下角出现带加号的红色方块时，表示该文本块的内容还没有完全排入

B. 如果要复制文本的一部分，可以通过使用工具箱中的文字工具在文本中拖拉，选中要复制的文本进行复制

C. 在使用选择工具时，可以通过双击文本块的方式进行文本的编辑等操作

D. 文本块的形状必须是规则的矩形

（4）InDesign中将文字转换为图形的方法是？（　　）

A. “文件”|“创建轮廓”　　B. “文字”|“创建轮廓”

C. 按Ctrl+Shift+O键　　D. 按Alt+Shift+O键

（5）下面关于路径文字说法正确的是？（　　）

A. InDesign 中路径文字可以设置5种效果：彩虹、倾斜、3D带状、阶梯和重力

B. InDesign 中路径文字只能设置2种对齐方式

C. InDesign 中路径文字可以选中反转使文字从路径一侧反转到另一侧

D. 除了可以用“路径文字选项”对话框中的“间距”来调整路径和文字间的距离外还可以使用文字的基线偏移属性

3. 判断题

（1）InDesign 可对文本、图形、图像和群组使用透明。（　　）

（2）“查找/更改”命令的快捷键为Alt+F。（　　）

（3）设定复合字体的作用就是将任意一种中文字体和英文字体混合在一起，作为一种复合字体来使用。（　　）

（4）在路径中输入文本时，必须为闭合路径才可以输入 。（　　）

（5）将路径转换为图形后，还可以设置其颜色、描边属性，但不可以设置字体、字号等文字属性。（　　）

4. 操作题

打开随书所附光盘中的文件“第7章\操作题-素材.indd”，根据本章所讲解的设定复合字体的方法，创建一个“Arial+汉仪大黑”的复合字体，然后应用于该文档中的文字。制作完成后的效果可以参考随书所附光盘中的文件“第7章\操作题.indd”。

第 8 章

创建与格式化表格

本章导读

在InDesign中，除了具有强大的图层功能以外，还提供了多种创建表格的方法，如直接在文本框中插入、载入外部表格等。读者通过本章的学习，可以了解并掌握表格绘制和编辑的方法，还可以快速地创建复杂而美观的表格。

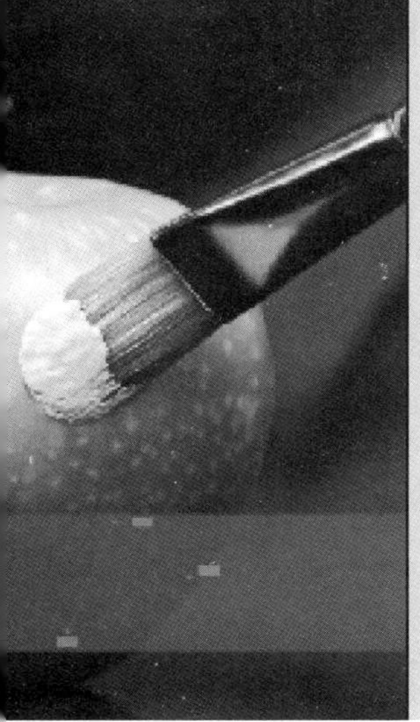

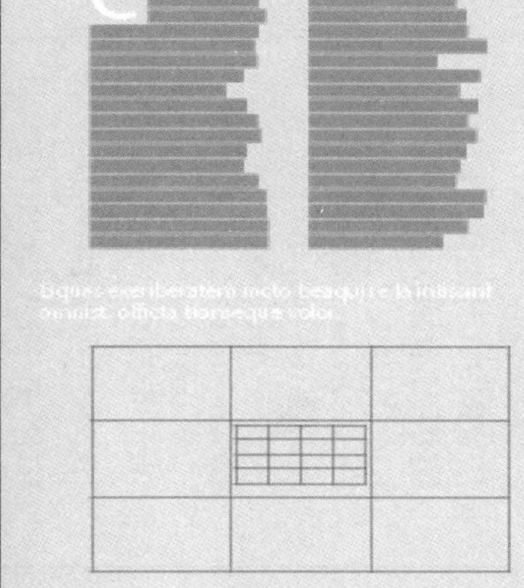

8.1 创建表格

8.1.1 导入Word表格

要导入Word中的表格，可以在执行“文件”|“置入”命令后，选择要导入的文件，若选中了“显示导入选项”选项，将弹出如图8-1所示的“Microsoft Word导入选项”对话框。

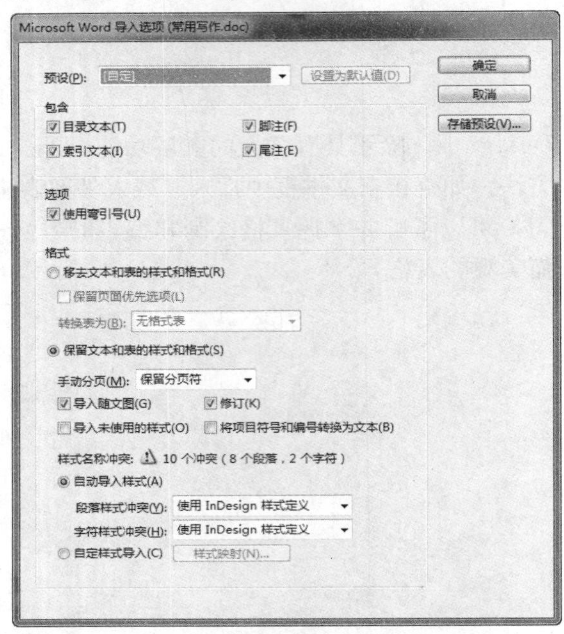

图8-1 “Microsoft Word 导入选项”对话框

“Microsoft Word 导入选项”对话框中各选项的解释在第7.1.3节已详细介绍，在此就不再叙述。

设置好所有的参数后，单击“确定”按钮退出。然后在页面中合适的位置单击，即可将Word文档置入到InDesign中，如图8-2所示。

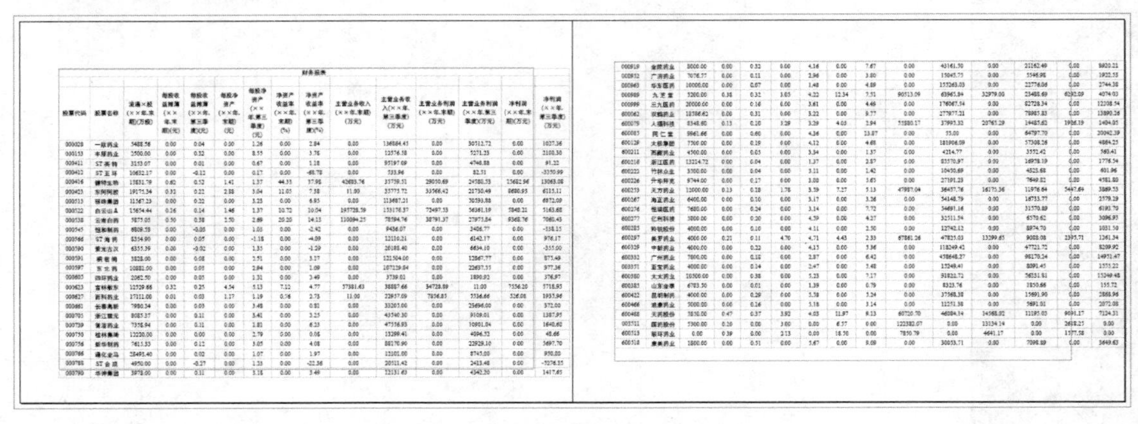

图8-2 置入的Word文档

按照上述方法，也可以导入Excel中的表格，读者可以尝试操作。当然，除了使用“置入”命令，也可以使用复制、粘贴的方法将Word和Excel中的表格先复制到剪贴板，然后以带定位标记文本的形式粘贴到InDesign页面中，然后再转换为表格。

提示：

导入表格时，可以选择导入表格的格式，也可以导入不带格式的文本。如果是Word文件，可以选择“移去文本和表的样式和格式”选项；如果是Excel文件，可以选择“无格式表”选项。

8.1.2 创建新的表格

1.直接创建表格

直接创建表格即从头开始创建表格，创建的表的宽度将与文本框架的宽度一样。在插入表格前，首先要创建一个文本框，用以装载表格，也可以在现有的文本框中插入光标，然后在其中插入表格。

要插入表格，可以在插入光标后，执行“表”|“插入表”命令，或按Ctrl+Alt+Shift+T键弹出“插入表”对话框，如图8-3所示。

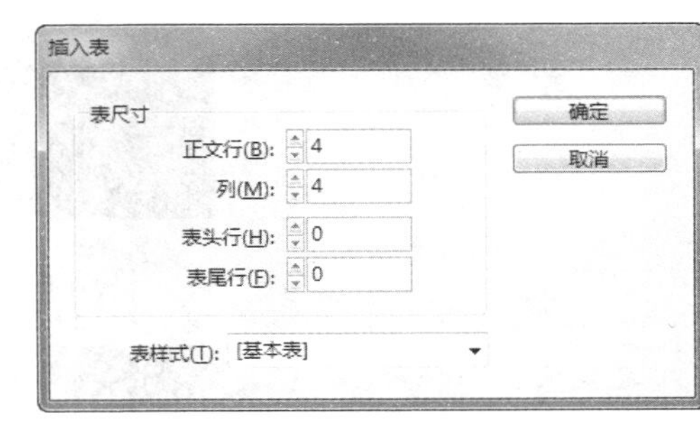

图8-3 “插入表”对话框

在“插入表”对话框中，各选项的含义解释如下。

- 正文行：在此文本框中输入数值，用于控制表格中正文横向所占的行数。
- 列：在此文本框中输入数值，用于控制表格中正文纵向所占的行数。
- 表头行：在此文本框中输入数值，用于控制表格栏目所占的行数。
- 表尾行：在此文本框中输入数值，用于控制汇总性栏目所占的行数。

提示：

表格的排版方向基于用来创建该表格的文本框的排版方向。当用于创建表格的文本框的排版方向为直排时，将创建直排表格；当文本框的排版方向改变时，表格的排版方向会相应改变。

在“插入表”对话框中设置好需要的参数后，单击“确定”按钮退出对话框，即可创建一个表格。以图8-4所示的文本框为例，图8-5所示为创建“正文行”为3，“列”为3的表格。

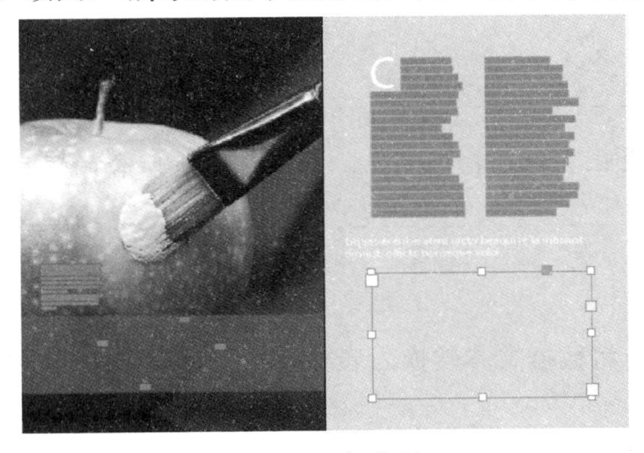

图8-4 文本框

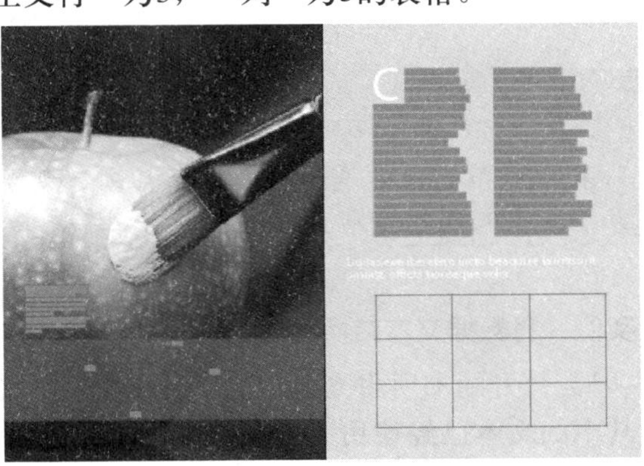

图8-5 创建的表格

2. 在表格中嵌入表格

若是在现有表格中插入光标，再按照上面的方法插入表格，则可以创建嵌套表格，即创建表格中的表格，图8-6所示是在表格中插入一个4×4的嵌套表格后的效果。

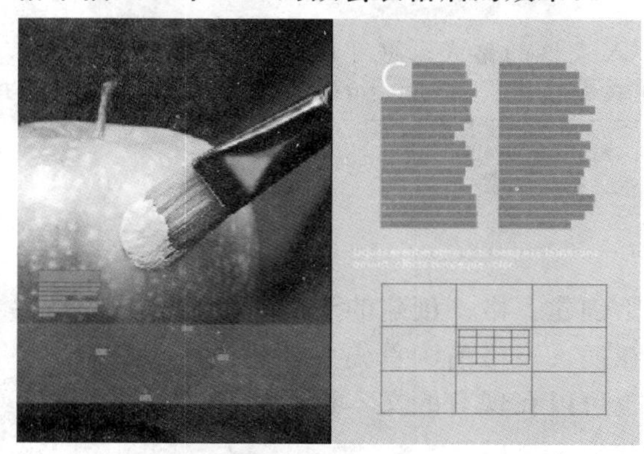

图8-6 创建的嵌套表格

8.2 表格与文本的相互转换

在InDesign 中，可以轻松实现表格与文本之间的转换，即可以将表格转换为带有分隔符的文本，也可以将已经按适当的格式设置好的文本转换为表格。

将表格转换为文本的操作相对于将文本转换为表格的操作要简单许多。首先使用“文字工具”T在表格中单击以插入文字光标，然后执行“表”|“将表转换为文本”命令，弹出“将表转换为文本”对话框，如图8-7所示。在对话框中的“列分隔符”和“行分隔符”下拉列表中选择或输入所需要的分隔符，单击“确定”按钮退出对话框，即可将表格转换为文本。

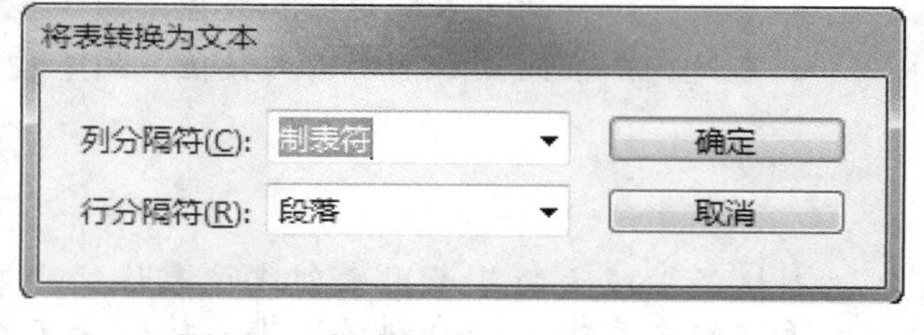

图8-7 “将表转换为文本”对话框

相对于将表格转换为文本，将文本转换为表格的操作稍为复杂一些，在转换前，需要仔细为文本设置分隔符，如按Tab键、逗号或段落回车键等，以便于让InDesign能够识别并正确将文本转换为表格。

如果为列和行指定了相同的分隔符，还需要指出让表格包括的列数。如果任何行所含的项目少于表中的列数，则多出的部分由空单元格来填补。

实例：将数据文本转换为表格

（1）打开随书所附光盘中的文件“第8章\实例：将数据文本转换为表格-素材.indd”，如图8-8所示。其中的文本已经使用“,”做好了分隔。

（2）使用“文字工具”T，选择要转换为表的全部文本，如图8-9所示。

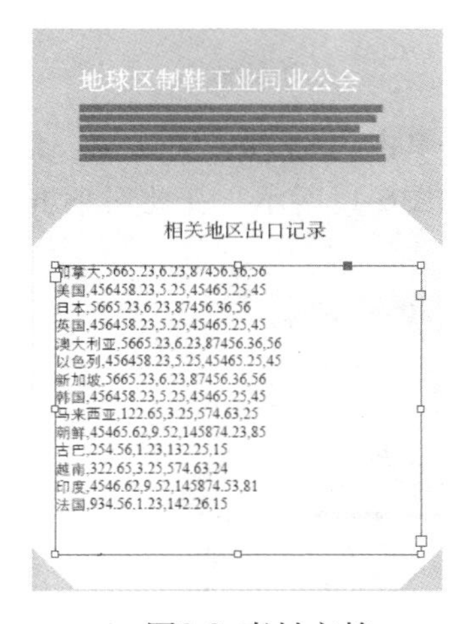

图8-8 素材文档

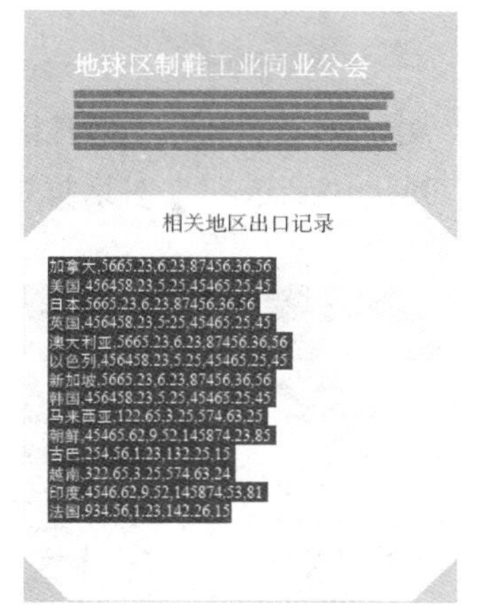

图8-9 选中文本

（3）执行“表”|“将文本转换为表”命令，弹出“将文本转换为表”对话框，设置如图8-10所示。

（4）单击“确定”按钮退出对话框，所选中的文本就会被转换为表格，如图8-11所示。

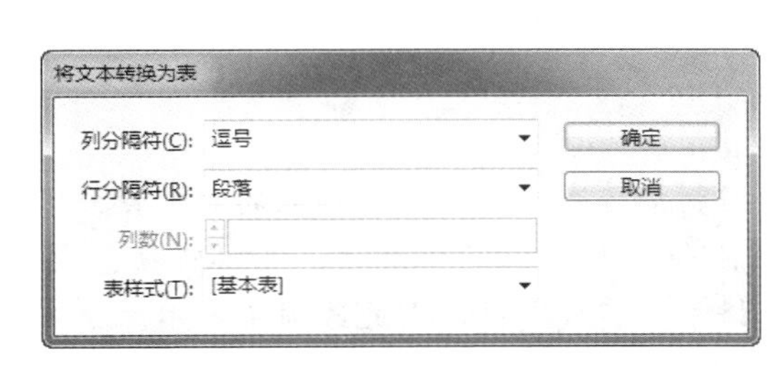

图8-10 “将文本转换为表”对话框

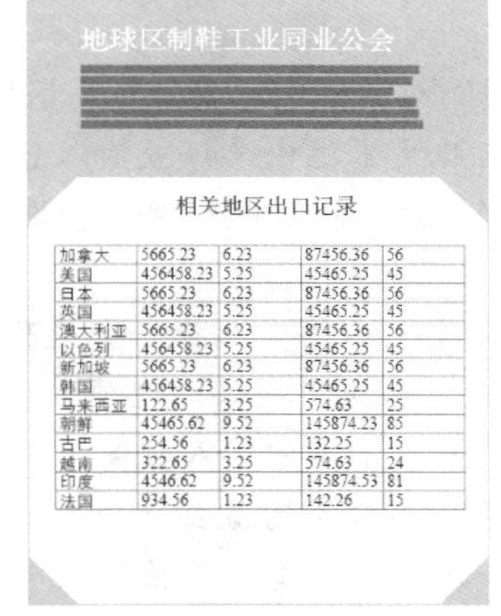

加拿大	5665.23	6.23	87456.36	56
美国	456458.23	5.25	45465.25	45
日本	5665.23	6.23	87456.36	56
英国	456458.23	5.25	45465.25	45
澳大利亚	5665.23	6.23	87456.36	56
以色列	456458.23	5.25	45465.25	45
新加坡	5665.23	6.23	87456.36	56
韩国	456458.23	5.25	45465.25	45
马来西亚	122.65	3.25	574.63	25
朝鲜	45465.62	9.52	145874.23	85
古巴	254.56	1.23	132.25	15
越南	322.65	3.25	574.63	24
印度	4546.62	9.52	145874.53	81
法国	934.56	1.23	142.26	15

图8-11 将文本转换为表格

提示：

本例最终效果为随书所附光盘中的文件“第8章\实例：将数据文本转换为表格.indd”。

8.3 设置表格格式

若要对整个表格进行格式化处理，需要设置表格属性。在InDesign 中可以通过很多种方式将描边（即表格线）和填色添加到表中。使用“表选项” 对话框可以更改表边框的描边，并向列和行中添加交替式的描边和填色。如果要更改个别单元格或表头/表尾单元格的描边和填色，可以使用“单元格选项” 对话框，或者使用“色板”、“描边” 及“ 颜色” 面板。下面来讲解具体的操作方法。

8.3.1 设置边框格式

在工具箱中选择“文字工具”T，在表格中单击以插入文字光标，然后执行“表”|“表选项”|“表设置”命令，弹出“表选项”对话框，如图8-12所示。在此对话框中可以设置表格的基本属性。

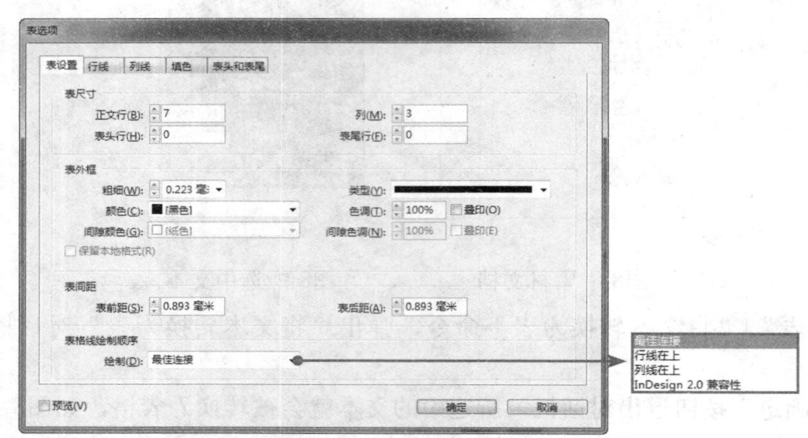

图8-12 “表选项”对话框

在“表选项”对话框中“表外框”区域中各选项的含义解释如下。

- 粗细：在此文本框中选择或输入数值，可以控制表或单元格边框线条的粗细程度。
- 类型：在此文本框中选择一个选项，可以用于指定线条样式，如直线、虚线、点线、斜线等。
- 颜色：在此文本框中选择一个选项，可以用于指定表或单元格边框的颜色。且所列出的选项是“色板”面板中提供的选项。
- 色调：在此文本框中输入数值，用于控制描边或填色的指定颜色的油墨百分比。
- 间隙颜色：当线条为虚线、点线或圆点等带有间隙的线条时，可以将颜色应用于它们之间的区域。如果在“类型”下拉列表中选择了“实线”类，则此选项不可用。
- 间隙色调：当线条为虚线、点线或圆点等带有间隙的线条时，可以将色调应用于它们之间的区域。如果在“类型”下拉列表中选择了“实线”类，则此选项不可用。
- 叠印：如果选中该选项，将导致“颜色”下拉列表中所指定的油墨应用于所有底色之上，而不是挖空这些底色。
- 保留本地格式：选择此选项，个别单元格的描边格式不被覆盖。

在“表选项”对话框中“表格线绘制顺序”区域中“绘制”下拉列表中各选项的含义解释如下。

- 最佳连接：选择此选项，则在不同颜色的描边交叉点处，行线将显示在上面。此外，当描边（如双线）交叉时，描边会连接在一起，并且交叉点也会连接在一起。
- 行线在上：选择此选项，行线会显示在上面。
- 列线在上：选择此选项，列线会显示在上面。
- InDesign 2.0 兼容性：选择此选项，行线会显示在上面。此外，当多条描边（如双线）交叉时，它们会连接在一起，而仅在多条描边呈T形交叉时，多个交叉点才会连接在一起。

图8-13所示为通过“表选项”对话框中的设置，表格边框前后的对比效果。

加拿大	5665.23	6.23	87456.36	56
美国	456458.23	5.25	45465.25	45
日本	5665.23	6.23	87456.36	56
英国	456458.23	5.25	45465.25	45
澳大利亚	5665.23	6.23	87456.36	56
以色列	456458.23	5.25	45465.25	45
新加坡	5665.23	6.23	87456.36	56
韩国	456458.23	5.25	45465.25	45
马来西亚	122.65	3.25	574.63	25
朝鲜	45465.62	9.52	145874.23	85
古巴	254.56	1.23	132.25	15
越南	322.65	3.25	574.63	24
印度	4546.62	9.52	145874.53	81
法国	934.56	1.23	142.26	15

加拿大	5665.23	6.23	87456.36	56
美国	456458.23	5.25	45465.25	45
日本	5665.23	6.23	87456.36	56
英国	456458.23	5.25	45465.25	45
澳大利亚	5665.23	6.23	87456.36	56
以色列	456458.23	5.25	45465.25	45
新加坡	5665.23	6.23	87456.36	56
韩国	456458.23	5.25	45465.25	45
马来西亚	122.65	3.25	574.63	25
朝鲜	45465.62	9.52	145874.23	85
古巴	254.56	1.23	132.25	15
越南	322.65	3.25	574.63	24
印度	4546.62	9.52	145874.53	81
法国	934.56	1.23	142.26	15

图8-13 设置表格边框前后的对比效果

8.3.2 通过拖曳调整行、列尺寸

对于已创建好的表格，如果对其行高和列宽的大小不满意，可以通过多种方法对其进行调整。最常用的一种方法就是拖曳法，方法也比较简单，首先在工具箱中选择“文字工具”[T]，将光标置于列或行的边线上，便会出现一个双箭头图标（↔或↕），然后向左或向右拖动鼠标以增加或减小列宽，向上或向下拖动鼠标以增加或减小行高。

图8-14所示为分别调整表格的行高和列宽尺寸后的效果。

加拿大	5665.23	6.23	87456.36	56
美国	456458.23	5.25	45465.25	45
日本	5665.23	6.23	87456.36	56
英国	456458.23	5.25	45465.25	45
澳大利亚	5665.23	6.23	87456.36	56
以色列	456458.23	5.25	45465.25	45
新加坡	5665.23	6.23	87456.36	56
韩国	456458.23	5.25	45465.25	45
马来西亚	122.65	3.25	574.63	25
朝鲜	45465.62	9.52	145874.23	85
古巴	254.56	1.23	132.25	15
越南	322.65	3.25	574.63	24
印度	4546.62	9.52	145874.53	81
法国	934.56	1.23	142.26	15

加拿大	5665.23	6.23	87456.36	56
美国	456458.23	5.25	45465.25	45
日本	5665.23	6.23	87456.36	56
英国	456458.23	5.25	45465.25	45
澳大利亚	5665.23	6.23	87456.36	56
以色列	456458.23	5.25	45465.25	45
新加坡	5665.23	6.23	87456.36	56
韩国	456458.23	5.25	45465.25	45
马来西亚	122.65	3.25	574.63	25
朝鲜	45465.62	9.52	145874.23	85
古巴	254.56	1.23	132.25	15
越南	322.65	3.25	574.63	24
印度	4546.62	9.52	145874.53	81
法国	934.56	1.23	142.26	15

图8-14 调整行高和列宽后的效果

8.3.3 交替变换表格行颜色

对表格进行交替填色操作，可以达到美化表格的目的，还可以起到醒目的目的。其具体的操作方法如下。

（1）在工具箱中选择“文字工具”[T]，将光标插入单元格中，然后执行“表”|“表选项”|“交替填色”命令，弹出“表选项”对话框，如图8-15所示。

（2）在对话框中的“交替模式”下拉列表中选择要使用的模式类型。如果要指定一种模式（如一个带有黄色阴影的行后面跟有3个带有蓝色阴影的行），则需要选择“自定行”或“自定列”选项。

（3）在“交替”区域中，为第一种模式和后续模式指定填色选项。例如，如果为“交替模式”选择了“每隔一行”，则可以让第一行填充填色，第二行为空白，依次交替下去。图8-16所示为设置交替填色后的效果。

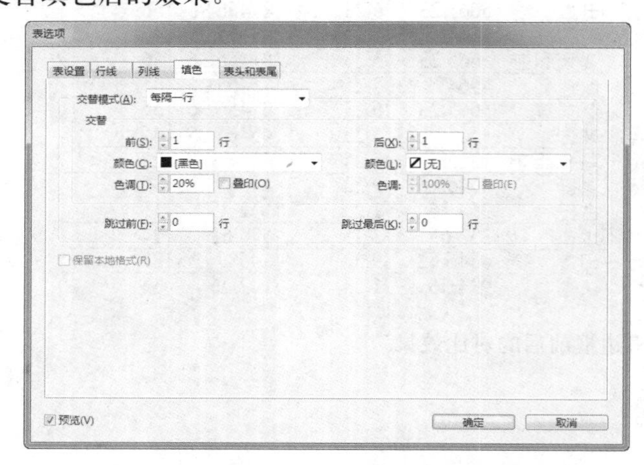

图8-15 设置“交替”区域中的选项

加拿大	5665.23	6.23	87456.36	56
美国	456458.23	5.25	45465.25	45
日本	5665.23	6.23	87456.36	56
英国	456458.23	5.25	45465.25	45
澳大利亚	5665.23	6.23	87456.36	56
以色列	456458.23	5.25	45465.25	45
新加坡	5665.23	6.23	87456.36	56
韩国	456458.23	5.25	45465.25	45
马来西亚	122.65	3.25	574.63	25
朝鲜	45465.62	9.52	145874.23	85
古巴	254.56	1.23	132.25	15
越南	322.65	3.25	574.63	24
印度	4546.62	9.52	145874.53	81
法国	934.56	1.23	142.26	15

图8-16 设置交替填色后的效果

8.3.4 编辑单元格描边

创建完表格后，可以使用“表选项”对话框、“描边”面板或“描边和填充”命令来编辑单元格的描边效果。

下面讲解使用“表选项”对话框编辑单元格描边的具体操作方法。

（1）使用“文字工具”T在表格中选择要描边的单元格。

（2）执行“表”|“表选项”|“交替行线”命令，弹出“表选项”对话框，对各选项进行适当的设置，如图8-17所示。

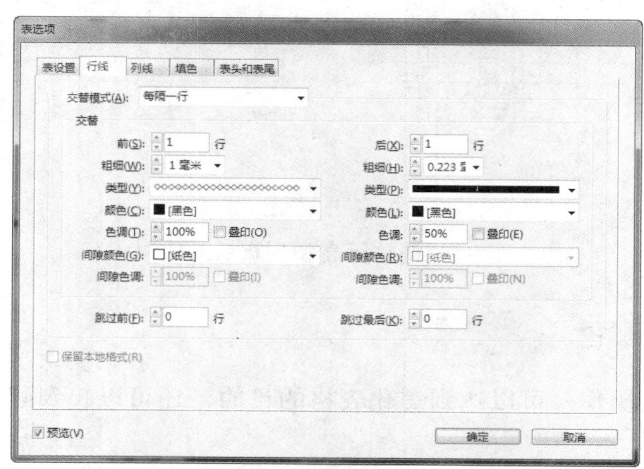

图8-17 设置“表选项”对话框中的“行线”选项卡

在“表选项”对话框中，“行线”选项卡中部分选项的含义解释如下。

- 前：在此文本框中输入数值，用于设置交替的前几行。例如，当数值为2时，表示从前面隔2行设置属性。

- 后：在此文本框中输入数值，用于设置交替的后几行。例如，当数值为2时，表示从后面隔2行设置属性。
- 跳过前：在此文本框中输入数值，用于设置表的开始位置，在前几行不显示描边属性。
- 跳过最后：在此文本框中输入数值，用于设置表的结束位置，在后几行不显示描边属性。

（3）单击“确定”按钮退出对话框，即可将选中的单元格进行描边。图8-18所示为设置交替描边后的效果。

加拿大	5665.23	6.23	87456.36	56
美国	456458.23	5.25	45465.25	45
日本	5665.23	6.23	87456.36	56
英国	456458.23	5.25	45465.25	45
澳大利亚	5665.23	6.23	87456.36	56
以色列	456458.23	5.25	45465.25	45
新加坡	5665.23	6.23	87456.36	56
韩国	456458.23	5.25	45465.25	45
马来西亚	122.65	3.25	574.63	25
朝鲜	45465.62	9.52	145874.23	85
古巴	254.56	1.23	132.25	15
越南	322.65	3.25	574.63	24
印度	4546.62	9.52	145874.53	81
法国	934.56	1.23	142.26	15

图8-18 设置交替描边后的效果

下面讲解使用“描边”面板编辑单元格描边的具体操作方法。

（1）使用“文字工具”T在表格中选择要描边的单元格。

（2）执行“窗口”|“描边”命令，或者按F10键调出“描边”面板，在“描边选择区”中选择要修改的线条，设置适当的粗细和类型，完成对单元格描边的设置。图8-19所示为“描边”面板及描边后的效果。

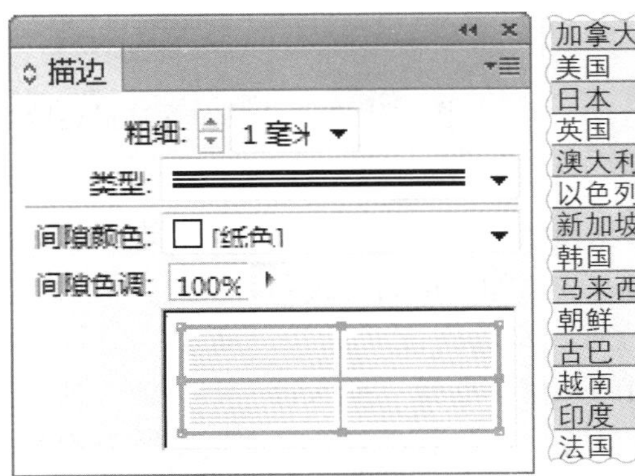

加拿大	5665.23	6.23	87456.36	56
美国	456458.23	5.25	45465.25	45
日本	5665.23	6.23	87456.36	56
英国	456458.23	5.25	45465.25	45
澳大利亚	5665.23	6.23	87456.36	56
以色列	456458.23	5.25	45465.25	45
新加坡	5665.23	6.23	87456.36	56
韩国	456458.23	5.25	45465.25	45
马来西亚	122.65	3.25	574.63	25
朝鲜	45465.62	9.52	145874.23	85
古巴	254.56	1.23	132.25	15
越南	322.65	3.25	574.63	24
印度	4546.62	9.52	145874.53	81
法国	934.56	1.23	142.26	15

图8-19 “描边”面板及描边后的效果

下面使用“描边和填充”命令编辑单元格描边的具体操作方法。

（1）使用文字工具T在表格中选择要描边的单元格。

（2）执行“表”|“单元格选项”|“描边和填色”命令，弹出“单元格选项”对话框，在“单元格描边”区域中设置描边的粗细、类型、颜色和间隙颜色等属性，如图8-20所示。

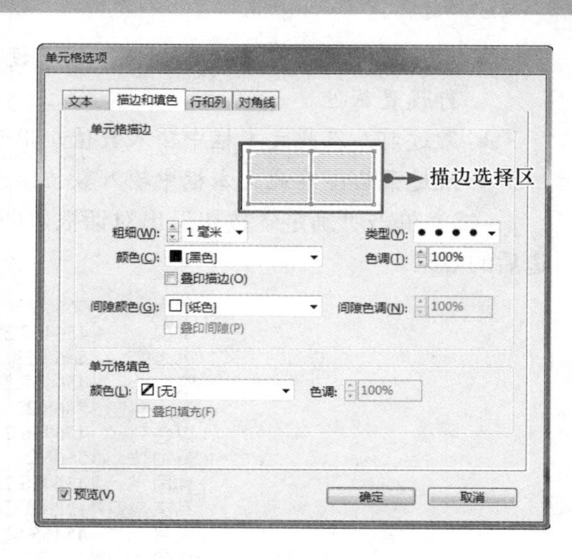

图8-20 设置“单元格选项”对话框

“单元格选项”对话框中的“描边选择区”是以“田”字显示，其四周代表外部边框，内部“十”字代表内部边框。在蓝色线条上单击，蓝色线将变为灰色，表示取消选择的线条，这样在修改描边参数时，就不会对灰色的线条造成影响；双击任意四周或内部的边框，可以选择整个四周矩形线条或整个内部线条；在“描边选择区”任意位置单击3次，将选择或取消所有线条。

（3）单击“确定”按钮退出对话框，即可将选中的单元格进行描边。图8-21所示为选中的单元格描边后的效果。

加拿大	5665.23	6.23	87456.36	56
美国	456458.23	5.25	45465.25	45
日本	5665.23	6.23	87456.36	56
英国	456458.23	5.25	45465.25	45
澳大利亚	5665.23	6.23	87456.36	56
以色列	456458.23	5.25	45465.25	45
新加坡	5665.23	6.23	87456.36	56
韩国	456458.23	5.25	45465.25	45
马来西亚	122.65	3.25	574.63	25
朝鲜	45465.62	9.52	145874.23	85
古巴	254.56	1.23	132.25	15
越南	322.65	3.25	574.63	24
印度	4546.62	9.52	145874.53	81
法国	934.56	1.23	142.26	15

图8-21 为选中的单元格描边后的效果

8.3.5 添加行或列

对于已创建的表格，有时因为需要输入更多数据而添加行和列以满足要求。在InDesign 中，可以通过相关命令插入新的行或列，也可以通过拖动的方法添加表格的行或列。

要添加行或列，可以将光标插入在要插入的位置，然后执行“表”|“插入”|“行”、“列”命令，或选中插入位置的行或列，然后右击，在弹出的菜单中选择“插入行”、“插入列”命令，弹出“插入行”或“插入列”对话框，如图8-22和图8-23所示。然后在对话框中指定所需的行数或列数和插入的位置，单击“确定”按钮退出对话框。

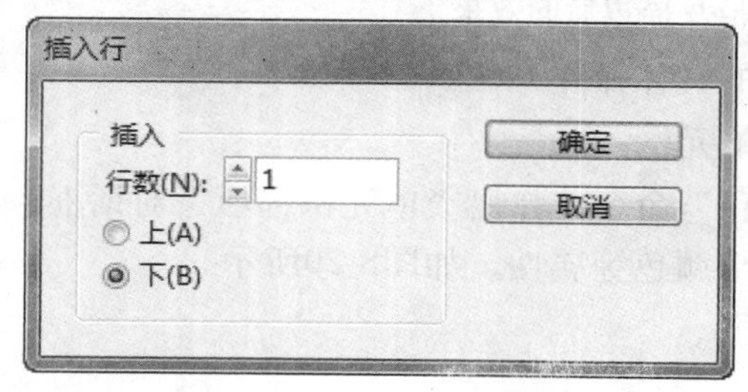

图8-22 “插入行”对话框

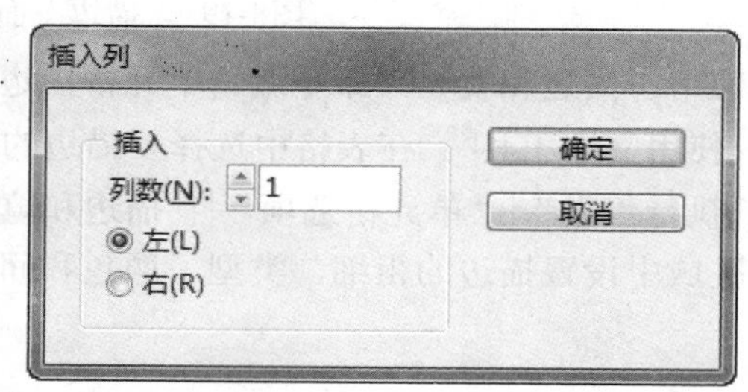

图8-23 “插入列”对话框

在“插入行”对话框中各选项的含义解释如下。

- 行数：在此文本框中输入数值，用于控制插入的行数。
- 上：选择此选项，即在当前光标的上面插入新行。
- 下：选择此选项，即在当前光标的下面插入新行。

提示：

应用“文字工具”T在表格的最后一个单元格中单击插入光标，然后按Tab键，可快速插入一行。

在“插入列”对话框中各选项的含义解释如下。

- 行数：在此文本框中输入数值，用于控制插入的列数。
- 左：选择此选项，即在当前光标的左侧插入新列。
- 右：选择此选项，即在当前光标的右侧插入新列。

以图8-24所示的光标位置为例，图8-25所示为按照上面所讲解的方法在光标上面添加一行后的效果。

加拿大	5665.23	6.23	87456.36	56
美国	456458.23	5.25	45465.25	45
日本	5665.23	6.23	87456.36	56
英国	456458.23	5.25	45465.25	45
澳大利亚	5665.23	6.23	87456.36	56
以色列	456458.23	5.25	45465.25	45
新加坡	5665.23	6.23	87456.36	56
韩国	456458.23	5.25	45465.25	45
马来西亚	122.65	3.25	574.63	25
朝鲜	45465.62	9.52	145874.23	85
古巴	254.56	1.23	132.25	15
越南	322.65	3.25	574.63	24
印度	4546.62	9.52	145874.53	81
法国	934.56	1.23	142.26	15

图8-24 光标位置

加拿大	5665.23	6.23	87456.36	56
美国	456458.23	5.25	45465.25	45
日本	5665.23	6.23	87456.36	56
英国	456458.23	5.25	45465.25	45
澳大利亚	5665.23	6.23	87456.36	56
以色列	456458.23	5.25	45465.25	45
新加坡	5665.23	6.23	87456.36	56
韩国	456458.23	5.25	45465.25	45
马来西亚	122.65	3.25	574.63	25
朝鲜	45465.62	9.52	145874.23	85
古巴	254.56	1.23	132.25	15
越南	322.65	3.25	574.63	24
印度	4546.62	9.52	145874.53	81
法国	934.56	1.23	142.26	15

图8-25 添加一行后的效果

另外，将插入点放置在希望新行出现的位置的上一行下侧边框上，当光标变为↕时，按Alt键向下拖动鼠标到合适的位置（拖动一行的距离，即添加一行，依此类推），释放鼠标即可插入行；将插入点放置在希望新列出现的位置的前一列右侧边框上，当光标变为↔时，按Alt键向右拖动鼠标到合适的位置（拖动一列的距离，即添加一列，依此类推），释放鼠标即可插入列。

拖动法对向左或向上拖动鼠标不起作用。

8.3.6 删除行或列

要删除行或列，可以将光标插入在要插入的位置，然后执行以下操作之一。

- 执行“表”|“删除”|“行”或“列”命令，或选中删除位置的行或列，然后右击，在弹出的菜单中选择“删除”|“行”或“列”命令即可。若选择其中“表”命令，则可以删除整

个表格。

- 按Ctrl+Backspace键，可以快速将选择的行删除；按Shift+Backspace键，可以快速将选择的列删除。
- 应用拖动法删除行或列，可以将光标放置在表格的底部或右侧的边框上，当出现一个双箭头图标（↕或↔）时，然后按Alt键向上拖动以删除行，或向左拖动以删除列。
- 执行“表”|“表选项”|“表设置”命令，弹出“表选项”对话框，如图8-26所示。在“表尺寸”选项卡中指定小于当前值的行数和列数，单击“确定”按钮退出对话框。行从表的底部开始被删除，列从表的右侧开始被删除。

在“表尺寸”选项区域中设置“正文行”或“列”的数值，如果大于原有的数值，则将插入新的行或列。

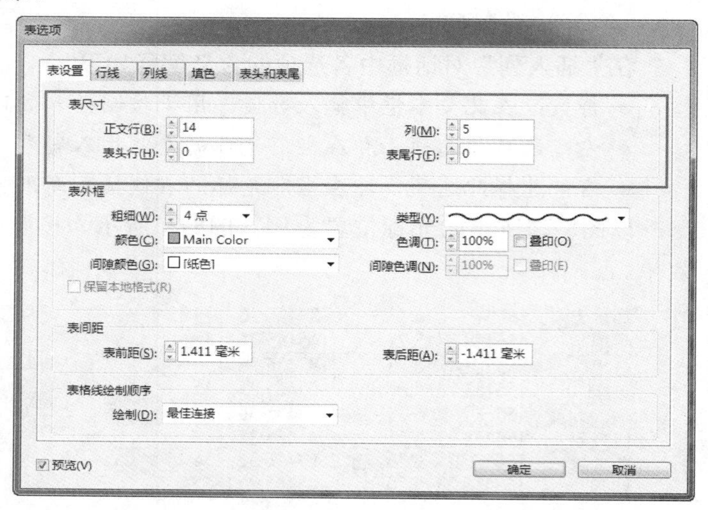

图8-26 “表尺寸”选项区域

8.4 在表格中使用图像

8.4.1 设置固定的行、列尺寸

在前面讲解了如何通过拖曳调整表格中行、列的尺寸，但这样的操作随意性很大，不能精确指定行、列的大小。如果想精确设置表格的行高和列宽，则可以通过以下两种方法来实现。

（1）首先使用“文字工具”T，在要调整的行或列的任意单元格单击，以指定光标位置（如果想改变多行或多列，则可以选择要改变的多行或多列）。然后，执行“表”|“单元格选项”|“行和列”命令，弹出“单元格选项”对话框，如图8-27所示，在对话框中的“行和列”选项

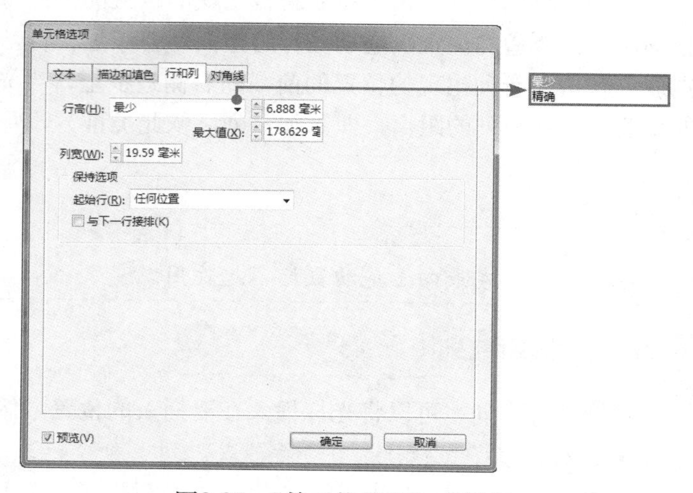

图8-27 “单元格选项”对话框

卡中设置“行高”和“列宽”选项，单击“确定”按钮退出对话框，即可精确调整行高和列宽。

提示：

在“行高”下拉列表中有“最少”和“精确”2个选项，如果选择“最少”来设置最小行高，当添加文本或增加点大小时，则会增加行高；如果选择“精确”来设置固定的行高，当添加或移去文本时，则行高不会改变。固定的行高经常会导致单元格中出现溢流的情况。

（2）除了使用“行和列”命令精确调整行高或列宽，还可以应用“表”面板来精确调整行高或列宽。首先，使用“文字工具”T，在要调整的行或列的任意单元格单击，以指定光标位置（如果想改变多行或多列，则可以选择要改变的多行或多列）。然后，执行“窗口”|“文字和表”|“表”命令，弹出“表”面板，如图8-28所示，在行高或列宽文本框中输入行高或列宽的数值，按Enter键即可修改行高或列宽。

提示：

如果要平均分布表格中的行或列，可以在列或行中选择应当等宽或等高的单元格，然后执行“表”|“均匀分布行”或“均匀分布列”命令。

图8-28 “表”面板

8.4.2 将图像置入到单元格中

在表格内的单元格中不仅可以输入文字，还可以置入图像。具体操作方法可参考下列方法之一。

- 使用“文字工具”T，在要添加图像的位置单击以定位，然后执行“文件”|“置入”命令，再双击图像的文件名。
- 使用“文字工具”T，在要添加图像的位置单击以定位，然后执行“对象”|“定位对象”|“插入”命令，再指定设置，随后即可将图像添加到定位对象中。
- 复制图像或框架，使用“文字工具”T，在要添加图像的位置单击以定位，然后执行“编辑”|“粘贴”命令。

当添加的图像大于单元格时，单元格的高度就会扩展以便容纳图像，但是单元格的宽度不会改变，图像有可能延伸到单元格右侧以外的区域。如果在其中放置图像的行高已设置为固定高度，则高于这一行高的图像会导致单元格溢流。

提示：

为避免单元格溢流，最好先将图像放置在表外，调整图像的大小后再将图像粘贴到表单元格中。

8.5 拓展训练——格式化表格

（1）打开随书所附光盘中的文件“第8章\8.5 拓展训练——格式化表格-素材.indd”，如图8-29所示。

（2）将光标置于第2、3列中间的表格线上，如图8-30所示。向右拖动表格线，以增加第2列的宽度，如图8-31所示。

图8-29 素材文档

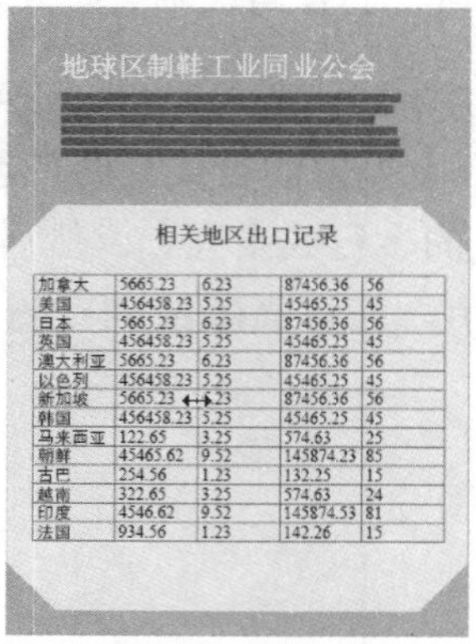

图8-30 光标状态

图8-31 调整第2列的宽度

（3）按照第（2）步的方法，调整第3~5列的宽度，得到如图8-32所示的效果。

（4）将光标置于表格内，按Ctrl+Alt+A键选中整个表格，如图8-33所示。

（5）在表格上右击，在弹出的菜单中选择“单元格选项”命令，在弹出的对话框中选择“文本”选项卡，并设置其参数，如图8-34所示。得到如图8-35所示的效果。

图8-32 调整第3~5列的宽度

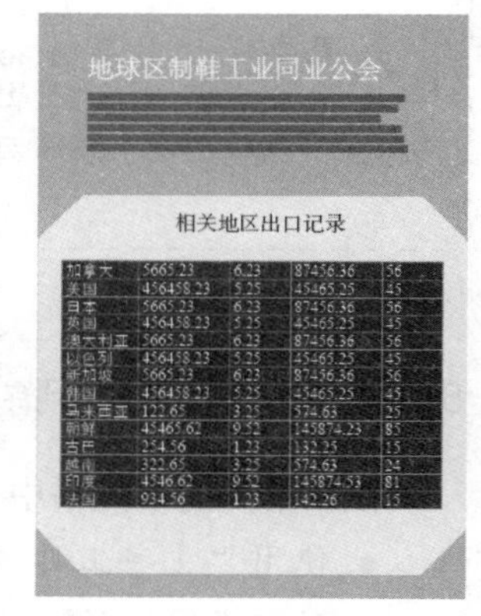

图8-33 选中整个表格

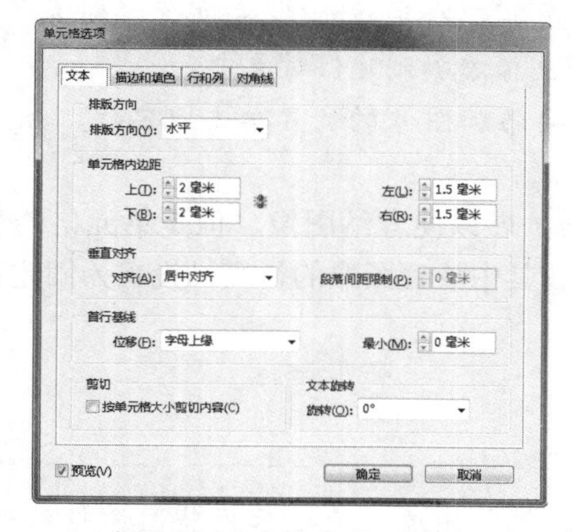

图8-34 “文本”选项卡

图8-35 设置“文本”选项卡后的效果

（6）保持在“单元格选项”对话框中，选择“描边和填色”选项卡，并设置其参数，如图8-36所示，得到如图8-37所示的效果。单击“确定”按钮退出对话框。

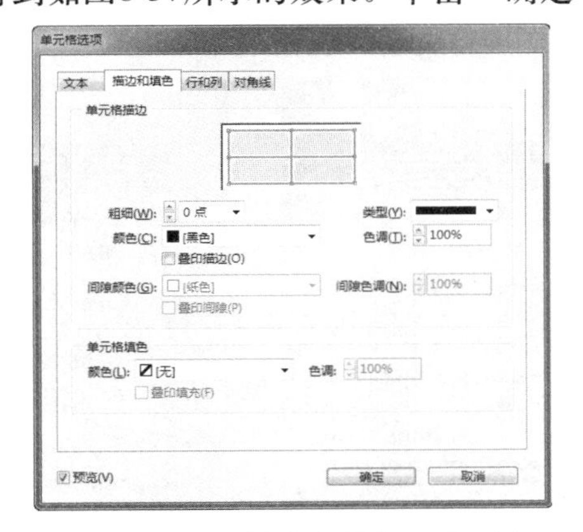

图8-36 “描边和填色”选项卡

图8-37 设置“描边和填色”选项卡后的效果

（7）保持表格的选中状态，右击，在弹出的菜单中选择“表选项”命令，在弹出的对话框中选择“填色”选项卡，并设置其参数，如图8-38所示，得到如图8-39所示的效果。

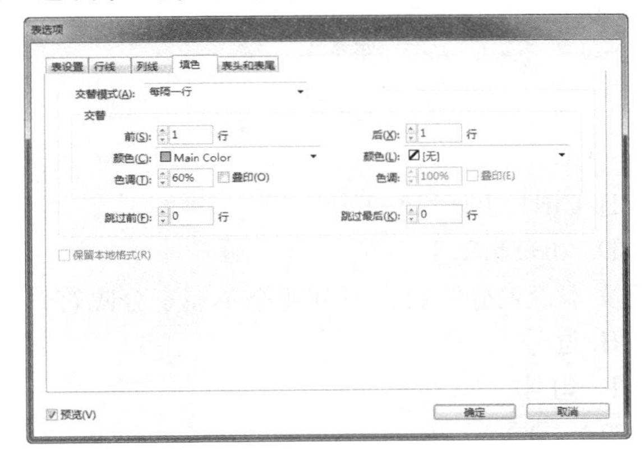

图8-38 “填色”选项卡

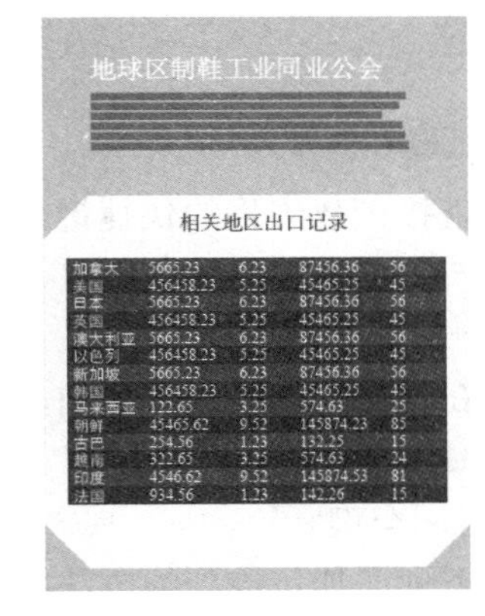

图8-39 设置“填色”选项卡后的效果

（8）保持在“表选项”对话框中，选择“行线”选项卡并设置其参数，如图8-40所示，得到如图8-41所示的效果。设置完成后，单击“确定”按钮退出对话框。

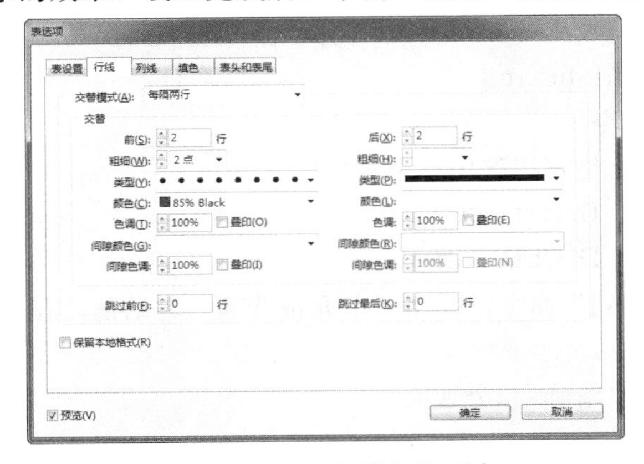

图8-40 “行线”选项卡

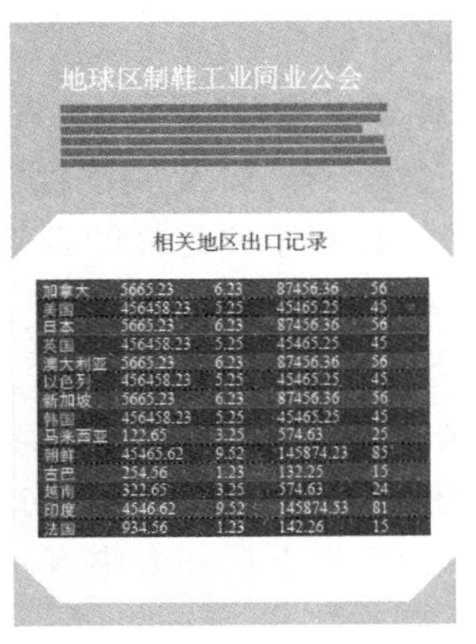

图8-41 设置“行线”选项卡后的效果

（9）保持表格的选中状态，然后在“段落”面板中将文本设置为居中对齐方式，得到如图8-42所示的最终效果。

读者可以尝试按照上面实例中的方法，试制作得到如图8-43所示的表格效果。

加拿大	5665.23	6.23	87456.36	56
美国	456458.23	5.25	45465.25	45
日本	5665.23	6.23	87456.36	56
英国	456458.23	5.25	45465.25	45
澳大利亚	5665.23	6.23	87456.36	56
以色列	456458.23	5.25	45465.25	45
新加坡	5665.23	6.23	87456.36	56
韩国	456458.23	5.25	45465.25	45
马来西亚	122.65	3.25	574.63	25
朝鲜	45465.62	9.52	145874.23	85
古巴	254.56	1.23	132.25	15
越南	322.65	3.25	574.63	24
印度	4546.62	9.52	145874.53	81
法国	934.56	1.23	142.26	15

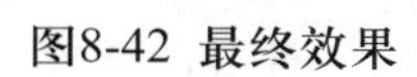
图8-42 最终效果

加拿大	5665.23	6.23	87456.36	56
美国	456458.23	5.25	45465.25	45
日本	5665.23	6.23	87456.36	56
英国	456458.23	5.25	45465.25	45
澳大利亚	5665.23	6.23	87456.36	56
以色列	456458.23	5.25	45465.25	45
新加坡	5665.23	6.23	87456.36	56
韩国	456458.23	5.25	45465.25	45
马来西亚	122.65	3.25	574.63	25
朝鲜	45465.62	9.52	145874.23	85
古巴	254.56	1.23	132.25	15
越南	322.65	3.25	574.63	24
印度	4546.62	9.52	145874.53	81
法国	934.56	1.23	142.26	15

图8-43 尝试效果

本例最终效果为随书所附光盘中的文件“第8章\8.5 拓展训练——格式化表格.indd”和“第8章\8.5 拓展训练——格式化表格-尝试效果.indd”。

8.6 课后练习

1. 单选题

（1）直接创建表格的快捷键是（　　）。

A. Ctrl+Alt+T　　B. Ctrl+Alt+Shift+T

C. Ctrl+Shift+T　　D. Alt+Shift+T

（2）在将文本转换为表格前，需要仔细为文本设置分隔符，下列哪个不属于分隔符？（　　）

A. Tab键　　B. 逗号

C. 段落回车键　　D. 句号

（3）下列添加行或列的方法中，错误的是（　　）。

A. 将插入点放置在希望新行出现的位置的上一行下侧边框上，当光标变为↕时，按Alt键向下拖动一行的距离

B. 将插入点放置在希望新列出现的位置的前一列右侧边框上，当光标变为↔时，按Alt键向右拖动一列的距离

C. 将光标置于要插入行的位置，然后按Ctrl+Insert键

D. 选择“表”|“插入”|“行”\“列”命令

（4）将光标置于要选择的表格中，按什么键可以选中整个表格？（　　）

A. Ctrl+Alt+A　　B. Ctrl+Alt+F

C. Ctrl+Shift+A　　D. Ctrl+Shift+F

（5）执行“表”|“单元格选项”|“行和列”命令，弹出“单元格选项”对话框，在“行和列”选项卡区域中，下列说法不正确的是（　　）。

A. 在“行高”下拉列表中有“最少”和“精确”2个选项

B. “最少”选项用来设置最小行高，当添加文本或增加点大小时，则会增加行高

C. “精确”选项用来设置固定的行高，当添加或移去文本时，则行高不会改变

D. 固定的行高不会导致单元格中出现溢流的情况

2. 多选题

（1）创建表格的方法下列说法正确的是（　　）。

A. 在InDesign 中，可以从Word文档里导入表格

B. 在InDesign 中，可以从Excel文档里导入表格

C. 执行“表”|“插入表”命令，可以直接创建表格

D. 在表格里不能再创建表格

（2）下列说法正确的是（　　）。

A. InDesign 可以将图片置入到表格中

B. InDesign 可以将选中的文本转换为表格

C. InDesign 可以将表格转换为文本

D. InDesign 可以为表格设置隔行填充

（3）下列可以为表格格式设置的属性有（　　）。

A. 表头　　B. 表尾　　C. 填色　　D. 行线与列线

（4）在对表格进行交替填色操作时，交替模式有（　　）。

A. 每隔一行或列　　B.每隔两行或列

C. 每隔三行或列　　D. 以前说法都不对

（5）下列关于删除行或列说法正确的是（　　）。

A. 将光标插在目标位置，执行“表”|“删除”|“行”或“列”命令即可

B. 将光标插在目标位置，按Ctrl+Backspace键，可以快速将选择的列删除

C. 将光标插在目标位置，按Shift+Backspace键，可以快速将选择的行删除

D. 将光标放置在表格的底部或右侧的边框上，当出现一个双箭头图标（↕或↔）时，然后按Alt键向上拖动以删除行，或向左拖动以删除列

3. 判断题

（1）要创建表格，首先要创建一个文本块，或在现有的文本块中插入光标。（　　）

（2）将光标置于列或行的边线上，当光标变为↔时，向左或向右拖动鼠标可以增加或减小行高。（　　）

（3）创建完表格后，只可以使用“表选项”对话框中的选项编辑单元格描边。（　　）

（4）将光标插在目标位置，按Ctrl+Backspace键，可以快速将选择的列删除。（　　）

（5）复制图像或框架后，使用文字工具在单元格内确定目标位置，执行“编辑”|“粘贴”命令可以将图像或框架置入到单元格中。（　　）

4. 操作题

新建一个文档，然后置入随书所附光盘中的文件“第8章\操作题-素材.docx”，如图8-44所示，根据本章所讲解的设置表格的方法，对置入的表格进行格式化处理，效果如图8-45所示。制作完成后的效果可以参考随书所附光盘中的文件“第8章\操作题.indd”。

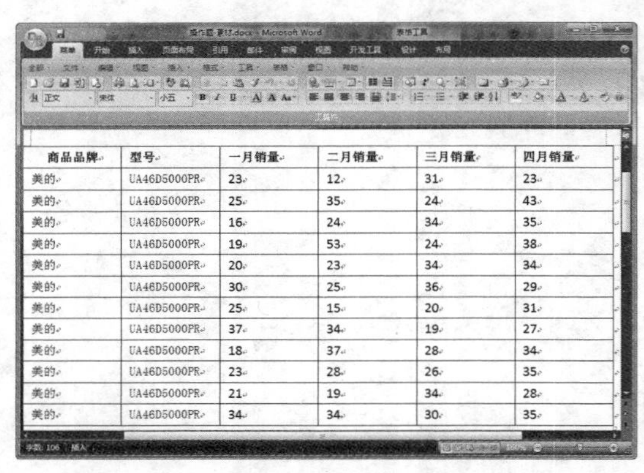

商品品牌	型号	一月销量	二月销量	三月销量	四月销量
美的	UA46D5000PR	23	12	31	23
美的	UA46D5000PR	25	35	24	43
美的	UA46D5000PR	16	24	34	35
美的	UA46D5000PR	19	53	24	38
美的	UA46D5000PR	20	23	34	34
美的	UA46D5000PR	30	25	36	29
美的	UA46D5000PR	25	15	20	31
美的	UA46D5000PR	37	34	19	27
美的	UA46D5000PR	18	37	28	34
美的	UA46D5000PR	23	28	26	35
美的	UA46D5000PR	21	19	34	28
美的	UA46D5000PR	34	34	30	35

图8-44 素材文档

商品品牌	型号	一月销量	二月销量	三月销量	四月销量
美的	UA46D5000PR	23	12	31	23
美的	UA46D5000PR	25	35	24	43
美的	UA46D5000PR	16	24	34	35
美的	UA46D5000PR	19	53	24	38
美的	UA46D5000PR	20	23	34	34
美的	UA46D5000PR	30	25	36	29
美的	UA46D5000PR	25	15	20	31
美的	UA46D5000PR	37	34	19	27
美的	UA46D5000PR	18	37	28	34
美的	UA46D5000PR	23	28	26	35
美的	UA46D5000PR	21	19	34	28
美的	UA46D5000PR	34	34	30	35

图8-45 制作后的效果

第 9 章 创建与应用样式

本章导读

样式就是通过一个步骤就可以应用于文本、段落等一系列格式属性的集合。常用的样式包括字符样式、段落样式、对象样式及表格样式。本章将详细讲解这些样式的创建与应用。

9.1 样式简介

在InDesign CS6中，样式分为很多类，如用于控制字符属性的字符样式、控制段落的段落样式、控制对象属性的对象样式，以及控制表格属性的表格样式等，它们的原理都非常相近，即将常用的属性设置成为一个样式，以便于进行统一、快速的设置。

要使用和控制样式，可以显示对应的面板，如“字符样式”面板就可以控制与字符样式相关的所有功能。新建的样式将随文档一起保存，当打开相关的文档时，样式都会显示在相对应的面板中，当选择文字或插入光标时，应用于文本的任何样式都将突出显示在相应的样式面板中，除非该样式位于折叠的样式组中。如果选择的是包含多种样式的一系列文本，则样式面板中不突出显示任何样式；如果所选一系列文本应用了多种样式，样式面板将显示混合。

9.2 字符样式

9.2.1 创建字符样式

在控制文本时，主要应用的是字符与段落样式两种，在本节中，就来讲解字符样式的创建方法。要控制字符样式，首先按照以下方法调出“字符样式”面板。

- 执行“窗口”|“样式”|“字符样式”命令。
- 执行“文字”|“字符样式”命令。
- 按Shift+F11键。

执行上述任意一个操作后，都将显示如图9-1所示的“字符样式”面板。

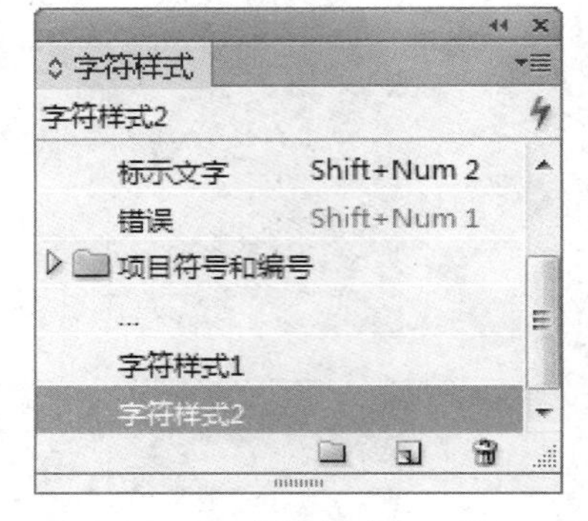

图9-1 “字符样式”面板

“字符样式”面板是文字控制灵活性的集中表现，它可以轻松控制标题、正文文字、小节等频繁出现的相同类别文字的属性。下面以对文本字符设置下划线为例讲解创建字符样式的方法。

（1）在“字符样式”面板中单击右上角的“面板”按钮，在弹出的菜单中选择“新建字符样式”命令，弹出“新建字符样式”对话框，如图9-2所示。

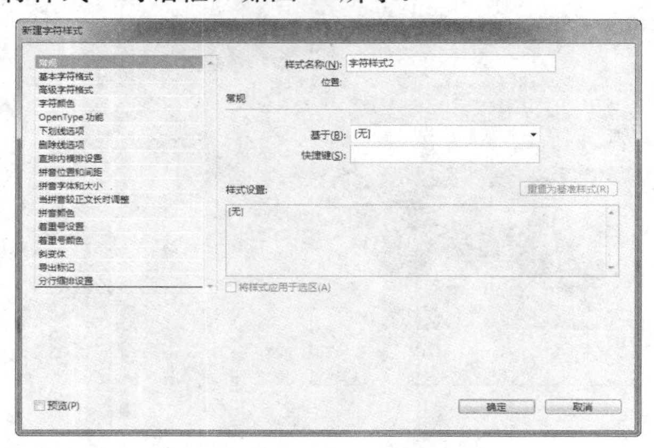

图9-2 “新建字符样式”对话框

在“字符面板”底部单击“创建新样式”按钮，可以创建新的字符样式，双击创建的字符样式名称，弹出“字符样式选项”对话框，在此对话框中也可以完成创建新的字符样式。

“新建字符样式”对话框中各选项的含义解释如下。

- 样式名称：在此文本框中可以输入文本以命名新样式。
- 基于：在此下拉列表中列有当前出版物中所有可用的文字样式名称，可以根据已有的样式为基础父样式来定义子样式。如果需要建立的文字样式与某一种文字样式的属性相近，则可以将此种样式设置为父样式，新样式将自动具有父样式的所有样式。当父样式发生变化时，所有以此为父样式的子样式的相关属性也将同时发生变化。默认情况下为“无”文字样式选项。
- 快捷键：在此文本框中用于输入键盘中的快捷键。按数字小键盘上的Num Lock键，使数字小键盘可用。按Shift、Ctrl、Alt键中的任何一个键，并同时按数字小键盘上的某数字键即可。
- 样式设置：在此区域的文本框中详细显示为样式定义的所有属性。
- 将样式应用于选区：勾选此选项，可以将新样式应用于选定的文本。

（2）在“常规”选项中设置“样式名称”为“下划线”，并设置快捷键为Shift+1，如图9-3所示。

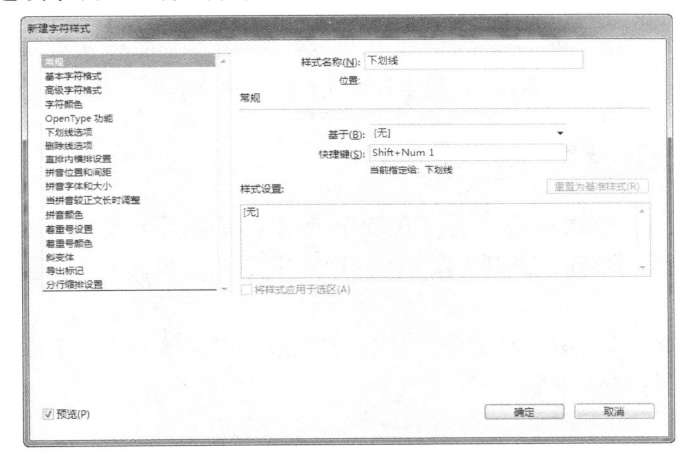

图9-3 设置名称及快捷键

（3）在左侧的选项组中选择“下划线选项”选项，以显示相关的选项进行设置，如图9-4所示。单击“确定”按钮退出对话框。

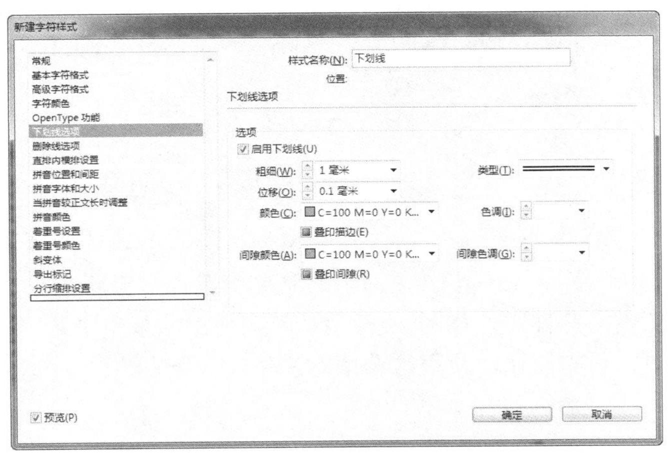

图9-4 设置“下划线选项”中的属性

9.2.2 应用字符样式

创建完成字符样式后，需要将样式应用到文本，可以在工具箱中选择“文字工具”T，选中需要应用新样式的文本，然后在“字符样式”面板中单击新样式的名称即可。如图9-5所示为应用新样式前后的对比效果。

Bora ipsum dolor sit amet, consectetur adipiersscing elit. Maecenas mollis ligula quis est posuere dapibus. Quisque dictum scelerisque velit sed fer mentum. Suspendisse pulvinar, dui at luctusfs iaculis, ligula elit adipiscing diam, et vestibulum leo augue vel dui. Maecenas est nibh, feugiat et imperdiet eu, ullamcorperse non orci. Curabitur posuere mattis pellentesque. Class aptent taciti sociosqu ad litora torquent per conubia nostra, per inceptos hime naeos. Vivamus posuere iaculis lacus, or in bibendum leo porta. Duis ultricies tellus a tellus adipiscing tristique. Sed rutrum magna vel risus rhoncus et volutpaters purus placerat. Mauris euismod rhoncus. Maecenas sed elit erat. Nunc dapibus tellus erat. Aliquam eget urna vitae mauris sodales ornare. Praesent ac ligula egestas odio iaculis pulvinar. Phasellus aliquam pulvinar lobortis sadips ipsumstus iaculis, ligula elit adipiscing diam,sert sit. Lrem ipsum dolor sit amet, consectetur adipiscing elit. Uns maecenas mollis ligula quis est posuere dapibus. Quisque dictum scelerisque velit sed fermentum. Suspendisse pulvinar, dui at luctus iaculis, ligula elit adipiscing diam, et vestibulum leo augue vel dui. Maecenas est nibh, feugiat et imperdiet eu, ullamcorper non orci. Curabitur posuere mattis pellentesque. Class aptent taciti sociosqu ad litora torquent per conubiaser nostra, per inceptos himenaeos. Vivamus posuere iaculis lacus, eu fermentum magna placerat in. Nulla malesuada augue quis e ipsum amet sadip nemis uns amets uns dolores amet unrtras vivibendum. Phasellus nisl sapien, mollis nec elementum eu, commodo sed eros. Sed tempor est ac nisl dapibus a venenatis magna vehicula. Ut ac mi in nisi varius elementum. Nam a mi nisl. Fusce ipsum elit, vehicula ac dapibus eu, faucibus et liber-Morbi urna diam, venenatis vitae placerat in, lobortis non nisl. Sed commodo, tortor egestas imperdiet lacinia, ante nulla rhoncus libero, ut interdum felis quam non risus. Mauris ac nisi vel ante rutrum porta. Fusce et netus et malesuada fames ac turpis egestas. Sed tristique vehicula est, eget sagittis mauris auctor quis. Fusce porttitor lacinia congue. Proin dictum, erat facilisis pellentesque porta, magna nunc vehicula dolor, in tincidunt metus odio non misert.

Bora ipsum dolor sit amet, consectetur adipiersscing elit. Maecenas mollis ligula quis est posuere dapibus. Quisque dictum scelerisque velit sed fer mentum. Suspendisse pulvinar, dui at luctusfs iaculis, ligula elit adipiscing diam, et vestibulum leo augue vel dui. Maecenas est nibh, feugiat et imperdiet eu, ullamcorperse non orci. Curabitur posuere mattis pellentesque. Class aptent taciti sociosqu ad litora torquent per conubia nostra, per inceptos hime naeos. Vivamus posuere iaculis lacus, or in bibendum leo porta. Duis ultricies tellus a tellus adipiscing tristique. Sed rutrum magna vel risus rhoncus et volutpaters purus placerat. Mauris euismod rhoncus. Maecenas sed elit erat. Nunc dapibus tellus erat. Aliquam eget urna vitae mauris sodales ornare. Praesent ac ligula egestas odio iaculis pulvinar. Phasellus aliquam pulvinar lobortis sadips ipsums. tus iaculis, ligula elit adipiscing diam,sert sit. Lrem ipsum dolor sit amet, consectetur adipiscing elit. Uns maecenas mollis ligula quis est posuere dapibus. Quisque dictum scelerisque velit sed fermentum. Suspendisse pulvinar, dui at luctus iaculis, ligula elit adipiscing diam, et vestibulum leo augue vel dui. Maecenas est nibh, feugiat et imperdiet eu, ullamcorper non orci. Curabitur posuere mattis pellentesque. Class aptent taciti sociosqu ad litora torquent per conubiaser nostra, per inceptos himenaeos. Vivamus posuere iaculis lacus, eu fermentum magna placerat in. Nulla malesuada augue quis e ipsum amet sadip nemis uns amets uns dolores amet unrtras vivibendum. Phasellus nisl sapien, mollis nec elementum eu, commodo sed eros. Sed tempor est ac nisl dapibus a venenatis magna vehicula. Ut ac mi in nisi varius elementum. Nam a mi nisl. Fusce ipsum elit, vehicula ac dapibus eu, faucibus et liberMorbi urna diam, venenatis vitae placerat in, lobortis non nisl. Sed commodo, tortor egestas imperdiet lacinia, ante nulla rhoncus libero, ut interdum felis quam non risus. Mauris ac nisi vel ante rutrum porta. Fusce et netus et malesuada fames ac turpis egestas. Sed tristique vehicula est, eget sagittis mauris auctor quis. Fusce porttitor lacinia congue. Proin dictum, erat facilisis pellentesque porta, magna nunc vehicula dolor, in tincidunt metus odio non misert.

图9-5 应用字符样式前后的对比效果

9.2.3 覆盖与重新定义样式

当应用了某样式的文字属性被修改后，在选中或将光标置于该文本中时，在面板中将在样式上显示一个“+”，此时就表示当前文字的属性，与样式中定义的属性有所不同，此时就可以对样式执行覆盖或更新操作。

以图9-6所示为例，图9-7所示是将文字“DZWH”选中并放大字号后的效果，此时“字符样式”面板中的“Black color”将显示一个“+”。

图9-6 原对象

图9-7 更改颜色后及“字符样式”面板

此时，在“Black color”样式上右击，在弹出的菜单中选择“重新定义样式”命令，则可以依据当前的字符属性重新定义该字符样式，如图9-8所示；若在弹出的菜单中选择“应用‘Black color’”命令，则使用字符样式中设置的属性，应用给选中的文字，如图9-9所示。

图9-8 重新定义样式后的效果

图9-9 应用样式后的效果

9.2.4 导入样式

1. 导入Word样式

将Word 文档导入 InDesign时，可以将 Word 中使用的每种样式映射到 InDesign 中的对应样式。这样，就可以指定使用哪些样式来设置导入文本的格式。每个导入的 Word 样式的旁边都会显示一个磁盘图标🖫，在 InDesign中编辑该样式后，此图标将自动消失。导入Word样式的具体操作方法如下。

（1）执行“文件”|“置入”命令，或按Ctrl+D键，在弹出的“置入”对话框中将“显示导入选项”勾选，如图9-10所示。

（2）在“置入”对话框中选择要导入的Word文件，单击“打开”按钮，将弹出“Microsoft Word 导入选项”对话框，如图9-11所示。在该对话框中设置包含的选项、文本格式及随文图等。

图9-10 “置入”对话框

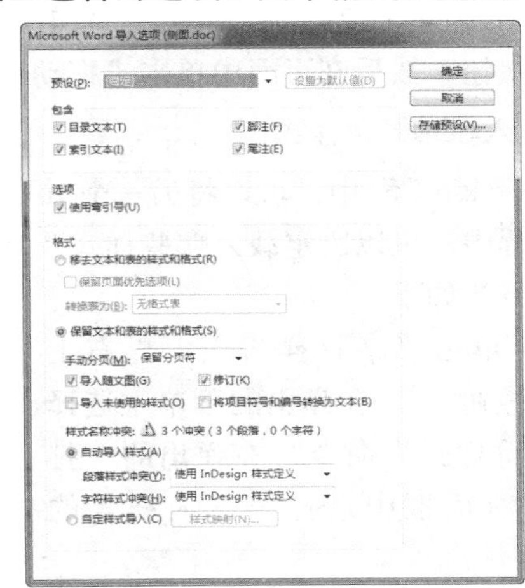

图9-11 “Microsoft Word 导入选项”对话框

（3）如果不想使用Word中的样式，则可以选择“自定样式导入”选项，然后单击“样式映射”按钮，将弹出“样式映射”对话框，如图9-12所示。

在“样式映射”对话框中，当有样式名称冲突时，此对话框的底部将显示出相关的提示信息。可以通过以下3种方式来处理这个问题。

- 在“InDesign 样式”下方的对应位置中，单击该名称，在弹出的下拉列表中选择“重新定义 InDesign 样式”选项，如图9-13所示。然后输入新的样式名称即可。

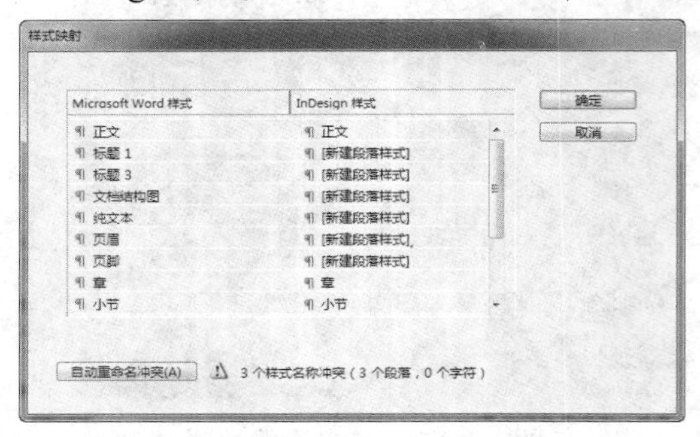

图9-12 “样式映射”对话框

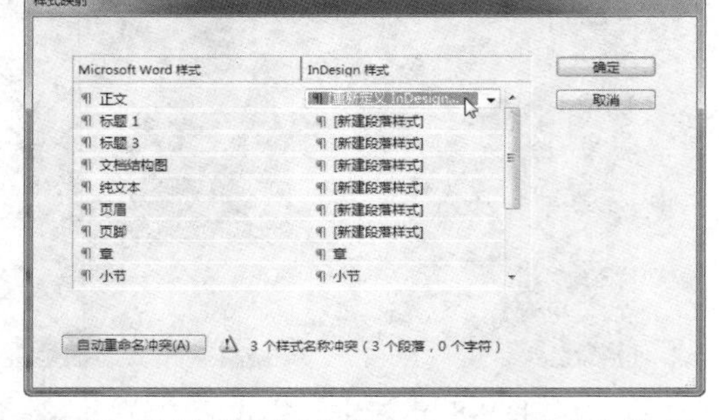

图9-13 选择“重新定义 InDesign 样式”选项

- 在“InDesign 样式”下方的对应位置中，单击该名称，在弹出的下拉列表中选择一种现有的 InDesign 样式，以便使用该 InDesign 样式设置导入的样式文本的格式。
- 在“InDesign 样式”下方的对应位置中，单击该名称，在弹出的下拉列表中选择“自动重命名”以重命名 Word 样式。

提示：

如果有多个样式名称发生冲突，可以直接单击对话框下方的“自动重命名冲突”按钮，以将所有发生冲突的样式进行自动重命名。

在“样式映射”对话框中，如果没有样式名称冲突，可以选择“新建段落样式”、“新建字符样式”或选择一种现有的InDesign样式名称。

（4）设置好各选项后，单击“确定”按钮退回到“Microsoft Word 导入选项”对话框，单击“确定”按钮，然后在页面中单击或拖动鼠标，即可将Word文本置入到当前的文档中。

2．载入InDesign样式

在InDesign CS6中，可以将另一个 InDesign 文档（任何版本）的字符样式载入到当前文档中。在载入的过程中，可以决定载入哪些样式及在载入与当前文档中某个样式同名的样式时应做何响应。具体的操作方法如下。

（1）单击“字符样式”面板右上角的面板按钮，在弹出的菜单中选择“载入字符样式”命令，在弹出的“打开文件”对话框中选择要载入样式的InDesign文件。

（2）单击“打开”按钮，弹出“载入样式”对话框，如图9-14所示。

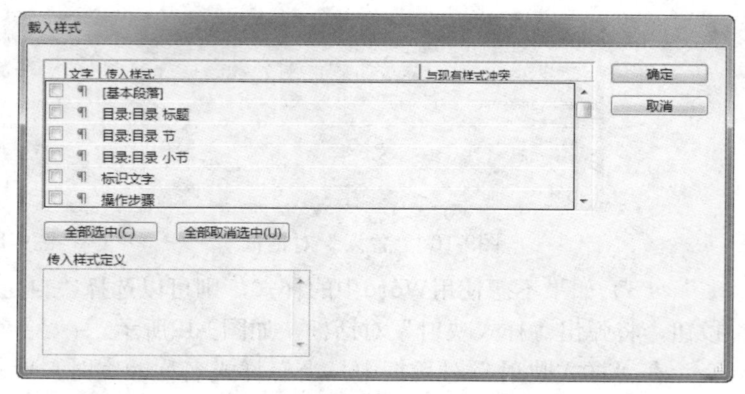

图9-14 “载入样式”对话框

（3）在“载入样式”对话框中，指定要导入的样式。如果任何现有样式与其中一种导入的样式名称一样，就需要在“与现有样式冲突”下方选择下列选项之一。

- 使用传入定义：选择此选项，可以用载入的样式优先选择现有样式，并将它的新属性应用于当前文档中使用旧样式的所有文本。传入样式和现有样式的定义都显示在“载入样式”对话框的下方，以便看到它们的区别。
- 自动重命名：选择此选项，用于重命名载入的样式。例如，如果两个文档都具有“注意”样式，则载入的样式在当前文档中会重命名为“注意副本”。

（4）单击“确定”按钮退出对话框。图9-15所示为载入字符样式前后的面板状态。

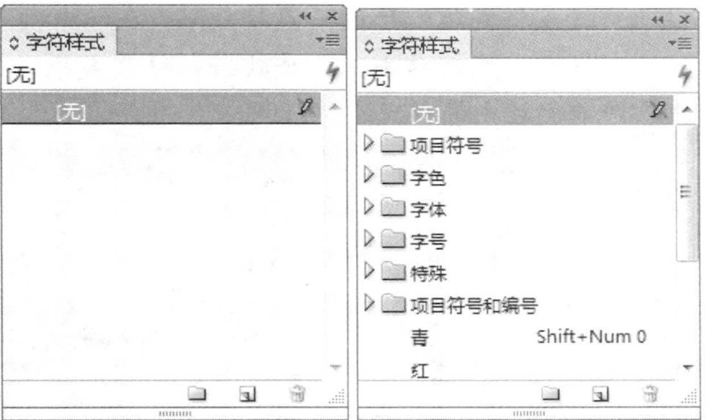

图9-15 载入字符样式前后的面板状态

9.2.5 自定样式映射

在InDesign CS6中，在将其他文档以链接的方式置入到当前的文档中后，可以通过自定义样式映射功能，将源文档中的样式映射到当前文档中，从而将当前文档中的样式自动应用于链接的内容。下面就来讲解其操作方法。

（1）选择“窗口”|“链接”命令，调出“链接”面板，然后单击其右上角的“面板”按钮，在弹出的菜单中选择“链接选项”命令。

（2）在弹出的“链接选项”对话框中勾选“定义自定样式映射”选项，如图9-16所示。

（3）单击“设置”按钮，弹出“自定样式映射”对话框，如图9-17所示。

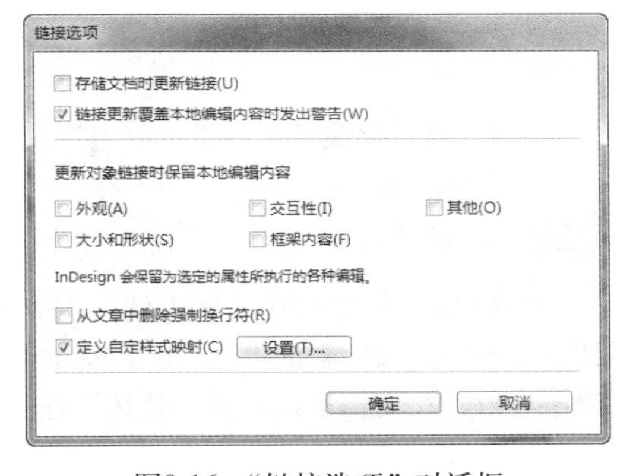

图9-16 “链接选项”对话框

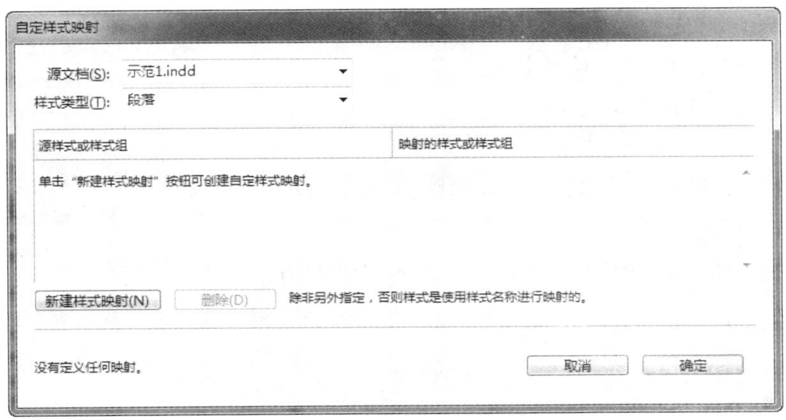

图9-17 “自定样式映射”对话框

“自定样式映射”对话框中重要选项讲解如下。

- 源文档：在此下拉列表中可以选择打开的文档。

- 样式类型：在此下拉列表中可以选择样式类型为段落、字符、表或单元格。
- 新建样式映射：单击此按钮，此时“自定样式映射”对话框如图9-18所示。单击“选择源样式或样式组”后的三角按钮，在弹出的下拉列表中可以选择“源文档”中所选择的文档的样式，然后单击“选择映射的样式或样式组”后的三角按钮，在弹出的下拉列表中选择当前文档中的样式。

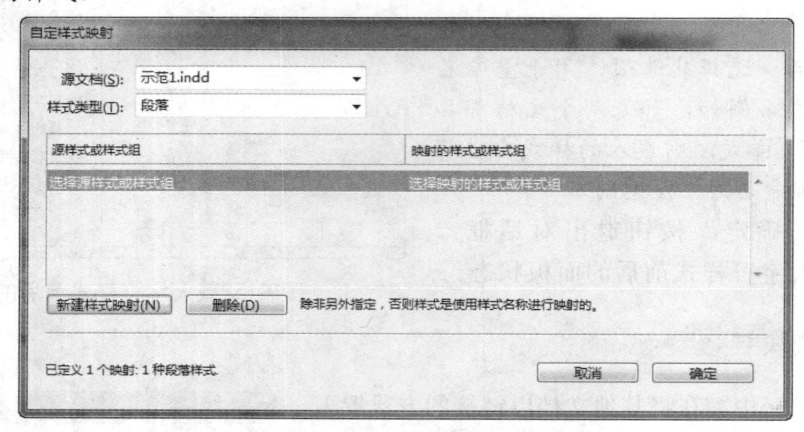

图9-18 “自定样式映射”对话框

（4）设置完成后，单击“确定”按钮退出。

9.3 段落样式

创建与应用段落样式的方法，与字符样式基本相同，只不过段落样式主要用于控制段落的属性，使用它可以控制缩进、间距、首字下沉、悬挂缩进、段落标尺线甚至文字颜色、高级文字属性等诸多参数。在文档量较大时，尤其是各种书籍、杂志等长文档，更是离不开段落样式的控制。

9.3.1 创建段落样式

要控制段落样式，首先按照以下方法调出“段落样式”面板。

- 执行“窗口”|“样式”|“段落样式”命令。
- 执行“文字”|“段落样式”命令。
- 按F11键。

执行上述任意一个操作后，都将显示如图9-19所示的“段落样式”面板。

下面来讲解通过段落样式控制广告中文案统一属性的方法。

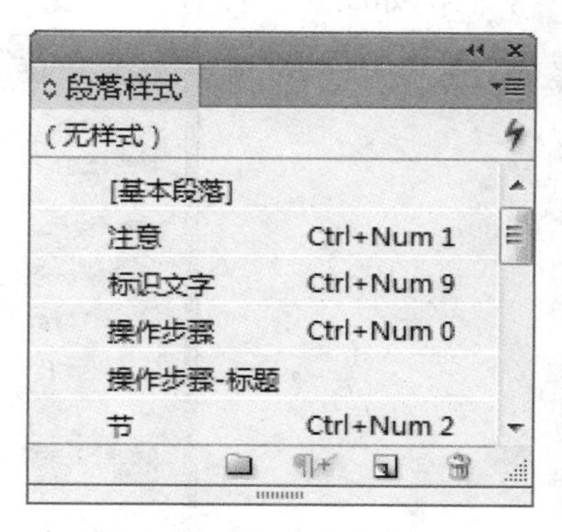

图9-19 “段落样式”面板

实例：为房地产广告文案设置统一属性

（1）打开随书所附光盘中的文件“第9章\实例：为房地产广告文案设置统一属性-素材.indd”，如图9-20所示。

（2）使用“选择工具”选中上方的说明文字。选择“窗口”|“样式”|“段落样式”命令以显示“段落样式”面板。

（3）单击“创建新样式”按钮，得到样式“段落样式1”，在“段落样式”面板中单击该样式名称，即为当前文字应用了该样式，双击该样式名称则弹出如图9-21所示的对话框。

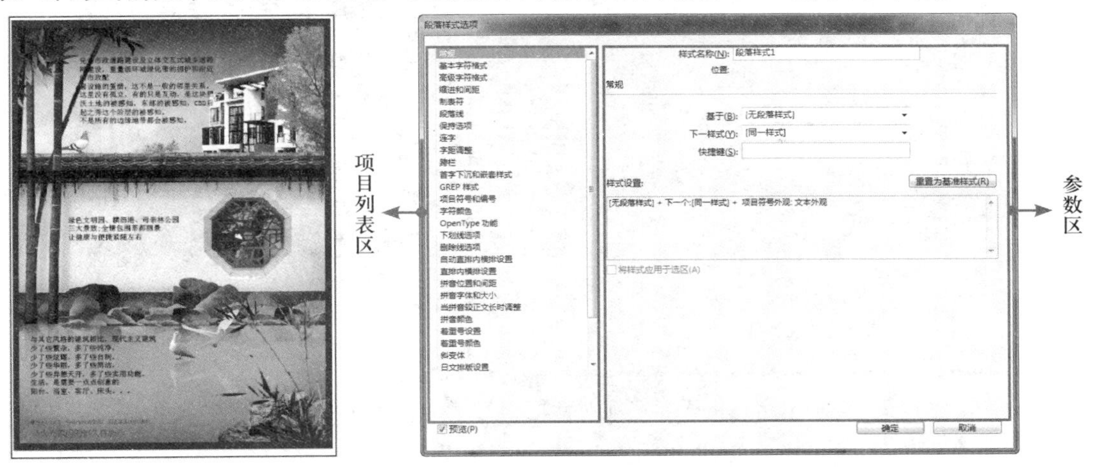

图9-20 素材文档　　图9-21 “段落样式选项”对话框

提示：

在按下Alt键的情况下单击“创建新样式”按钮，会直接弹出“新建段落样式”对话框。

观察图9-21可以看出，“段落样式选项”对话框主要可以分为两个部分，即项目列表区及参数区。当在项目列表区中选择不同的选项时，右侧的参数区都会随之变化。

在选择常规选项的参数区中，个别参数解释如下。

- 下一样式：在此下拉列表框中用户可以选择一个样式名称，此样式将作为从当前段落用户回车另起一个新段落后该段落自动应用样式。

（4）在样式名称输入框中输入“上文”，其他参数按照默认即可，如图9-22所示。

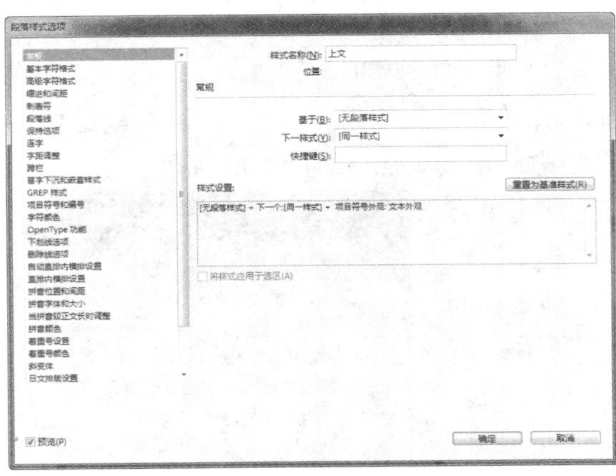

图9-22 “常规”选项对话框

（5）在项目列表区中选择“基本字符格式”选项，并设置其对话框如图9-23所示，得到如图9-24所示的效果。在此可以有选择地控制关于文字的字体、字号、行距等属性，由于此对话框中大部分选项在讲解“字符”面板时已有介绍，故在此不再重复讲解。

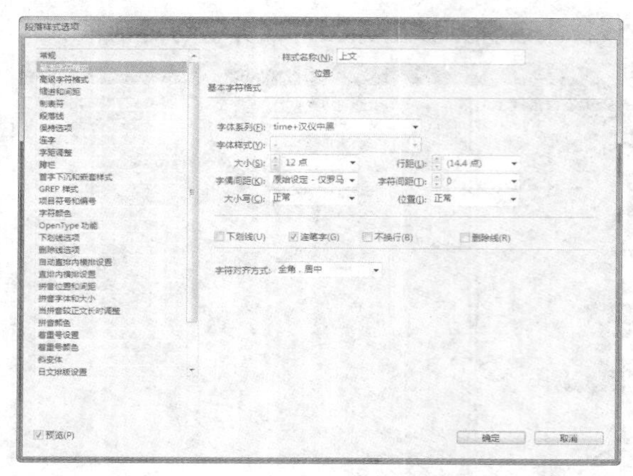

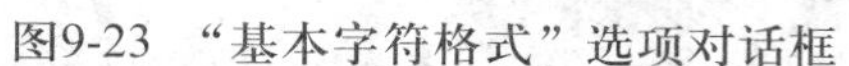

图9-23 “基本字符格式”选项对话框

图9-24 文字效果

（6）在项目列表区中选择“缩进和间距”选项，并设置其对话框如图9-25所示，得到如图9-26所示的效果。在此可以有选择地控制关于段落的左缩进、首行缩进、段前间距等属性，由于此对话框中大部分选项在讲解“段落”面板时已有介绍，故在此不再重复讲解。

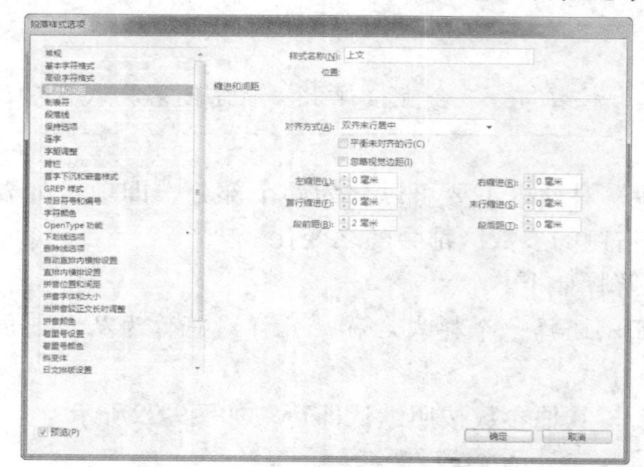

图9-25 “缩进和间距”选项对话框

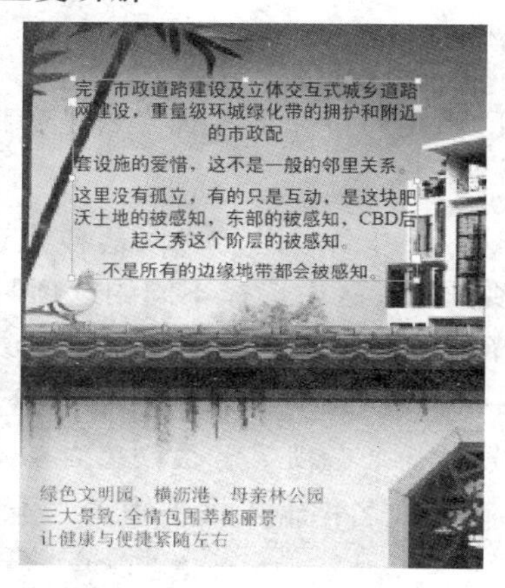

图9-26 文字效果

（7）单击“确定”按钮退出对话框。使用“选择工具”选中中间的说明文字，在“段落样式”面板中单击“上文”样式名称，得到如图9-27所示的效果。

（8）使用“选择工具”选中下方的说明文字，新建段落样式“下文”，设置“基本字符格式”选项和“缩进和间距”选项，得到的效果如图9-28所示。

提示：

本步中设置“基本字符格式”选项中的参数与第5步一样，在“缩进和间距”选项中，只是将“双齐末行居中”改成了“双齐末行居左”。

图9-27 应用样式后的效果

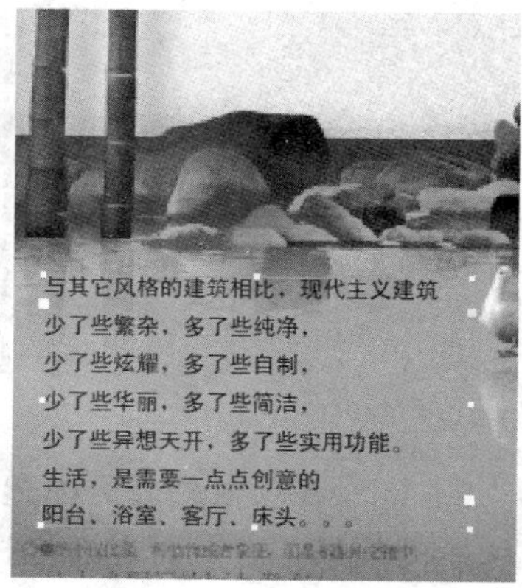

图9-28 文字效果

（9）接着，在项目列表区中选择“项目符号与编号”选项，并设置其对话框如图9-29所示，得到如图9-30所示的效果。

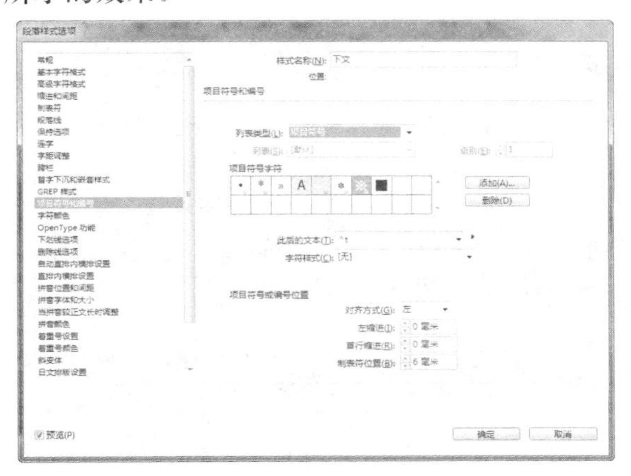

图9-29 “项目符号与编号”选项对话框

图9-30 文字效果

在选择“项目符号与编号”选项的参数区中，重要的参数解释如下。

- 列表类型：在该下拉菜单中可以选择是为文字添加“项目符号”、“编号”，或选择“无”选项，即什么都不添加。
- 项目符号字符：当在类型下拉菜单中选择“项目符号”时则会显示出该区域，在该区域中可以选择要为文字添加的项目符号类型。如果需要更多的项目符号，可以单击右侧的添加按钮，在弹出的对话框中添加新的项目符号即可。
- 编号：当在类型下拉菜单中选择“编号”时则会显示出该区域，在该区域中可以设置编号的样式、起始编号、字体、大小及文字颜色等属性。

（10）在项目列表区中选择“字符颜色”选项，并设置其对话框如图9-31所示。单击“确定”按钮退出对话框，即完成样式“下文”的创建。

（11）在“段落样式”面板中双击“上文”段落名称，将“字符颜色”选项设置同第（10）步一样，得到的最终效果如图9-32所示。

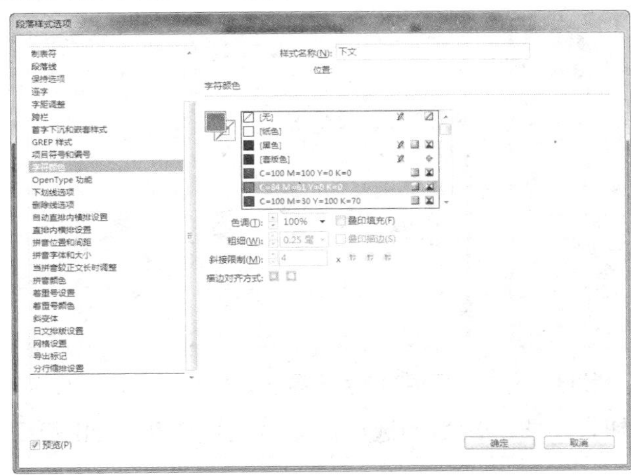

图9-31 “字符颜色”选项对话框

图9-32 最终效果

提示：

本例最终效果为随书所附光盘中的文件“第9章\实例：为房地产广告文案设置统一属性.indd”。

9.3.2 应用段落样式

创建完成段落样式后，需要将样式应用到文本，可以在工具箱中选择“文字工具”T，选中需要应用新样式的文本，然后在“段落样式”面板中单击新样式的名称即可。

9.4 嵌套段落与字符样式

9.4.1 创建一种字符样式

在创建嵌套样式之前，需要创建一种字符样式，关于字符样式的创建，在第9.2.1节已详细讲解过，在此不再一一叙述。

9.4.2 创建嵌套样式

简单来说，嵌套样式就是指在段落样式嵌套字符样式，从而控制段落中部分字符的属性。例如，可以对段落的第一个字符直到第一个冒号（：）应用字符样式，区别冒号以后的字符，起到醒目的效果。对于每种嵌套样式，可以定义该样式的结束字符，如制表符或单词的末尾。

选择“首字下沉和嵌套样式”选项后，其对话框如图9-33所示。若要直接设置嵌套样式而不使用段落样式，可以选中段落文本，然后单击“段落”面板右上角的面板按钮，在弹出的菜单中选择“首字下沉和嵌套样式”命令，弹出如图9-34所示的对话框。

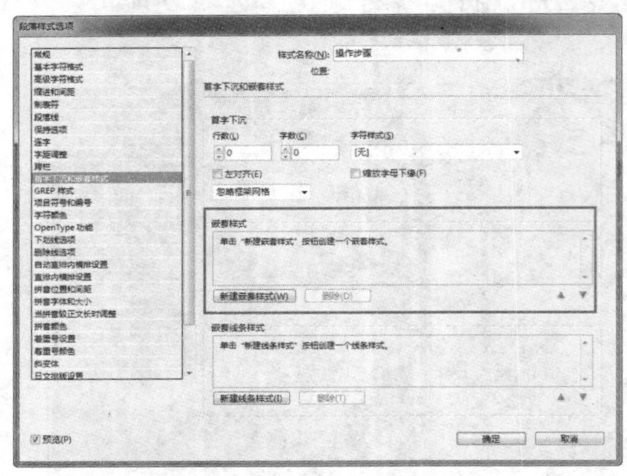

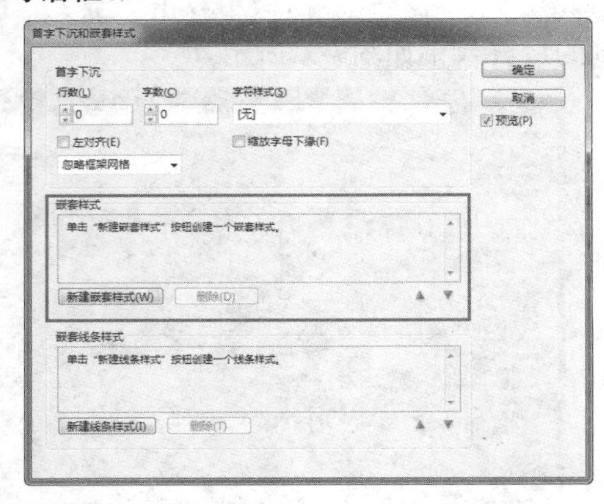

图9-33 “首字下沉和嵌套样式”参数区

图9-34 “首字下沉和嵌套样式”对话框

单击一次或多次“新建嵌套样式”按钮，单击一次后的选项区域将发生变化，如图9-35所示。

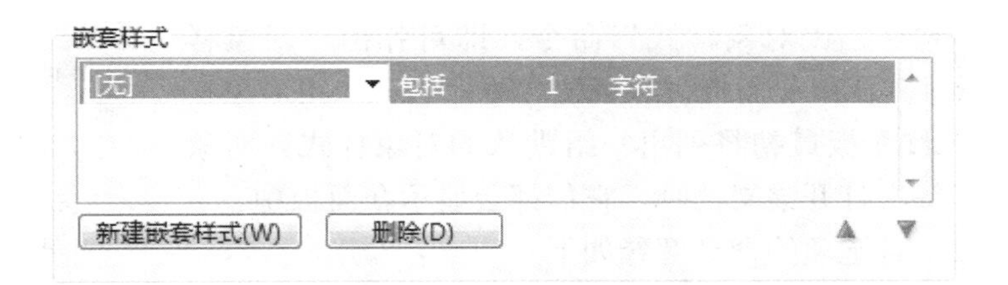

图9-35 单击一次后的“嵌套样式”显示状态

该选项组中各选项的含义解释如下。

- 单击“无”右侧的三角按钮，可以在下拉列表中选择一种字符样式，以决定该部分段落的外观。如果没有创建字符样式，可以选择“新建字符样式”选项，然后设置要使用的格式。
- 如果选择“包括”选项，将包括结束嵌套样式的字符；如果选择“不包括”选项，则只对此字符之前的那些字符设置格式。
- 在数字区域中可以指定需要选定项目（如字符、单词或句子）的实例数。
- 在“字符”区域中可以指定结束字符样式格式的项目。还可以输入字符，如冒号 (:) 或特定字母或数字，但不能输入单词。
- 当有两种或两种以上的嵌套样式时，可以单击向上按钮▲或向下按钮▼以更改列表中样式的顺序。样式的顺序决定格式的应用顺序，第二种样式定义的格式从第一种样式的格式结束处开始。

提示：

如果将字符样式应用于首字下沉，则首字下沉字符样式充当第一种嵌套样式。

图9-36所示为将创建的字符样式添加到段落样式中的前后对比效果（嵌套样式）。

设置前	设置后
■行数：在此文本框中输入数值，用于控制首字下沉的行数。 ■字数：在此文本框中输入数值，用于控制首字下沉的字数。 ■字符样式：选择此下拉列表中的选项，可以为首字下沉的文字指定字符样式。 ■左对齐：选择此选项，可以使对齐后的首字下沉字符与左边缘对齐。	■行数：在此文本框中输入数值，用于控制首字下沉的行数。 ■字数：在此文本框中输入数值，用于控制首字下沉的字数。 ■字符样式：选择此下拉列表中的选项，可以为首字下沉的文字指定字符样式。 ■左对齐：选择此选项，可以使对齐后的首字下沉字符与左边缘对齐。

图9-36 设置嵌套样式前后的对比效果

9.5 对象样式

在前面已经讲解过字符、段落及嵌套样式等多种样式，并已经对其功能、特点有所了解，在本节中将要讲解的对象样式，也与前面各种样式的原理完全相同，只不过对象样式是用于定义应用于对象的各种属性，如填充色、描边、描边样式、不透明度、对象效果、混合模式等。

执行“窗口”|“样式”|“对象样式”命令，即可弹出“对象样式”面板，如图9-37所示。使用此面板可以创建、重命名和应用对象样式，对于每个新文档，该面板最初将列出一组默认的对象样式。对象样式随文档一同存储，每次打开该文档时，它们都会显示在面板中。

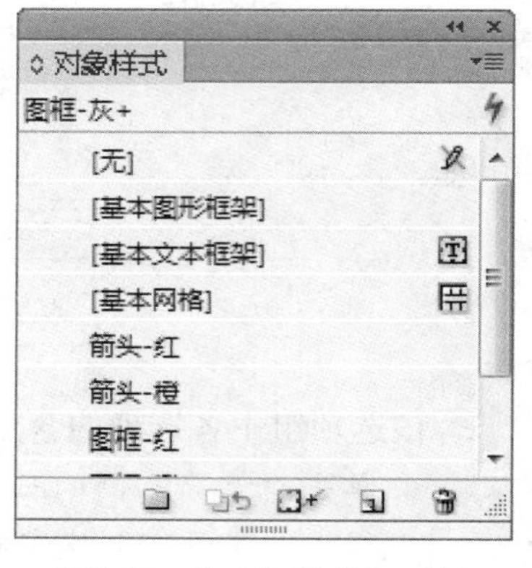

图9-37 “对象样式”面板

“对象样式”面板中各选项的含义解释如下。

- 基本图形框架：标记图形框架的默认样式。
- 基本文本框架：标记文本框架的默认样式。
- 基本网格：标记框架网格的默认样式。

9.5.1 创建对象样式

对象样式与其他样式非常相似，对于已经创建的样式，用户在“对象样式”面板中单击样式名称即可将其应用于选中的对象，因此在本节中不再给予更多的讲解，下面讲解创建对象对样式的方法，具体操作如下。

（1）单击“对象样式”面板右上角的“面板”按钮，在弹出的菜单中选择“新建对象样式”命令，弹出如图9-38所示的对话框。

按住 Alt 键单击“对象样式”面板底部的“创建新样式”按钮也可以调出“新建对象样式”对话框。

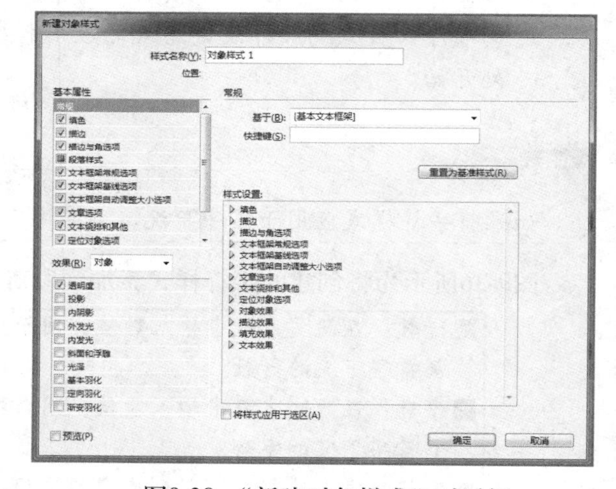

图9-38 “新建对象样式”对话框

（2）在“新建对象样式”对话框中，输入样式的名称，如“图框-灰”。

（3）如果要在另一种样式的基础上建立样式，可以在“基于”下拉列表中选择一种样式。

使用“基于”选项，可以将样式相互链接，以便一种样式中的变化可以反映到基于它的子样式中。更改子样式的设置后，如果决定重来，请单击“重置为基准样式”按钮。此操作将使子样式的格式恢复到它所基于的父样式。

（4）如果要添加键盘快捷键，需要按数字小键盘上的Num Lock键，使数字小键盘可用。按Shift、Ctrl、Alt键中的任何一个键，并同时按数字小键盘上的某数字键即可。

（5）在对话框左侧的“基本属性”下面，选择包含要定义的选项，并根据需要进行设置。单击每个选项左侧的复选框，以显示在样式中是包括或是忽略此选项。

（6）在“效果”下拉列表中选择一个选项，可以为每个选项指定不同的效果。

（7）单击“确定”按钮退出对话框。

在创建样式的过程中，会发现多种样式具有某些相同的特性。这样就不必在每次定义下一个样式时都设置这些特性，可以在一种对象样式的基础上建立另外一种对象样式。在更改基本样式时，“父”样式中显示的任何共享属性在“子”样式中也会随之改变。

9.5.2 应用对象样式

如果将对象样式应用于一组对象，则该对象样式将应用于对象组中的每个对象。首先使用“选择工具”选中对象、框架或组，然后在“对象样式”面板中单击要应用的对象样式名称以应用样式，或者按快捷键应用样式。

图9-39所示为给文档中的照片加上边框前后的对比效果。

图9-39 添加边框前后的对比效果

9.6 表格样式

9.6.1 创建表格样式

表格样式是可以在一个单独的步骤中应用的一系列表格样式属性（如表边框、行线、列线等）的集合。在创建表格样式时，可以新建表格样式，也可以基于现有的表格格式来创建新的样式，还可以从其他文档中载入表格式。

下面将以创建表格样式为例，讲解其操作方法。

（1）执行“窗口”|“样式”|“表样式”命令，弹出“表样式”面板，如图9-40所示。

（2）单击面板右上角的“面板”按钮，在弹出的菜单中选择“新建表样式”命令，弹出如图9-41所示的对话框。

01 chapter P1—P18
02 chapter P19—P38
03 chapter P39—P64
04 chapter P65—P100
05 chapter P101—P118
06 chapter P119—P152
07 chapter P153—P182
08 chapter P183—P200
09 chapter P201—P220
10 chapter P221—P234
11 chapter P235—P254
12 chapter P255—P277

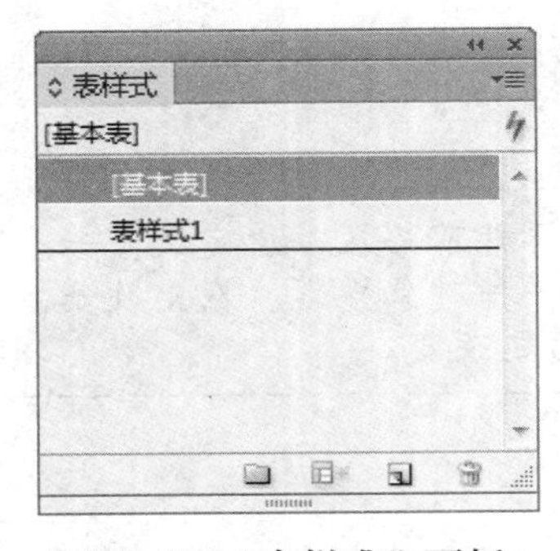

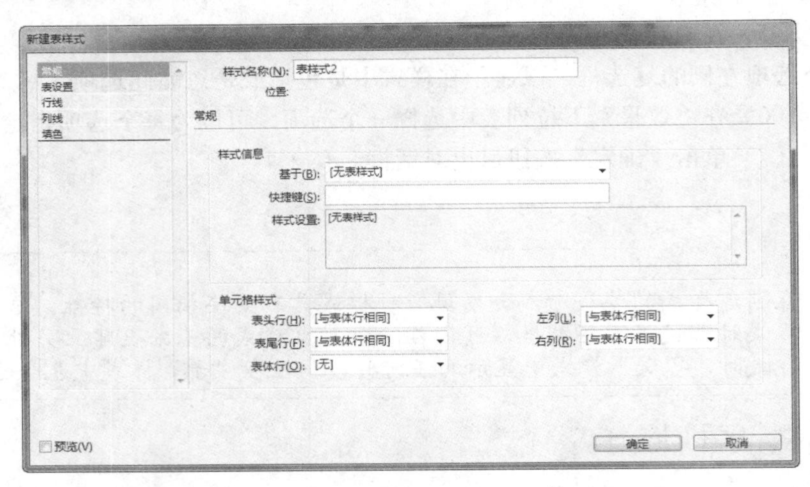

图9-40 “表样式”面板　　图9-41 “新建表样式”对话框

（3）在“样式名称” 中输入一个表格样式名称。

（4）在“基于”下拉列表中选择当前样式所基于的样式。

（5）如果要添加键盘快捷键，需要按数字小键盘上的Num Lock键，使数字小键盘可用。按Shift、Ctrl、Alt键中的任何一个键，并同时按数字小键盘上的某数字键即可。

（6）单击对话框左侧的某个选项，指定需要的属性。

（7）单击“确定”按钮退出对话框。

9.6.2 应用表格样式

要应用表格样式，首先选择“文字工具”T，或者双击将光标置于表格中，然后执行“窗口”|“样式”|“表样式”命令，在“表样式”面板中单击要应用的表格样式名称。如果该样式属于某个样式组，可展开样式组找到该样式。

按快捷键同样可以为表格应用样式（确保 Num Lock 键已打开）。

图9-42所示为应用表格样式前后对比效果。

相关地区出口记录

加拿大	5665.23	6.23	87456.36	56
美国	456458.23	5.25	45465.25	45
日本	5665.23	6.23	87456.36	56
英国	456458.23	5.25	45465.25	45
澳大利亚	5665.23	6.23	87456.36	56
以色列	456458.23	5.25	45465.25	45
新加坡	5665.23	6.23	87456.36	56
韩国	456458.23	5.25	45465.25	45
马来西亚	122.65	3.25	574.63	25
朝鲜	45465.62	9.52	145874.23	85
古巴	254.56	1.23	132.25	15
越南	322.65	3.25	574.63	24
印度	4546.62	9.52	145874.53	81
法国	934.56	1.23	142.26	15

相关地区出口记录

加拿大	5665.23	6.23	87456.36	56
美国	456458.23	5.25	45465.25	45
日本	5665.23	6.23	87456.36	56
英国	456458.23	5.25	45465.25	45
澳大利亚	5665.23	6.23	87456.36	56
以色列	456458.23	5.25	45465.25	45
新加坡	5665.23	6.23	87456.36	56
韩国	456458.23	5.25	45465.25	45
马来西亚	122.65	3.25	574.63	25
朝鲜	45465.62	9.52	145874.23	85
古巴	254.56	1.23	132.25	15
越南	322.65	3.25	574.63	24
印度	4546.62	9.52	145874.53	81
法国	934.56	1.23	142.26	15

图9-42 应用表格样式前后对比效果

9.7 拓展训练——为项目符号增加特殊效果

（1）打开随书所附光盘中的文件“第9章\9.7 拓展训练——为项目符号增加特殊效果-素材.indd”，如图9-43所示。在本例中，将利用嵌套样式将第1个逗号之前的文字显示为黑色并使用较重的字体。

（2）下面来定义一个新的字符样式。按住Alt键单击“字符样式”面板中的“创建新样式”按钮，在弹出的对话框中设置其名称为“特殊字符”，然后在左侧选择“基本字符格式”，并设置其字体，如图9-44所示。

图9-43 素材文档

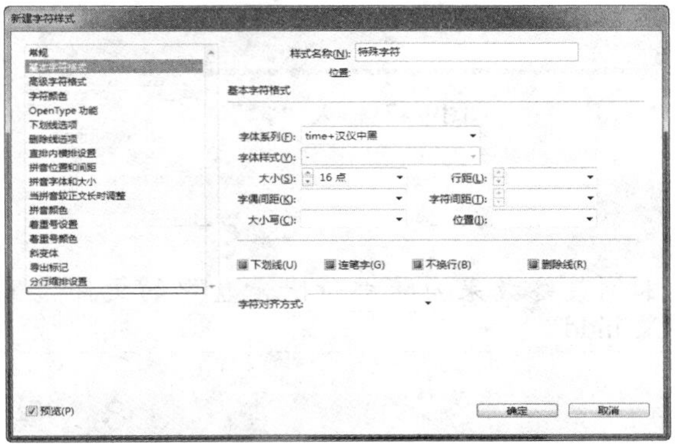

图9-44 设置“基本字符格式”

（3）选择“字符颜色”选项，在其中设置其颜色，如图9-45所示。设置完成后，单击“确定”退出对话框即可。

（4）下面来为项目符号文字设置嵌套样式。在“段落样式”面板中双击“项目符号”样式，在弹出的对话框中，选择“首字下沉和嵌套样式”选项，在“嵌套样式”区域中，单击“新建嵌套样式”按钮，并在左侧选择刚刚创建的“特殊字符”样式，如图9-46所示。

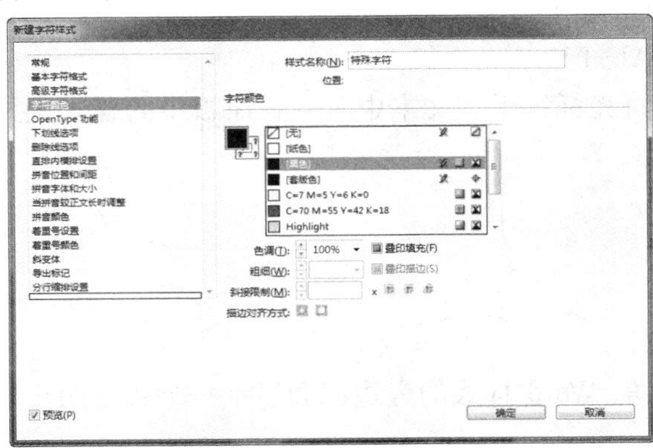

图9-45 指定字符颜色

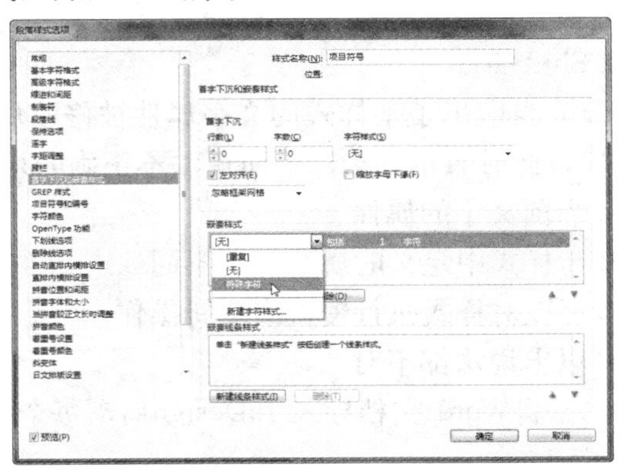

图9-46 新建嵌套样式

（5）单击右侧的“字符”文字，然后在其中输入“，”，从而确定要应用字符样式的范围，如图9-47所示。

（6）设置完成后，单击“确定”按钮退出对话框，得到如图9-48所示的效果。

01 chapter P1—P18
02 chapter P19—P38
03 chapter P39—P64
04 chapter P65—P100
05 chapter P101—P118
06 chapter P119—P152
07 chapter P153—P182
08 chapter P183—P200
09 chapter P201—P220
10 chapter P221—P234
11 chapter P235—P254
12 chapter P255—P277

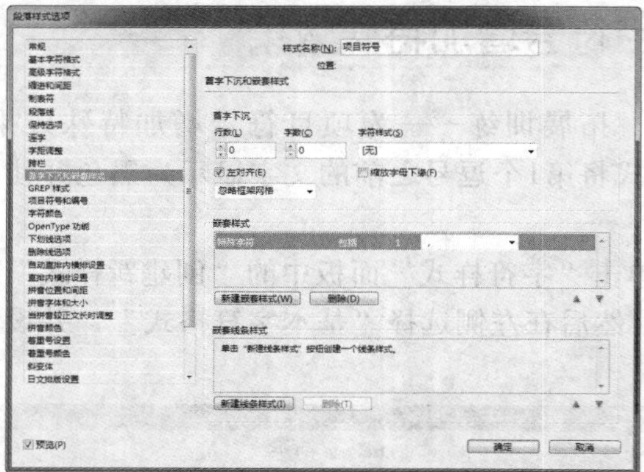

图9-47 输入“，”

图9-48 嵌套样式后的效果

提示：

本例最终效果为随书所附光盘中的文件“第9章\9.7 拓展训练——为项目符号增加特殊效果.indd”。

9.8 课后练习

1. 单选题

（1）下面哪些选项是“字符样式”不能定义的？（　）

A. 字符颜色　　B. 定位

C. 下划线　　D. 倾斜

（2）调出“字符样式”面板的快捷键是（　）。

A. F11　　B. Ctrl+F11

C. Shift+F11　　D. Alt+F11

（3）当应用了某样式的文字属性被修改后，将光标置于该文本中时，在面板中的样式上显示一个“+”，此时表示什么，下面说法不正确的是？（　）

A. 当前文字的属性

B. 与样式中定义的属性有所不同

C. 可以对样式执行覆盖或更新操作

D. 以上说法都不对

（4）将Word 文档导入 InDesign后，每个导入的 Word 样式的旁边都会显示一个磁盘图标，下面正确的是？（　）

A. 🖫　　B. ❓　　C. ⚠　　D. 🖫

（5）通过什么功能可以将源文档中的样式映射到当前文档中，从而将当前文档中的样式自动应用于链接的内容。（　）

A. 链接　　B. 置入

C. 自定义样式映射　　D. 导入

2. 多选题

（1）下面关于样式面板叙述正确的是（　　）。

A. 样式类面板包括字符样式、段落样式、对象样式以及表样式

B. 字符样式只对选中的文本有效

C. 段落样式对整个段落有效，无论光标是在文本之间、选中一些文本或段落，都会用段落样式格式化段落

D. 表样式只能用于表格中

（2）使用样式的优点在于？（　　）

A. 为了更好地进行目录编排

B. 避免文字及段落的重复设置

C. 可以统一编辑文字及段落格式

D. 修改时减少对文字及段落的重复操作

（3）用什么方法可以显示“段落样式”面板？（　　）

A. 按Shift+F11

B. 执行“文字”|“段落样式”命令

C. 执行“窗口”|“样式”|“段落样式”命令

D. 以上说法都对

（4）下面关于段落样式说法正确的是（　　）。

A. 可以通过“新建段落样式”命令新建

B. 可以通过“载入样式”命令从Word文件中导入

C. 置入Word文件时，可以将Word中的样式转化为InDesign中的样式

D. 不能由其他样式为基础建立样式

（5）下列可以为表格样式设置的属性有（　　）。

A. 表边框　　B. 表间距　　C. 填色　　D. 行线与列线

3. 判断题

（1）导入样式时，不能自动替换同名的样式。（　　）

（2）如果将对象样式应用于一组对象，则该对象样式将应用于对象组中的每个对象。（　　）

（3）在任何情况下，按快捷键可以为表格应用样式。（　　）

（4）按住 Alt 键单击“对象样式”面板底部的“创建新样式”按钮可以调出“新建对象样式”对话框。（　　）

（5）如果将字符样式应用于首字下沉，则首字下沉字符样式充当最后一种嵌套样式。（　　）

4. 操作题

打开随书所附光盘中的文件“第9章\操作题-素材.indd”，如图9-49所示，根据本章所讲解的通过建立字符与段落样式的方法，制作得到如图9-50所示的效果。制作完成后的效果可以参考随书所附光盘中的文件“第9章\操作题.indd”。

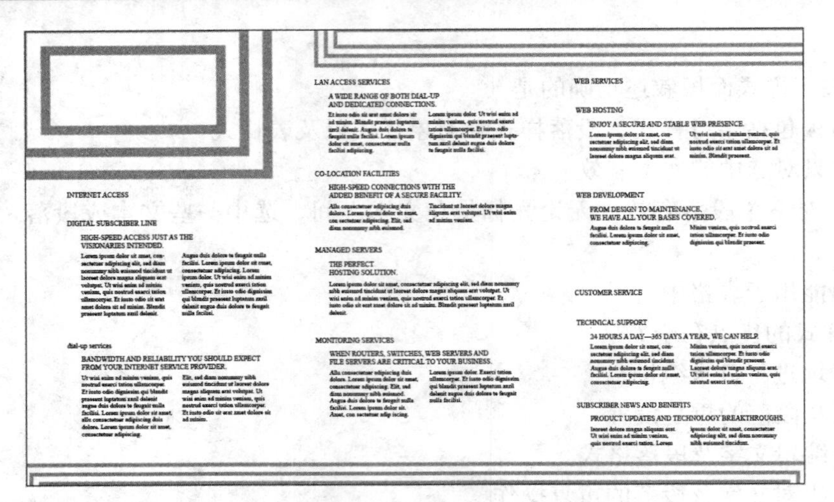

图9-49 素材文档

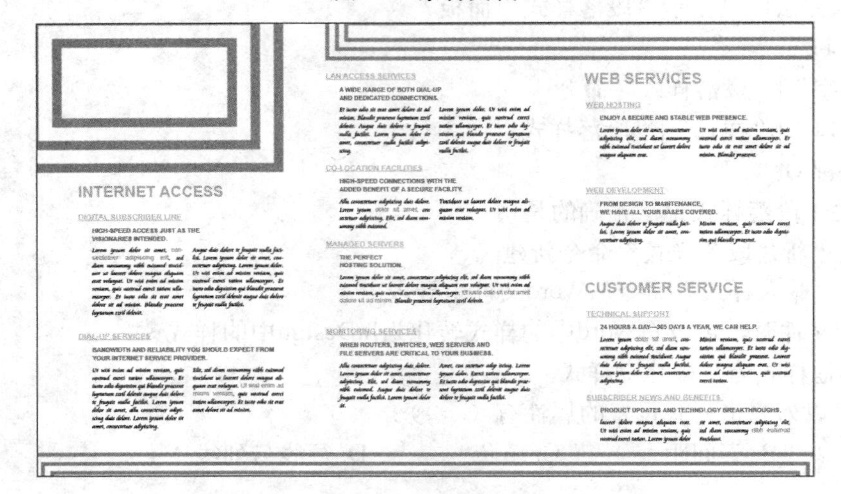

图9-50 制作后的效果

第10章 管理与编辑长文档

本章导读

本章将重点介绍InDesign CS6中编辑书籍、目录的方法和技巧，以便于方便地管理长文档、快速地为书籍创建目录，帮助用户完成更加复杂的排版设计项目，提高排版的专业技术水平。

10.1　了解长文档

一般长文档是指页数在10页以上的文档，当然这里的“长”也没有精确的定义。也有人把长文档称为“大文档”，意思相同。如果要严格区分的话，用“长文档”来表示则相对比较准确，因为“长”表示内容多、篇幅长，如100页的文档；而“大”表示文件大小，如100 MB的文档，可能只有三四页，只不过有几个超大的图而已。

因此，长文档通常是指那些文字内容较多，篇幅相对较长，文档层次结构相对复杂的文档。例如，一本教科书，一篇正规的商业报告，一份电器使用说明书等都是典型的长文档。通常一篇正规的长文档是由封面、目录、正文、附录组成的。如果要撰写一本书，则还会包括扉页、前言、内容简介及参考文献等部分。

10.2　创建与编辑书籍

10.2.1　了解“书籍”面板

当处理多文档或长文档时，如图书、杂志等，可以使用“书籍”面板来管理它们，而且它还支持共享样式和色板，可在一本书中统一编排页码，打印书籍中选定的文档，或将它们导出成为PDF格式文档。图10-1所示为一个InDesign的“书籍”面板。

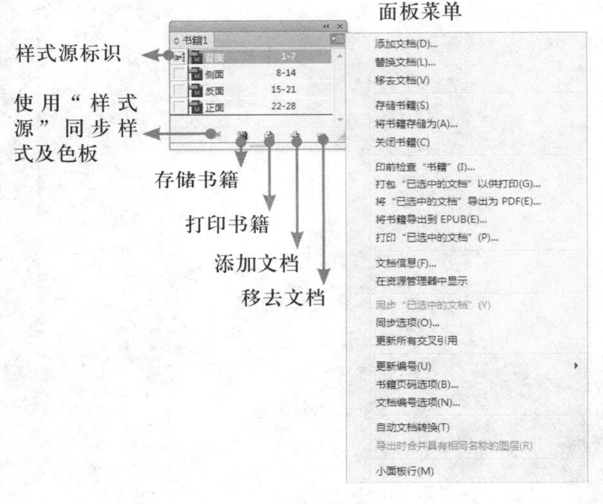

图10-1　“书籍”面板

“书籍”面板中各选项的含义解释如下。

- 样式源标识图标：表示是以此图标右侧的文档为样式源。
- “使用‘样式源’同步样式及色板”按钮：单击该按钮可以使目标文档与样式源文档中的样式及色板保持一致。
- “存储书籍”按钮：单击该按钮可以保存对当前书籍所做的修改。
- “打印书籍”按钮：单击该按钮可以打印当前书籍。
- “添加文档”按钮：单击该按钮可以在弹出的对话框中选择一个InDesign文档，单击“打开”按钮即可将该文档添加至当前书籍中。
- “移去文档”按钮：单击该按钮可将当前选中的文档从当前书籍中删除。
- 面板菜单：可以利用该菜单中的命令进行添加、替换或移去文档等操作。

10.2.2　创建书籍

要创建书籍文件，可以执行“文件”|“新建”|“书籍”命令，在弹出的“新建书籍”对话框中选择文件保存的路径，并输入文件的保存名称，如图10-2所示，然后单击“保存”按钮退出对话框即可。

将书籍文件保存在磁盘上后，该文件即被打开并显示“书籍”面板，该面板是以所保存的书籍文件名称命名的，如图10-3所示。

图10-2 “新建书籍”对话框

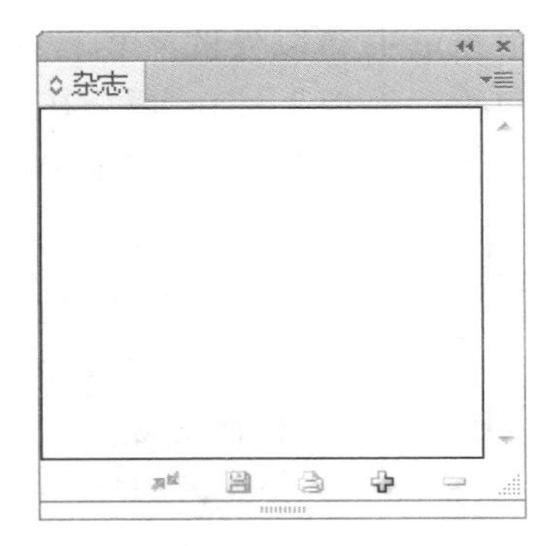

图10-3 “书籍”面板“杂志”

10.2.3 向书籍中添加文档

要向书籍中添加文档，可以单击当前“书籍”面板底部的“添加文档”按钮，或在面板菜单中选择“添加文档”命令，在弹出的“添加文档”对话框中选择要添加的文档，如图10-4所示。单击“打开”按钮即可将该文档添加至当前的书籍中，此时的“书籍”面板如图10-5所示。

图10-4 “添加文档”对话框

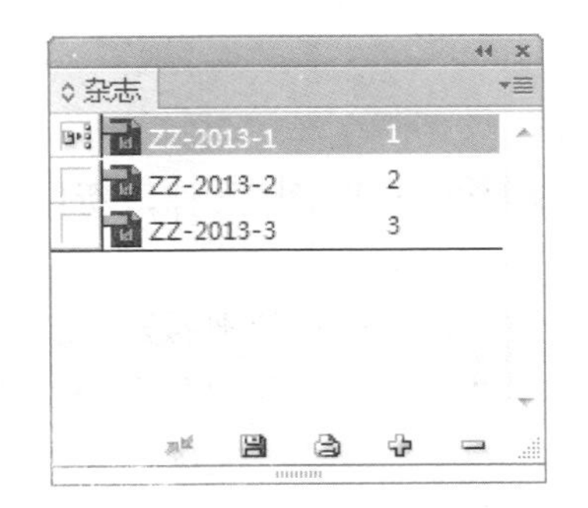

图10-5 “书籍”面板“杂志”

提示：

若添加至书籍中的是旧版本的InDesign文档，则在添加过程中，会弹出对话框，提示用户重新保存该文档。

10.2.4　删除书籍中的文档

要删除书籍中的一个或多个文档，可以先将其选中，然后单击“书籍”面板底部的“移去文档”按钮，单击“书籍”面板右上角的“面板”按钮，在弹出的菜单中选择“移去文档”命令即可。

10.2.5　替换书籍中的文档

如果要使用当前书籍以外的文档替换当前书籍中的某个文档，可以将其选中，然后单击“书籍”面板右上角的“面板”按钮，在弹出的菜单中选择“替换文档”命令，在弹出的“替换文档”对话框中指定需要使用的文档，单击“打开”按钮即可。

10.2.6　调整书籍中的文档顺序

要调整书籍中文档的顺序，可以先将其选中（一个或多个文档），然后按住鼠标左键拖至目标位置，当出现一条粗黑线时释放鼠标即可。

图10-6所示为拖动中的状态，图10-7所示为调整好顺序后的面板状态。

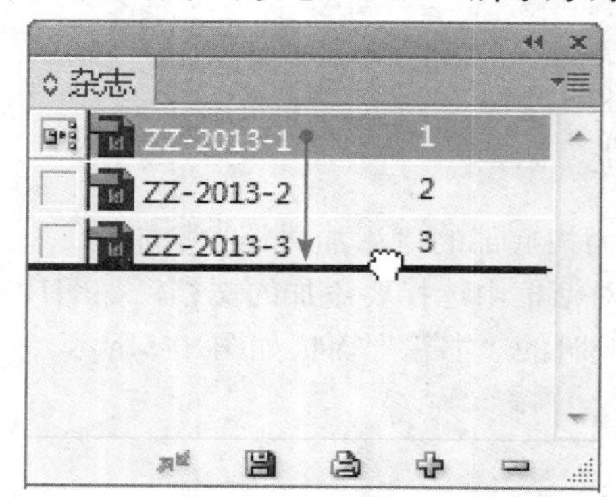

图10-6 拖动中的状态

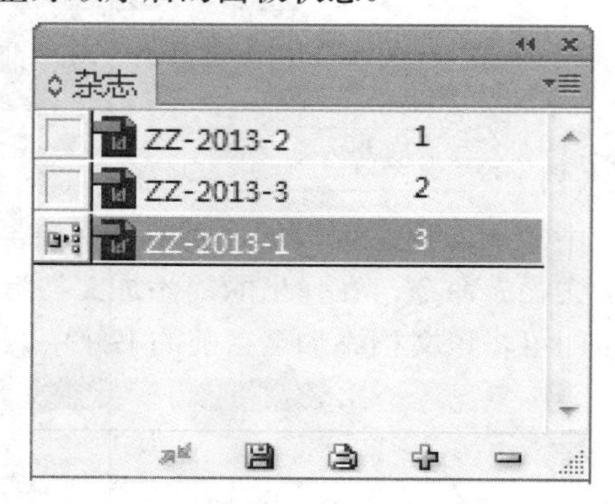

图10-7 调整顺序后的面板状态

10.2.7　保存、打开与关闭书籍

1.保存书籍

由于书籍文件独立于文档文件，所以在对书籍文件编辑过后，需要对其进行保存。在保存时可以执行以下操作之一。

- 如果要使用新名称存储书籍，可以单击“书籍”面板右上角的“面板”按钮，在弹出的菜单中选择“将书籍存储为”命令，在弹出的“将书籍存储为”对话框中指定一个位置和文件名，然后单击“保存”按钮。
- 如果要使用同一名称存储现有书籍，可以单击“书籍”面板右上角的“面板”按钮，在弹出的菜单中选择“存储书籍”命令，或单击“书籍”面板底部的“存储书籍”按钮。

提示：

如果通过服务器共享书籍文件，应确保使用了文件管理系统，以便不会意外地冲掉彼此所做的修改。

2.打开书籍

在InDesign CS6中，可以打开一个或同时打开多个书籍文件。执行“文件”|“打开”命令，在弹出的“打开文件”对话框中选择要打开的一个或多个书籍文件，然后单击“打开”按钮即可。

每打开一个书籍文件，就会打开一个对应的“书籍”面板，并在“窗口”菜单中列出所打开的书籍文件的名称。

3.关闭书籍

要关闭书籍文档，可以单击“书籍”面板右上角的“面板”按钮，在弹出的菜单中选择“关闭书籍”命令即可。

提示：

在每次对书籍文档中的文档进行编辑时，最好先将此书籍文档打开，然后再对其中的文档进行编辑，否则书籍文档将无法及时更新所做的修改。

10.2.8 同步文档

当对书籍中的某个文档修改后，如修改了样式、重新定义了色板等，若希望将这个修改用于其他文档中时，则可以通过同步的方式来完成。

需要注意的是，在同步过程中，处于关闭状态的文档，InDesign 会自动将其打开，进行同步处理，然后存储并关闭这些文档；而对于打开的文档，则只会进行同步处理，而不会保存。

1.基本同步操作

要同步文档设定，首先要在“书籍”面板中指定一个样式源，其作用是以指定文档中的各种样式和色板作为基准，以便在进行同步操作时将该文档中的样式和色板复制到其他文档中。默认情况下，以“书籍”面板中的第一文档为样式源。单击文档左侧的空白框，即可出现样式源标识图标，表明是以该文档作为样式源。

要同步书籍文件中的文档，具体的操作如下。

（1）在“书籍”面板中，单击文档左侧的空白框，使之变为，以设定样式源。

（2）在“书籍”面板中，选中要被同步的文档，如果未选中任何文档，将同步整个书籍。

提示：

要确保未选中任何文档，需要单击最后一个文档下方的空白灰色区域，这可能需要滚动“书籍”面板或调整面板大小。

（3）按住Alt键单击“使用‘样式源’同步样式及色板”按钮，或单击“书籍”面板右上角的“面板”按钮，在弹出的菜单中选择“同步选项”命令，弹出“同步选项”对话框，如图10-8所示。

提示：

若直接单击“使用‘样式源’同步样式及色板”按钮，则按照默认或上一次设定的同步参数进行同步。

01 chapter P1—P18
02 chapter P19—P38
03 chapter P39—P64
04 chapter P65—P100
05 chapter P101—P118
06 chapter P119—P152
07 chapter P153—P182
08 chapter P183—P200
09 chapter P201—P220
10 chapter P221—P234
11 chapter P235—P254
12 chapter P255—P277

（4）在“同步选项”对话框中指定要从样式源复制的项目。

（5）单击“同步”按钮，InDesign将自动进行同步操作。若单击“确定”按钮，则仅保存同步选项，而不会对文档进行同步处理。

（6）完成后将弹出如图10-9所示的提示框，单击“确定”按钮。

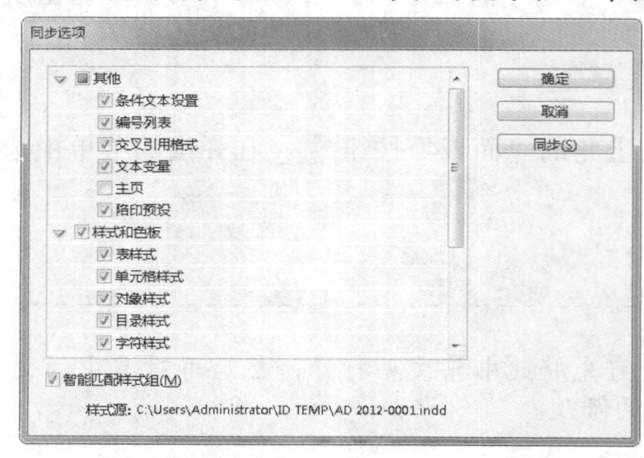

图10-8 “同步选项”对话框

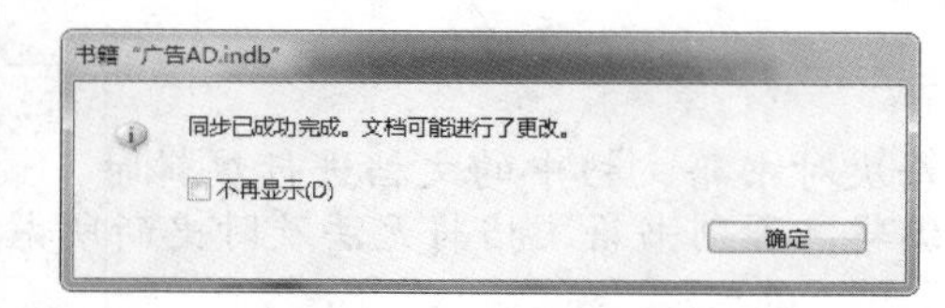

图10-9 同步书籍提示框

在同步书籍前，如果在“同步选项”对话框中指定了复制的项目或不想对“同步选项”对话框中的设置做任何更改。在第（3）步时，可以在弹出的面板中选择“同步‘已选中的文档’”或“同步‘书籍’”命令。

2. 主页同步操作

主页的同步操作与同步其他项目的方法基本相同，但由于其涉及页面元素等变化，因此对其进行单独讲解。

同步主页对于使用相同设计元素（如动态的页眉和页脚或连续的表头和表尾）的文档非常有用。但是，若想保留非样式源文档主页上的页面项目，则不要同步主页，或应创建不同名称的主页。

在首次同步主页之后，文档页面上被覆盖的所有主页项目将从主页中分离。因此，如果打算同步书籍中的主页，最好在设计过程一开始就同步书籍中的所有文档。这样，被覆盖的主页项目将保留与主页的连接，从而可以继续根据样式源中修改的主页项目进行更新。

另外，最好只使用一个样式源来同步主页。如果采用不同的样式源进行同步，则被覆盖的主页项目可能会与主页分离。如果需要使用不同的样式源进行同步，应该在同步之前取消选择“同步选项”对话框中的“主页”选项。

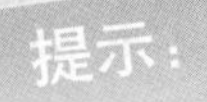

关于主页功能的讲解，请参见本书第3章的相关内容。

10.2.9 定制页码

在前面已经提到，向“书籍”面板中添加文档后，会自动进行分页处理，此时是使用默认参数进行分页的，若用户有特殊的需要，也可以进行自定义设置。下面就来讲解设置书籍页码的相关操作。

1. 书籍页码选项

单击“书籍”面板右上角的“面板”按钮，在弹出的菜单中选择“书籍页码选项”命令，弹出“书籍页码选项”对话框，如图10-10所示。

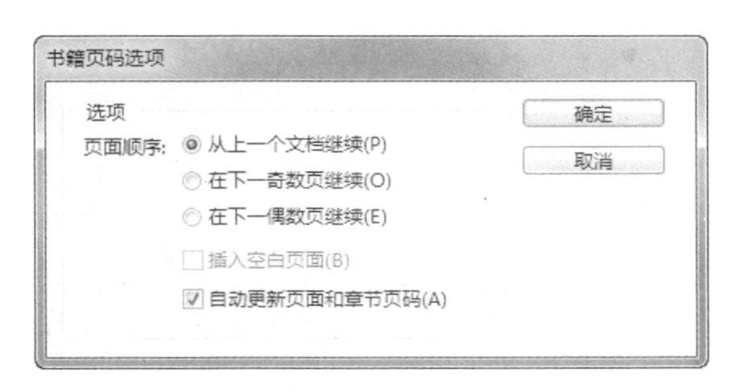

图10-10 “书籍页码选项”对话框

“书籍页码选项”对话框中各选项的含义解释如下。

- 从上一个文档继续：选择此选项，可以让当前章节的页码跟随前一章节的页码。
- 在下一奇数页继续：选择此选项，将按奇数页开始编号。
- 在下一偶数页继续：选择此选项，将按偶数页开始编号。
- 插入空白页面：选择此选项，以便将空白页面添加到任一文档的结尾处，而后续文档必须在此处从奇数或偶数编号的页面开始。
- 自动更新页面和章节页码：取消对此选项的勾选，即可关闭自动更新页码功能。

在取消选择“自动更新页面和章节页码”选项后，当“书籍”面板中文档的页数发生变动时，页码不会自动更新。图10-11所示为原“书籍”面板状态，此时将文档“ZZ-2013-1”拖至文档“ZZ-2013-4”下方，图10-12所示为选中“自动更新页面和章节页码”选项时的面板状态，图10-13所示为未选中“自动更新页面和章节页码”选项时的面板状态。

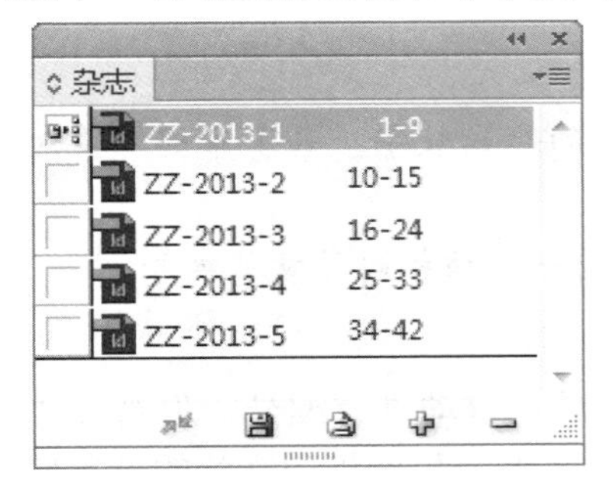

图10-11 原面板状态

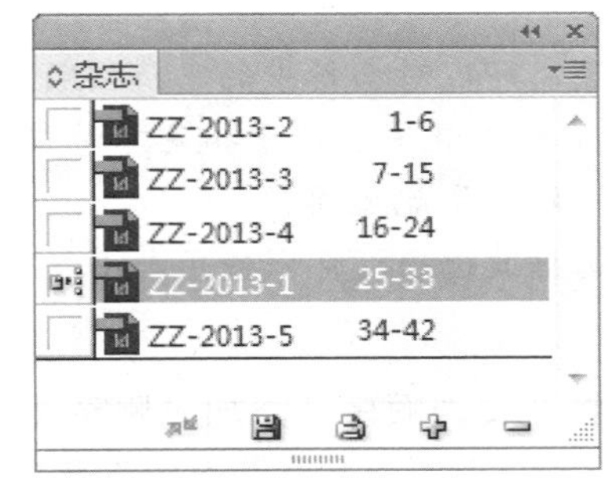

图10-12 选中时的面板状态

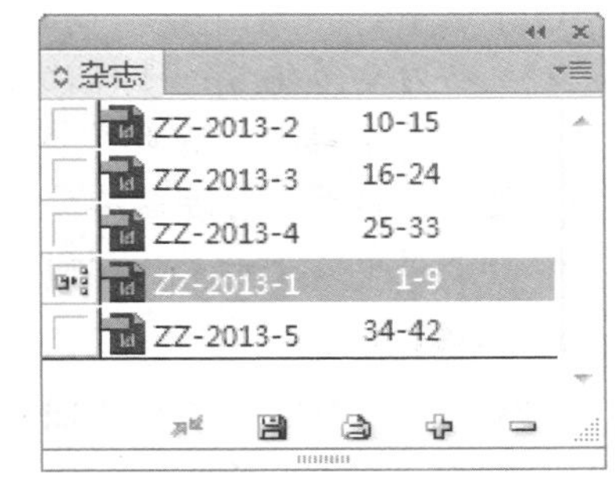

图10-13 未选中时的面板状态

2.文档编号选项

在“书籍”面板中选择需要修改页码的文档，双击该文档的页码（未选中文档也可以直接双击），或者单击“书籍”面板右上角的“面板”按钮，在弹出的菜单中选择“文档编号选项”命令，弹出“文档编号选项”对话框，如图10-14所示。

“文档编号选项”对话框中各选项的含义解释如下。

自动编排页码：选择该选项后，InDesign将按照先后顺序自动对文档进行编排页码 。

起始页码：在该数值框中输入数值，即可作为当前所选页开始的页码。

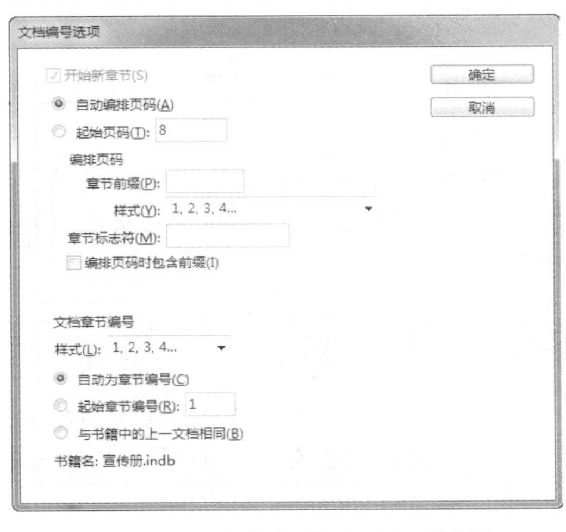

图10-14 “文档编号选项”对话框

提示：

如果选择的是非阿拉伯页码样式（如罗马数字），仍需要在此文本框中输入阿拉伯数字。

- 章节前缀：在此文本框中可以为章节输入一个标签。包括要在前缀和页码之间显示的空格或标点符号（如 A–16 或 A 16），前缀的长度不应多于8个字符。

提示：

不能通过按空格键来输入空格，而应从文档窗口中复制并粘贴宽度固定的空格字符。另外，加号 (+) 或逗号 (,) 符号不能用在章节前缀中。

- 样式（编排页码）：在此下拉列表中选择一个选项，可以设置生成页码时的格式，如使用阿拉伯数字或小写英文字母等。
- 章节标志符：在此文本框中可以输入一个标签，InDesign会将其插入到页面中，插入位置为在执行“文字”|“插入特殊字符”|“标志符”|“章节标志符”时显示的章节标志符字符的位置。
- 编排页码时包含前缀：选择此选项，可以在生成目录或索引时，或在打印包含自动页码的页面时显示章节前缀。如果取消对该选项的选择，将在 InDesign 中显示章节前缀，但在打印的文档、索引和目录中隐藏该前缀。
- 样式（文档章节编号）：从此下拉列表中选择一种章节编号样式，此章节样式可在整个文档中使用。
- 自动为章节编号：选择此选项，可以对书籍中的章节按顺序编号。
- 起始章节编号：在此文本框中输入数值，用于指定章节编号的起始数字。如果希望不要对书籍中的章节进行连续编号，可以使用此选项。
- 与书籍中的上一文档相同：选择此选项，可以使用与书籍中上一文档相同的章节编号。

3.更新编号

在默认情况下，“书籍”面板将在文档顺序、添加或删除文档后，自动进行编号，但若在“书籍页码选项”对话框中取消选中“自动更新页面和章节页码”选项，“书籍”面板中文档的页码发生变动时，就需要手动对页码进行重排，单击“书籍”面板右上角的面板按钮，在弹出的菜单中执行“更新编号”|“更新页面和章节页码”命令即可。

10.3 创建与编辑目录

使用目录功能，可以将应用了指定样式的正文（通常是不同级别的标题）提取出来，常用于书籍、杂志等长文档中。

作为一个排版软件，InDesign提供了非常完善的创建与编辑目录功能。条目及页码直接从文档内容中提取，并随时可以更新，甚至可以跨越同一书籍文件中的多个文档进行该操作。并且一个文档可以包含多个目录。

10.3.1 准备工作

要想获得最佳目录效果，在为书籍文件创建目录之前，必须确认以下几点内容。

- 所有文档已全部添加到“书籍”面板中，且文档的顺序正确，所有标题以正确的段落样式统一了格式。
- 避免使用名称相同但定义不同的样式创建文档，以确保在书籍中使用一致的段落样式。如果有多个名称相同但样式定义不同的样式，InDesign CS6将会使用当前文档中的定义或在书籍中第一次出现时的定义。

- “目录”对话框中要显示出必要的样式。如果未显示必要的样式，则需要对书籍进行同步，以便将样式复制到包含目录的文档中。
- 如果希望目录中显示页码前缀（如 1-1、1-3 等），需要使用节编号，而不是使用章编号。

10.3.2 设置及排入目录

在创建目录之前，首先要确定哪些内容是要包括在目录中的，并根据目录等级为其应用样式，通常这些内容都是文章的标题，且较为简短。具体操作步骤如下。

（1）打开需要创建目录的文档或书籍文件。

（2）创建一个目录样式。执行“版面”|“目录样式”命令，则弹出如图10-15所示的对话框。

提示：

通过创建目录样式，可以在以后生成目录时反复调用该目录样式生成目录。若只是临时的生成目录，或生成目录操作执行的比较少，也可以跳过此步骤。

（3）单击对话框右侧的“新建”按钮，则弹出如图10-16所示的对话框。

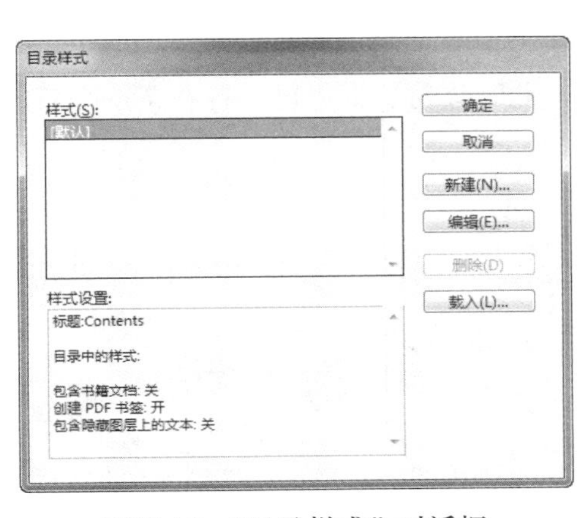

图10-15 “目录样式”对话框

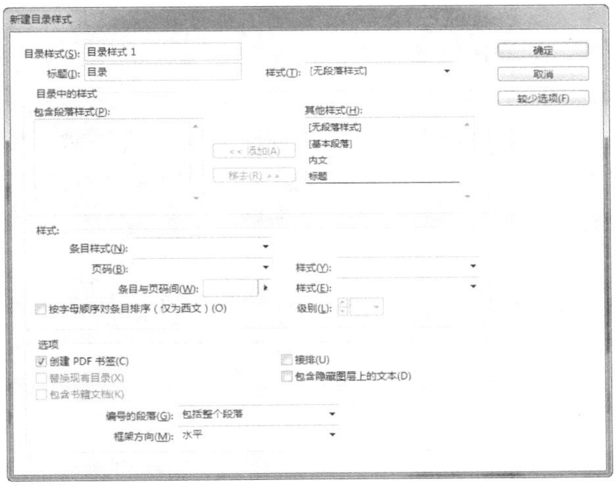

图10-16 “新建目录样式”对话框

在“新建目录样式”对话框中，其重要参数解释如下。

- 目录样式：在该文本框中可以为当前新建的样式命名。
- 标题：在该文本框中可以输入出现在目录顶部的文字。
- 样式：在位于标题选项右侧的样式下拉列表中，可以选择生成目录后，标题文字要应用的样式名称。

在“目录中的样式”区域中包括了“包含段落样式”和“其他样式”两个小区域，其含义如下所述。

- 包含段落样式：在该区域中显示的是希望包括在目录中的文字所使用的样式。它是通过右侧“其他样式”区域中添加得到的。

- 其他样式：该区域中显示的是当前文档中所有的样式。
- 条目样式：在该下拉列表中可以选择与“包含段落样式”区域中相应的、用来格式化目录条目的段落样式。
- 页码：在该下拉列表中可以指定选定的样式，页码与目录条目之间的位置，依次为“条目后”、“条目前”及“无页码”3个选项。通常情况下，选择的是“条目后”选项。在其右侧的样式下拉菜单中还可以指定页码的样式。
- 条目与页码间：在此可以指定目录的条目及其页码之间希望插入的字符，默认为^t（即定位符，尖号^+t）。在其右侧的样式下拉列表中还可以为条目与页码之间的内容指定一个样式。
- 按字母顺序对条目排序：选择该选项后，目录将会按所选样式，根据英文字母的顺序进行排列。
- 级别：默认情况下，添加到“包含段落样式”区域中的每个项目都比它之前的目录低一级。
- 创建PDF书签：选择该选项后，在输出目录的同时将其输出成为书签。
- 接排：选择该选项后，则所有的目录条目都会排在一段，各个条目之间用分号进行间隔。
- 替换现有目录：如果当前已经有一份目录，则此会被激活，选中后新生成的目录会替换旧的目录。
- 包含隐藏图层上的文本：选择该选项后，则生成目录时会包括隐藏图层中的文本。
- 包含书籍文档：如果当前文档是书籍文档中的一部分，此选项会被激活。选择该选项后，可以为书籍中的所有文档创建一个单独的目录，并重排书籍的页码。

（4）在“新建目录样式”对话框中的“目录样式”后输入样式的名称，如“Content”。

（5）在“其他样式”区域中双击样式名称，如“标题”，以将其添加到“包含段落样式”区域中，如图10-17所示。

（6）单击“确定”按钮返回“目录样式”对话框中，此时该对话框中已经存在了一个新的目录样式，如图10-18所示。单击“确定”按钮退出对话框即可。

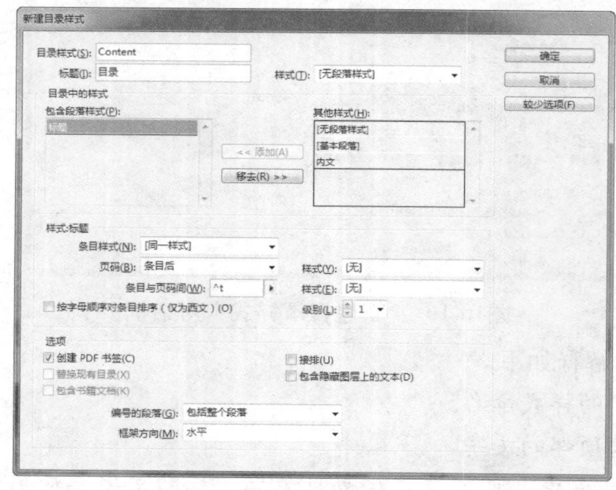

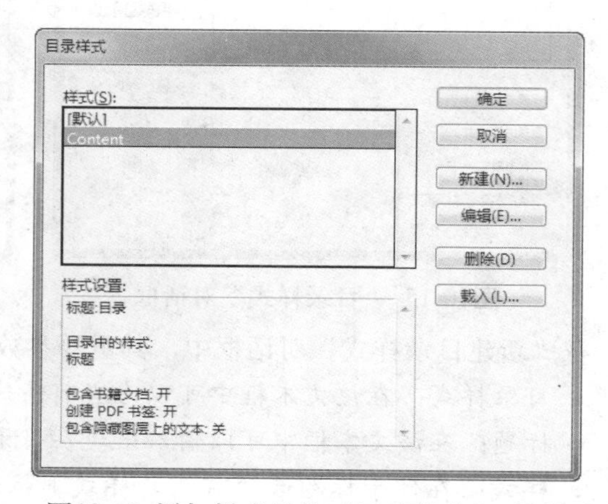

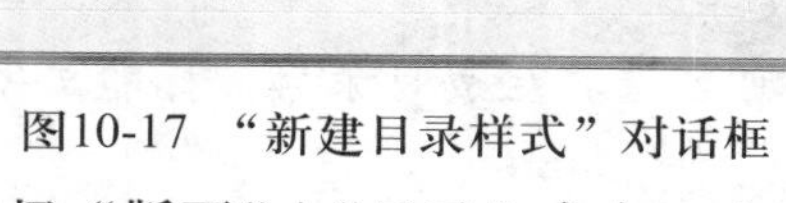

图10-17 “新建目录样式”对话框　　图10-18 添加样式后的“目录样式”对话框

（7）选择“版面”|“目录”命令，由于前面已经设置好了相应的参数，此时弹出的对话框如图10-19所示。

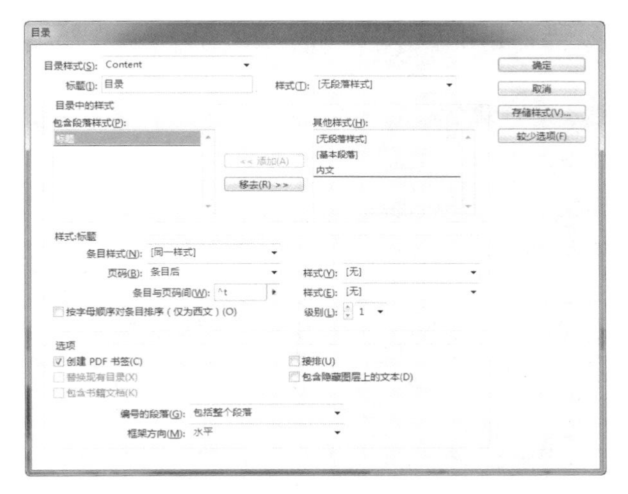

图10-19 “新建目录样式”对话框

（8）单击“确定”按钮退出对话框即开始生成目录，生成目录完毕后，光标将变为状态，单击鼠标即可得到生成的目录。使用“选择工具”将生成的目录缩放成适当的大小后置于合适的位置即可。

10.4 拓展训练——生成图书正文的目录

（1）打开随书所附光盘中的文件“第10章\10.4 拓展训练——生成图书正文的目录-素材.indd”，其中包含了3个页面，如图10-20和图10-21所示。

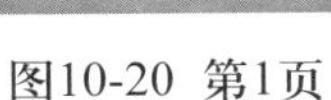

图10-20 第1页

图10-21 第2和3页

（2）执行“版面”|“目录”命令，在弹出的对话框中“其他样式”区域中双击“1级”样式，从而将其添加至左侧的“包含段落样式”列表中。

（3）在下面的“条目样式”下拉列表中选择“目录 标题”样式，从而在生成目录后，为1级标题生成的目录应用“目录 标题”样式。

（4）在“页码”下拉列表中选择“条目后”，在“条目与页码间”下拉列表中选择“制作表符字符”，如图10-22所示。

（5）按照第（2）~（4）步的操作方法，添加“2级”和“3级”样式，设置如图10-23和图10-24所示。

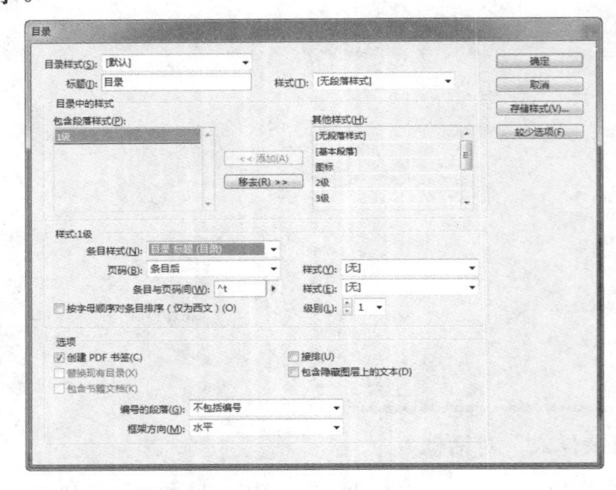

图10-22 设置“目录”对话框1

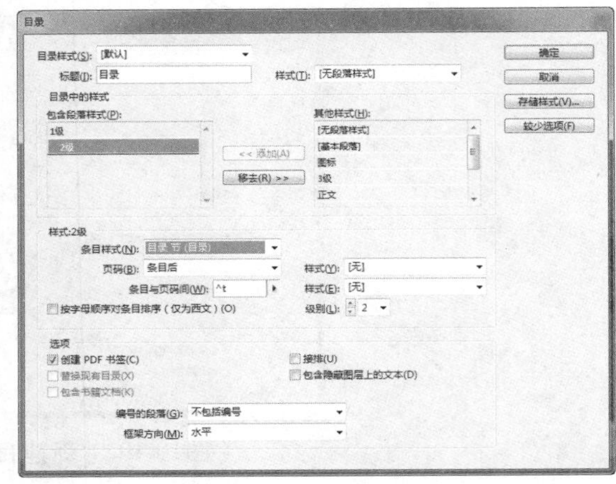

图10-23 设置“目录”对话框2

（6）单击“确定”按钮退出对话框即开始生成目录，生成目录完毕后，光标将变为▤状态，切换至文档第1页左侧的空白位置，单击鼠标即可得到生成的目录。

（7）使用“选择工具”▶将生成的目录缩放成适当的大小后置于图10-25所示的位置。

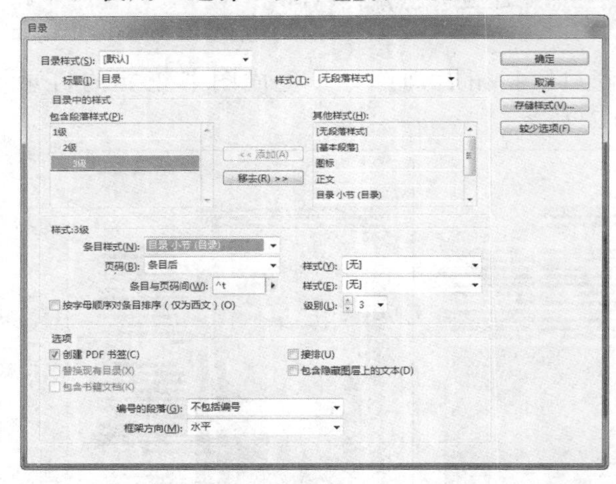

图10-24 设置“目录”对话框

目录

Chapter 01 [风光]摄影解析........1
风光摄影三件套：脚架、滤镜、遮光罩........2
脚架........2
滤镜........2
遮光罩........2
风光摄影中相机设置的3项注意........3
光圈设置........3
测光模式........3
RAW格式........3

图10-25 生成的目录

提示：

本例最终效果为随书所附光盘中的文件“第10章\10.4 拓展训练——生成图书正文的目录.indd”。

10.5 课后练习

1. 单选题

（1）要向书籍中添加文档，下面说法不正确的是（ ）。

A. 单击当前“书籍”面板底部的“添加文档”按钮

B. 单击当前“书籍”面板底部的“增加文档”按钮

C. 若添加至书籍中的是旧版本的InDesign文档，则在添加过程中，会弹出对话框，提示用户重新保存该文档

D. 在“书籍”面板菜单中选择“添加文档”命令

（2）要调整书籍中文档的顺序，可以先将一个或多个文档选中，然后按住鼠标左键拖至目标位置，当出现一条什么线时释放鼠标即可？（　　）

A. 粗黑　　B. 灰色　　C. 粗蓝　　D. 蓝黑相间

（3）要想获得最佳目录效果，在为书籍文件创建目录之前，必须要确认几点内容。下面说法不正确的是（　　）。

A. 所有文档已全部添加到“书籍”面板中，且文档的顺序正确，所有标题以正确的段落样式统一了格式

B. 避免使用名称相同但定义不同的样式创建文档，以确保在书籍中使用一致的段落样式

C. “目录”对话框中要显示出必要的样式

D. 如果希望目录中显示页码前缀（如 1-1、1-3 等），则需要使用章编号

（4）需要手动对页码进行重排时，应该选择“书籍”面板菜单中的哪个命令？（　　）

A. “更新编号”|“更新章节和段落编号”命令

B. “更新编号”|“更新页面和章节页码”命令

C. “更新编号”|“更新所有编号”命令

D. 以上说法都不对

（5）在“新建目录样式”对话框中“页码”下拉列表中包含了哪几个选项？下面说法不正确的是（　　）。

A. 条目前　　B. 条目后　　C. 无页码　　D. 页码间

2. 多选题

（1）关于InDesign处理长文档，下面说法正确的是（　　）。

A. InDesign可以通过主菜单中的命令创建索引

B. InDesign可以通过主菜单中的命令创建目录

C. 通过“书籍”面板可以同步书籍中各文档的样式和页码编排

D. 通过“书籍”面板可以把书籍中的某个文档或全部文档输出PDF

（2）“书籍”面板可以用来管理什么？（　　）

A. 存储书籍　　B. 打印书籍

C. 添加文档　　D. 删除文档

（3）当对书籍中的某个文档修改了样式、重新定义了色板后，若希望将这个修改用于其他文档中时，则可以通过同步的方式来完成。下面说法正确的是（　　）。

A. 在同步过程中，处于关闭状态的文档，InDesign 会自动将其打开，进行同步处理，然后存储并关闭这些文档

B. 对于打开的文档，只会进行同步处理，不会保存

C. 在同步前，在“书籍”面板中要确定一个样式源

D. 单击文档左侧的空白框，表明是以该文档作为样式源

（4）下面关于InDesign生成目录的说法正确的是（　　）。

A. 生成目录的依据是段落样式

B. 生成目录的依据是目录对话框中设置的字符属性

C. 可以把目录的设置保存为目录样式，方便以后使用

D. 以上说法都不对

（5）下面关于目录的叙述，说法不正确的是（　　）。

A. 目录生成后自动放到当前文档的第一个页面

B. 书籍文件的目录生成后将会自动在“书籍”面板中创建一个新的文件

C. 目录必须编排在文档第一页

D. 目录生成后会在样式表中增加以“目录”开头的样式名称

3. 判断题

（1）单击“使用‘样式源’同步样式及色板”按钮可以使目标文档与样式源文档中的样式及色板保持一致。（　　）

（2）当书籍文件保存在磁盘后，该文件即被打开并显示“书籍”面板，该面板的名称是以“书籍1”、“书籍2”……，依此类推命名的。（　　）

（3）要移去书籍中的一个或多个文档，可以先将其选中，然后在“书籍”面板菜单中选择“删除文档”命令即可。（　　）

（4）在未选择“自动更新页面和章节页码”选项时，当“书籍”面板中文档的页数发生变动时，页码不会自动更新。（　　）

（5）在“新建目录样式”对话框中选择“创建PDF书签”选项后，在输出目录的同时将其输出成为书签。（　　）

4. 操作题

根据本章所讲解的创建与编辑书籍的方法，创建一个名为“杂志”的书籍文件，然后再将随书所附光盘“第10章\操作题-杂志”文件夹中的“ZZ-2013-1.indd”～“ZZ-2013-5.indd”5个文档添加至该书籍中。制作完成后的文件可以参考随书所附光盘中的文件“第10章\操作题-杂志\杂志.indb”。

第11章

印前和导出

本章导读

在本章中，主要讲解在InDesign中进行最终的打印输出时相关的知识。通过本章的学习，读者应掌握在打印输出前必要的检查工作，以及导出PDF、打印等相关知识。

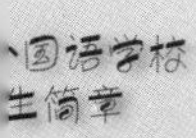

11.1 文档的印前检查

无论是将文档导出为PDF、校样打印或最终的印刷输出，都应该在输出前对文档进行检查，以避免出现输出的错误。

执行“窗口”|“输出”|“印前检查”命令，或双击文档窗口（左）底部的“印前检查”图标 无错误 ，弹出“印前检查”面板如图11-1所示。

默认情况下，在“印前检查”面板中采用默认的“[基本]（工作）”配置文件，它可以检查出文档中缺失的链接、修改的链接、溢流文本和缺失的字体等问题。

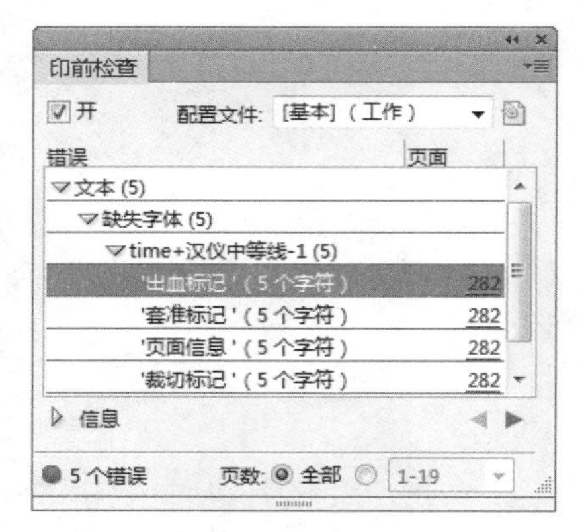

图11-1 “印前检查”面板

提示：

在检测的过程中，如果没有检测到错误，“印前检查”图标显示为绿色；如果检测到错误，则会显示为红色，此时在“印前检查”面板中，可以展开问题，并跳转至相应的页面，以解决问题。

11.1.1 图像链接

在印前检查时有可能遇到找不到链接的图片等问题。在一台计算机上图片能够链接上，打开文件时没有是否链接图片的信息，但如果换一台计算机或文档文件换了位置、或图片的名称被修改或图片被删除，就会出现图片未链接的信息。

如果文档文件换了位置，就要把它放回原来的位置；如果图片的名字被修改，则要改回原来的名字或重新链接文件，也可以重新置入新图片。

在置入新图片时，如果图片的尺寸发生了变化，则应该重新置入新图片，这时如果重新链接，有可能产生图片的变形而不易被发现。因为页面的图片尺寸大小是按照原先图片尺寸的大小定义的，重新链接后，由于尺寸的变化使其长与宽的比例与原先的不一定一致，从而导致变形。

11.1.2 文档颜色模式

要混合跨页上透明对象的颜色，InDesign会使用文档的RGB或CMYK颜色配置文件，将所有对象的颜色转换到一个通用色彩空间中。此混合空间可让多个色彩空间的对象在以透明方式相互起作用过程中彼此混合。为避免对象各个区域在屏幕上的颜色与打印结果不符，该混合空间只适用于屏幕和拼合。

如果要对跨页上的对象应用透明度，则该跨页上的所有颜色都将转换为所选透明混合空间，通过执行“编辑”|“透明混合空间”|“文档 RGB” 或“文档 CMYK”命令可进行选择，即使它们与透明度无关也会如此。具体的优点如下。

- 转换所有颜色可以使同一跨页上任意两个同色对象保持一致，并且可避免在透明边缘出现剧烈的颜色变化。
- 绘制对象时，颜色将“实时”转换。
- 置入图形中与透明相互作用的颜色也将被转换为混合空间。

- 会影响颜色在屏幕上和打印中的显示效果，但不会影响颜色在文档中的定义。

根据工作需要，执行下列操作之一。

- 如果所创建文档只用于打印，需要为混合空间选择“文档 CMYK”命令。
- 如果所创建文档只用于 Web，需要为混合空间选择“文档 RGB”命令。
- 如果创建的文档将同时用于打印和 Web，需要确定其中哪一个更重要，然后选择与最终输出匹配的混合空间。
- 如果所创建高分辨率打印页也要在网站上作为高品质的 PDF 文档发布，则可能需要在最终输出前来回切换混合空间。在此情况下，必须将具有透明度的每个跨页上的颜色重新打样，并避免使用差值和排除混合模式，这些模式会让外观大幅改变。

11.1.3 设置透明拼合

文档从InDesign中进行输出时，如果存在透明度则需要进行透明度拼合处理。如果输出的PDF不想进行拼合，保留透明度，需要将文件保存为 Adobe PDF 1.4 (Acrobat 5.0) 或更高版本的格式。在InDesign中，对于打印、导出这些操作较频繁的，为了让拼合过程自动化，可以执行“编辑”|“透明度拼合预设”命令在弹出的“透明度拼合预设”对话框中对透明度的拼合进行设置，并将拼合设置存储在“透明度拼合预设”对话框中。如图11-2所示。

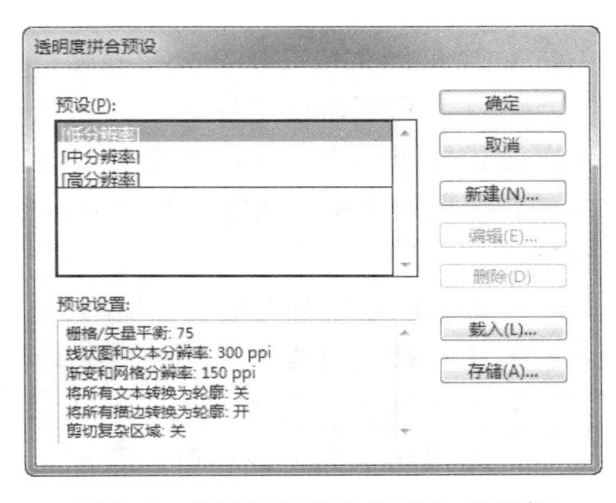

图11-2 “透明度拼合预设”对话框

“透明度拼合预设”对话框中各选项的含义解释如下。

- 低分辨率：文本分辨率较低，适用于在黑白桌面打印机打印的普通校样，对于在Web上发布或导出为SVG的文档也广泛应用。
- 中分辨率：文本分辨率适中，适用于桌面校样及Adobe PostScript彩色打印机上打印文档。
- 高分辨率：文本分辨率较高，适用于文档的最终出版及高品质的校样。
- 单击“新建”按钮，在弹出的“透明度拼合预设选项”对话框中，进行拼合设置，如图11-3所示。单击“确定”按钮，存储此拼合预设，或单击“取消”按钮，放弃此拼合预设。
- 对于现有的拼合预设，可以单击“编辑”按钮，在弹出的“透明度拼合预设选项”对话框中对它进行重新设置。

提示：

对于默认的拼合预设，无法进行编辑。

- 单击“删除”按钮，可将拼合预设删除，但默认的拼合预设无法删除。

提示：

在“透明度拼合预设”对话框中按住Alt键，使对话框中的“取消”按钮变为“重置”按钮，如图11-4所示。单击该按钮，可将现有的拼合预设删除，只剩下默认的拼合预设。

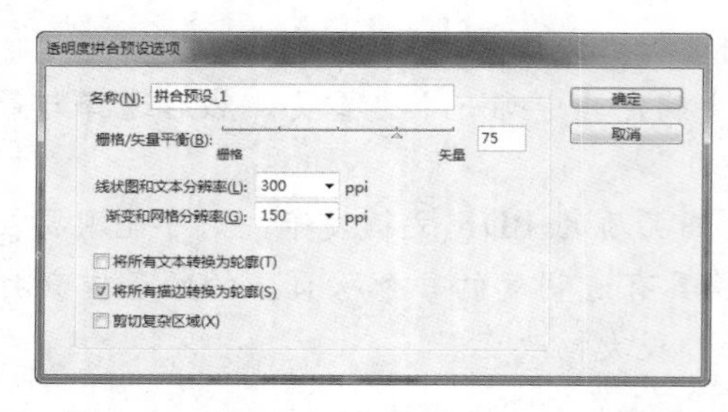

图11-3 “透明度拼合预设选项”对话框

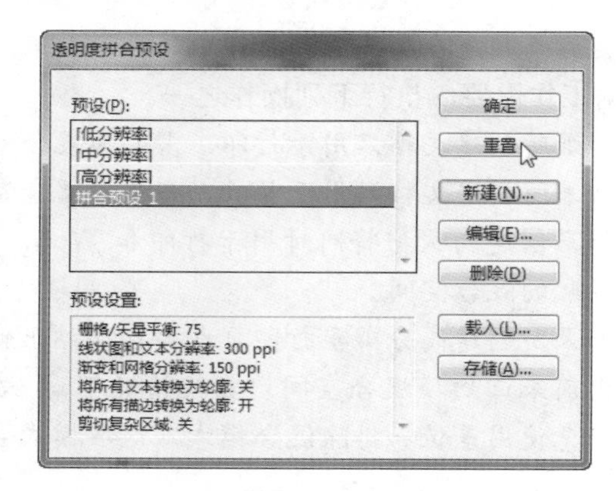

图11-4 重置透明度拼合预设

- 单击“载入”按钮，可将需要的拼合预设.flst文件载入。
- 选中一个预设，单击“存储”按钮，选择目标文件夹，可将此预设存储为单独的文件，方便下次的载入使用。

设置好透明拼合后，执行“窗口”|“输出”|“拼合预览”命令，在弹出的“拼合预览”面板中对预览选项进行选择。如图11-5所示。

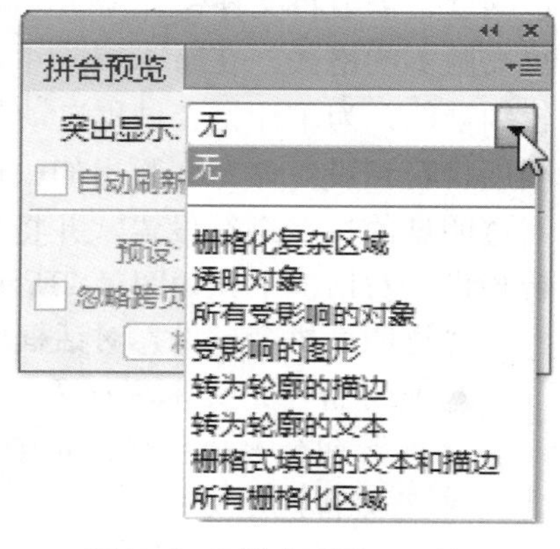

图11-5 “拼合预览”面板

“拼合预览”面板中各选项的含义解释如下。

- 无：此选项为默认设置，模式为停用预览。
- 栅格化复杂区域：选择此选项，对象的复杂区域由于性能原因不能高亮显示时，可以选择“栅格化复杂区域”选项进行栅格化。
- 透明对象：选择此选项，当对象应用了透明度时，可以应用此模式进行预览。

提示：

应用了透明度的对象大部分是半透明（包括带有 Alpha 通道的图像）、含有不透明蒙版和含有混合模式等对象。

- 所有受影响的对象：选择此选项，突出显示应用于涉及透明度有影响的所有对象。
- 转为轮廓的描边：选择此选项，对于轮廓化描边或涉及透明度的描边的影响，将会突出显示。
- 转为轮廓的文本：选择此选项，对于将文本轮廓化或涉及透明度的文本，将会突出显示。
- 栅格式填色的文本和描边：选择此选项，对于文本和描边进行栅格化填色为了进行拼合的操作，将会突出显示。
- 所有栅格化区域：选择此选项，处理时间比其他选项的处理时间长。突出显示某些在 PostScript 中没有其他方式可让其表现出来或要光栅化的对象。该选项还可显示涉及透明度的栅格图形与栅格效果。

11.1.4 颜色的颜色模式

对于要打印的文档，应该注意检查文档中颜色的使用。

- 确认“色板”面板中所用颜色均为CMYK模式，此时颜色后面的图标显示为▣。
- 对于彩色印刷且拥有大量文本的文档，如书籍或杂志中的正文、图注等，其文字应使用单色黑（C0、M0、Y0、K100），以避免在套版时发生错位，导致文字显示问题。虽然这种错位问题出现的机率很低，但还是应该做好预防工作。

11.1.5 出血

出血，是指为了避免裁剪边缘时出现偏差，导致边缘出现白边而设置的，通常设置为3mm即可。默认情况下，InDesign新建的文档已经带有3mm出血。保险起见，在输出前，应检查一下文档设置。页面边缘的红色线即为出血线。

11.2 将文件打包

为了便于对输出文件进行有效管理，可以通过对文件进行打包，以将使用过的文件（包括字体和链接图形），轻松地提交给服务提供商。打包文件时，可创建包含 InDesign 文档（或书籍文件中的文档）、任何必要的字体、链接的图形、文本文件和自定报告的文件夹。此报告（存储的文本文件）包括“打印说明”对话框中的信息，打印文档需要的所有使用的字体、链接和油墨的列表，以及打印设置。

使用“印前检查”面板可以对印前的文档进行预检，使用“打包”命令也可以执行最新的印前检查。在“打包”对话框中会指明所有检测出问题的区域。执行“文件”|“打包”命令，弹出“打包”对话框，如图11-6所示。

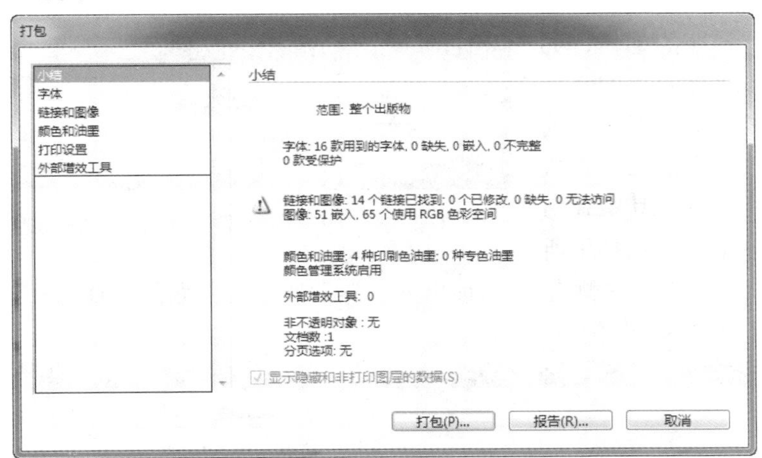

图11-6 “打包”对话框

提示：

单击“书籍”面板右上角的“面板”按钮▤，在弹出的菜单中选择“打包‘书籍’以供打印”或“打包‘已选中的文档’以供打印”命令，具体取决于在“书籍”面板中选择的是全部文档、部分文档，还是未选择任何文档。

下面将对各选项组中的设置进行详细讲解。

11.2.1 小结

在“小结”选项窗口中，可以了解关于打印文件中字体、链接和图像、颜色和油墨、打印设置以及外部增效工具的简明信息。

如果出版物在某个方面出现了问题，在“小结”选项窗口中对应的区域前方会显示警告图标⚠，此时需要单击“取消”按钮，然后使用“印前检查”面板解决有问题的区域。直至对文档满意，然后再次开始打包。

提示：

当出现警告图标⚠，也可以直接在“打包”对话框左侧选择相应的选项，然后在显示出的窗口中进行更改，在下面会做详细的讲解。

11.2.2 字体

在“打包”对话框左侧选择“字体”选项组，将显示相应的窗口，如图11-7所示。在此窗口中列出了当前出版物中应用的所有字体的名称、文字、状态及是否受保护。

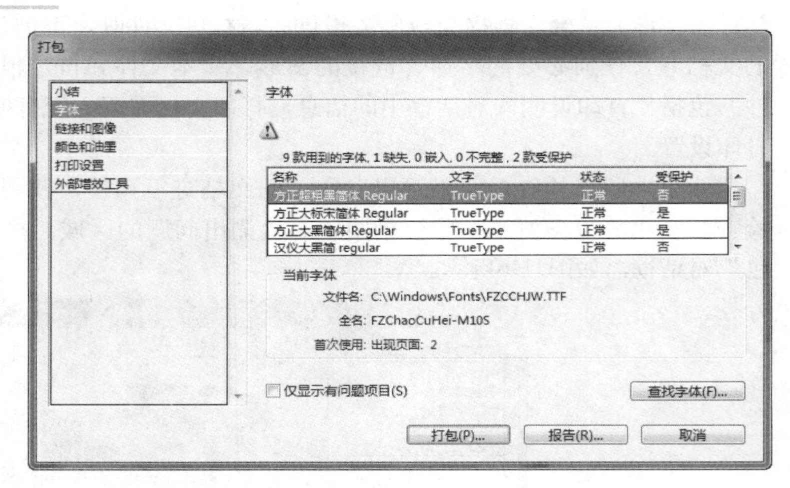

图11-7 “字体”选项组窗口

在“字体”选项窗口中如果选中“仅显示有问题项目”复选框，在列表框中将只显示有问题的字体，如图11-8所示。如果要对有问题的字体进行替换，可以单击对话框右下方的“查找字体”按钮，在弹出的“查找字体”对话框中进行替换。其中在对话框左侧的列表框中显示了文档中所有的字体，在存在问题的字体右侧有⚠图标出现。然后选中有问题的字体，在下方的“替换为”区域中设置要替换的目标字体，如图11-9所示。

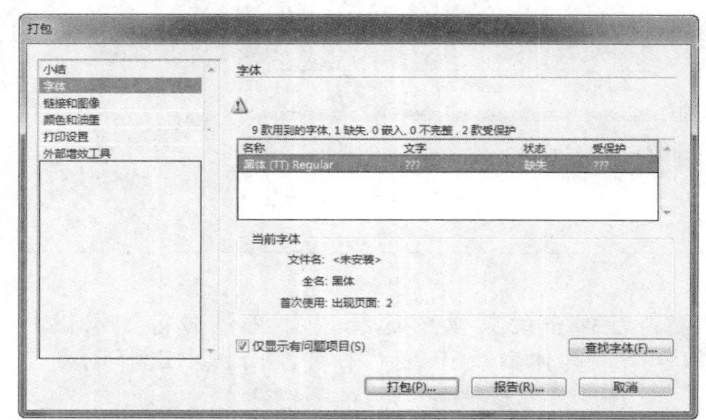

图11-8 仅显示有问题项目

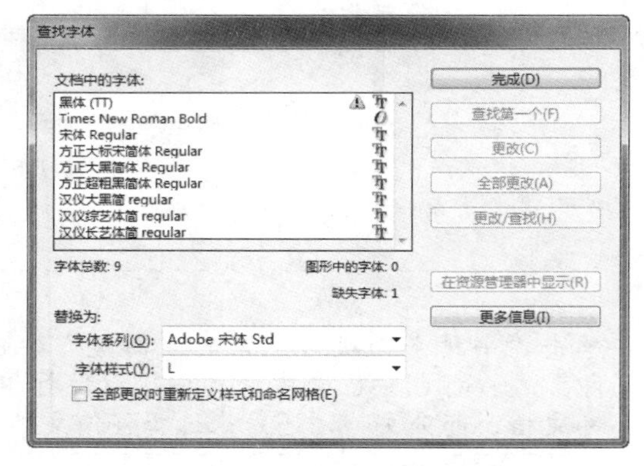

图11-9 “查找字体”对话框

在“查找字体”对话框中右侧按钮的含义解释如下。

- 查找第一个：单击此按钮，将查找所选字体在文档中第一次出现的页面。
- 更改：单击此按钮，可以对查找到的字体进行替换。
- 全部更改：单击此按钮，可以将文档中所有当前所选择的字体替代为“替换为”下拉列表中所选中的字体。
- 更改/查找：单击此按钮，可以将文档中第一次查找到的字体替换，再继续查找所指定的字体，直到文档最后。
- 更多信息：单击此按钮，可以显示所选中字体的名称、样式、类型及在文档中使用此字体的字数和所在页面等。

11.2.3 链接和图像

在“打包”对话框左侧选择“链接和图像”选项组，将显示相应的窗口，如图11-10所示。此窗口中列出了文档中使用的所有链接、嵌入图像和置入的 InDesign 文件。预检程序将显示缺失或已过时的链接和任何 RGB 图（这些图像可能不会正确地分色，除非启用颜色管理并正确设置）。

提示：

“链接和图像”窗口中无法检测置入的 EPS、Adobe Illustrator、Adobe PDF、FreeHand 文件中和置入的*.INDD 文件中嵌入的 RGB图像。要想获得最佳效果，得使用“印前检查”面板验证置入图形的颜色数据，或在这些图形的原始应用程序中进行验证。

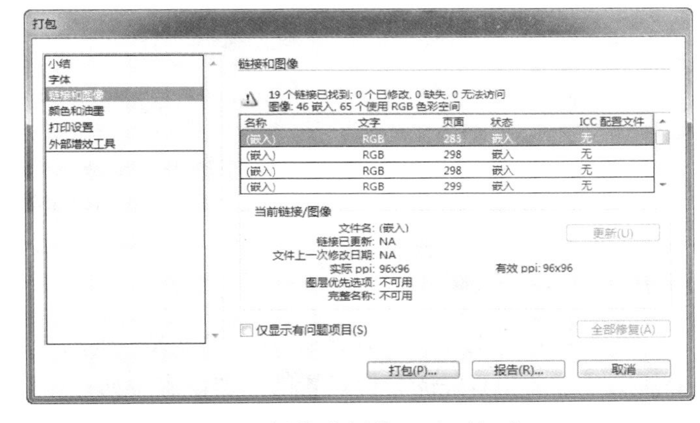

图11-10 “链接和图像”选项组窗口

在“链接和图像”选项窗口中，选中“仅显示有问题项目”复选框，可以将仅有问题的图像显示出来。要修复链接，执行以下操作之一。

- 当选中缺失的图像时，单击“重新链接”按钮，如图11-11所示。然后在弹出的“定位”对话框中找到正确的图像文件，单击“打开”按钮，即可完成对缺失文件的重新链接，如图11-12所示。

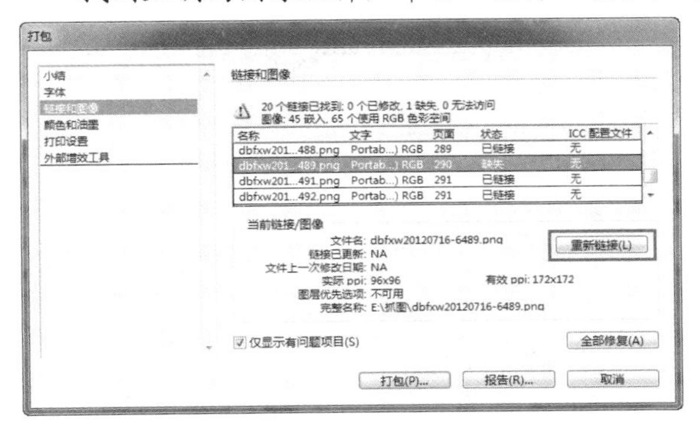

图11-11 选中缺失的图像

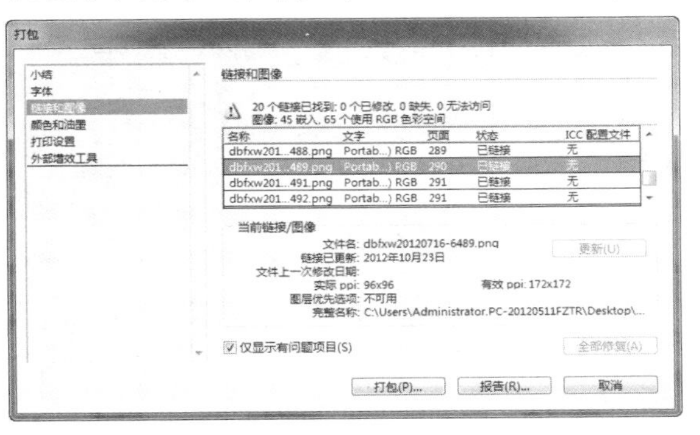

图11-12 重新链接缺失的文件

● 选择有问题的图像，单击“全部修复”按钮。在弹出的“定位”对话框中找到正确的图像文件，单击“打开”按钮退出即可。

11.2.4 颜色和油墨

在“打包”对话框左侧选择“颜色和油墨”选项组，将显示相应的窗口，如图11-13所示。此窗口中列出了文档中所用到的颜色的名称和类型、角度及行/英寸等信息，还显示了所使用的印刷色油墨及专色油墨的数量，以及是否启用颜色管理系统。

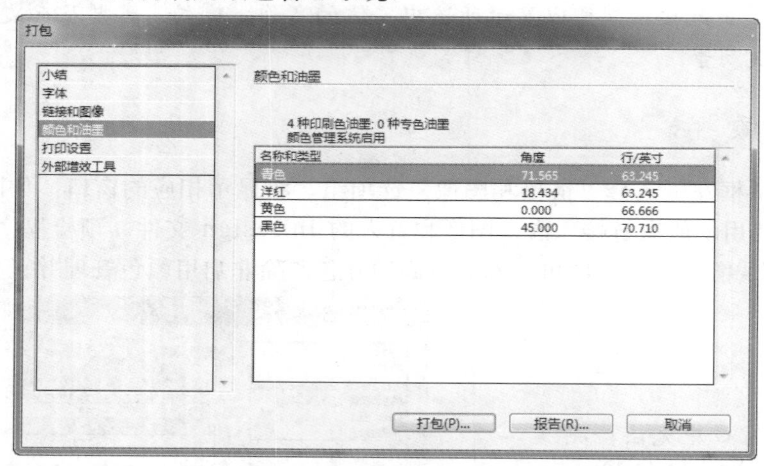

图11-13 “颜色和油墨”选项组窗口

11.2.5 打印设置

在“打包”对话框左侧选择“打印设置”选项组，将显示相应的窗口，如图11-14所示。此窗口中列出了与文档有关的打印设置的全部内容，如打印驱动程序、份数、页面、缩放、页面位置及出血等信息。

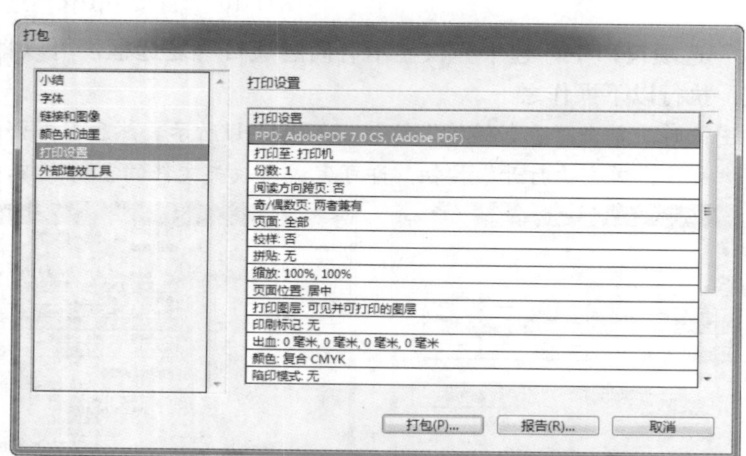

图11-14 “打印设置”组选项窗口

11.2.6 外部增效工具

在“打包”对话框左侧选择“外部增效工具”选项组，将显示相应的窗口，如图11-15所示。此窗口中列出了与当前文档有关的外部插件的全部信息。

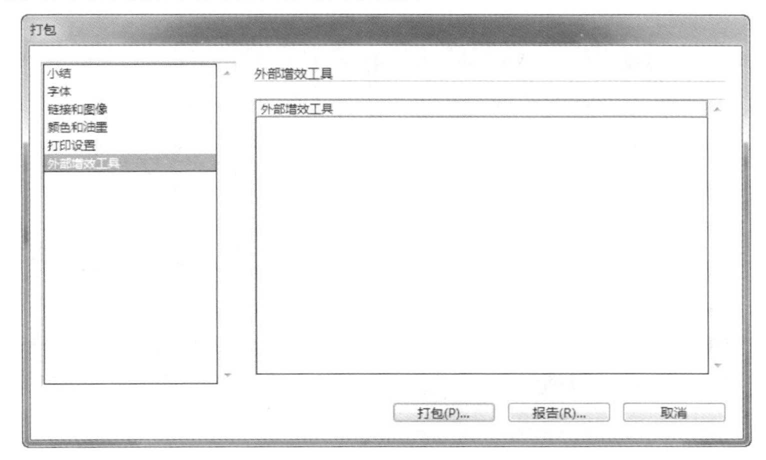

图11-15 “外部增效工具”选项组窗口

11.3 导出 PDF

11.3.1 PDF简介

PDF（Portable Document Format）文件格式是Adobe公司开发的电子文件格式。这种文件格式与操作系统平台无关，也就是说，PDF文件不管是在Windows、Unix还是Mac OS操作系统中都是通用的。这一特点使它成为在Internet上进行电子文档发行和数字化信息传播的理想文档格式。目前，使用PDF进行打印输出，也是极为常见的一种方式。

PDF文件格式具有以下特点。

- 是对文字、图像数据都兼容的文件格式，可直接传送到打印机、激光照排机。
- 是独立于各种平台和应用程序的高兼容性文件格式。PDF文件可以使用各种平台之间通用的二进制或ASCII编码，实现真正的跨平台作业，也可以传送到任何平台上。
- 是文字、图像的压缩文件格式。文件的存储空间小，经过压缩的PDF文件容量可达到原文件量的1/3左右，而且不会造成图像、文字信息的丢失，适合网络快速传输。
- 具有字体内周期、字体替代和字体格式的调整功能。PDF文件浏览不受操作系统、网络环境、应用程序版本、字体的限制。
- PDF文件中，每个页面都是独立的，其中任何一页有损坏或错误，不会导致其他页面无法解释，只需要重新生成新的一页即可。

11.3.2 创建Adobe PDF校样

要将文档导出为PDF文件，可以选择“文件”|“导出”命令，在弹出的“导出”对话框中选择选择“Adobe PDF（打印）”保存格式，如图11-16所示。单击“保存”按钮，弹出“导出 Adobe

PDF”对话框，如图11-17所示。

图11-16 “导出”对话框

图11-17 “导出 Adobe PDF”对话框

“Adobe PDF（交互）”格式可用于交互与动态演示。

在“导出 Adobe PDF”对话框中重要选项的含义解释如下。

- Adobe PDF预设：在此下拉列表中可以选择已创建好的 PDF 处理的设置。
- 标准：在此下拉列表中可以选择文件的 PDF/X 格式。
- 兼容性：在此下拉列表中可以选择文件的 PDF 版本。

1. 常规

在左侧选择“常规”选项，可设置用于控制生成PDF文档的InDesign文档的页码范围，导出后PDF文档页面所包含的元素，以及PDF文档页面的优化选项。

- 全部：选择此复选项，将导出当前文档或书籍中的所有页面。
- 范围：选择此复选项，可以在文本框中指定当前文档中要导出页面的范围。
- 跨页：选择此复选项，可以集中导出页面，如同将其打印在单张纸上。

提示：

不能选择“跨页”用于商业打印，否则服务提供商将无法使用这些页面。

- 导出后查看PDF：选择此复选框，在生成PDF文件后，应用程序将自动打开此文件。
- 优化快速Web查看：选择此复选框，将通过重新组织文件，以使用一次一页下载来减小PDF文件的大小，并优化PDF文件以便在Web浏览器中更快地查看。

提示：

此选项将压缩文本和线状图，不考虑在“导出 Adobe PDF”对话框的“压缩”类别中选择的设置。

- 创建带标签的 PDF：选择此复选框，在导出的过程中，基于 InDesign 支持的 Acrobat 标签的子集自动为文章中的元素添加标签。

提示：

如果“兼容性”设置为 Acrobat 6 (PDF 1.5) 或更高版本，则会压缩标签以获得较小的文件大小。如果在 Acrobat 4.0 或Acrobat 5.0 中打开该 PDF，将不会显示标签，因为这些版本的 Acrobat 不能解压缩标签。

- 书签：选择此复选框，可以创建目录条目的书签，保留目录级别。

2. 压缩

在左侧选择“压缩”选项，可设置用于控制文档中的图像在导出时是否要进行压缩和缩减像素采样。其选项设置窗口如图11-18所示。

- 平均缩减像素采样至：选择此选项，将计算样本区域中的像素平均数，并使用指定分辨率的平均像素颜色替换整个区域。
- 次像素采样至：选择此选项，将选择样本区域中心的像素，并使用此像素颜色替换整个区域。
- 双立方缩减像素采样至：选择此选项，将使用加权平均数确定像素颜色，这种方法产生的效果通常比缩减像素采样的简单平均方法产生的效果更好。

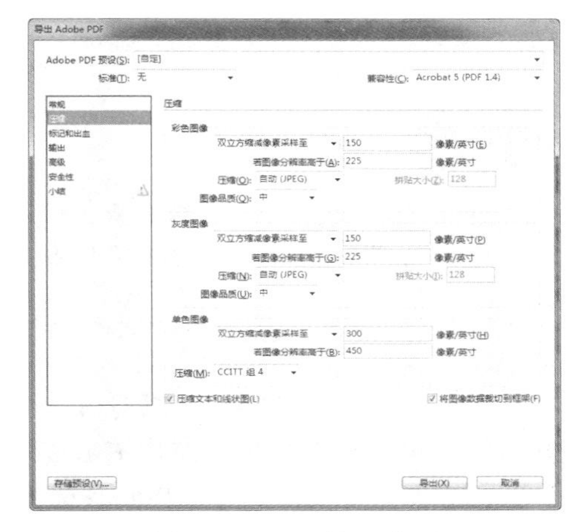

图11-18 “压缩”选项

提示：

双立方缩减像素采样是速度最慢但最精确的方法，可产生最平滑的色调渐变。

- 自动（JPEG）：选择此选项，将自动确定彩色和灰度图像的最佳品质。对于多数文件，此选项会生成满意的结果。
- 图像品质：此下拉列表中的选项用于控制应用的压缩量。
- CCITT组4：此选项用于单色位图图像，对于多数单色图像可以生成较好的压缩。
- 压缩文本和线状图：选中此复选框，将纯平压缩（类似于图像的 ZIP 压缩）应用到文档中的所有文本和线状图，而不损失细节或品质。
- 将图像数据裁切到框架：选中此复选框，仅导出位于框架可视区域内的图像数据，可能会缩小文件的大小。如果后续处理器需要其他信息（如对图像进行重新定位或出血），不要选中此复选框。

3. 标记和出血

在左侧选择“标记和出血”选项，可用于控制导出的PDF文档页面中的打印标记、色样、页面信息、出血标志与版面之间的距离。

4. 输出

在左侧选择“输出”选项，可用于设置颜色转换。描述最终RGB或CMYK颜色的输出设备，以及显示要包含的配置文件。

01 chapter P1—P18
02 chapter P19—P38
03 chapter P39—P64
04 chapter P65—P100
05 chapter P101—P118
06 chapter P119—P152
07 chapter P153—P182
08 chapter P183—P200
09 chapter P201—P220
10 chapter P221—P234
11 chapter P235—P254
12 chapter P255—P277

5. 高级

在左侧选择“高级”选项，可用于控制字体、OPI 规范、透明度拼合和 JDF 说明在 PDF 文件中的存储方式。

6. 安全性

在左侧选择“安全性”选项，可用于设置PDF的安全性。如是否可以复制PDF中的内容、打印文档或其他操作。

7. 小结

在左侧选择“小结”选项，可用于将当前所做的设置用列表的方式提供查看，并指出在当前设置下出现的问题，以便进行修改。在“导出 Adobe PDF”对话框中设置好相关的参数，单击“导出”按钮。

> **提示：**
> 在导出的过程中，要想查看该过程，可以执行“窗口”|“实用程序”|“后台任务”命令，在弹出的“后台任务”面板中观看。

11.3.3 创建Adobe PDF灰度校样

在InDesign CS6中，可以对InDesign文档进行校样并将其导出为灰度 PDF，以进行灰度打印。数字出版物仍然是全彩色，而且不需要对灰度和颜色输出的布局进行单独维护。

创建Adobe PDF灰度校样的具体操作方法如下。

（1）打开要导出灰度PDF的InDesign文档，执行“文件”|“导出”命令，在弹出的“导出”对话框中指定文件的名称和位置。

（2）在“保存类型”下拉列表中选择“Adobe PDF（打印）”选项。单击“保存”按钮，弹出“导出 Adobe PDF”对话框，在该对话框中选择“输出”选项组，如图11-19所示。

（3）在“输出”选项组中设置“颜色转换”为“转换为目标配置文件”；“目标”为“网点增大”（Dot Gain系列）或“灰度系数”（Gray Gamma系列），如图11-20所示。

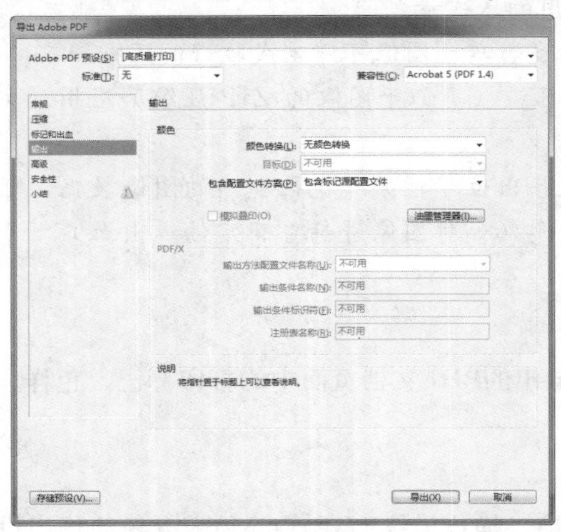

图11-19 选择“输出”选项组

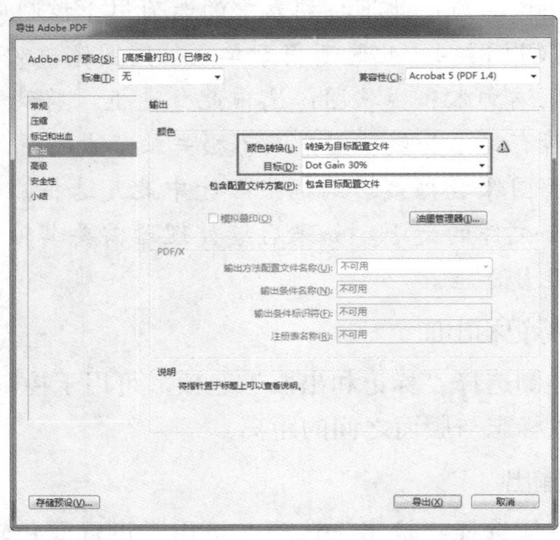

图11-20 设置“颜色转换”和“目标”

提示：

在“标准”为“PDF/X-1a”下不支持“网点增大”和“灰度系数”目标，该标准仅支持CMYK用途；“PDF/X-3”或“PDF/X-4”不支持“灰度系数”目标。

（4）在“导出Adobe PDF”对话框中设置好相关的参数，单击“导出”按钮。

（5）导出完成后，在指定的保存位置双击该文件即可将其打开，如图11-21所示。

图11-21 导出的灰度PDF文件

11.4 打　印

作为专业的排版软件，InDesign提供了非常丰富的打印功能，以保证在各种需求下，都能够顺利地进行打印输出。在本节中，就来讲解其相关知识。

按Ctrl+P键或选择“文件”|“打印”命令，将弹出如图11-22所示的对话框。

图11-22 “打印”对话框

- 打印预设：在此下拉菜单中，可以选择默认的或过往存储的预设，从而快速应用打印参数。
- 打印机：如果安装了多台打印机，可以从“打印机”下拉列表中选择要使用的打印机设备。可以选择PostScript或其他打印机。
- PPD：PPD文件，即PostScript Printer Description 文件的缩写，可用于自定指定的 PostScript 打印机驱动程序的行为。这个文件包含有关输出设备的信息，其中包括打印机驻留字体、可用介质大小及方向、优化的网频、网角、分辨率及色彩输出功能。

打印之前设置正确的PPD非常重要。当在“打印机”下拉列表中选择“PostScript文件”选项后，就可以在“PPD”下拉列表中选择“设备无关”选项等。

11.4.1 打印选项

1. 常规

“常规”选项组中重要选项的含义解释如下。

- 份数：此文本框中输入数值用于控制文档打印的数量。
- 页码：用于设置打印的页码范围。如果选中“范围”单选按钮，可以在其右侧的文本框中使用边字符分隔连续的页码，如1-20，表示打印第1页到20页的内容；也可以使用逗号或空格分隔多个页码范围，比如1，5，20，表示只打印第1、5和20页的内容；如果输入-10，表示打印第10页及其前面的页面；如果输入10-，则表示打印第10页及其后面的页面。
- 打印范围：在此可以选择是打印全部页面、仅打印偶数页或奇数页等参数；若选中下面的“打印主页”选项，则只打印文档中的主页。

2. 设置

选择“设置”选项后将显示如图11-23所示的参数。

在“设置”选项中重要选项的含义解释如下。

- 纸张大小：在此下拉列表中可以选择预设的尺寸，或自定义尺寸来控制打印页面的尺寸。
- 页面方向：可以通过单击纵向图标、横向图标、反纵向图标及反横向图标，控制页面打印的方向。
- 缩放：当页面尺寸大于打印纸张的尺寸时，可以在“宽度”和“高度”文本框中输入数值，以缩小文档适合打印纸张。对于“缩放以适合纸张”单选按钮，用于不能确保缩放比例时使用。
- 页面位置：在此下拉列表中选择某一选项，用于控制文档在当前打印纸上的位置。

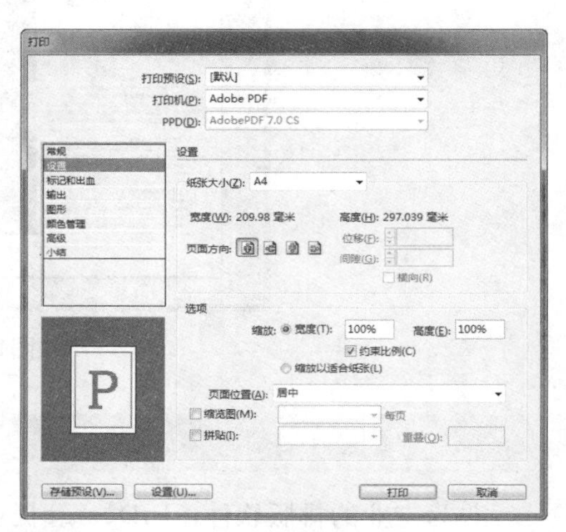

图11-23 “设置”选项

3. 标记和出血

选择“标记和出血”选项后，将显示如图11-24所示的对话框。

在“标记和出血”选项中重要选项的含义解释如下。

- 类型：在此下拉列表中可以选择显示裁切标记的显示类型。
- 粗细：在此下拉列表中选择或输入数值，以控制标记线的粗细。
- 所有印刷标记：选中此复选框，以便选择下方的所有角线标记。图11-25所示展示了一些相关的标记说明。

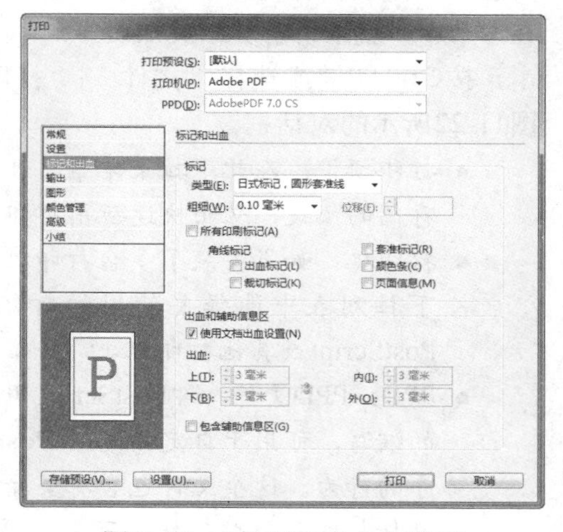

图11-24 “标记和出血”选项

图11-25 标记说明

4. 输出

选择“输出”选项组后，将显示如图11-26所示的参数。在“输出”选项中重要选项的含义解释如下。

图11-26 “输出”选项

- 颜色：在此下拉列表中可以选择文件中使用的色彩输出到打印机的方式。
- 陷印：在此下拉列表中可以选择补漏白的方式。
- 翻转：在此下拉列表中可以选择文档所需要的打印方向。
- 加网：在此下拉列表中可以选择文档的网线数及解板度。
- 油墨：在此区域中可以控制文档中的颜色油墨，以将选中的颜色转换为打印所使用的油墨。
- 频率：在此文本框中输入数值用于控制油墨半色调网点的网线数。
- 角度：在此文本框中输入数值用于控制油墨半色调网点的旋转角度。
- 模拟叠印：选择此复选框，可以模拟叠印的效果。
- 油墨管理器：单击该按钮，弹出“油墨管理器”对话框，在此对话框中可以进行油墨的管理。

5. 图形

选择“图形”选项组后，将显示如图11-27所示的参数。

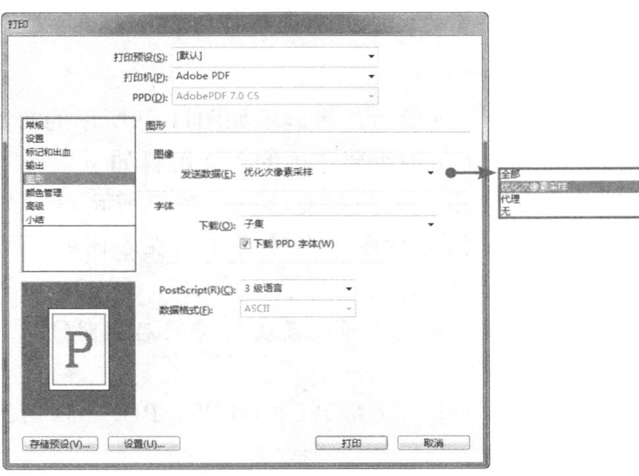

图11-27 “图形”选项

在“图形”选项中重要选项的含义解

释如下。

- 发送数据：在此下拉列表中的选项用于控制置入的位图图像发送到打印机时输出的方式。如果选择“全部”，会发送全分辨率数据，这比较适合于任何高分辨率打印或打印高对比度的灰度或彩色图像，但此选项需要的磁盘空间最大；如果选择“优化次像素采样”，只发送足够的图像数据供输出设备以最高分辨率打印图形，这比较适合处理高分辨率图像将校样打印到台式打印机时；如果选择“代理”，将使用屏幕分辨率为72 dpi发送位图图像，以缩短打印时间；如果选择“无”，打印时将临时删除所有图形，并使用具有交叉线的图形框替代这些图形，以缩短打印时间。
- 下载：选择此下拉列表中的选项可以控制字体下载到打印机的方式。选择“无”，表示不下载字体到打印机，如果字体在打印机中存在，应该使用此选项；选择“完整”，表示在打印开始时下载文档所需的所有字体；选择“子集”，表示仅下载文档中使用的字体，每打印一页下载一次字体。
- 下载 PPD 字体：选择此复选框，将下载文档中使用的所有字体，包括已安装在打印机中的那些字体。
- PostScript：此下拉列表中的选项用于指定 PostScript 等级。
- 数据格式：此下拉列表中的选项用于指定 InDesign 将图像数据从计算机发送到打印机的方式。

6. 颜色管理

选择“颜色管理”选项后，将显示如图11-28所示的参数。

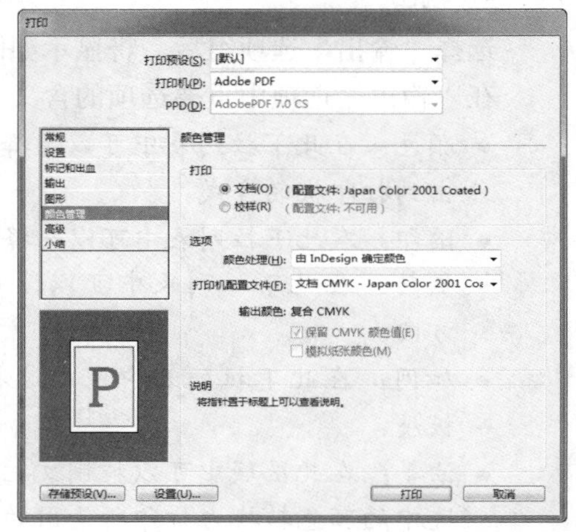

图11-28 “颜色管理”选项

在“颜色管理”选项中重要选项的含义解释如下。

- 文档：选择此单选按钮，将以“颜色设置”对话框（执行“编辑”|“颜色设置”命令）中设置的文件颜色进行打印。
- 校样：选择此单选按钮，将以“视图”|“校样设置”中设置的文件颜色进行打印。

7. 高级

选择“高级”选项后，将显示如图11-29所示的参数。

在“高级”选项中重要选项的含义解释如下。

- 打印为位图：选择此复选框，可以将文档中的内容转换为位图再打印，同时还可以在右侧的下拉列表中选择打印位图的分辨率。
- OPI图像替换：选择此复选框，将启用对OPI工作流程的支持。
- 在OPI中忽略：设置OPI中如EPS、PDF和位图图像是否被忽略。

图11-29 “高级”选项

- 预设：选择此下拉列表中选项，以指定使用什么方式进行透明度拼合。

8. 小结选项组

选择“小结”选项组，将显示如图11-30所示的状态。此窗口中主要用于对前面所进行的所有设置进行汇总，通过汇总数据可以检查打印设置，避免输出错误。如果想将这些信息保存为*.TXT文件，可以单击“存储小结”按钮，弹出“存储打印小结”对话框，指定名称及位置，单击“保存”按钮退出。

图11-30 “小结”选项

11.4.2 打印预设

如果要定期输出文件，可以将每次输出设置存储为打印预设，以自动完成打印。对于要求“打印”对话框中的许多选项设置都精确的打印来说，使用打印预设是一种快速可靠的方法。要创建打印预设，可以通过以下两种方法之一实现。

- 选择“文件”|“打印”命令，修改打印设置，然后单击“存储预设”按钮。在弹出的“存储预设”对话框中输入一个名称或使用默认名称，然后单击“确定”按钮退出。
- 选择“文件”|“打印预设”|“定义”命令，弹出“打印预设”对话框，如图11-31所示，单击“新建”按钮，在弹出的“新建打印预设”对话框中，输入新名称和使用默认名称，修改打印设置，然后单击“确定”按钮以返回到“打印预设”对话框。然后再次单击“确定”按钮退出对话框即可。

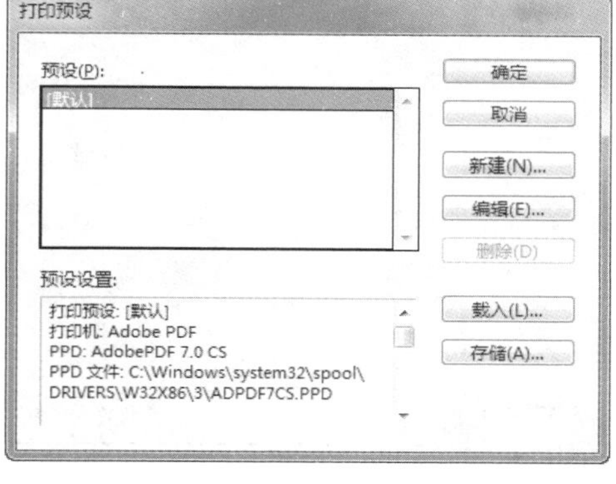

图11-31 “打印预设”对话框

11.5 拓展训练——输出为可出片的PDF文件

（1）打开随书所附光盘中的文件“第11章\11.5 拓展训练——输出为可出片的PDF文件-素材.indd”，如图11-32所示。

（2）由于本例要创建的PDF用于出片，故需要确定“编辑”|“透明混合空间”|“文档 CMYK（C）”命令处于选中的状态。

（3）执行“文件”|“导出”命令，在弹出的“导出”对话框中输入文件名，将“保存类型”设置为“Adobe PDF（打印）”，单击“保存”按钮，弹出“导出Adobe PDF”对话框，在预设下拉列表中选择“印刷质量”选项，然后在对话框左侧选择“标记和出血”选项组，设置如图11-33所示。

图11-32 素材文档

图11-33 “导出Adobe PDF”对话框

（4）单击“导出”按钮退出“导出Adobe PDF”对话框，图11-34所示为导出的出片PDF。

图11-34 出片PDF

提示：

本例最终效果为随书所附光盘中的文件“第11章\11.5 拓展训练——输出为可出片的PDF文件.pdf”。

11.6 课后练习

1. 单选题

（1）创建一个发布在Web上的文件应该选择什么色彩模式为最佳？（ ）

A. CMYK　　B. LAB　　C. RGB

（2）InDesign 可以对文档进行品质检查，预检是此过程的行业标准术语。预检过程中会对可能影响文档或书籍正确成像的问题，如缺失文件或字体，做出什么反应？（ ）

A. 更改　　B. 警告　　C. 删除

（3）下列无法通过“打包”命令实现的是（ ）。

A. 把所有链接文件放到指定的文件夹

B. 将需要的字体复制到指定的文件夹

C. 生成印刷说明

D. 把文档剪切到指定的文件夹

（4）关于导出PDF命令正确的是（　　）。

A. 通过文件—导出，页面范围如果是跨页效果一定要勾选此选项

B. 通过文件—导出，页面范围如果是跨页效果不用勾选此选项

C. 通过“另存为”就可导出PDF

D. 不能生成PDF

（5）下面哪个选项不可以在打印中设置？（　　）

A. 打印份数　　B. 逆序打印

C. 打印格式　　D. 选择透明拼合样式

2. 多选题

（1）文件输出成PDF格式的优势在于？（　　）

A. 可以在网上发布

B. 大多数的排版软件和文字处理软件都可以识别PDF格式

C. PDF格式是跨平台文档格式，可以跨平台浏览

D. PDF格式不受操作系统、应用程序及字体的影响和限制，并且具有可打印的特点

（2）InDesign CS6原生文件输出/打印为以下哪些格式时，会发生透明拼合？（　　）

A. JPEG　　B. EPS

C. PDF 1.3（Acrobat 4.0）　　D. PDF 1.4（Acrobat 5.0）

（3）下列关于输出PDF时透明拼合的说法，哪些是正确的？（　　）

A. 输出PDF 1.3时才能使用透明拼合

B. 输出PDF 1.4时才能使用透明拼合

C. 输出PDF 1.5时才能使用透明拼合

D. 使用PDF/X-1a的标准，只有使用PDF1.3版本

（4）在输出PDF文件时，可以为文件添加哪些打印标记？（　　）

A. 裁切标记　　B. 出血标记

C. 星标　　D. 色标

（5）下面关于“打印”对话框中“输出”选项的叙述，其中不正确的是（　　）。

A. 选择色彩为“复合 CMYK”时可以分别为CMYK 4种油墨指定“加网”

B. 只有选择色彩为“分色”时才能指定“负片”选项

C. 只有选择色彩为“分色”时才能选择“文本为黑色”选项

D. 只有选择色彩为“复合灰度”时才能选择“负片”选项

3. 判断题

（1）默认情况下，在“印前检查”面板中采用默认的“[基本]（工作）”配置文件，它可以检查出文档中缺失的链接、修改的链接、溢流文本和缺失的字体等问题。（　　）

（2）默认情况下，InDesign的出血值为3 mm，这也是日常工作中的常用值。（　　）

（3）要导出PDF，可以按Ctrl+D 键，在弹出的对话框中设置相关参数。（　　）

（4）对于要做彩色打印输出的文档，在输出前应确认“色板”面板中所用颜色均为CMYK模式，以颜色后面的图标显示为准。（　）

（5）按Ctrl+P键不可以调出“打印”对话框。（　）

4．操作题

打开随书所附光盘中的文件“第11章\操作题-素材.indd”，根据本章所讲解的导出灰度PDF的方法，将其输出为适合普通黑白打印的灰度PDF。制作完成后的文件可以参考随书所附光盘中的文件“第11章\操作题.pdf”。

第12章 综合案例

本章导读

在本章中，主要讲解6个综合性质的案例，其领域涵盖了名片设计、海报设计、宣传册（页）及封面设计等。通过本章的学习，读者应能够巩固前面章中学习的各类InDesign知识，并对上述各领域中的基本创建手法与规范有所了解，在以后的学习或实际工作过程中，能够有所依据。

12.1 名片设计

现代社交的需要，每个人都会有很多别人的名片，也有自己的名片，名片是人与人联系沟通的重要纽带及方式，也是商务人必备。下面通过实例讲解制作名片的过程。

（1）按Ctrl+N键新建一个文件，在弹出的对话框中设置其尺寸，如图12-1所示。

（2）单击“边距和分栏”按钮，在弹出的对话框中设置边距参数，如图12-2所示。单击“确定”按钮退出对话框，创建得到一个新的文档。

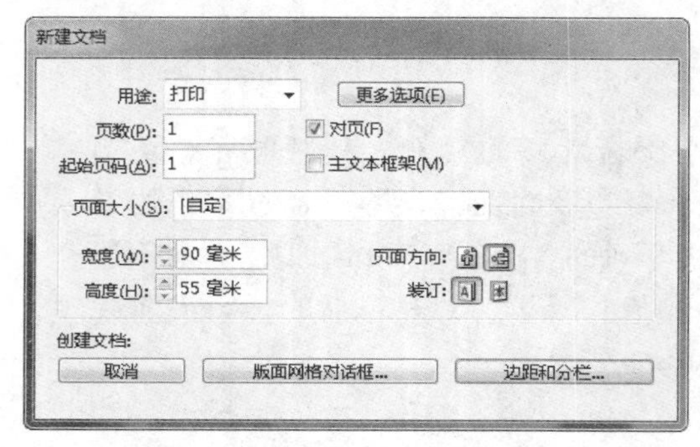

图12-1 “新建文档”对话框

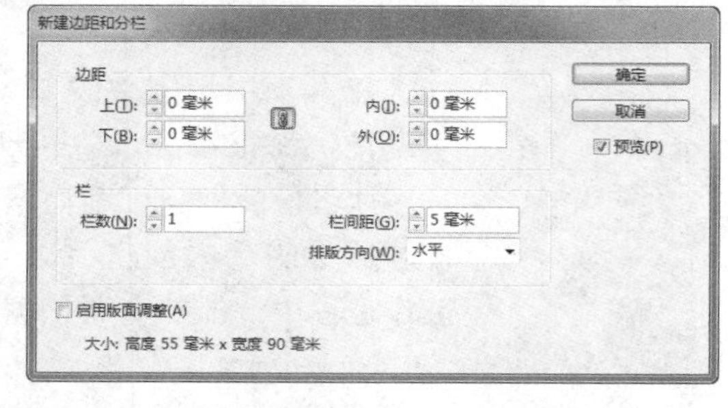

图12-2 “新建边距和分栏”对话框

（3）按F6键显示“颜色”面板，然后双击其中的“描边”颜色块，在弹出的对话框中设置颜色值，如图12-3所示。

（4）选择“直线工具”，在文档上方按Shift键绘制直线，然后在“控制”面板中设置线条的粗细及类型，效果如图12-4所示。

（5）选择“选择工具”将上一步绘制的直线选中，按Alt+Shift键的同时，按住鼠标左键向下移动稍许，以复制选中的直线，如图12-5所示。

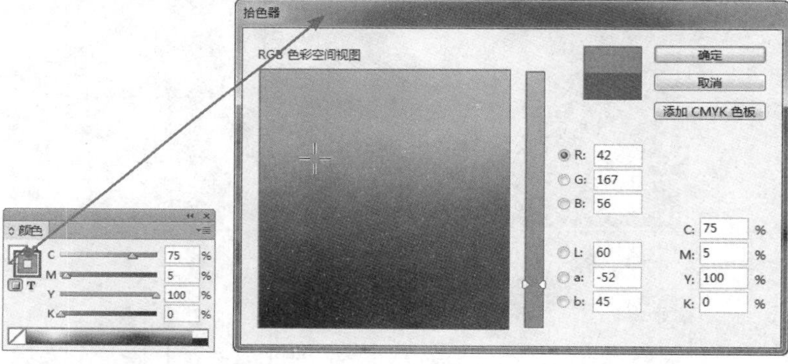

图12-3 设置“描边”颜色块

图12-4 绘制直线

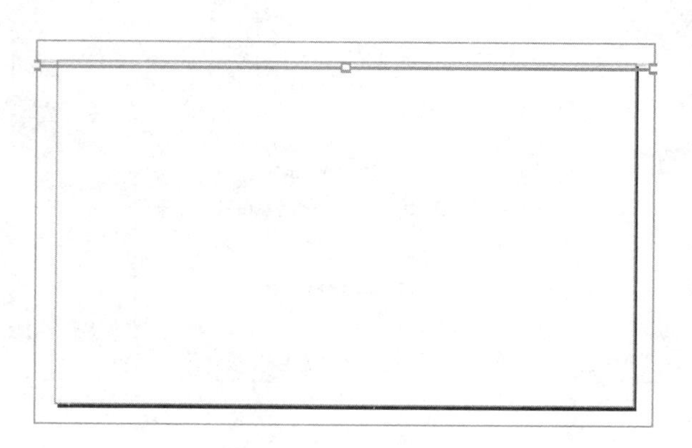

图12-5 复制直线

（6）按Ctrl+Alt+4键执行“再次变换序列”命令多次，直至得到类似如图12-6所示的效果。

（7）按照第（4）~（6）步的操作方法，结合“直线工具”及“再次变换序列”功能，制作竖线条，如图12-7所示。

图12-6 复制多条直线后的效果

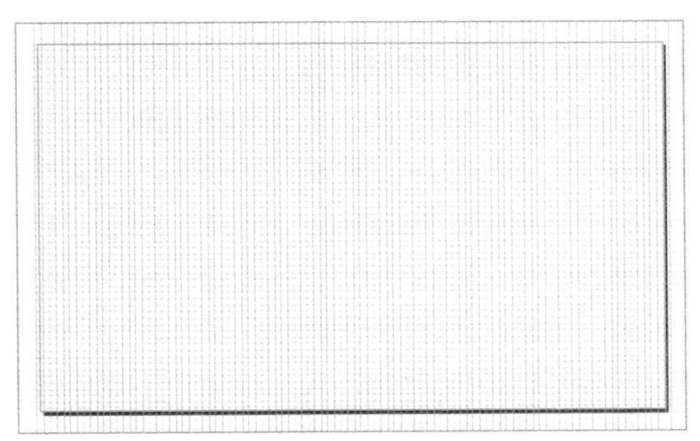

图12-7 制作竖线效果

（8）使用“选择工具”将所有的线条选中，按Ctrl+G键执行“编组”操作。设置“填色”颜色块C=63，M=25，Y=83，K=0，“描边”为无，使用“矩形工具”在文档底部绘制矩形，如图12-8所示。

（9）设置“填色”颜色块C=100，M=0，Y=0，K=0，“描边”为无，使用“矩形工具”在文档上方绘制矩形，如图12-9所示。

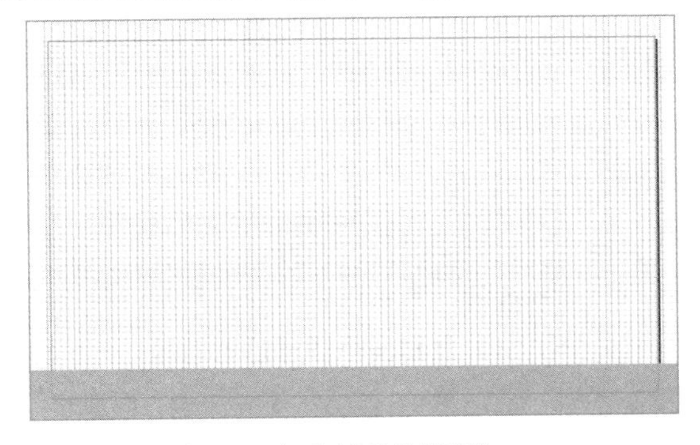

图12-8 在底部绘制矩形

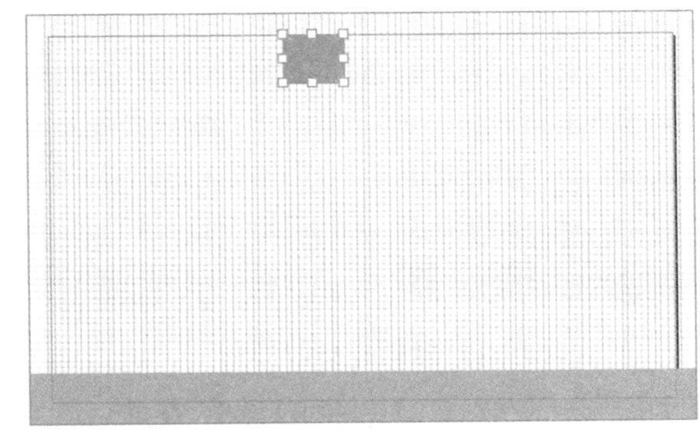

图12-9 在上方绘制矩形

（10）执行“对象”|“角选项”命令，设置弹出的对话框如图12-10所示，得到的效果如图12-11所示。

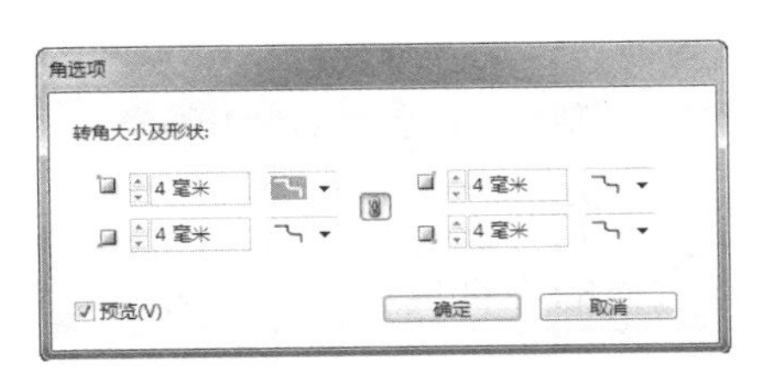

图12-10 “角选项”对话框

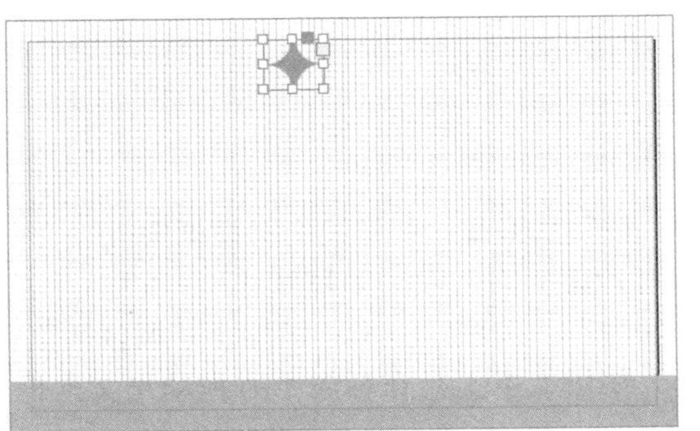

图12-11 应用“角选项”命令后的效果

（11）使用“选择工具”选中上一步得到的图形，按Alt键拖动鼠标左键进行复制操作，按Ctrl+Shift键调整图形的大小，得到的效果如图12-12所示。

（12）继续第（11）步的操作，制作出多个蓝色星形图像，如图12-13所示。

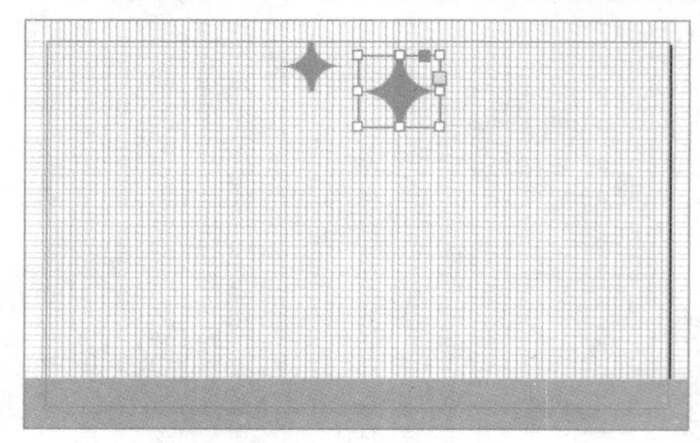

图12-12 复制及调整图形

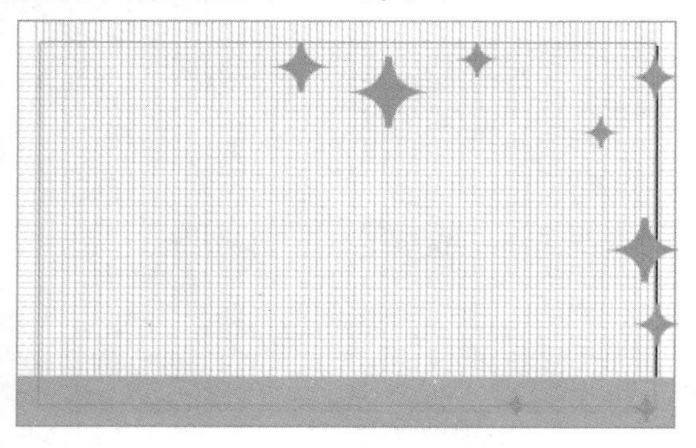

图12-13 复制多个图形后的效果

（13）使用“选择工具”选中任意一个星形图像，复制并更改其“填色”颜色块C=0，M=100，Y=0，K=0，得到的效果如图12-14所示。然后再对其进行多次复制、调整大小处理，得到的效果如图12-15所示。

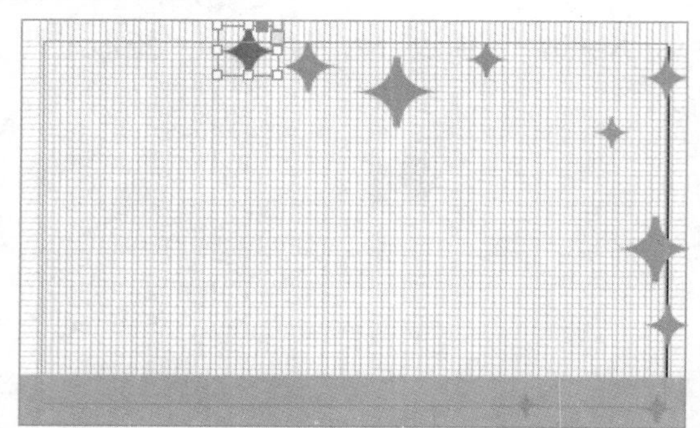

图12-14 复制并更改颜色

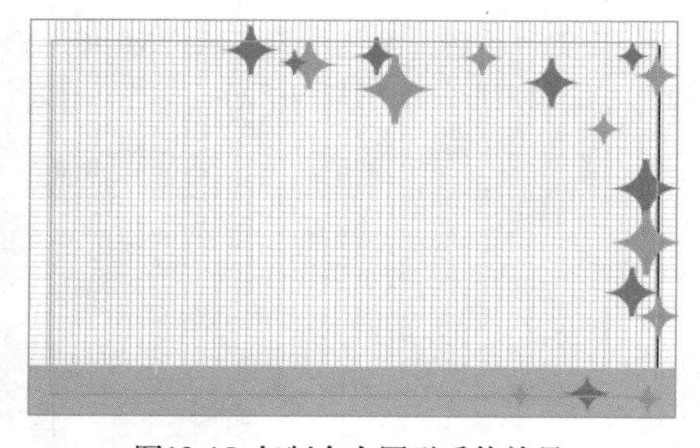

图12-15 复制多个图形后的效果

（14）按照第（13）步的操作方法，制作画面中其他不同色彩的星形图像，如图12-16所示。

图12-16 制作不同色彩的星形图像

（15）按Ctrl+D键，在弹出的对话框中打开随书所附光盘中的文件“第12章\12.1-名片设计-素材.png”，按住Ctrl+Shift键缩小并调整其位置，如图12-17所示。

（16）使用文本工具在标志下方拖动出文本框，并设置适当的字符属性，输入公司的名称，如图12-18所示。

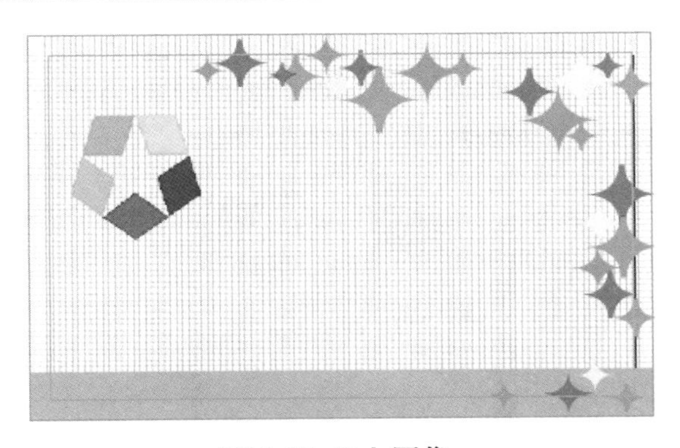

图12-17 置入图像

图12-18 输入文字

（17）按照第（16）步的方法，在右侧空白区域输入人物的姓名及职位等，如图12-19所示。图12-20所示为预览模式下的整体效果。

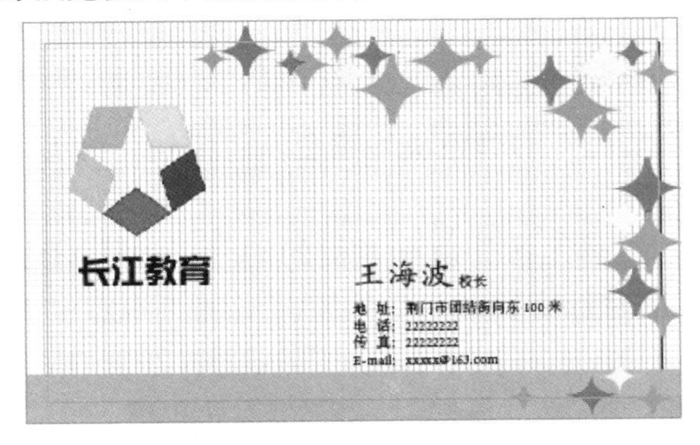

图12-19 最终效果

图12-20 预览模式下效果

12.2 元旦晚会宣传海报设计

本例是以元旦晚会为主题的宣传海报设计作品。在制作过程中，主要结合形状工具及变换、复制的操作来实现各个图形之间的搭配。

（1）按Ctrl+N键新建一个文件，在弹出的对话框中设置其尺寸，如图12-21所示。

（2）单击“边距和分栏”按钮，在弹出的对话框中设置边距参数，如图12-22所示。单击“确定”按钮退出对话框，创建得到一个新的文档。

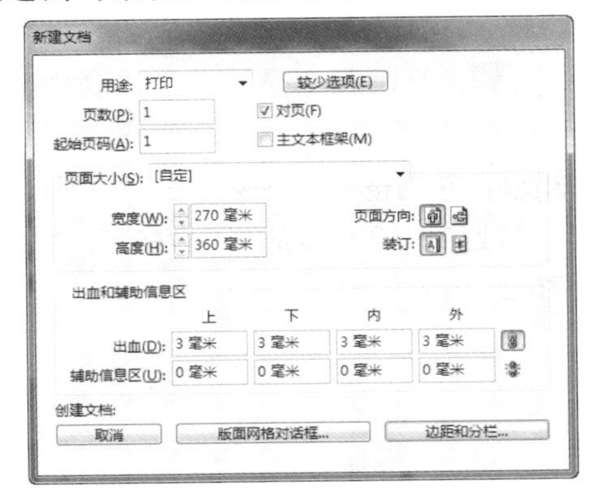

图12-21 “新建文档”对话框

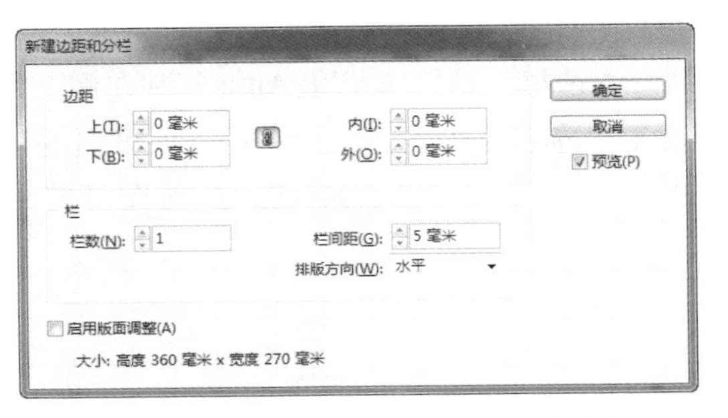

图12-22 “新建边距和分栏”对话框

（3）按F6键显示“颜色”面板，然后双击其中的“填色”颜色块，在弹出的对话框中设置颜色值，如图12-23所示。

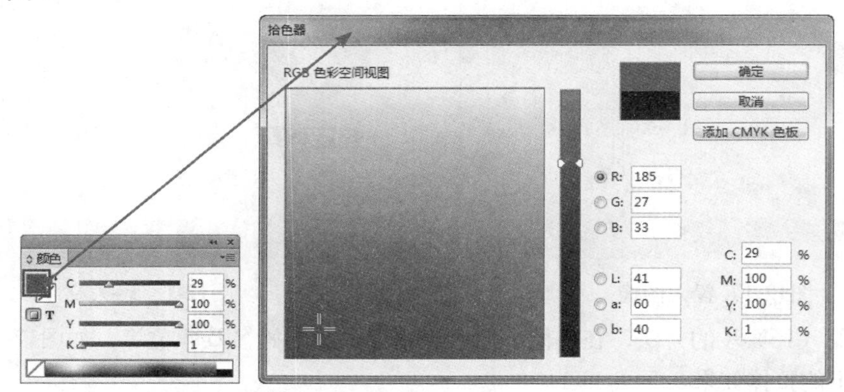

图12-23 设置“填色”颜色块

（4）选择“矩形工具”，沿文档的出血线绘制矩形，如图12-24所示。

（5）按照第（3）和（4）步的操作方法，设置“填色”的颜色块为黑色，“描边”为无，使用“矩形工具”在文档上方绘制黑色矩形，如图12-25所示。

（6）使用“选择工具”选中第（5）步绘制的矩形，按住鼠标左键的同时，按住Alt键向旁边区域拖动以复制该矩形，在“控制”面板中单击“顺时针旋转90°”按钮，然后使用“选择工具”调整其位置及长度，如图12-26所示。

图12-24 绘制红色矩形　　图12-25 绘制黑色矩形　　图12-26 复制及调整后的效果

（7）按照第（6）步的操作方法，结合“选择工具”、复制及变换等功能，制作文档中的其他矩形，如图12-27所示。

（8）结合“选择工具”以及Alt键复制左侧上方的矩形，并调整其位置及长度，如图12-28所示。

（9）使用“选择工具”选中上一步得到的矩形，按照第（3）步的操作方法设置“填色”颜色块C=100，M=90，Y=20，K=0，此时图像效果如图12-29所示。

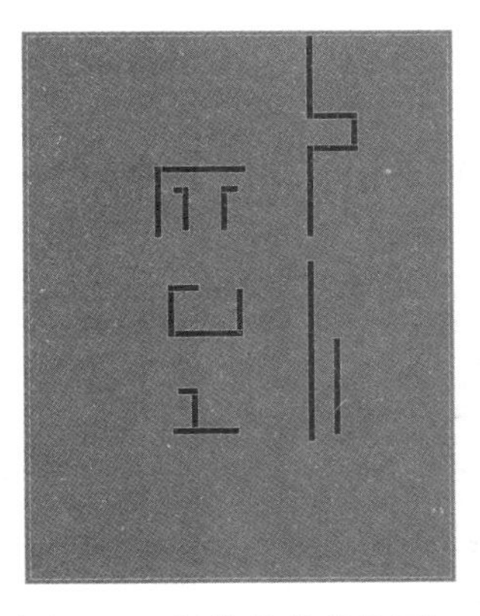

图12-27 制作其他的矩形

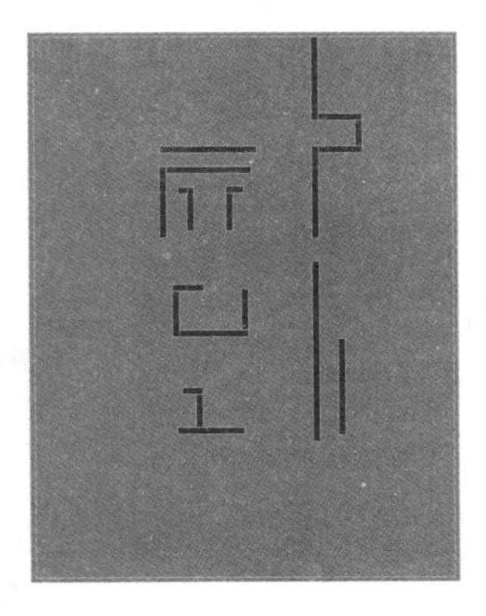

图12-28 复制及调整矩形

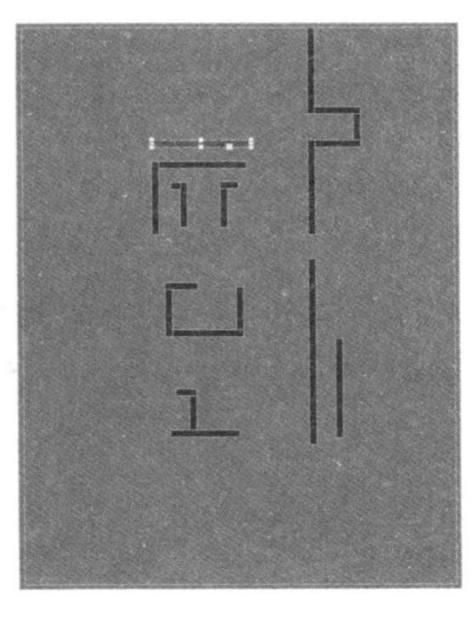

图12-29 更改颜色后的效果

（10）按照第（6）步的操作方法，结合“选择工具”、复制及变换等功能，制作文档中的其他蓝色矩形，如图12-30所示。

（11）按照第（8）~（10）步的操作方法，结合“选择工具”、复制、更新颜色及变换等功能，制作文档中的其他矩形，如图12-31~图12-36所示。

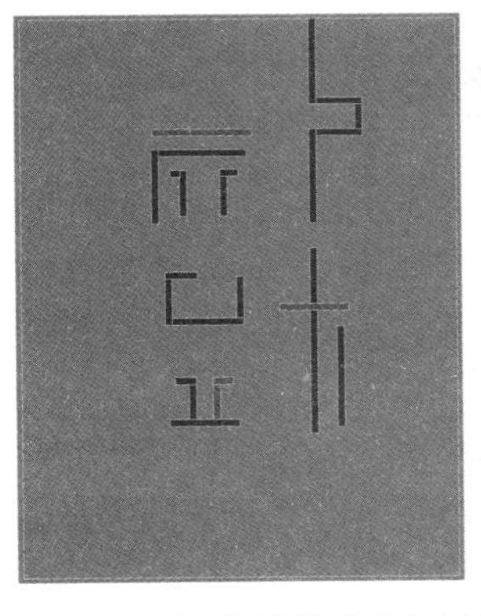

图12-30 制作其他蓝色矩形

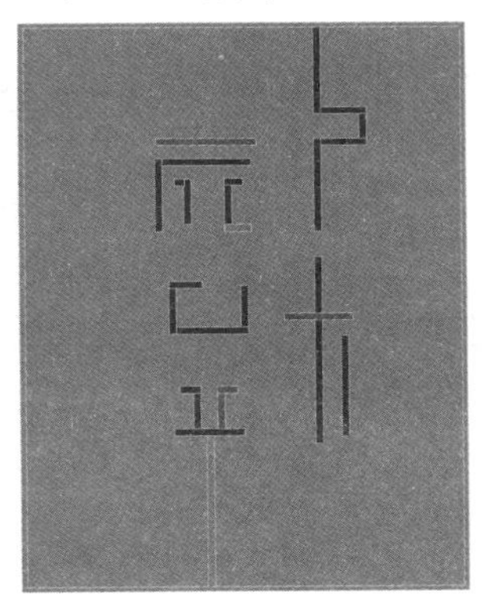

图12-31 制作其他矩形1

图12-32 制作其他矩形2

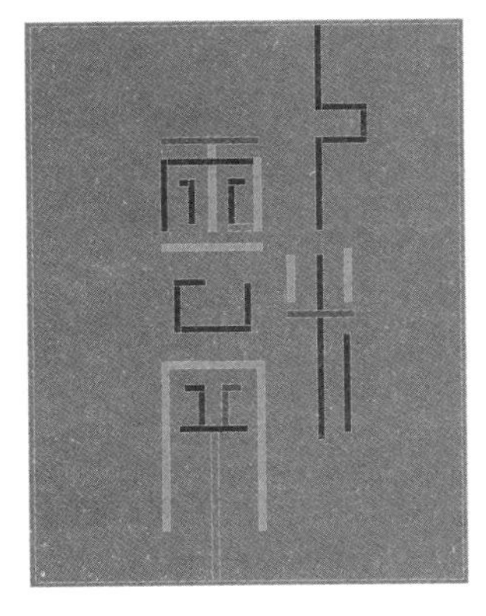

图12-33 制作其他矩形3

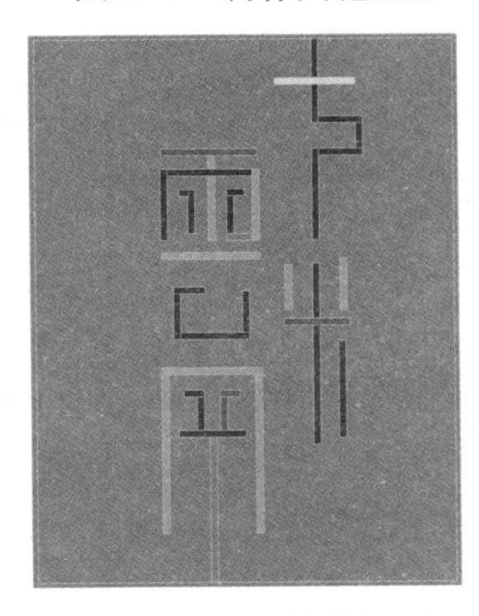

图12-34 制作其他矩形4

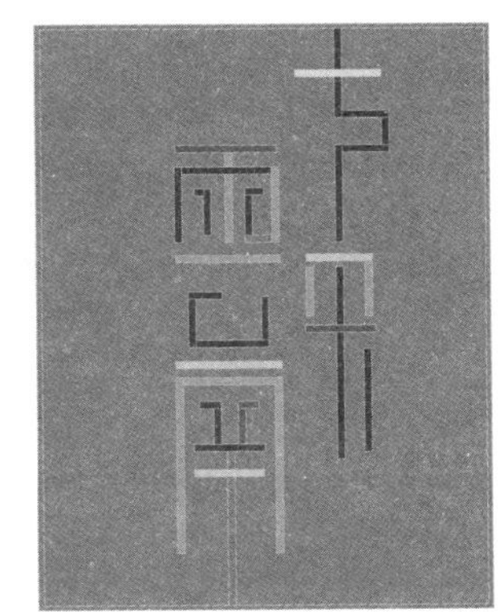

图12-35 制作其他矩形5

至此，主体图形已制作完成。下面来制作文字及其他装饰图像。

（12）按Ctrl+D键，在弹出的对话框中打开随书所附光盘中的文件“第12章\12.2 元旦晚会宣传海报设计-素材.psd”，使用“选择工具”调整图像的位置，得到的最终效果如图12-37所示。

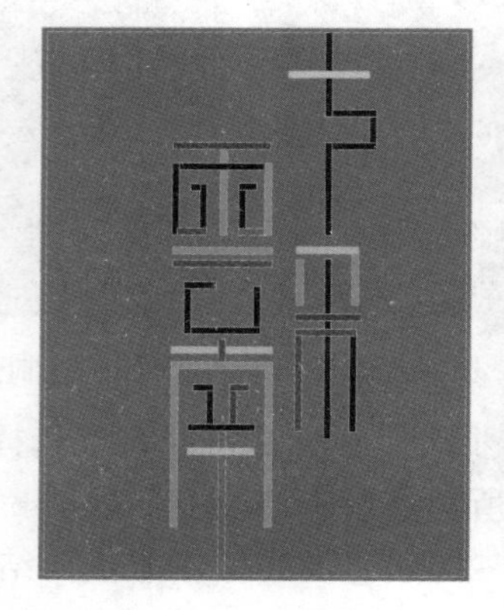

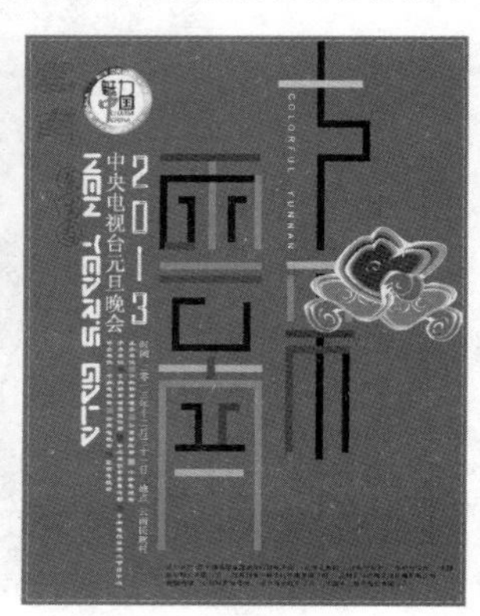

图12-36 制作其他矩形6　　图12-37 最终效果

12.3 律法海报设计

本例是以“律法”为主题的海报设计作品。在制作过程中，主要通过文字，领带以及领带上的滴血，非常形象地体现出律法的严肃性。

（1）按Ctrl+N键新建一个文件，在弹出的对话框中设置其尺寸，如图12-38所示。

（2）单击“边距和分栏”按钮，在弹出的对话框中设置边距参数，如图12-39所示。单击“确定”按钮退出对话框，创建得到一个新的文档。

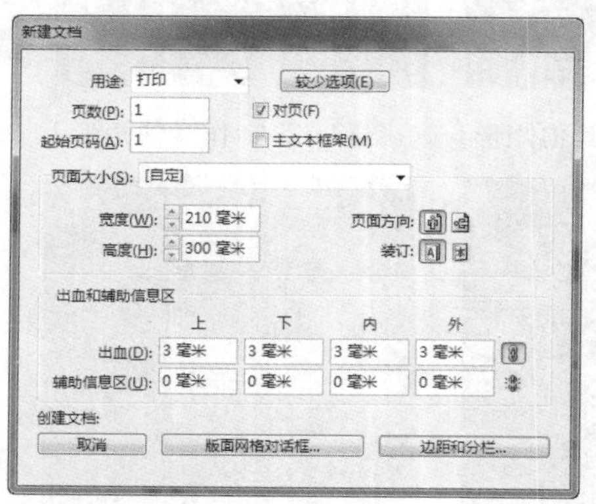

图12-38 “新建文档”对话框

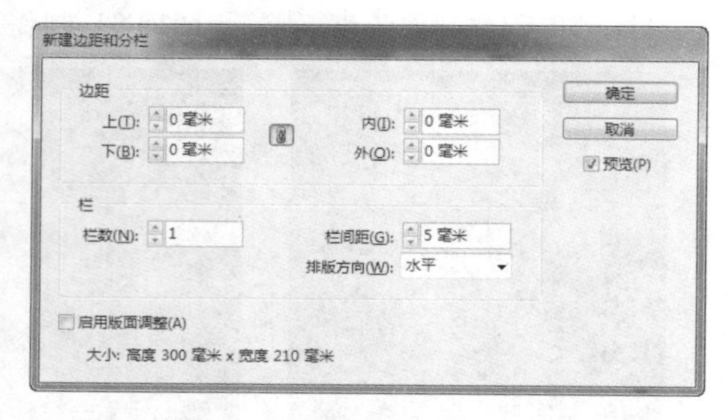

图12-39 “新建边距和分栏”对话框

下面结合“矩形工具”及“渐变”面板等功能，制作渐变底图效果。

（3）设置“填色”为任意色，“描边”为无，使用“矩形工具”沿文档的出血线绘制矩形，如图12-40所示。

（4）使用“选择工具”选中第（3）步绘制的矩形，执行“窗口”|“颜色”|“渐变”命令，调出“渐变”面板，设置如图12-41所示，得到的效果如图12-42所示。

图12-40 绘制矩形

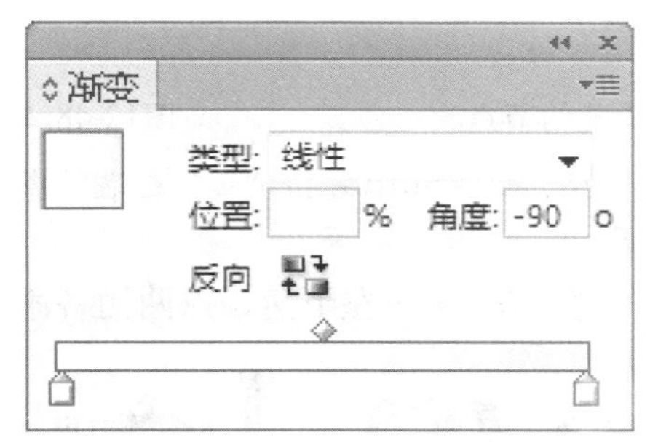

图12-41 “渐变”面板

图12-42 设置渐变后的效果

（5）确认第（4）步得到的矩形为选中的状态，在工具箱中单击“描边”色块，使其置于上方，设置颜色C=10，M=9，Y=8，K=0，然后在“控制”面板中设置描边的粗细及类型，得到的效果如图12-43所示。

（6）选择“文字工具”在文档中拖动出文本框，并设置适当的字符属性，输入文字“Lawyers”，由于要对文字进行编辑，故将字母“L”删掉，如图12-44所示。

图12-43 设置描边后的效果　　图12-44 输入文字

（7）使用“选择工具”选中“Lawyers”文本框，执行“文字”|“创建轮廓”命令，然后选择“删除锚点工具”，将光标放到“w”上方的节锚处，如图12-45所示，单击以删除此锚点，如图12-46所示。

图12-45 光标位置 　　图12-46 删除锚点后的效果

（8）按照第（7）步的方法应用“删除锚点工具”删除其他的锚点，直至调整得到如图12-47所示的效果。

（9）使用“文字工具”在“awyers”左侧输入字母“L”，如图12-48所示。然后执行“文字”|“创建轮廓”命令。

图12-47 删除其他的节点　　　　图12-48 输入字母

（10）选择“直接选择工具”，配合Shift键将“L”右端的两个锚点选中，按方向键“←”以向左移动锚点的位置，如图12-49所示。

（11）选择“添加锚点工具”，在“L”左下角锚点两侧各添加一个锚点，如图12-50所示。

图12-49 调整锚点位置 　　　　图12-50 添加锚点

（12）应用“删除锚点工具”将左下角的锚点删除，如图12-51所示。选择“转换方向点工具”，选中底部左侧的锚点，按住左键水平向右移动稍许，使直角调整为圆角，如图12-52所示。

图12-51 删除左下角锚点 　　　　图12-52 直角变圆角

（13）再次使用“转换方向点工具”对左侧下方的锚点进行适当调整，使圆角的效果更美观，如图12-53所示。按照第（11）步至本步的操作方法，将“L”内直角变圆角，如图12-54所示。

图12-53 继续调整圆角 　　　　图12-54 将内直角变圆角

（14）按照前面的方法，输入文字、创建文字轮廓，对锚点进行编辑，制作其他文字，以及绘制矩形，得到如图12-55所示的效果。

（15）按Ctrl+D键，在弹出的对话框中打开随书所附光盘中的文件“第12章\12.3　律法海报设计-素材.psd”，使用“选择工具”调整图像的位置，得到的效果如图12-56所示。

（16）使用“文字工具”，在文档下方输入相关文字信息，如图12-57所示。

图12-55 制作其他文字及图形

图12-56 调整位置

图12-57 最终效果

12.4 虹灵美服饰广告设计

本例是为虹灵美服饰制作的宣传广告作品。在制作过程中，主要结合“钢笔工具”，混合模式等功能制作各种绚丽的图像，以突出主题。

（1）按Ctrl+N键新建一个文件，在弹出的对话框中设置其尺寸，如图12-58所示。

（2）单击“边距和分栏”按钮，在弹出的对话框中设置边距参数，如图12-59所示。单击“确定”按钮退出对话框，创建得到一个新的文档。

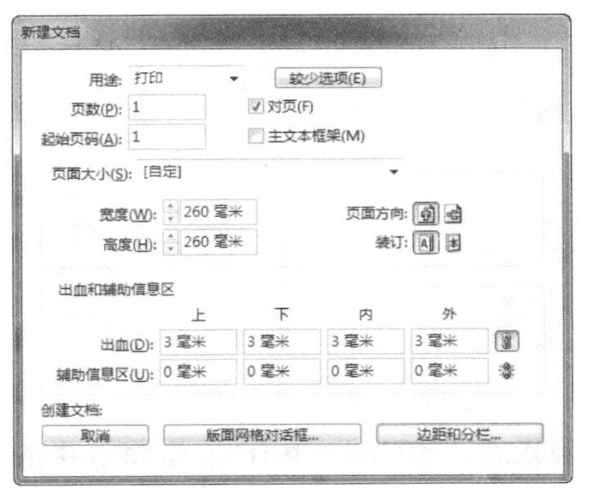

图12-58 “新建文档”对话框

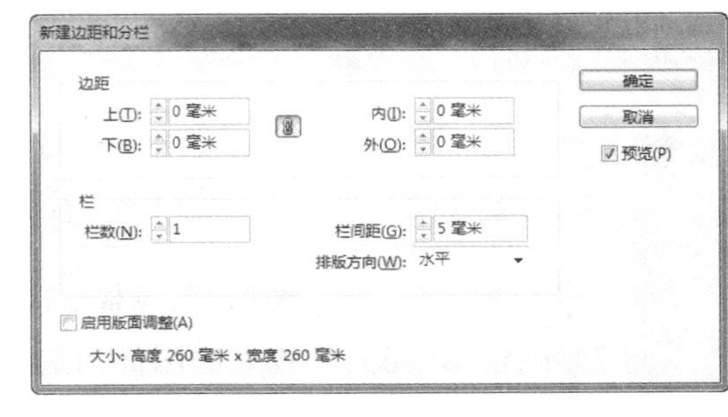

图12-59 “新建边距和分栏”对话框

（3）按F6键显示“颜色”面板，然后双击其中的“填色”颜色块，在弹出的对话框中设置颜色值，如图12-60所示。

（4）选择“钢笔工具”，在文档右下方绘制图形，如图12-61所示。按照第（3）步至本步的操作方法，分别设置不同的颜色，应用“钢笔工具”继续在文档右侧绘

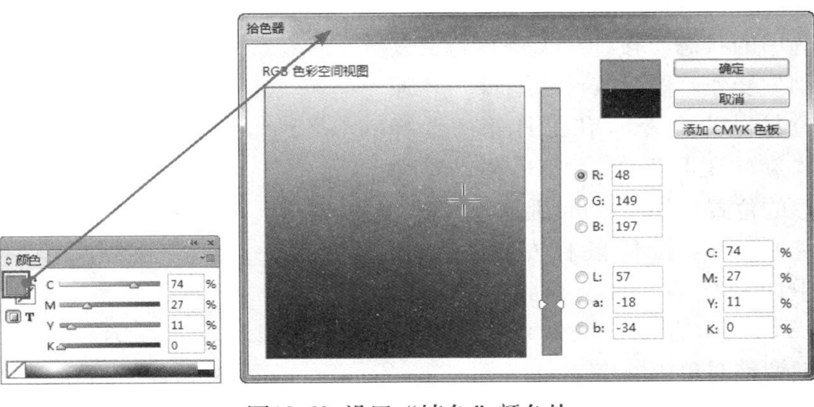

图12-60 设置“填色”颜色块

制如图12-62所示的图形。

提示：

在本步操作过程中，笔者没有给出图像的颜色值，读者可依自己的审美观进行颜色搭配。下面来制作文档中的线条图像。

图12-61 绘制图形

图12-62 继续绘制图形

（5）按Ctrl+D键，在弹出的对话框中打开随书所附光盘中的文件“第12章\12.4 虹灵美服饰广告设计-素材1.psd”，使用“选择工具”调整图像的位置，得到的效果如图12-63所示。

（6）按照第（5）步的操作方法置入随书所附光盘中的文件“第12章\12.4 虹灵美服饰广告设计-素材2.psd”，并使用“选择工具”调整图像的位置，得到的效果如图12-64所示。

图12-63 调整素材1

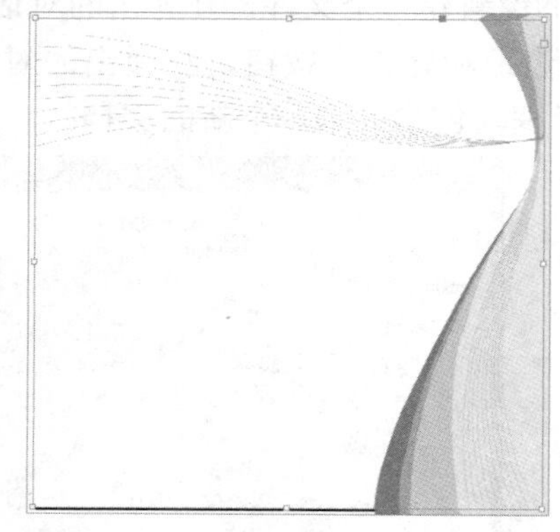

图12-64 调整素材2

（7）确定第（6）步置入的图像为选中的状态，按Ctrl+Shift+［键将选中的图像置于最底层，得到的效果如图12-65所示。

（8）确定第（7）步的图像为选中的状态，按Ctrl+C键执行“复制”操作，然后执行“编辑”|“原位粘贴”命令，在工具箱中选择“旋转工具”，然后移动参考点的位置，如图12-66所示。

（9）按住鼠标左键在文档中向右拖动，直至得到类似如图12-67所示的效果。按Ctrl+Shift+［键调整对象的顺序。

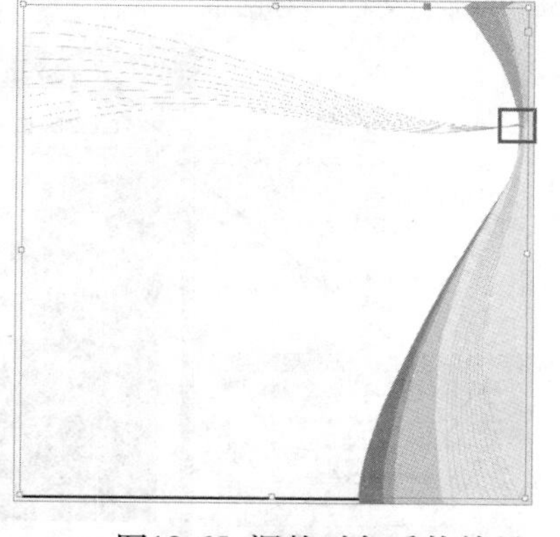

图12-65 调整对象后的效果

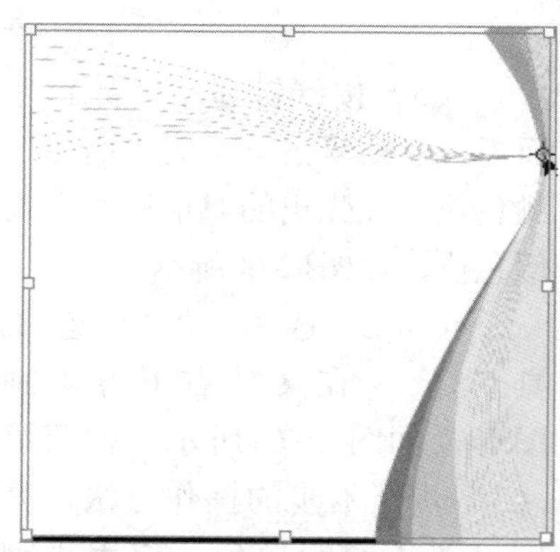

图12-66 移动参考点位置

（10）按照第（8）和（9）步的操作方法，结合复制、原位粘贴及“旋转工具”等功能，制作另外一组线条，如图12-68所示。

至此，线条图像已制作完成。下面来制作人物图像及装饰图像。

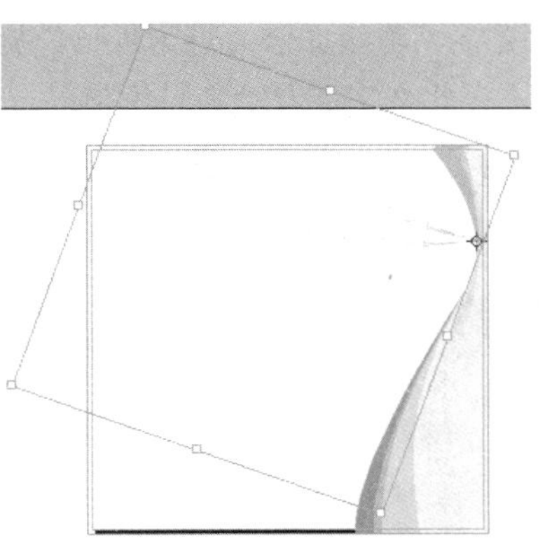

图12-67 旋转中的状态

图12-68 制作另外一组线条

（11）按照第（5）步的操作方法置入随书所附光盘中的文件“第12章\12.4 虹灵美服饰广告设计-素材3.psd”，调整图像的位置及顺序（右侧线条的下方、3组线条的上方），得到的效果如图12-69所示。

（12）确定第（11）步置入的图像为选中的状态，执行“窗口”|“效果”命令，调出“效果”面板，设置混合模式如图12-70所示，得到的效果如图12-71所示。

（13）按照第（5）步的操作方法置入随书所附光盘中的文件“第12章\12.4 虹灵美服饰广告设计-素材4.psd”，使用“选择工具”调整图像的位置，得到的效果如图12-72所示。

图12-69 置入图像

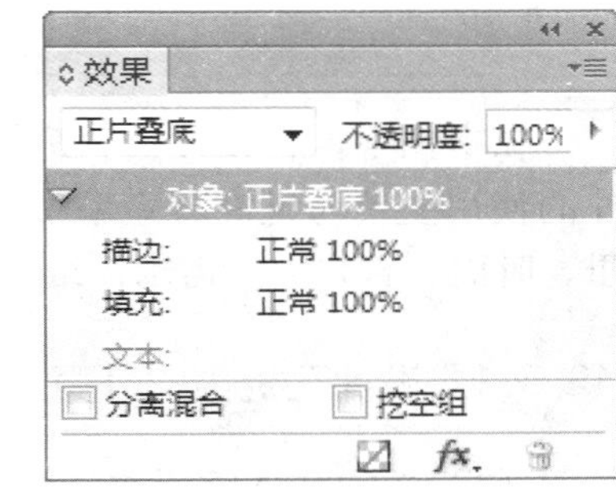

图12-70 “效果”面板

图12-71 设置混合模式后的效果

图12-72 置入图像

01 chapter P1–P18
02 chapter P19–P38
03 chapter P39–P64
04 chapter P65–P100
05 chapter P101–P118
06 chapter P119–P152
07 chapter P153–P182
08 chapter P183–P200
09 chapter P201–P220
10 chapter P221–P234
11 chapter P235–P254
12 chapter P255–P277

（14）使用文本工具在文档中拖动出文本框，并设置适当的字符属性，输入相关文字信息，得到的效果如图12-73所示。

（15）使用“旋转工具”对文字“美丽加倍　魅力加倍”旋转角度，然后设置“填色”为黑色，“描边”为无，应用“钢笔工具”在此文字下方绘制黑色图形，得到的最终效果如图12-74所示。

图12-73 输入文字

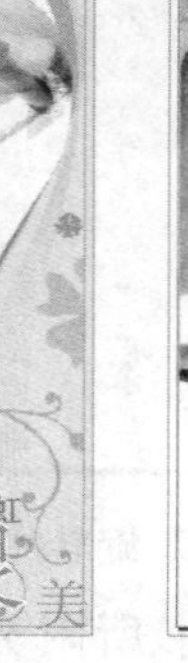

图12-74 最终效果

12.5　房地产宣传页设计

在本例中，将设计一款房地产的三折页宣传品。由于该宣传页是为楼盘宣传而设计，因此在图片的使用上较为讲究，除采用大量图片进行版面填充外，在图片的大小、色彩及类型上，也力求稳重、时尚、符合大众需求，给人一种前卫、可依赖的感觉。

12.5.1　设计三折页的外页

（1）按Ctrl+N键新建一个文档，设置弹出的对话框如图12-75所示，单击“确定”按钮，设置接下来弹出的对话框如图12-76所示。

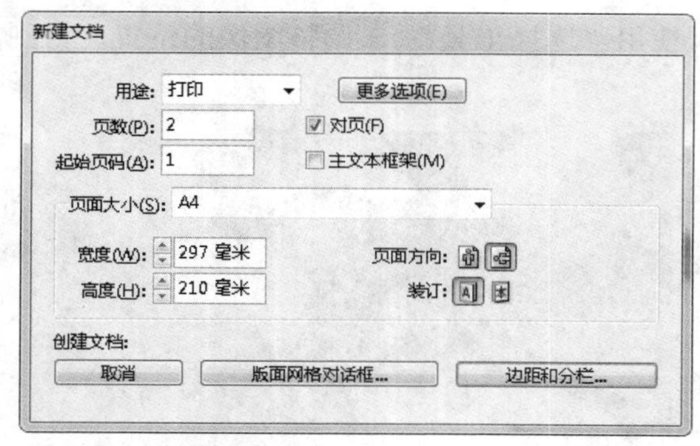

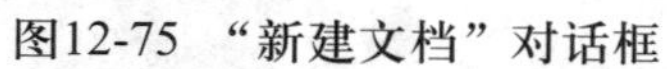

图12-75 “新建文档”对话框

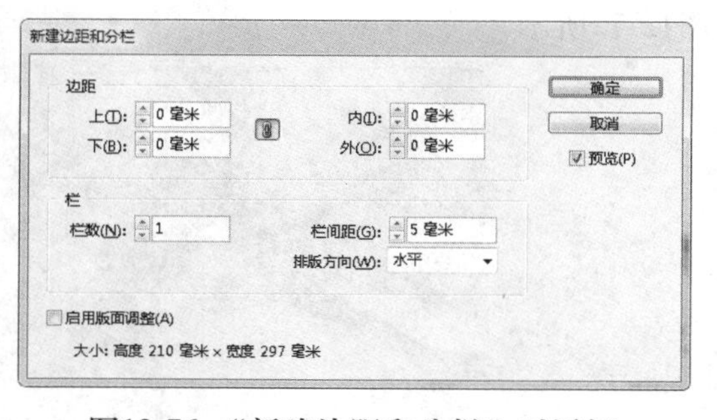

图12-76 “新建边距和分栏”对话框

（2）按Ctrl+R键显示标尺，在左侧的垂直标尺中拖动2条辅助线，在“控制”面板中分别设置其水平位置为87 mm和192 mm。此时文档整体的状态如图12-77所示。

提示：

在第（2）步中所添加的辅助线，是为了将3折页划分开。划分后的3部分，从左到右依次为内折页（即要折进正封内部的页面）、封底和正封。由于内折页要折进正封与封底之间，因此在尺寸上要略小一些，以免折叠后的3折页出现拱形。在本例中，是将内折页设计为87 mm，而封底和正封则分别为105 mm。

（3）按Ctrl+D键，在弹出的对话框中打开“素材1”并将其置入到文档中。使用选择工具 对图形进行裁剪及缩放，将其填满宣传页的正封位置，并保证图像的边缘位置，与上、右、下位置的出血线对齐，如图12-78所示。

图12-77 添加辅助线

图12-78 置入并调整图像

（4）结合文字工具 T.及矩形工具 ，设置适当的字符及图形属性，在第（3）步置入的图像上方输入文字并绘制矩形，得到如图12-79所示的效果。由于操作方法较为简单，故不再详细讲解其设置方法。

（5）下面来制作封底上的内容。选择椭圆工具 ，按住Shift键在封底的左上方位置绘制一个正圆，并设置其填充色为C:0， M:0， Y:0， K:70，边框色为无，得到如图12-80所示的效果。

图12-79 输入文字并绘制分隔图形

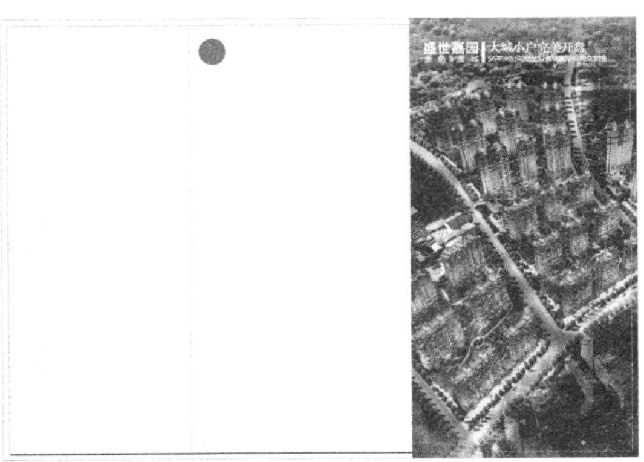

图12-80 绘制正圆

（6）使用选择工具 按住Alt+Shift键向右侧拖动正圆，约至图12-81所示的位置。

（7）连续按Ctrl+Alt+Shift+D键3次，得到如图12-82所示的效果。

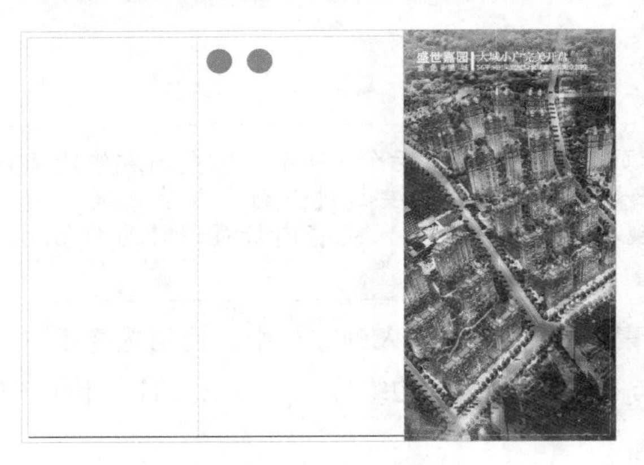

图12-81 复制正圆

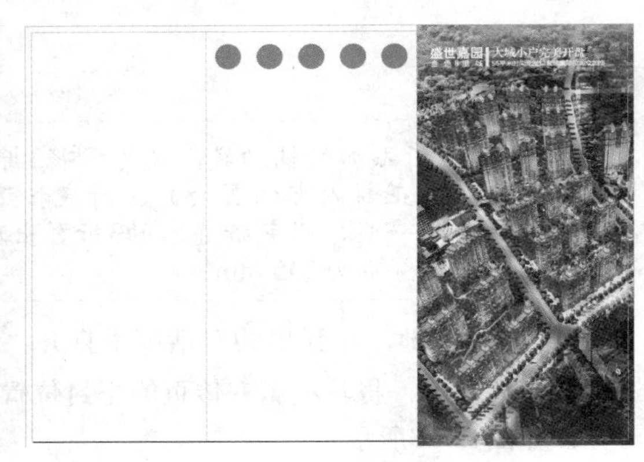

图12-82 再次复制3个正圆

（8）按照第（6）～（7）步的方法，选中横向的5个圆形，然后向下复制多次，直至得到类似图12-83所示的效果。

（9）选中第（5）行中的3个圆形，按Delete键将其删除，得到如图12-84所示的效果。

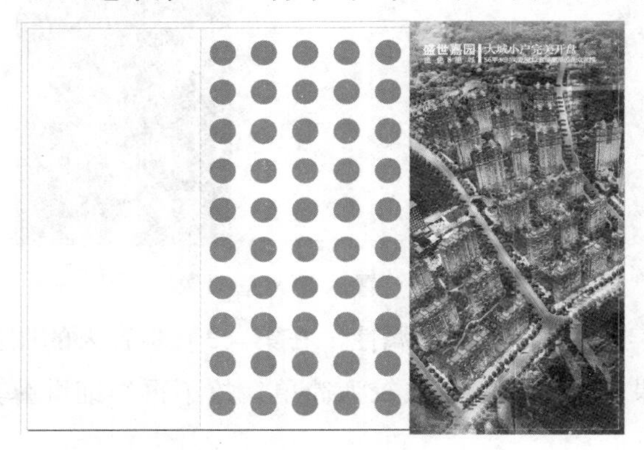

图12-83 向下复制圆形

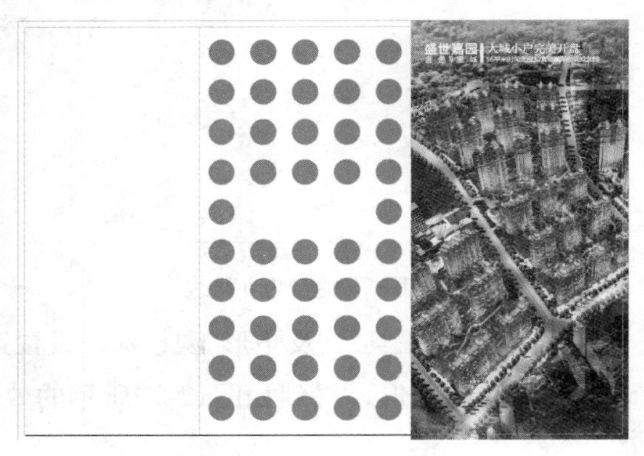

图12-84 删除3个圆形

（10）使用选择工具 按住Shift键分别选择空白位置周围的部分圆形，然后设置其填充色为C:100，M:10，Y:0，K:34，边框色为无，得到如图12-85所示的效果。

（11）按Ctrl+D键，在弹出的对话框中打开“素材2”并将其置入到文档中。使用选择工具 对图形进行裁剪及缩放，将其置于封底中间的空白位置，如图12-86所示。

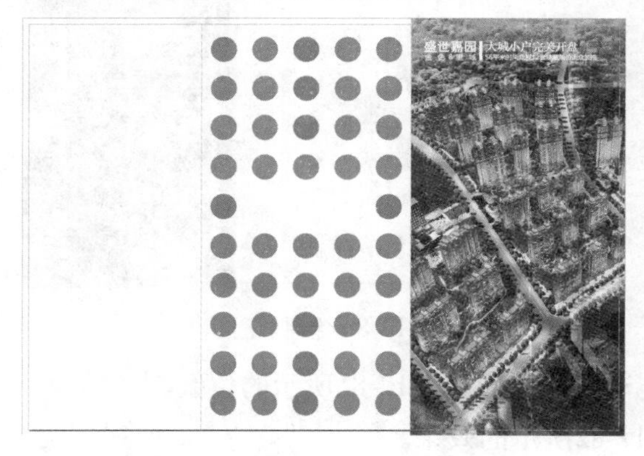

图12-85 修改部分圆形的颜色

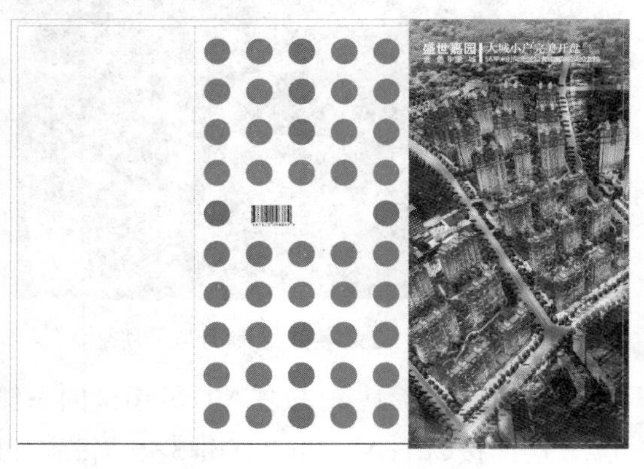

图12-86 摆放图像的位置

（12）选择文字工具 T 并设置适当的字符属性，在第（11）步置入的图像右侧输入文字，如图12-87所示。

（13）下面来制作内折页的内容。使用选择工具选中封底中间的对象，然后按住Alt键将其复制到内折页的顶部中间处，如图12-88所示。

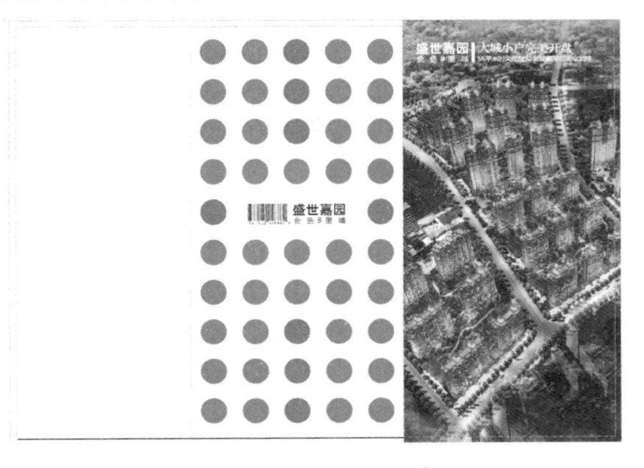

图12-87 输入文字

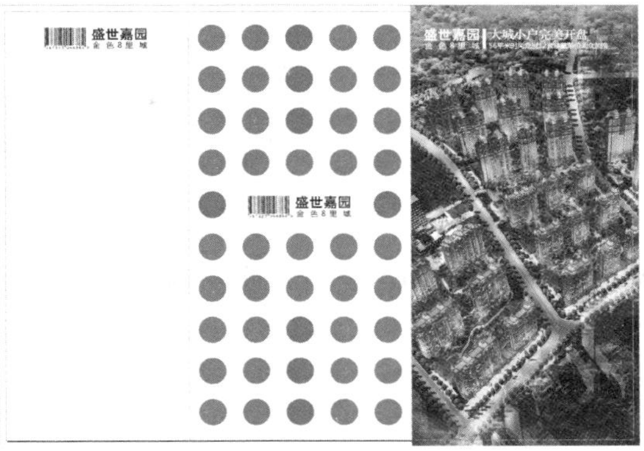

图12-88 复制对象

（14）下面在内折页底部增加一个地图。首先，选择椭圆工具，按住Shift键在底部中间处绘制一个正圆，并设置其填充色为无，边框色为C:100，M:10 ，Y:0 ，K:34，并按照图12-89所示设置“描边”面板的参数，得到如图12-90所示的效果。

（15）选中第（14）步绘制的正圆，按Ctrl+D键，在弹出的对话框中打开“素材3”，然后使用直接选择工具 选中置入到圆形中的图像，并适当调整其大小及位置，直至得到如图12-91所示的效果。

（16）按照第（12）步的方法，在圆形的下方输入相关的文字信息，得到如图12-92所示的效果。

图12-89 “描边”面板

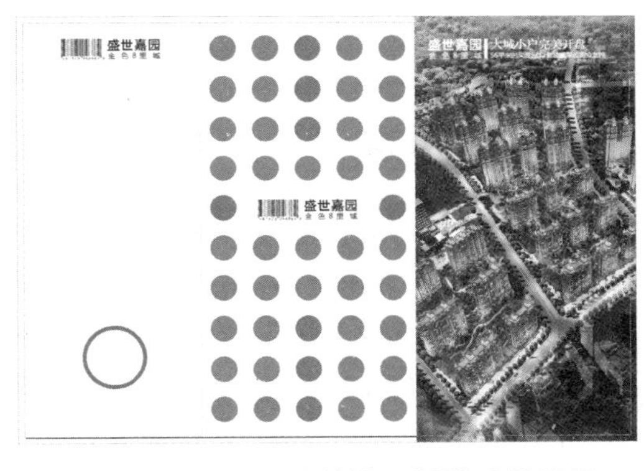

图12-90 绘制图形并设置属性后的效果

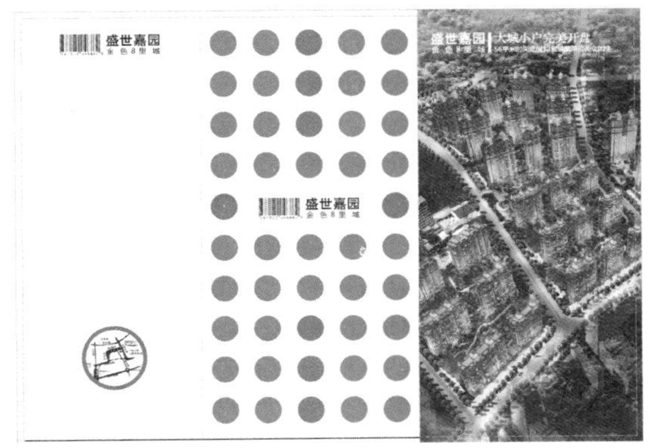

图12-91 在圆形中置入图像

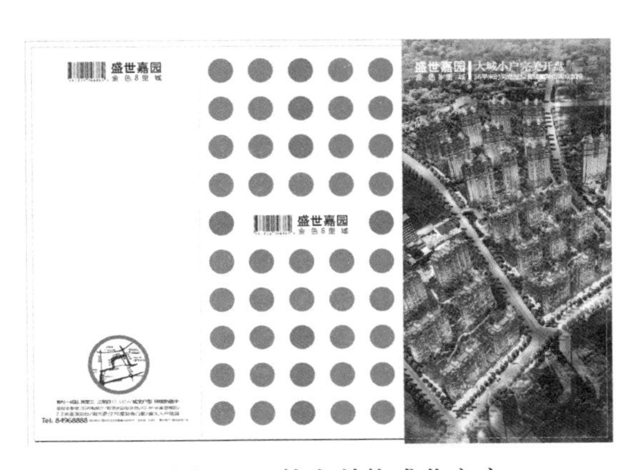

图12-92 输入并格式化文字

12.5.2 设计三折页的内页

（1）切换至文档的第2页，按照12.5.1节中添加辅助线的方法，为第2页的页面添加垂直辅助线。

（2）下面将从左至右，设计内页中各个部分的内容。选择矩形工具，在左侧第1页的左上方绘制一个矩形，设置其填充色为C:0， M:0， Y:0，K:50，边框色为无，得到如图12-93所示的效果。

（3）在第1页封底的中间位置选中条形码与文字，使用选择工具按住Alt键进行拖动复制，然后将其移至第（2）步绘制的矩形的左上方，如图12-94所示。

（4）使用选择工具选中条形码图像，然后显示“效果”面板，在其中设置其混合模式为“正片叠底”，得到如图12-95所示的效果。

图12-93 绘制矩形

图12-94 复制对象

图12-95 设置对象的混合模式

（5）按照12.5.1节第（12）步的方法，在条形码的下方输入说明文字，并结合矩形工具绘制分隔图形，得到如图12-96所示的效果。

（6）继续使用矩形工具，分别绘制垂直、水平和倾斜45°的矩形线条，组合成一个箭头图形，然后置于“品”字的上方，如12-97所示。

（7）按照12.5.1节第（12）步的方法，在灰色矩形的下方输入说明文字，并使用椭圆工具按住Shift键绘制一个正圆形，设置其填充色为无，边框色为C:0，M:0，Y:0，K:70，并按照图12-98所示设置“描边”面板，再使用选择工具按住Alt+Shift向右侧复制2次，得到如图12-99所示的效果。

图12-96 输入文字并绘制图形

图12-97 绘制箭头

图12-98 “描边”面板

（8）按Ctrl+D键，在弹出的对话框中打开“素材4”，然后进行适当的缩放，置于底部位置，如图12-100所示。

（9）按照第（8）步的方法，置入“素材5”，并进行适当的裁剪及缩放，置于内页中间部分的顶部，如图12-101所示。

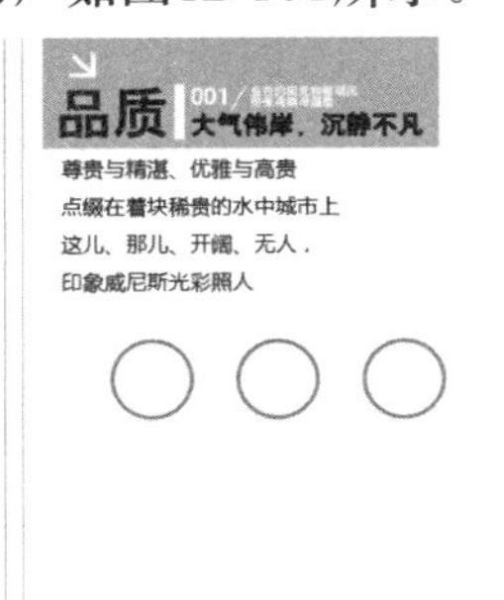

图12-99 绘制图形并设置属性后的效果

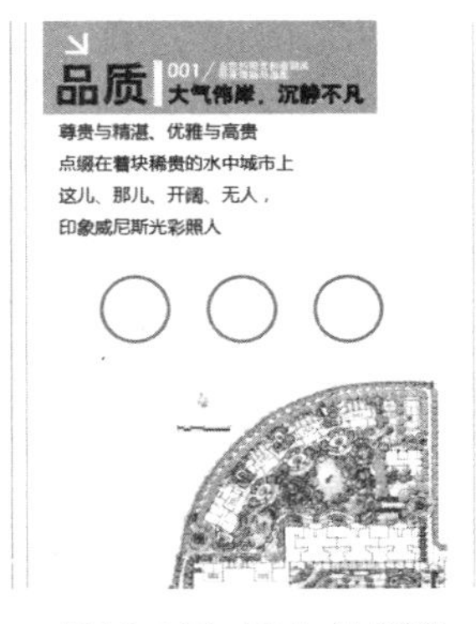

图12-100 置入并摆放图像至底部

图12-101 置入并摆放图像至顶部

（10）使用选择工具 选中左侧“品质”文字及其周围的图形，然后使用选择工具按住Alt键将其复制到中间页位置，置于图12-102所示的位置。

（11）结合修改文字内容、设置文字及图形的颜色等操作，将第（10）步复制的内容修改为图12-103所示的效果。

图12-102 复制对象

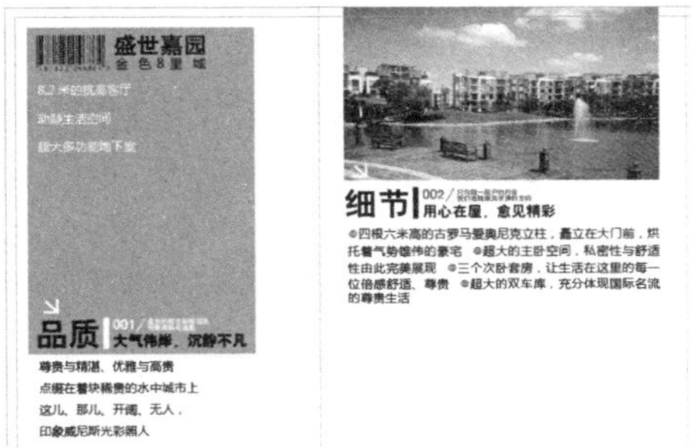

图12-103 修改内容后的效果

（12）按照第（8）步的方法，置入“素材6”，并进行适当的裁剪及缩放，置于内页中间部分的底部，如图12-104所示。

（13）最后，结合前面讲解过的方法，置入“素材7”并复制、修改文字与图形的内容，直至得到图12-105所示的最终效果。

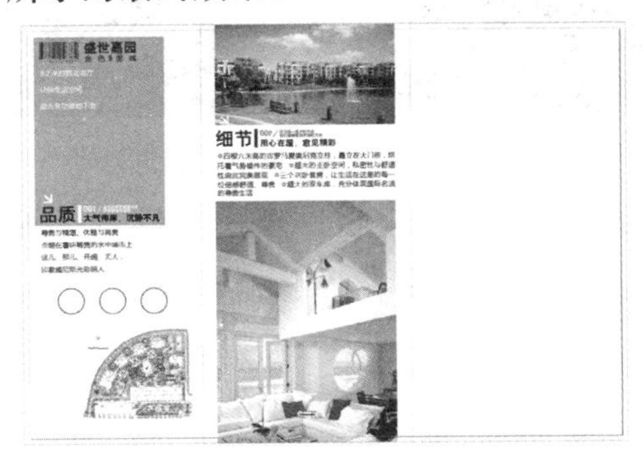

图12-104 摆放图像位置

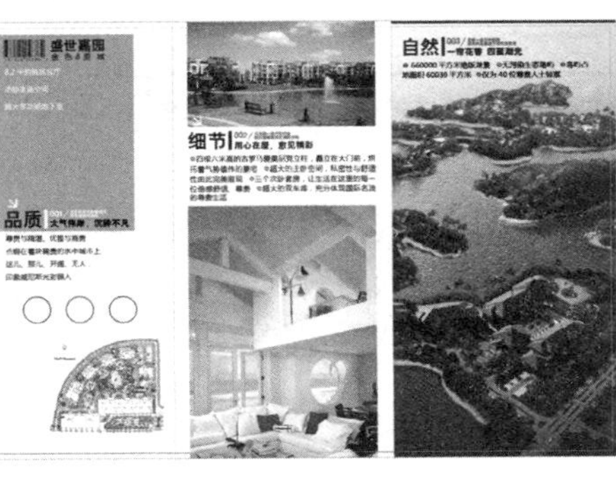

图12-105 最终效果

12.6 《巴黎没有摩天轮》封面设计

本例是以《巴黎没有摩天轮》封面设计作品。在制作的过程中，设计师用大面积的白色作为整个封面的底图，使作品给人们以无限的想象空间，整体看起来简单明了、结构清晰，加上醒目的文字，给人一种一睹为快的感觉。

（1）按Ctrl+N键新建一个文件，在弹出的对话框中设置其尺寸，如图12-106所示。

（2）单击“边距和分栏”按钮，在弹出的对话框中设置边距参数，如图12-107所示。单击“确定”按钮退出对话框，创建得到一个新的文档。

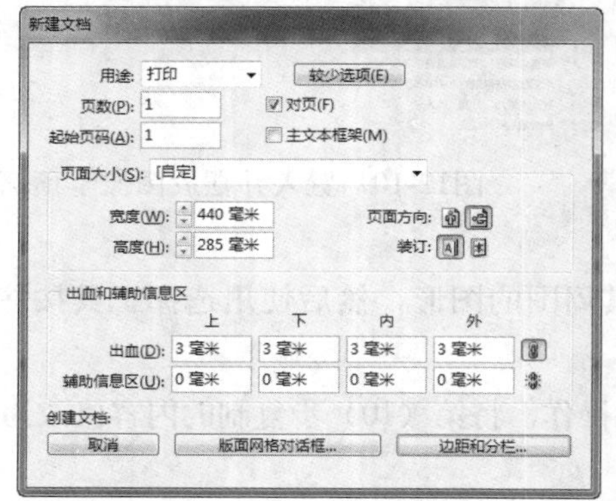

图12-106 “新建文档”对话框

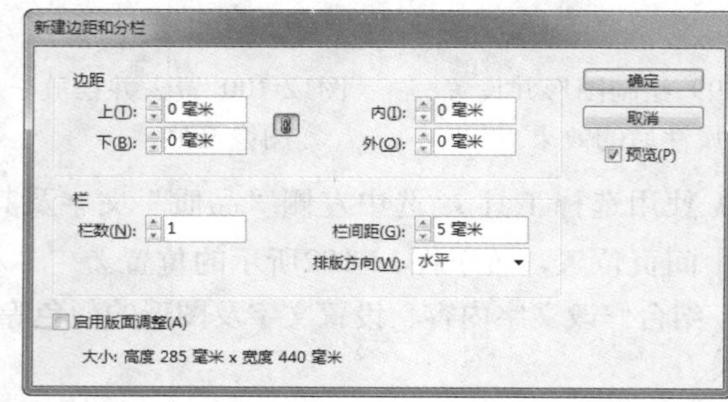

图12-107 “新建边距和分栏”对话框

（3）按Ctrl+R键显示标尺，按照第1步的提示内容使用“选择工具”在文档中添加辅助线以划分封面中的各个区域，如图12-108所示。按Ctrl+R键隐藏标尺。

（4）设置“填色”为任意色，“描边”为无，使用“矩形工具”在文档的下方绘制矩形，如图12-109所示。

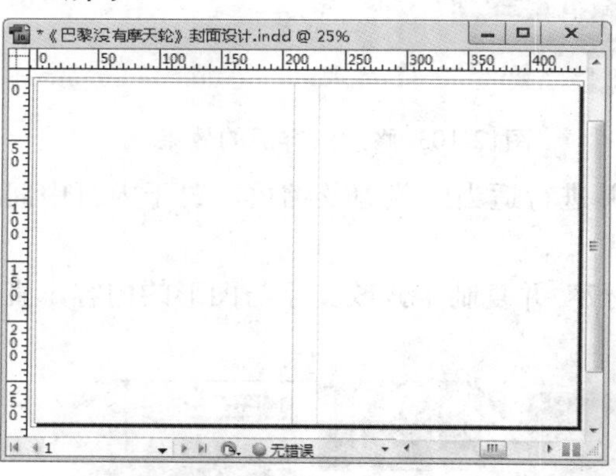

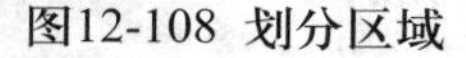

图12-108 划分区域

图12-109 绘制矩形

（5）使用“选择工具”选中第（4）步绘制的矩形，执行“窗口”|“颜色”|“渐变”命令，调出“渐变”面板，设置如图12-110所示，得到的效果如图12-111所示。

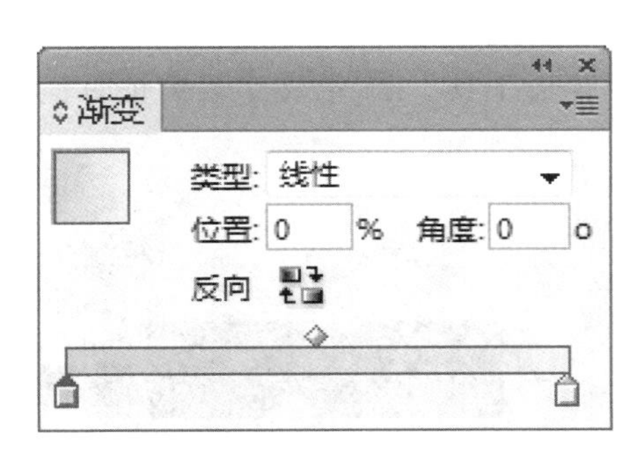

图12-110 “渐变”面板

图12-111 设置渐变后的效果

（6）按Ctrl+D键，在弹出的对话框中打开随书所附光盘中的文件“第12章\12.6 《巴黎没有摩天轮》封面设计-素材1.psd”，使用“选择工具”将上、下方的图像进行裁切，并调整其位置，如图12-112所示。

（7）按照第（6）步的操作方法置入随书所附光盘中的文件“第12章\12.6 《巴黎没有摩天轮》封面设计-素材2.psd”，按住Ctrl+Shift键放大并调整其位置，如图12-113所示。

图12-112 调整图像1

图12-113 调整图像2

（8）选择“文字工具”，在图片下方拖动出文本框，设置“填色”颜色块C=89，M=63，Y=78，K=36，“描边”为无，并设置适当的字符属性，在右侧图片的下方输入文字“巴黎”，如图12-114所示。

（9）按照第（8）步的操作方法，应用“文字工具”继续输入书名文字，如图12-115所示。

图12-114 输入文字

图12-115 继续输入文字

01 chapter P1—P18
02 chapter P19—P38
03 chapter P39—P64
04 chapter P65—P100
05 chapter P101—P118
06 chapter P119—P152
07 chapter P153—P182
08 chapter P183—P200
09 chapter P201—P220
10 chapter P221—P234
11 chapter P235—P254
12 chapter P255—P277

（10）按照第（8）步的操作方法，应用文本工具制作正封中的其他相关文字信息，如图12-116所示。

（11）设置“填色”为黑色，“描边”为无，使用“矩形工具”沿文字“穷忙时代”绘制矩形，如图12-117所示。

图12-116 输入其他文字信息

图12-117 绘制矩形

（12）使用“选择工具”选中“穷忙时代”文本框，按Ctrl+Shift+]键将文本框置于顶层，得到的效果如图12-118所示。

（13）使用“选择工具”选中黑色矩形，按Alt+Shift键水平向右移动至文字“畅销书”的下层，并将出血外的图形进行裁切，效果如图12-119所示。

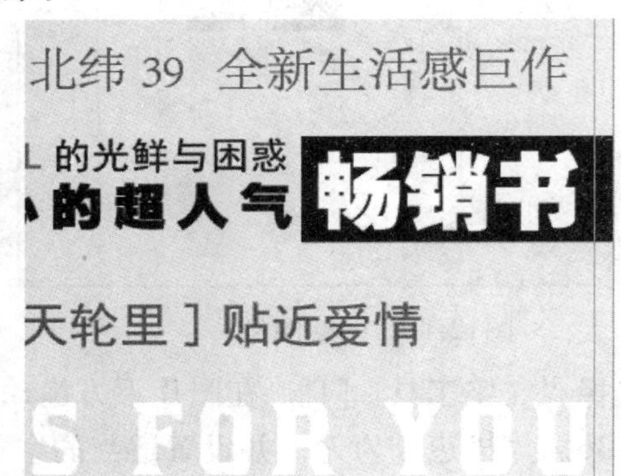

图12-118 调整对象后的效果　　图12-119 复制及调整矩形后的效果

（14）根据前面所讲解的操作方法，结合文本工具、复制对象及置入图像等功能，制作书脊及封底中的图像，如图12-120所示。

（15）由于本例要创建的PDF用于印刷，故需要确定“编辑”|“透明混合空间”|“文档 CMYK（C）”命令处于选中的状态。

（16）选择“文件”|“导出”命令，在弹出的“导出”对话框中输入文件名，将“保存类型”设置为“Adobe PDF（打印）”，单击“保存”按钮，弹出“导出Adobe PDF”对话框，在预设下拉列表中

图12-120 制作书脊及封底图像

选择“印刷质量”选项，然后在对话框左侧选择“标记和出血”选项组，设置如图12-121所示。

（17）单击“导出”按钮退出“导出Adobe PDF”对话框，图12-122所示为导出的出片PDF。

图12-121 “导出Adobe PDF”对话框

图12-122 出片PDF